环境工程实用技术丛书

# 废水物化处理技术

FEISHUI WUHUA CHULI JISHU

王文东 主编

化学工业出版社

·北京·

## 内容简介

本书以问答的形式，对废水物化处理过程中常见的技术及应用问题进行了整理汇编。全书共分十一个部分：总论、废水预处理技术、沉淀/气浮技术、化学沉淀/中和技术、氧化还原技术、吸附技术、离子交换技术、膜分离技术、萃取/吹脱/汽提技术、冷却/蒸发/结晶技术和废水消毒技术。

本书资料翔实、实用性强，可供基层企事业单位的环保技术人员、管理人员阅读，也适合高等学校环境类相关专业师生、环保爱好者和宣传工作者参考。

**图书在版编目（CIP）数据**

废水物化处理技术/王文东主编．—北京：化学工业出版社，2024.8

（环境工程实用技术丛书）

ISBN 978-7-122-45625-0

Ⅰ.①废…　Ⅱ.①王…　Ⅲ.①废水处理—物理化学处理　Ⅳ.①X703

中国国家版本馆 CIP 数据核字（2024）第 094904 号

责任编辑：左晨燕　　装帧设计：史利平
责任校对：李露洁

出版发行：化学工业出版社
（北京市东城区青年湖南街 13 号　邮政编码 100011）
印　　装：北京建宏印刷有限公司
787mm×1092mm　1/16　印张 16¼　字数 392 千字
2024 年 11 月北京第 1 版第 1 次印刷

购书咨询：010-64518888　　售后服务：010-64518899
网　　址：http：//www.cip.com.cn
凡购买本书，如有缺损质量问题，本社销售中心负责调换。

定　　价：138.00 元

# 前 言

废水又称污水，是指居民生产、生活活动中排出的水和径流雨水的总称，包括生活污水、工业废水和初雨径流水等。从循环经济的角度来看，被污染的水经适当处理后仍然具有利用的价值，因此，越来越多的专业文献和书籍中倾向于采用“污水”的提法。近年来，随着国家循环经济、清洁生产、绿色工厂、“两山论”和生态文明等一系列重大发展政策、理念、战略的实施，对国民经济各环节所排废水的处理率和回用率提出了更为严格的要求。从覆盖范围来看，生活污水的净化处理已由早期的城镇生活污水的处理，逐渐发展到乡村生活污水的处理；从处理程度来看，工业废水的外排要求日趋严格。然而，现有废水处理工艺普遍存在重生物处理和生态处理、轻物化处理的现象。

物化处理技术作为生物和生态处理技术的预处理和后处理，对保证整个工艺的净化能力和经济性均有着举足轻重的作用。以果汁废水的处理为例，借助筛滤技术可有效去除废水中以悬浮和胶体形式存在的果胶，大幅降低后续生物单元的降解负荷，缩短工艺长度，同时实现了有机组分的回收利用。为此，本书基于编者多年来的工作经验，对废水处理中常见的物化处理技术以及技术应用中经常遇到的难题，以问答的形式进行了整理汇编。在编写上，编者力求通俗易懂，言简意赅，以供基层企事业单位的环保技术人员、管理人员在工作中阅读，也适合高等学校环境类相关专业师生、环保爱好者和宣传工作者参考。

全书共分十一个部分：总论、废水预处理技术、沉淀/气浮技术、化学沉淀/中和技术、氧化还原技术、吸附技术、离子交换技术、膜分离技术、萃取/吹脱/汽提技术、冷却/蒸发/结晶技术和废水消毒技术。实际工作中的环境问题各种各样，本书中所选都是环保工作者经常用到的一些有代表性的问题，资料翔实，内容丰富，实用性较强。本书由王文东主编，参与编写的其他人员有：李超鲲、韩柳、薛同宣、张楠、杨岚和田崟墙。

由于编者水平有限，编写经验不足，书中的不足之处在所难免，敬请各位专家和读者批评指正。

编者

2024. 1

# 目　录

## 一、总论　1

## 五、氧化还原技术 85

## 七、离子交换技术

## 八、膜分离技术 153

# 总 论

## 1 什么是生活污水？其主要来源有哪些？

生活污水是居民日常生活中排出的废水，主要来源于居住建筑和公共建筑，如住宅、机关、学校、医院、商店、公共场所及工业企业卫生间等（图 1-1 和图 1-2）。生活污水中所含的污染物主要是有机物（如蛋白质、碳水化合物、脂肪、尿素、氨氮等）和大量病原微生物（如寄生虫卵和肠道传染病毒等）。存在于生活污水中的有机物极不稳定，容易腐化而产生恶臭。细菌和病原体以生活污水中的有机物为营养而大量繁殖，可导致传染病蔓延流行。因此，生活污水排放前必须进行处理。

图 1-1　生活污水

图 1-2　生活污水来源

## 2 什么是工业废水？有何特点？

工业废水包括生产废水、生产污水及冷却水，是指工业生产过程中产生的废水和废液，其中含有随水流失的工业生产用料、中间产物、副产品以及生产过程中产生的污染物，如图 1-3 所示。

与生活污水相比，工业废水有如下特点：

① 排放量大，污染范围广，排放方式多样性 工业生产用水量大，大部分生产用水中都携带原料、中间产物、副产物及终产物等排出厂外。工业企业遍布全国各地，污染范围广，不少产品在使用中又会产生新的污染。工业废水的排放方式复杂，有间歇排放和连续排放，有规律排放和无规律排放等，给污染的防治造成很大困难。

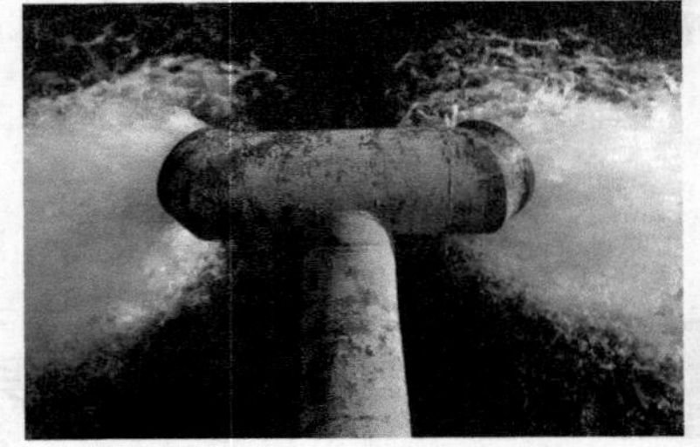

图 1-3 工业废水

② 污染物种类繁多，浓度波动幅度大 工业产品品种繁多，生产工艺各不相同，因此，工业生产过程中排出的污染物种类多不胜数，不同污染物性质又有很大差异，浓度也相差甚远。

③ 污染物质毒性强，危害大 被酸碱类污染的废水有刺激性、腐蚀性，而有机含氧化合物（如醛、酮、醚等）则有还原性，能消耗水中的溶解氧，使水缺氧而导致水生生物死亡。工业废水中含有大量的氮、磷、钾等营养物，可促使藻类大量生长耗去水中溶解氧，造成水体富营养化污染。工业废水中悬浮物含量很高，可达 3000mg/L，为生活废水的 10 倍。

④ 污染物排放后迁移变化规律差异大 工业废水中所含各种污染物的性质差别很大，有些还有较强毒性、较大的蓄积性及较高的稳定性。一旦排放，迁移变化规律很不相同，有的沉积水底，有的挥发转入大气，有的富集于生物体内，有的则分解转化为其他物质，甚至造成二次污染，使污染物具有更大的危险性。

⑤ 恢复比较困难 水体一旦受到污染，即使减少或停止污染物的排放，要恢复到原来状态仍需要相当长的时间。

## 3 废水中污染物的种类主要有哪些？

废水中的污染物主要分为物理性污染物和化学性污染物两类。

(1) 物理性污染物

分为悬浮性物质、胶体物质和溶解性物质。

(2) 化学性污染物

主要包括无机污染物和有机污染物。其中，化学性污染物按污染物的特征进行分类，可分为以下几类：

① 可生物降解的有机污染物 主要包括碳水化合物、蛋白质、脂肪等自然生成的有机物，通常用 COD、BOD、TOC 来表征该类物质在水中的含量。

② 难生物降解的有机污染物 该类物质化学性质稳定，不易被微生物降解，主要是一

些人工合成的化合物、纤维素、木质素等植物载体。人工合成化合物主要包括农药、脂类化合物、芳香族氨基化合物、杀虫剂、除草剂等。

③ 无直接毒害作用的无机污染物　主要分为颗粒状无机杂质、酸和碱、氮、磷等营养杂质。该类污染物一般无直接毒害作用，但其存在于水体中将严重影响水体的使用功能，也可能对饮用水的使用或安全带来直接或间接的影响。

④ 有直接毒害作用的无机污染物　该类物质主要有氰化物、砷化物和重金属离子，如汞、镉、铬、锌、铜、钴、镍、锡等。重金属中以汞的毒性最大，其次是镉、铅、铬、砷，加上氰化物，被公认为“六大毒性物质”。

水中的污染物来源会随用水过程（生活用水、各种工业用水）的不同而有很大差异。表1-1列出了一些工业生产过程的废水种类和污染特征。

**表 1-1　部分工业生产过程所产生的主要水污染物情况**

| 工业类型 | 污染物的主要来源 | 废水种类和主要污染物 |
| --- | --- | --- |
| 动力工业 | 火力发电站、核电站 | 冷却废热水 |
| 冶金工业 | 黑色冶金：选矿、烧结、炼焦、炼钢、轧钢等 | 酚、氰、多环芳烃类化合物、冷却废热水、洗涤废水等 |
| | 有色冶金：选矿、烧结、冶炼、电解、精炼等 | 重金属废水、冷却废热水、酸性废水等 |
| 纺织印染工业 | 棉纺、毛纺、针织、印染等 | 染料、酸、碱、硫化物、各类纤维状悬浮物等 |
| 化学工业 | 化学肥料、有机和无机化工生产、化学纤维、合成橡胶、塑料、油漆、农药、制药等生产 | 各种盐类、酚、氰化物、苯类、醇类、醛类、油类、多环芳烃化合物 |
| 石油化学工业 | 炼油、蒸馏、裂解、催化等工艺以及合成有机化学产品的生产 | 油类、酚类及各种有机物等 |
| 制革工业 | 皮革、毛发的鞣制 | 硫酸、有机物等 |
| 采矿工业 | 矿山的剥离和掘进、采矿和选矿等生产 | 含大量悬浮物及重金属元素的选矿、矿井（坑）排出水 |
| 造纸工业 | 纸浆、造纸的生产 | 碱、木质素、酸、悬浮物 |
| 食品加工工业 | 油类、肉类、乳制品水产、水果、酿造等加工生产 | 营养元素有机物、微生物病原菌等 |
| 机械制造工业 | 农机、交通工具和设备制造与修理、锻压及铸件工业设备、金属制品的加工制造 | 含酚废水、电镀废水、油类等 |
| 电子及仪器、仪表工业 | 电子元件、电信、器材、仪器仪表制造等 | 含重金属元素废水、电镀废水、酸性废水等 |
| 建筑材料工业 | 石棉、玻璃、耐火材料、烧窑业及各类建筑材料加工等 | 悬浮物等 |

## 4 废水中油的来源有哪些?

含油废水的主要工业来源是石油工业、石油化工工业、纺织工业、金属加工业和食品加工业。石油开采、炼制、储存、运输或使用石油制品的过程中，均会产生含有石油类污染物的废水。肉类加工、牛奶加工、洗衣房、汽车修理等过程排放的废水中都含有油或油脂。一般的生活污水中油脂占总有机质的10%左右，每人每天产生的油脂约15g。废水中所含的油类除了重焦油的相对密度可达1.1以上外，其余都小于1，处理含油废水的重点就是去除其中相对密度小于1的油类。高浓度有机废水就产生的水量和对水体环境产生的污染程度来看，油类污染物主要是石油类物质。

## 5 含油废水有哪些环境危害?

含油废水的危害主要表现在对生态系统、植物、土壤和水体的严重影响，如图1-4所示。

① 含油废水排入水体后将在水体表面产生油膜，阻碍大气复氧，断绝水体氧的来源，在滩涂还会影响养殖和滩涂的开发利用。

② 含油废水浸入土壤空隙间形成油膜，产生阻碍作用，致使空气、水分和肥料均不能渗入土中，破坏土层结构，不利于农作物的生长，甚至使农作物枯死。

③ 含油废水排入城镇排水管网，对排水管网、附属设备及城镇污水处理厂都会产生不良影响。

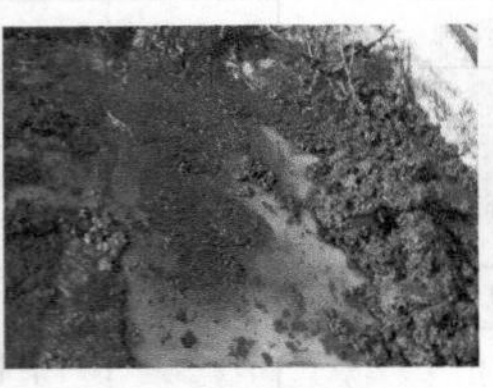

图1-4 含油废水

## 6 酸碱废水的来源有哪些?

含有较低浓度的硫酸、硝酸、盐酸、磷酸和有机酸等酸性物质的废水统称为酸性废水。根据含酸种类和浓度的不同，酸性废水可分为无机酸废水和有机酸废水，强酸性废水和弱酸性废水，单元酸废水和多元酸废水。酸性废水的来源很广、主要有矿山排水、湿法冶金、轧钢、钢材与有色金属的表面酸处理、化工、制酸、制药、染料、电解、电镀、人造纤维等工业部门生产过程中排放的酸性废水。最常见的酸性废水是硫酸废水，其次是盐酸和硝酸废水。

含较低浓度的苛性钠、碳酸钠、氢氧化钙、氨等碱性物质的废水统称为碱性废水。碱性废水中，除含有某种不同浓度的碱外，通常总是含有大量的有机物、无机盐等有害物质。碱性废水的来源也很广泛，主要有制碱工业的废水，碱法造纸的黑液，印染工业煮纱，丝光的洗水，制革工业的火碱脱毛废水，以及石油、化工部分生产过程的碱性废水等。

## 7 酸碱废水对环境的影响有哪些?

酸碱废水（图1-5）的环境危害主要有以下几个方面：

① 酸碱废水直接排放会严重腐蚀管道、渠道等水工构筑物。

② 排入农田，对大多数植物都具有毒副作用，导致大部分植物枯萎，死亡，严重影响农作物的产量和质量。

③ 直接排入河流、湖泊或渗入地下，将导致天然水体水质恶化。碱性废水中的大量有机物会消耗水体中的溶解氧，造成鱼类等水生生物因缺氧而窒息死亡。酸性或碱性浓度高的

废水，会直接毒死鱼类等水生生物，而人、畜等饮用了这种水，将影响体内代谢，使消化系统失调，引起肠胃发炎等。

④ 渗入土壤则造成土质的酸化、盐碱化，破坏土层的疏松状态。

图 1-5　酸碱废水

## 8 高色度废水的来源与危害有哪些?

高色度废水（图 1-6）大多来源于染料生产和印染行业。废水中含有大量可降解的有机物，若不经过处理，排入水体后会消耗水中大量的溶解氧，造成水体缺氧，使鱼类和水生生物死亡。废水中的悬浮物沉入河底，在厌氧条件下分解，产生臭味恶化水质，污染环境。若将废水引入农田进行灌溉，会影响农作物的生长，并污染地下水源。废水中夹带的动物排泄物，含有虫卵和致病菌，将导致疾病传播，直接危害人畜的健康。

图 1-6　高色度废水

## 9 有机氮和氨氮废水的来源与危害有哪些?

水体中的有机氮主要来自生活污水、农业废弃物（植物秸秆、畜禽粪便等）渗滤液和氮肥、印染、食品加工等工业废水排放。与有机氮相比，氨氮的来源更为复杂，除生活污水和垃圾渗滤液外，钢铁、炼油、化肥、鞣革、石油化工、玻璃制造、饲料生产等工业所排废水中也含有大量氨氮。

有机氮和氨氮是导致水体富营养化的主要因素，会引起水体中的藻类及微生物大量繁殖，使水体中的溶解氧急剧下降，导致鱼类及其他水生生物缺氧死亡，对水质造成严重影响，如图 1-7 所示。另外，氨氮在水体中经过硝化作用会产生亚硝酸盐和硝酸盐，长期饮用这类水会诱发高铁血红蛋白症；当水中的亚硝酸盐氮含量过高时，能够与蛋白质结合形成一种强致癌物质——亚硝胺，对人体造成严重危害。

图 1-7　有机氮和氨氮废水

## 10 含磷废水的来源与危害有哪些？

排放到水体中的磷大多来源于生活污水、工厂和畜牧业废水、山林耕地肥料流失以及降雨降雪。与前几项相比，降雨和降雪中的磷含量较低。有调查表明，降雨中磷浓度平均值低于 0.04mg/L，降雪中的磷含量低于 0.02mg/L。以生活污水为例，每人每天的磷排放量大约为 1.4～3.2g，各种洗涤剂的贡献约占其中的 70%。此外，炊事/洗漱水与粪尿中磷也有相当的含量。企业磷排放主要来源于肥料、医药、金属表面处理、纤维染发酵和食品工业。在流域水体的磷输入中，生活污水所占比重最大，约 43.4%。工业、畜牧业和大气降水的比重分别为 20.5%、29.4%和 6.7%。

含磷废水进入自然水体后，导致水质恶化，生态环境破坏，甚至威胁人类和水生生物的生存。废水中磷的去除是控制水体富营养化的关键。

## 11 废水中难生物降解有机物有哪些？

难生物降解有机物指的是不能被未驯化的活性污泥降解，而经过一定时间驯化后能在某种程度上降解的有机化合物。废水中的一些有毒大分子有机物如有机氯化物、有机磷农药、有机重金属化合物、以芳香族为代表的多环及其他长链有机化合物，都属于难生物降解有机物。还有一些有机化合物基本不能被微生物降解，可称为惰性有机物。化合物难于生物降解的原因有两方面：一是由于化合物本身的化学组成和结构，使其具有抗降解性；二是其存在的环境因素，包括物理因素（如温度、化合物的可接近性等）、化学因素（如 pH 值、化合物浓度、氧化还原电位、协同或拮抗效应等）、生物因素（如适合微生物生存的条件、足够的适应时间等），可能阻止其降解。

因此，对含有这类有机物的废水应采取培养特种微生物等形式对其进行单独处理或采用厌氧等特殊工艺处理使其部分 COD 转化为 $BOD_5$，提高可生化性，然后再混合其他废水一起进行二级生物处理。

## 12 什么是废水的可生化性？评价方法有哪些？

废水的可生化性，也称废水的生物可降解性，即废水中有机污染物被生物降解的难易程度，是废水的重要特性之一。废水存在可生化性差异的主要原因在于废水所含的有机物中，除一些易被微生物分解、利用的有机物外，还含有一些不易被微生物降解，甚至对微生物的生长具有抑制作用的有机物。这些有机物质的生物降解性质以及在废水中的相对含量决定了该种废水采用生物法处理（通常指好氧生物处理）的可行性及难易程度。在特定情况下，废水的可生化性除了体现废水中有机污染物能否被微生物利用以及被利用的程度外，还反映了处理过程中微生物对有机污染物的利用速度：一旦微生物的分解利用速度过慢，会导致处理过程所需时间过长，在实际的废水工程中很难实现。

国内外对于可生化性的判定方法，根据采用的判定参数大致可以分为好氧呼吸参量法、微生物生理指标法、模拟实验法以及综合模型法等。

（1）好氧呼吸参量法

好氧呼吸参量法是通过测定 COD、BOD 等水质指标的变化以及呼吸代谢过程中的 $O_2$ 或 $CO_2$ 含量（或消耗、生成速率）的变化来确定某种有机污染物或废水可生化性的方法。根据所采用的水质指标，可以分为水质指标评价法、微生物呼吸曲线法和 $CO_2$ 生成量测定法。

① 水质指标评价法　$BOD_5$/COD 比值法是最经典，也是目前最为常用的一种评价废水可生化性的水质指标评价法。普遍认为，$BOD_5/COD<0.3$ 的废水属于难生物降解废水，在进行必要的预处理之前不宜采用好氧生物处理；而 $BOD_5/COD\geqslant 0.3$ 的废水属于可生物降解废水。该比值越高，表明废水采用好氧生物处理所达到的效果越好。

水质指标评价法的主要优点在于 $BOD_5$、COD 等水质指标的意义已被广泛了解和接受，且测定方法成熟、所需仪器简单。但该判定方法也存在不足，导致该种方法在应用过程中有较大的局限性。

首先，$BOD_5$ 本身是一个经验参数，必须在严格一致的测试条件下才能使它们具有重现性和可比性。测试条件的任何偏差都将导致不稳定的测试结果，稀释过程、分析者的经验以及接种材料的变化都可能导致 $BOD_5$ 测试产生较大误差。

同时，又很难找到一个标准接种材料来检验所接种的微生物究竟带来多大的误差，也不知道究竟哪一个测量值更接近于真值。实际上，不同实验室对同一水样的 $BOD_5$ 测试结果的重现性较差，其原因可能在于稀释水的制备过程或不同实验室具体操作差异所带来的误差。

再者，废水的某些性质也会使采用该种方法判定废水可生化性时产生误差甚至得到相反的结论。如，$BOD_5$ 无法反映废水中有毒有害物质对于微生物的抑制作用，当废水中含有降解缓慢的悬浮、胶体状有机污染物时，$BOD_5$ 与 COD 之间不存在良好的相关性。

② 微生物呼吸曲线法　微生物进入内源呼吸期时，耗氧速率恒定，耗氧量与时间成正比。在微生物呼吸曲线图（图 1-8）上表现为一条过坐标原点的直线，其斜率即表示内源呼吸时耗氧速率。曲线的特征主要取决于废水中有机物的性质。测定耗氧速度的仪器有瓦勃氏呼吸仪和电极式溶解氧测定仪。

比较微生物呼吸曲线与微生物内源呼吸曲线如下：

曲线 a 位于微生物内源呼吸曲线上部，表明废水中的有机污染物能被微生物降解，耗氧速率大于内源呼吸时的耗氧速率，经一段时间曲线 a 与内源呼吸线几乎平行，表明基质的生物降解已基本完成，微生物进入内源呼吸阶段。

曲线 b 与微生物内源呼吸曲线重合，表明废水中的有机污染物不能被微生物降解，但也未对微生物产生抑制作用，微生物维持内源呼吸。

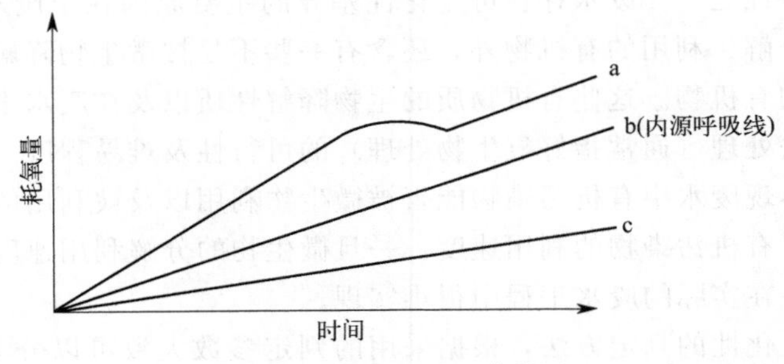


图 1-8　微生物呼吸曲线图

曲线 c 位于微生物内源呼吸曲线下端，耗氧速率小于内源呼吸时的耗氧速率，表明废水中的有机污染物不能被微生物降解，而且对微生物具有抑制或毒害作用，微生物呼吸曲线一旦与横坐标重合，则说明微生物的呼吸已停止，死亡。

该种判定方法与其他方法相比，操作简单，实验周期短，可以满足大批量数据的测定。但是，用此种方法来评价废水的可生化性，必须对微生物的来源、浓度、驯化和有机污染物的浓度及反应时间等条件作严格的规定。加之，测定所需的仪器在国内的普及率不高，因此在国内的应用并不广泛。

③ $CO_2$ 生成量测定法　微生物在降解污染物的过程中，在消耗废水中 $O_2$ 的同时会生成相应数量的 $CO_2$。因此，通过测定生化反应过程中 $CO_2$ 的生成量，就可以判断污染物的可生物降解性。

目前最常用的方法为斯特姆测定法，反应时间为 28d，通过比较 $CO_2$ 的实际产量和理论产量来判定废水的可生化性，也可以利用 $CO_2/DOC$ 值来判定废水的可生化性。由于该种判定实验需采用特殊的仪器和方法，操作复杂，仅限于实验室研究使用，在实际生产中的应用还未见报道。

（2）微生物生理指标法

微生物与废水接触后，利用废水中的有机物作为碳源和能源进行新陈代谢。微生物生理指标法就是通过观察微生物新陈代谢过程中重要的生理生化指标的变化来判定该种废水的可生化性。依据的生理生化指标主要有脱氢酶活性和三磷酸腺苷（ATP）。

① 脱氢酶活性指标法　微生物对有机物的氧化分解是在各种酶的参与下完成的。其中，脱氢酶起着重要的作用，催化氢从被氧化的物质转移到另一物质。由于脱氢酶对毒物的作用非常敏感，当有毒物存在时，它的活性（单位时间内活化氢的能力）下降。因此，可以利用脱氢酶活性作为评价微生物分解污染物能力的指标。如果在以某种废水（有机污染物）为基质的培养液中生长的微生物脱氢酶的活性增加，则表明该微生物能够降解这种废水（有机污染物）。

② 三磷酸腺苷（ATP）指标法　微生物对污染物的氧化降解过程，实际上是能量代谢过程，微生物产能能力的大小直接反映其活性的高低。ATP 是微生物细胞中储存能量的物质，可通过测定细胞中 ATP 的水平来反映微生物的活性，并作为评价微生物降解有机污染物能力的指标。如果在以某种废水（有机污染物）为基质的培养液中生长的微生物 ATP 的活性增加，则表明该微生物能够降解这种废水（有机污染物）。

此外，微生物生理指标法还有细菌标准平板计数法、DNA 测定法、INT 测定法、发光细菌光强测定法等。虽然，目前脱氢酶活性、ATP 等测定都已有较成熟的方法，但由于这些参数的测定对仪器和药品的要求较高，操作也较复杂。因此，目前微生物生理指标法主要还是用于单一有机污染物的生物可降解性和生态毒性的判定。

(3) 模拟实验法

模拟实验法是指直接通过模拟实际废水处理过程来判断废水生物处理可行性的方法。根据模拟过程与实际过程的近似程度，可以大致分为培养液测定法和模拟生化反应器法。

① 培养液测定法　培养液测定法又称摇床试验法，具体操作方法是：在一系列三角瓶内装入以某种污染物或废水为碳源的培养液，加入适当 N、P 等营养物质，调节 pH，然后向瓶内接种一种或多种微生物或经驯化的活性污泥，将三角瓶置于摇床上进行振荡，模拟实际好氧处理过程，在一定阶段内连续监测三角瓶内培养液物理外观（浓度、颜色、嗅味等）上的变化、微生物（菌种、生物量及生物相等）的变化以及培养液各项指标，如 pH、COD 或某污染物浓度的变化。

② 模拟生化反应器法　模拟生化反应器法是在模型生化反应器（如曝气池）模型中进行的，通过在生化模型中模拟实际污水处理设施（如曝气池）的反应条件，如 MLSS 浓度、温度、DO、F/M 等，来预测各种废水在污水处理设施中的处理效果，以及各种因素对生物处理的影响。

由于模拟实验法采用的微生物、废水与实际过程相同，而且生化反应条件也接近实际值，从水处理的角度来讲，相当于实际处理工艺的小试研究，各种实际出现的影响因素都可以在实验过程中体现，避免了其他判定方法在实验过程中出现的误差，且由于实验条件和反应空间更接近于实际情况，因此模拟实验法与培养液测定法相比，能够更准确地说明废水生物处理的可行性。但正是由于该种判定方法针对性过强，各种废水间的测定结果没有可比性，因此不容易形成一套系统的理论，而且小试过程的判定结果在实际放大过程中也可能造成一定的误差。

(4) 综合模型法

综合模型法主要是针对某种有机污染物的可生化性的判定。通过对大量的已知污染物的生物降解性和分子结构的相关性分析，利用计算机模拟预测新的有机化合物的生物可降解性，主要的模型有 BIODEG 模型、PLS 模型等。综合模型法需要依靠庞大的已知污染物的生物降解性数据库（如 EU 的 EINECS 数据库），而且模拟过程复杂、耗资大，主要用于预测新化合物的可生化性和进入环境后的降解途径。

## 13 废水中重金属的来源有哪些?

重金属废水主要是指水中富含重金属以及重金属化合物。主要是由矿山开采、电镀、钢铁及有色冶金和一些化工企业排放的含重金属废水所引起的。此外，生活污水、垃圾渗滤液等也是水体重金属污染的因素。其来源主要包括如下几个方面：

① 电镀过程中产生的废水　其主要来自对镀件的漂洗，同时也有可能是少量工艺废弃液的排放。电镀废水的水质因镀件和电镀工艺的不同而存在区别。电镀废水中的重金属浓度往往都比较高，主要含有铜、铬、锌、镉等金属离子，其对环境的危害也非常大。

② 采矿过程中排放的重金属废水　开采金属矿时产生的废水主要是悬浮物和无机酸，这是因为金属矿石中含有无机硫化物，这些物质经过风化、水浸以及微生物等的作用，形成酸性废水。其主要的反应方程式为：

$$2FeS_2+2H_2O+7O_2 \xlongequal{} 2FeSO_4+2H_2SO_4$$

其酸性废水含有一种或几种金属离子、非金属离子等。

③ 金属加工过程中产生的废水　主要是对金属表面除锈时产生的重金属废液。现在的金属加工过程中，大多使用硫酸或盐酸清洗普通的金属材料，不锈钢一般都是用硝酸或者氢氟酸混合酸清洗表面。经过酸洗后的金属材料还得用清水漂洗，这些过程中将产生大量的酸性废水。一般情况下，漂洗后剩余的废液含酸量为7%左右，溶解性铁的含量很高，pH值为1～2。这些含金属离子高的废水若不经过处理就排放到环境中，必将造成严重的环境污染。

④ 炼铁过程中产生的废水　其中高炉煤气产生的洗涤水是炼铁工艺的主要废水。其废水中主要含有铁、铝、锌和硅及其氧化物。

⑤ 钢铁企业的酸洗废水　尤其是对不锈钢表面酸洗除垢，也能产生大量的含铁、锌、铅等重金属的废水。

## 14 重金属对环境和人体健康有何危害?

重金属造成的环境危害主要分为对水生动物的直接危害、对水生植物生长的直接影响和对人体的间接威胁三个方面。

① 重金属污染对水生动物的直接危害　含有重金属的废水排入水体后，将直接影响水生动物的正常代谢活动和器官发育，进而影响水生动物的产卵、洄游。此外，重金属影响了正常的水体环境，能够一定程度上增大水生动物的基因突变率，给生态平衡带来潜在风险。

② 重金属污染对水生植物的直接危害　重金属进入水体后，将导致水生植物出现叶片发黄、生长迟缓、植株萎蔫等现象，严重的重金属污染将直接导致植株死亡。

③ 重金属污染对人体的间接威胁　重金属污染对人体的威胁可分为直接威胁和间接威胁两种。目前，水体重金属污染对人类健康以间接威胁为主，利用被重金属污染的水体进行灌溉后，会造成灌溉区土壤重金属含量超标。灌溉区内种植的作物将重金属污染物质储存于体内，通过食物链进入人体，长期积累这种无法自行降解的重金属，将威胁人体健康。这些储存的重金属污染物短时间内对人体的危害尚不明显，也不易被发现，但是长期食用受污染的食物，将影响人体免疫力，造成人体内维生素和营养元素的缺乏。

## 15 废水中氰化物的来源与危害有哪些?

含氰废水主要来源于选矿、有色金属冶炼、金属加工、炼焦、电镀、电子、化工、制革、仪表等工业生产。

氰化物属于剧毒物，对人体的毒性主要是与高铁细胞色素酶结合，生成氰化高铁细胞色素氧化酶而失去传递氧的作用，引起组织窒息。含氰废水任意排放会污染水源及农田，威胁人、畜、鱼类的生命安全，严重破坏生态平衡。

## 16 废水中硫化物的来源与危害有哪些?

废水中的硫化物主要来源于制革、石化、制药、燃料等行业的生产过程。

硫化物有毒性、腐蚀性，并具臭味，易对环境造成极大的污染。如若不经处理直接排入水体，水体环境遭到严重污染，水体生态平衡遭到严重破坏。废水中还会逸出硫化氢等含硫气相化合物，散发出难闻的气味，严重影响人们的生活和身心健康。并且在处理过程中，会不同程度地影响废水处理设备、设施的正常运转。

## 17 废水中氟化物的来源与危害有哪些?

废水中的氟化物主要来自电镀、铝电解、半导体、钢铁工业、玻璃制造、磷肥生产、热电厂、萤石选矿、氟化盐和氢氟酸等生产过程。含氟废水中的氟主要以氢氟酸、氟硅酸或氟化物的形式存在，同时还伴有无机盐和有机物等多种污染物。

研究发现，当水中含氟质量浓度高于 4.0mg/L 时，会引起骨膜增生、骨刺形成、骨节硬化、骨质疏松、骨骼变形与发脆等氟骨病症状。另外，对肝脏、肾脏、心血管系统、免疫系统、生殖系统、感官系统等非骨组织均有不同程度的损害作用。同时，局部氟严重超标会使植物植株矮小甚至坏死。含氟废水会腐蚀设备，加大设备折旧率，增加企业经济负担，见图 1-9。

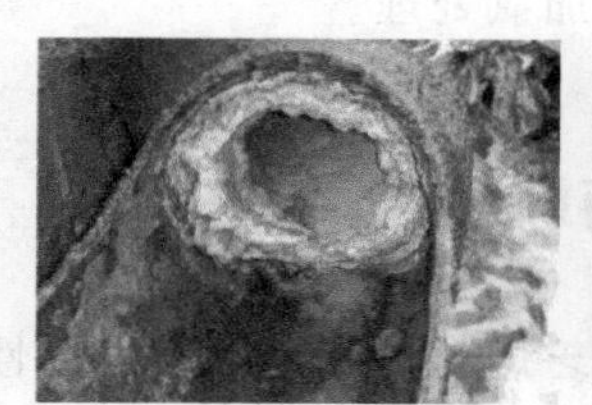
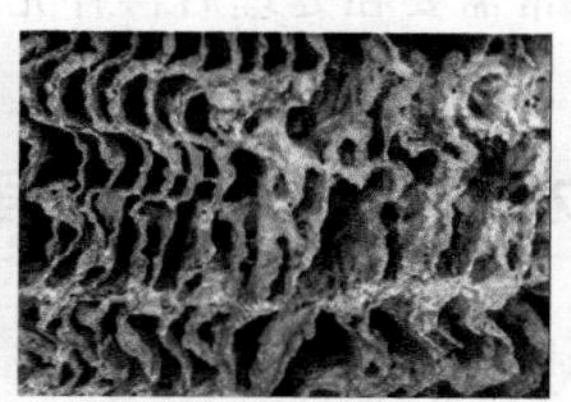

图 1-9 含氟废水及其危害

## 18 热污染废水的来源与危害有哪些?

热污染废水主要来自工业冷却水排放。如图 1-10 所示，热污染废水的主要危害有：

① 导致水中缺氧。由于热废水本身缺氧，另一方面也由于水体温度上升后，既促使某些水生植物的急剧繁殖，也加速有机物的分解，从而导致水中缺氧。

② 由于不同种类的水生生物对温度条件的适应能力不一样。因而，水生生物会表现出不同的适温范围。当热废水使得环境水体温度超越适温范围时，就会妨碍水生生物的正常生活、发育、繁殖，甚至会使之致死。

③ 热污染废水的排放有可能改变局部地区的某些自然规律或现象。

图 1-10 水体热污染

## 19 废水中致病微生物的来源有哪些？如何处理？

一般认为废水中的致病微生物有细菌、病毒、立克次氏体、原生动物和真菌五种，立克次氏体介于细菌和病毒之间。一些微生物学家把以梅毒螺旋体为代表的致病螺旋体归纳为第六种致病微生物，而螺旋体介于细菌和原生动物之间。有些高于原生动物的微生物，如线虫也能致病。生活污水及屠宰、生物制品、医院、制革、洗毛等工业废水中常含有这些能传染各种疾病的致病微生物。

对致病病原体较为集中和含量较大的污水，最好进行单独消毒处理，然后再和其他污水一起进行二级生化处理，这样可以减少消毒剂的消耗量。因为病原体在水中的存活时间较长，有的病毒和寄生虫卵用一般的消毒方法难以杀死。

消毒杀菌的方法有氯、二氧化氯、臭氧等氧化法以及石灰处理、紫外线照射、加热处理、超声波等，另外超滤处理也可以除去水中大部分的细菌。就细菌、病毒的去除而言，臭氧氧化、紫外线照射等方法效果很好，但处理后的水中没有类似余氯的剩余消毒剂，无法防止微生物的再繁殖，通常需要在处理后再补充加氯处理。

## 20 放射性废水的来源与危害有哪些？

放射性废水是指核电厂、核燃料前处理，乏燃料后处理以及放射性同位素应用过程中排出的各种废水。不同废水所含放射性核素的种类和浓度、酸度、其他化学组分等差异很大。核电站废水中，主要核素包括$^{58}Co$、$^{60}Co$、$^{134}Cs$、$^{137}Cs$、$^{90}Sr$、$^{3}H$等；核燃料循环前段的废水中，核素以铀、镭及其子体居多，如铀矿的开采和选矿产生含铀、镭等天然放射性核素的矿坑废水或选矿废水；在核燃料元件制造中，各种金属的提纯和设备的清洗会产生含有少量铀的稀硝酸-氢氟酸废水，这种废水的污染水平相当低。乏燃料后处理废水中，主要核素包括$^{137}Cs$、$^{90}Sr$及铀、钚、超铀核素等。

按废水所含放射性核素的浓度，可分为高水平、中水平与低水平放射性废水，按废水中所含放射性种类，可分为α、β、γ三类放射性废水。

放射性污染造成的危害，主要是通过放射性污染物发出的射线照射来危害人体和其他生物体的，造成危害的射线主要有α、β、γ射线。α射线穿透力较小，在空气中易被吸收，外照射对人体的伤害不大，但其电离能力强，进入人体后会因为内照射造成较大的伤害；β射线是带负电的电子流，穿透力较强；γ射线是波长很短的电磁波，穿透力极强，对人的危害最大。对于污染后的水体，水生生物通过外辐射和食用含有放射性核素的营养物质使体内放射性核素富集，并通过食物链传递给人类。人类通过饮用被放射性核污染的水和食用放射性污染源的水生生物，体内会受到放射性物种的内辐射。当核素由消化道摄入时，机体对放射性核素产生吸收，其中吸收率最高的是碱金属和碱土金属，稀土元素和重金属的吸收率较低。某些放射性核素进入人体后，可以选择性地沉积于某个或者某几个器官和组织内，致使该器官受到较大剂量的辐射，例如甲状腺、肺、肝、肾、骨骼等。在体内辐射时，射线在体内引起的电离密度越大，对生物体的作用就越强。因此α、β、γ三种粒子的电离作用依次减弱，对人体的伤害也相应减弱。细胞组织在受到体内辐射时，DNA大分子发生降解，造成核苷酸及其组分的破坏，例如碱基脱落或被破坏，嘧啶二聚体形成、脱氧核糖的破坏、单链断裂、双链断裂、DNA 的链内交联或者链间交联、DNA 与蛋白质的交联等，导致组织细胞核改变、染色体畸变、细胞膜改变、细胞分裂和生长脱节等细胞杀伤，产生躯体效应和遗传效应。

某些微量的放射性核素污染并不影响人体健康，只有当辐射达到一定剂量时，才会对人体产生危害。当内辐射剂量大时，可能出现近期效应，主要表现为：头痛、头晕、食欲下降、睡眠障碍等神经系统和消化系统的症状，继而出现白细胞和血小板减少等。超剂量放射性物质在体内长期残留，可产生远期效应，主要症状为出现肿瘤、白血病和遗传障碍等。如 1945 年原子弹在日本广岛、长崎爆炸后，居民由于长期受到放射性物质的辐射，肿瘤、白血病的发病率明显增高。

## 21 评价废水污染程度的物理指标有哪些?

评价废水污染程度的物理指标主要有温度、色度、嗅和味、固体物质等。

① 温度　氧在水中的饱和溶解度随水温的升高而减少，较高的水温会加速耗氧反应，可导致水体缺氧与水质恶化。

② 色度　色度是一项感官性指标。将有色污水用蒸馏水稀释后与蒸馏水在比色管中对比，一直稀释到两个水样无色差，此时污水的稀释倍数即为该水样的色度。

③ 嗅和味　嗅和味同色度一样也是感官性指标。水的异臭来源于还原性硫和氮的化合物、挥发性有机物和氯气等污染物质。盐分也会给水体带来异味。

④ 固体物质　水中所有残渣的总和称为总固体（total solid，TS），总固体包括溶解性固体（dissolved solid，DS）和悬浮固体（又称悬浮物，suspended solid，SS）。

## 22 评价废水污染程度的化学指标有哪些?

评价废水污染程度的化学指标包括有机指标和无机指标两大类。

（1）有机指标

在工程中一般采用生化需氧量（biochemical oxygen demand，BOD）、化学需氧量（chemical oxygen demand，COD）、总有机碳（total organic carbon，TOC）、油类污染物、酚类污染物、表面活性剂、有机酸碱、有机农药和苯类化合物等指标来反映水中有机物含量。

生化需氧量（BOD）：水中有机污染物被好氧微生物分解时所需的氧量。目前，常以 5d 作为测定生化需氧量的标准时间，简称五日生化需氧量，用 $BOD_5$ 表示。

化学需氧量（COD）：化学需氧量是用化学氧化剂氧化水中有机污染物时所消耗的氧化剂量，以 mg/L 为单位。

总有机碳（TOC）：总有机碳（TOC）包括水样中所有有机污染物的碳含量，也是评价水样中有机污染物的一个综合参数。

（2）无机指标

无机指标主要有 pH、植物营养元素、重金属、无机性非金属等有害有毒物。

pH 主要指示水样的酸碱性，当 pH＜7 时水样呈酸性，当 pH＞7 时水样呈碱性。一般要求处理后污水的 pH 值在 6～9 之间。

污水中植物营养元素以氮磷为主。过多的氮磷进入天然水体会导致富营养化。

重金属主要指汞、铬、镉、铅、镍等生物毒性显著的元素，也包括具有一定毒害性的一般重金属，如锌、铜、钴、锡等。

水中无机性非金属有害有毒物主要有砷、含硫化合物、氰化物等。

## 23 评价废水污染程度的微生物指标有哪些?

评价废水污染程度的微生物指标主要有细菌总数、大肠菌群数、各种病原微生物和病毒等。

（1）细菌总数

指 1mL 水在营养琼脂培养基中经 37℃、24h 培养后所生长的细菌菌落总数。细菌总数反映了水体受细菌污染的程度，可作为评价水质清洁程度和考核水净化效果的指标。一般细菌总数越多，表示病原菌存在的可能性越大。细菌总数不能说明污染的来源，必须结合粪大肠菌群数来判断水质对人体的安全程度。

（2）大肠菌群数

目前利用提高培养温度的方法来区别不同来源的大肠菌群细菌，把培养于 44.5℃的温水浴内能生长繁殖发酵乳糖而产酸、产气的大肠菌群细菌，称为粪大肠菌群。来自人及温血动物粪便内的大肠菌群主要属于粪大肠菌群，而自然环境中生活的大肠菌群在培养温度为 44.5℃时，则不再生长，故培养于 37℃能生长繁殖发酵乳糖而产酸、产气的大肠菌群细菌，称为总大肠菌群。大肠菌群数是每 1L 水中的大肠菌群个数。水中大肠菌群数可间接地表明水中含有肠道病菌（如伤寒、痢疾、霍乱等）存在的可能性，因此作为保证人体健康的卫生指标。污水回用做杂用水或景观用水时，就有可能与人体接触，此时必须检测其中粪大肠菌群数。

（3）各种病原微生物和病毒

许多病毒性疾病都可以通过水传染，比如引起肝炎、小儿麻痹症等疾病的病毒存在于人体的肠道中，通过病人粪便进入生活污水系统，再排入污水处理厂。污水处理工艺对这些病毒的去除作用有限，在将处理后污水排放时，如果受纳水体的使用价值对这些病原微生物和病毒有特殊要求时，就需要消毒并进行检测。

## 24 废水处理后最终出路有哪些?

收集处理后的污水共有三大出路，其一是排放水体，其二是灌溉农田，其三是重复利用。

（1）排放水体

作为整个水循环，江河湖海将是污水处理后的自然归宿，对于排入的污水，江河湖海都具备一定的稀释与净化能力，所以排入江河湖海也称作污水稀释处理法。但值得注意的是，江河湖海只具备一定的自净能力，假如排入的污染物总量超过了其自净能力时，则会造成严重水体污染，这是绝对不允许的。图 1-11 为某临江污水处理厂排污口。

(2) 灌溉农田

图 1-11 某临江污水处理厂排污口

灌溉农田既是一种污水的处理方式，也是一种污水的利用方式。污水排放后经土地自然净化法，即利用植物吸收净化污水中的有机物、盐分等，达到净化污水的目的，这就是污水处理的一种方式，如图 1-12 所示；而对于有的污水，经过适当处理后，其出水水质能够达到灌溉农田的标准时，就可以直接排入农田进行水利灌溉，这就是一种污水利用方式。

(3) 重复利用

污水的重复利用包括自然复用、间接复用和直接复用三种利用方式。自然复用是指处理后的污水排入河流的上游，与河水混合后被下游取用；间接复用指的是将处理后的污水回注入地下水中，然后再被其余用水单位取用。图 1-13 为养殖废水处理与回用示意图。

图 1-12 农村污水处理与回灌系统

图 1-13 养殖废水处理与回用

## 25 废水的处理程度有哪些级别?

按照处理的目标和要求，废水的处理程度一般可以分为一级处理、二级处理、三级处理(或深度处理)。

① 一级处理　主要去除污水中呈悬浮状态的固体污染物，采用的主要技术为物理法。城镇污水处理厂中，一级处理对 $BOD_5$ 的去除率一般为 20%～30%，故一级处理一般作为二级处理的前处理。

② 二级处理　污水经过一级处理后，再用生物方法进一步去除污水中的胶体和溶解性污染物的过程，主要采用生物法。这一过程生活污水中 $BOD_5$ 的去除率一般在 90%以上。

③ 三级处理　也可称为深度处理，一般有更高的处理与排放要求或以污水的回用为目的，在一、二级处理后增加的处理过程，以进一步去除污染物。其技术方法更多地采用物理法、化学法及物理化学法等，与前面的处理技术形成组合处理工艺。

一般三级处理多指二级处理后以达到更高排放标准为目标所增加的工艺过程，而深度处理更多地指以污水的再生回用为目标设置的工艺过程。

## 26 什么是污染物排放总量控制?

污染物排放总量是根据不同区域、不同时期的环境质量要求，推算出达到该目标的污染物最大允许排放量。污染物排放总量控制标准是以与水环境质量标准相适应的水体环境容量为依据而设定的。水体的水环境质量要求高，则环境容量小。水环境容量可采用水质模型法等方法计算。这种标准可以保证水体的质量，但对管理技术要求高，需要与排污许可证制度相结合进行总量控制。我国重视并已实施总量控制标准，《污水排入城镇下水道水质标准》（GB/T 31962—2015）也提出在有条件的城市，可根据本标准采用总量控制。

## 27 什么是排污许可证和排污许可制度?

排污许可证，是指政府机关根据环境保护法律法规和标准，对企业事业单位和其他生产经营者的特定排污行为进行审核并发放的证书。它规定了排污者可以排放的污染物种类、数量、方式和地点等，是实现污染物排放总量控制和环境质量改善的重要手段。未取得排污许可证的，不得排放污染物。

排污许可制度，是指生态环境主管部门对排污单位的大气污染物、水污染物、工业固体废物、工业噪声等污染物排放行为实行综合许可管理。有排污需求的企业事业单位和其他生产经营者，在全国排污许可证管理信息平台进行排污登记，依法申请取得排污许可证，并按照排污许可证的规定排放污染物。排污许可制度是覆盖所有固定污染源的环境管理基础制度，排污许可证是排污单位生产运营期排放行为的唯一行政许可。

下列排污单位应当实行排污许可管理：

① 排放工业废气或者排放国家依法公布的有毒有害大气污染物的企业事业单位；

② 集中供热设施的燃煤热源生产运营单位；

③ 直接或间接向水体排放工业废水和医疗污水的企业事业单位和其他生产经营者；

④ 城镇污水集中处理设施的运营单位；

⑤ 设有污水排放口的规模化畜禽养殖场；

⑥ 依法实行排污许可管理的其他排污单位。

排污许可证的实行可以提高企业和单位的环保意识，推动清洁生产和绿色发展。通过对排污行为的规范和管理，可以降低对环境的破坏和污染，实现环境保护和可持续发展的目标。同时，排污许可证还可以促进企业技术创新和产业升级，提高企业的市场竞争力。

## 28 《污水综合排放标准》（GB 8978—1996）的适用范围是什么?

《污水综合排放标准》（GB 8978—1996）适用于现有单位水污染物的排放管理，以及建设项目的环境影响评价、建设项目环境保护设施设计、竣工验收及其投产后的排放管理。按照国家综合排放标准与国家行业排放标准不交叉执行的原则，除造纸工业、船舶工业、海洋石油开发工业、纺织染整工业、肉类加工工业、合成氨工业、钢铁行业、航天推进剂使用行业、兵器工业、磷肥工业以及烧碱、聚氯乙烯工业等已出台行业标准的企业外，其他尚未出台行业标准的企业均执行本标准。

## 29 《污水综合排放标准》(GB 8978—1996)是如何分级的?

按照污水去向以及受纳水体的类别和功能,《污水综合排放标准》(GB 8978—1996)对企业所排污水提出三个不同级别的控制要求:

① 排入《地表水环境质量标准》(GB 3838—2002)规定的Ⅲ类水域(划定的保护区和游泳区除外)和排入《海水水质标准》(GB 3097—1997)规定的二类海域的污水,执行一级排放标准;

② 排入《地表水环境质量标准》(GB 3838—2002)规定的Ⅳ、Ⅴ类水域和排入《海水水质标准》(GB 3097—1997)规定的三类海域的污水,执行二级排放标准;

③ 排入末端设置二级处理工艺的城镇污水厂的排水系统的污水,执行三级标准;

④ 排入未设置二级污水处理工艺的城镇污水厂的排水系统的污水,须根据排水系统出水受纳水域的功能要求,分别执行①、②的规定;

⑤《地表水环境质量标准》(GB 3838—2002)中Ⅰ、Ⅱ类水域和Ⅲ类水域中划定的保护区,《海水水质标准》(GB 3097—1997)中的一类海域,禁止新建排污口。现有排污口应按水体功能要求,实行污染物总量控制,以保证受纳水体水质符合规定用途的水质标准。

## 30 何为第一类污染物和第二类污染物?

第一类污染物是指能在环境中或动物体内蓄积,对人体健康产生长远不良影响的污染物质。第一类污染物共有13项,包括总汞、烷基汞、总镉、总铬、六价铬、总砷、总铅、总镍、苯并[a]芘、总铍、总银、总α放射性、总β放射性。不分建设年限,不分行业和污水排放方式,也不分受纳水体的功能类别,一律在车间或车间处理设施排放口采样(采矿行业的尾矿坝出水口不得视为车间排放口),其排放浓度必须低于《污水综合排放标准》(GB 8978—1996)规定的最高允许排放浓度。

第二类污染物是指长远影响小于第一类污染物质的污染物,如pH、色度、悬浮物、化学需氧量、石油类、挥发酚、总氰化物、硫化物、氨氮等。《污水综合排放标准》(GB 8978—1996)根据建设年限,对第二类污染物的最高允许排放浓度作出了规定。对1997年12月31日之前建设(包括改、扩建)的单位,规定了第二类水污染物(共26项)的最高允许排放浓度;对1998年1月1日起建设(包括改、扩建)的单位,规定了第二类水污染物(共56项)的最高允许排放浓度。

## 31 城镇污水处理厂污染物排放应符合什么标准?

根据城镇污水处理厂排入地表水域环境功能和保护目标,以及污水处理厂的处理工艺,将基本控制项目的常规污染物标准值分为一级标准、二级标准、三级标准。一级标准分为A标准和B标准。重金属污染物和选择控制项目不分级。标准执行条件如下:

① 一级标准中的A标准是城镇污水处理厂出水作为回用水的基本要求。当污水处理厂出水引入稀释能力较小的河湖作为城镇景观用水和一般回用水等用途时,执行一级标准的A

标准。

② 城镇污水处理厂出水排入《地表水环境质量标准》（GB 3838—2002）Ⅲ类功能水域（划定的饮用水水源保护区和游泳区除外）、《海水水质标准》（GB 3097—1997）二类功能海域和湖、库等封闭或半封闭水域时，执行一级标准的B标准。

③ 城镇污水处理厂出水排入《地表水环境质量标准》（GB 3838—2002）Ⅳ、Ⅴ类功能地表水水域或《海水水质标准》（GB 3097—1997）三、四类功能海域，执行二级标准。

④ 非重点控制流域和非水源保护区的建制镇的污水处理厂，根据当地经济条件和水污染控制要求，采用一级强化处理工艺时，执行三级标准。但必须预留二级处理设施的位置，分期达到二级标准。

《城镇污水处理厂污染物排放标准》（GB 18918—2002）基本控制项目最高允许排放浓度见表1-2。与《污水综合排放标准》（GB 8978—1996）中对城镇二级污水处理厂的排放要求相比，二级标准对磷的浓度限值有所放宽，更为符合水处理技术现状和水环境要求的实际情况。

**表 1-2　GB 18918—2002 中基本控制项目最高允许排放浓度（日均值）**　单位：mg/L

| 序号 | 基本控制项目 | | 一级标准 | | 二级标准 | 三级标准 |
|---|---|---|---|---|---|---|
| | | | A 标准 | B 标准 | | |
| 1 | 化学需氧量(COD) | | 50 | 60 | 100 | 120 |
| 2 | 生化需氧量($BOD_5$) | | 10 | 20 | 30 | 60 |
| 3 | 悬浮物(SS) | | 10 | 20 | 30 | 50 |
| 4 | 动植物油 | | 1 | 3 | 5 | 20 |
| 5 | 石油类 | | 1 | 3 | 5 | 15 |
| 6 | 阴离子表面活性剂 | | 0.5 | 1 | 2 | 5 |
| 7 | 总氮 | | 15 | 20 | — | — |
| 8 | 氨氮(以N计) | | 5(8) | 8(15) | 25(30) | — |
| 9 | 总磷(以P计) | 2005年12月31日前建设的 | 1 | 1.5 | 3 | 5 |
| | | 2006年1月1日起建设的 | 0.5 | 1 | 3 | 5 |
| 10 | 色度(稀释倍数) | | 30 | 30 | 40 | 50 |
| 11 | pH | | 6～9 | | | |
| 12 | 粪大肠菌群数/(个/L) | | $10^3$ | $10^4$ | $10^4$ | — |

注：括号外数值为水温＞12℃时的控制指标，括号内数值为水温≤12℃时的控制指标。

## 32 城市污水再生用作工业用水时的水质要求是什么？

对于以城市污水再生水作为水源的工业用水，除应满足《城市污水再生利用 工业用水水质》（GB/T 19923—2024）的规定外，其化学毒理学指标还应符合《城镇污水处理厂污染物排放标准》（GB 18918—2002）中对“一类污染物”和“选择控制项目”各项指标限值的要求。基本控制项目及相应的指标值如表1-3～表1-5所示。

**表 1-3　再生水用作工业用水水源的水质标准**

| 序号 | 控制项目 | | 直流冷却水、洗涤用水、除尘水、冲渣(灰)水 | 间冷开式循环冷却水补水、锅炉补给水、工艺与产品用水 |
|---|---|---|---|---|
| 1 | pH | | 6.5～9.0 | 6.5～8.5 |
| 2 | 嗅 | | 无不快感 | |
| 3 | 色度/度 | ≤ | 30 | |

续表

| 序号 | 控制项目 | | 直流冷却水、洗涤用水、除尘水、冲渣(灰)水 | 间冷开式循环冷却水补水、锅炉补给水、工艺与产品用水 |
|---|---|---|---|---|
| 4 | 浊度/NTU | ≤ | 5 | |
| 5 | 悬浮物(SS)/(mg/L) | ≤ | 10 | |
| 6 | 生化需氧量($BOD_5$)/(mg/L) | ≤ | 10 | |
| 7 | 化学需氧量($COD_{Cr}$)/(mg/L) | ≤ | 50 | |
| 8 | 氨氮(以N计)/(mg/L) | ≤ | 5(1)① | |
| 9 | 总氮(以N计)/(mg/L) | ≤ | 15 | |
| 10 | 总磷(以P计)/(mg/L) | ≤ | 0.5 | |
| 11 | 阴离子表面活性剂/(mg/L) | ≤ | 0.5 | |
| 12 | 石油类/(mg/L) | ≤ | 1 | |
| 13 | 溶解性总固体/(mg/L) | ≤ | 1000 | |
| 14 | 氯化物(以$Cl^-$计)/(mg/L) | ≤ | 250 | |
| 15 | 硫酸盐(以$SO_4^{2-}$计)/(mg/L) | ≤ | 600 | 250 |
| 16 | 铁/(mg/L) | ≤ | 0.5 | 0.3 |
| 17 | 锰/(mg/L) | ≤ | 0.2 | 0.1 |
| 18 | 二氧化硅/(mg/L) | | 50 | 30 |
| 19 | 粪大肠菌群数/(个/L) | ≤ | 1000 | |
| 20 | 余氯②/(mg/L) | | 0.1~0.2② | |

① 当间冷开式循环冷却水系统换热器为铜质时，循环冷却系统中循环水的氨氮指标应小于1mg/L。

② 加氯消毒时管网末梢值。

**表1-4　部分一类污染物最高允许排放浓度（日均值）**　　单位：mg/L

| 序号 | 项目 | 标准值 | 序号 | 项目 | 标准值 |
|---|---|---|---|---|---|
| 1 | 总汞 | 0.001 | 5 | 六价铬 | 0.05 |
| 2 | 烷基汞 | 不得检出 | 6 | 总砷 | 0.1 |
| 3 | 总镉 | 0.01 | 7 | 总铅 | 0.1 |
| 4 | 总铬 | 0.1 | | | |

**表1-5　选择控制项目最高允许排放浓度（日均值）**　　单位：mg/L

| 序号 | 选择控制项目 | 标准值 | 序号 | 选择控制项目 | 标准值 |
|---|---|---|---|---|---|
| 1 | 总镍 | 0.05 | 23 | 三氯乙烯 | 0.3 |
| 2 | 总铍 | 0.002 | 24 | 四氯乙烯 | 0.1 |
| 3 | 总银 | 0.1 | 25 | 苯 | 0.1 |
| 4 | 总铜 | 0.5 | 26 | 甲苯 | 0.1 |
| 5 | 总锌 | 1.0 | 27 | 邻-二甲苯 | 0.4 |
| 6 | 总锰 | 2.0 | 28 | 对-二甲苯 | 0.4 |
| 7 | 总硒 | 0.1 | 29 | 间-二甲苯 | 0.4 |
| 8 | 苯并[a]芘 | 0.00003 | 30 | 乙苯 | 0.4 |
| 9 | 挥发酚 | 0.5 | 31 | 氯苯 | 0.3 |
| 10 | 总氰化物 | 0.5 | 32 | 1,4-二氯苯 | 0.4 |
| 11 | 硫化物 | 1.0 | 33 | 1,2-二氯苯 | 1.0 |
| 12 | 甲醛 | 1.0 | 34 | 对硝基氯苯 | 0.5 |
| 13 | 苯胺类 | 0.5 | 35 | 2,4-二硝基氯苯 | 0.5 |
| 14 | 总硝基化合物 | 2.0 | 36 | 苯酚 | 0.3 |
| 15 | 有机磷农药(以P计) | 0.5 | 37 | 间-甲酚 | 0.1 |
| 16 | 马拉硫磷 | 1.0 | 38 | 2,4-二氯酚 | 0.6 |
| 17 | 乐果 | 0.5 | 39 | 2,4,6-三氯酚 | 0.6 |
| 18 | 对硫磷 | 0.05 | 40 | 邻苯二甲酸二丁酯 | 0.1 |
| 19 | 甲基对硫磷 | 0.2 | 41 | 邻苯二甲酸二辛酯 | 0.1 |
| 20 | 五氯酚 | 0.5 | 42 | 丙烯腈 | 2.0 |
| 21 | 三氯甲烷 | 0.3 | 43 | 可吸附有机卤化物(AOX以Cl计) | 1.0 |
| 22 | 四氯化碳 | 0.03 | | | |

## 33 如何选择适用污水排放标准?

污水排放标准根据控制形式可分为浓度标准和总量控制标准。根据地域管理权限可分为国家排放标准、行业排放标准和地方排放标准。

① 浓度标准　浓度标准规定了排出口向水体排放污染物的浓度限值，其单位一般为mg/L。我国现有的国家标准和地方标准基本上都采用浓度标准。浓度标准的优点是指标明确，对每个污染指标都执行一个标准，管理方便。但由于未考虑排放量的大小，接受水体的环境容量大小、性状和要求等，不能完全保证水体的环境质量。当排放总量超过水体的环境容量时，水体水质不能达到质量标准。另外，企业也可以通过稀释来降低排放水中的污染物浓度，造成水资源浪费，水环境污染加剧。

② 总量控制标准　总量控制标准是以与水环境质量标准相适的水体环境容量为依据而设定的。水体的水环境质量要求高，则环境容量小。水环境容量可采用水质模型法与排污许可制度相结合的办法进行总量控制。

③ 国家排放标准　国家排放标准按照污水排放去向，规定了水污染物最高允许排放浓度，适用于排污单位水污染物的排放管理，以及建设项目的环境影响评价、建设项目环境保护设施设计、竣工验收及其投产后的排放管理。我国现行的国家排放标准主要有《污水综合排放标准》(GB 8798—1996)、《城镇污水处理厂污染物排放标准》(GB 18918—2002)、《污水排入城镇下水道水质标准》(GB/T 31962—2015) 及《污水海洋处置工程污染控制标准》(GB 18486—2001) 等。

④ 行业排放标准　根据部分行业排放废水的特点和治理技术发展水平，国家对部分行业制定了国家行业排放标准，如《制浆造纸工业水污染物排放标准》(GB 3544—2008)、《海洋石油勘探开发污染物排放浓度限值》(GB 4914—2008)、《纺织染整工业水污染物排放标准》(GB 4287—2012)、《烧碱、聚氯乙烯工业污染物排放标准》(GB 15581—2016)、《肉类加工工业水污染物排放标准》(GB 13457—1992)、《合成氨工业水污染物排放标准》(GB 13458—2013)、《钢铁工业水污染物排放标准》(GB 13456—2012) 及《磷肥工业水污染物排放标准》(GB 15580—2011) 等。

⑤ 地方排放标准　省、直辖市等根据经济发展水平和管辖地水体污染控制需要，可以根据《中华人民共和国水污染防治法》制定地方污水排放标准。地方污水排放标准可以增加污染物控制指标数，但不能减少；可以提高对污染物排放标准的要求，但不能降低标准。

污水排放标准的选择原则是在有行业排放标准可供使用的前提下，优先选择行业排放标准；在有地方排放标准可供使用的前提下，优先选择地方排放标准。在无地方排放标准和行业排放标准的地区，企业可使用国家污水综合排放标准。

## 34 污水的主要处理方法有哪些? 各有什么特点?

污水处理按技术原理可分为物理处理法、化学处理法、物理化学处理法和生物处理法。

① 物理处理法　利用物理原理和方法，分离污水中的污染物，在处理过程中一般不改变水的化学性质。常用的物理处理法包括筛滤法、沉淀法、浮上法、过滤法和膜处理法等。

其优点是设备大都较简单，操作方便，分离效果良好，故使用极为广泛。

② 化学处理法　利用化学反应的原理和方法，分离回收污水中的污染物，使其转化为无害或可再生利用的物质。常用的化学方法有化学沉淀法、中和法、氧化还原法和混凝法等。化学法既可使污染物与水分离，回收某些有用物质，也能改变污染物的性质，如降低废水的酸碱度、去除金属离子、氧化某些有毒有害的物质等，因此可达到比物理法更高的净化程度；但由于化学处理废水常采用化学药剂（或材料），处理费用一般较高，操作与管理的要求也较严格。

③ 物理化学处理法　利用萃取、吸附、离子交换、膜分离技术、汽提等物理化学的原理，处理或回收工业废水的方法。常用的方法有萃取法、吸附法、离子交换法、膜法（包括渗析法、电渗析法、反渗透法、超滤法等）。物理化学法适合于处理杂质浓度很高的废水（用作回收利用的方法），或是浓度很低的废水（用作废水深度处理）。利用物理化学法处理工业废水前，一般要经过预处理，以减少废水中的悬浮物、油类、有害气体等杂质，或调整废水的pH值，以提高回收效率、减少损耗。同时，浓缩的残渣要经过后处理以避免二次污染。

④ 生物法　利用微生物或植被的代谢功能，使污水中呈溶解和胶体状态的有机污染物被降解并转化为无害物质。按微生物对氧的需求，生物处理法可分为好氧处理法和厌氧处理法两种。按生物存在的形式，可分为活性污泥法、生物膜法和生态法等类型。此法具有投资少、效果好、运行费用低等优点，在城市废水和工业废水的处理中得到最广泛的应用。

# 废水预处理技术

## 35 什么是格栅？有何作用？

污水中的污染物一般以三种形态存在：悬浮态、胶体和溶解态。污水物理处理的对象主要是可能堵塞水泵叶轮和管道阀门及增加后续处理单元负荷的悬浮物和部分的胶体。因此，污水的物理处理一般又称为废水的固液分离处理。废水固液分离从原理上讲，主要分为两大类：一类是废水受到一定的限制，悬浮固体在水中流动被去除；另一类是悬浮固体受到一定的限制，废水流动而将悬浮固体抛弃。格栅属于后者。格栅是污水泵站中最主要的辅助设备。

格栅一般由一组平行的栅条组成，斜置于泵站集水池的进口处，用来截留污水中较粗大的漂浮物和悬浮物。图 2-1 为典型人工清渣格栅，使用平面格栅，格栅倾斜角度为 50°～60°，格栅上部设立清捞平台，主要用于小型工业废水处理。

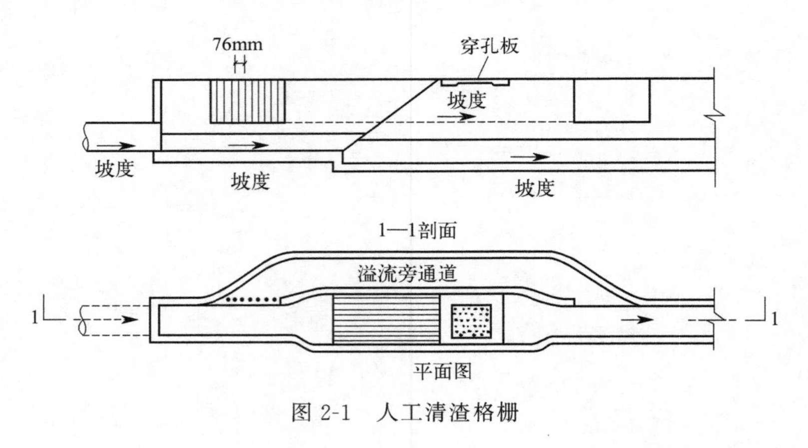


图 2-1 人工清渣格栅

## 36 常见的格栅有哪些类型？

按形状，格栅可分为平面与曲面格栅两种（图 2-2、图 2-3）。平面格栅由栅条与框架组成。曲面格栅又可分为固定曲面格栅与旋转鼓筒式格栅两种。按清渣方式，格栅可分为人工清渣和机械清渣格栅两种。当栅渣量大于 $0.2m^3/d$ 时，为改善工人的劳动与卫生条件，都应采用机械清渣格栅。根据格栅的栅距，可以把格栅分为粗格栅、中格栅、细格栅三类。

① 粗格栅　粗格栅栅距范围为 40～150mm，常采用 100mm。栅条结构采用金属直栅条，竖直排列，一般不设清渣机械，必要时人工清渣，主要用于去除粗大的漂浮物。

② 中格栅　在污水处理中，中格栅也被称为粗格栅，栅距范围为 10～40mm，常用栅距为 16～25mm，用于城市污水处理和工业废水处理，除个别小型工业废水处理采用人工清渣外，一般都为机械清渣。

③ 细格栅　栅距范围为 1.5～10mm，常用栅距为 5～8mm。采用细格栅可以明显改善处理效果，减少初沉池水面的漂浮杂物。

由于格栅是物理处理的重要设施，故新设计的污水处理厂一般采用粗、中两道格栅，甚至采用粗、中、细三道格栅。

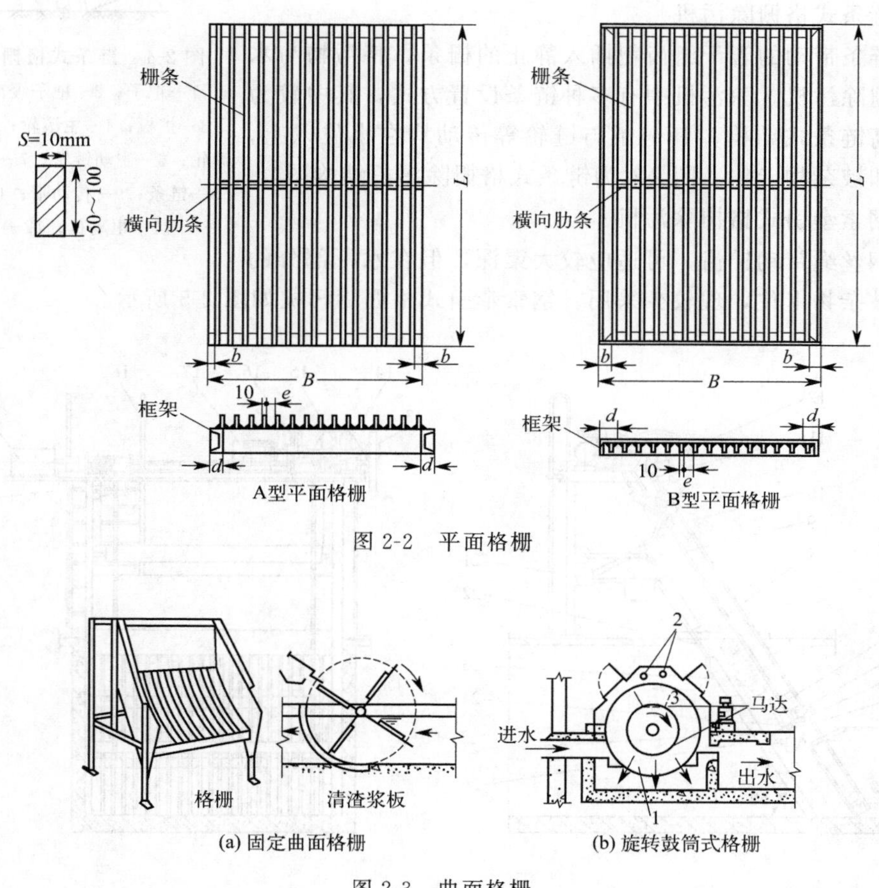


图 2-2　平面格栅

图 2-3　曲面格栅

1—鼓筒；2—冲洗水；3—渣槽

## 37 常见的格栅除污机有哪些类型?

格栅除污机是用机械的方法，将格栅截留的栅渣清捞出水面的设备。

① 按格栅形式，可将格栅除污机分为：弧形格栅除污机、倾斜格栅除污机、垂直格栅除污机（臂式格栅除污机、链式格栅除污机、钢索牵引式格栅除污机、旋转格栅除污机）。

② 按照格栅的安装形式，可将格栅除污机分为：固定式格栅除污机、移动式格栅除污

机、顺水流格栅除污机、逆水流格栅除污机。

③ 按照动力传动，可将格栅除污机分为：电机-机械格栅除污机和油泵-液压格栅除污机。

④ 按控制机构，可将格栅除污机分为：自动控制格栅除污机、人工控制格栅除污机、自动-人工控制格栅除污机、水位差格栅除污机。

⑤ 按格栅间隙，可将格栅除污机分为：粗格栅除污机、细格栅除污机和网式格栅除污机。

以格栅形式为例，介绍几种典型的格栅除污机类型。

(1) 链条式格栅除污机

通过链条带动的若干组齿耙插入静止的栅条，将污物与水分离的格栅除污机。除污机中有多种链条设置方式，其中较为成功的是高链条式结构，其链条与链轮等传动均在水位以上，不易腐蚀和被杂物卡住。图 2-4 为链条式格栅除污机结构图。

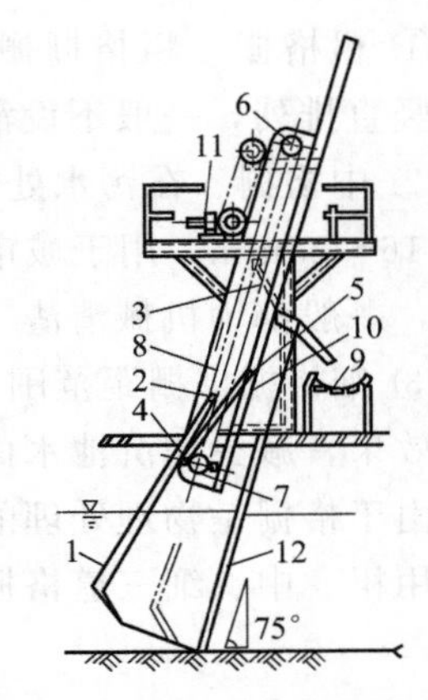


图 2-4 链条式格栅除污机

1—耙子；2—耙子缓冲装置；3—扩板；4—主滚轮；5—导向滚轮；6—主动链轮；7—从动链轮；8—链条；9—传动带；10—导轨；11—电动机；12—格栅

(2) 钢索牵引式格栅除污机

采用钢丝绳带动铲齿，可适应较大渠深，但在水下部分的钢丝绳易被杂物卡住，现较少采用。钢索牵引式格栅除污机如图 2-5 所示。

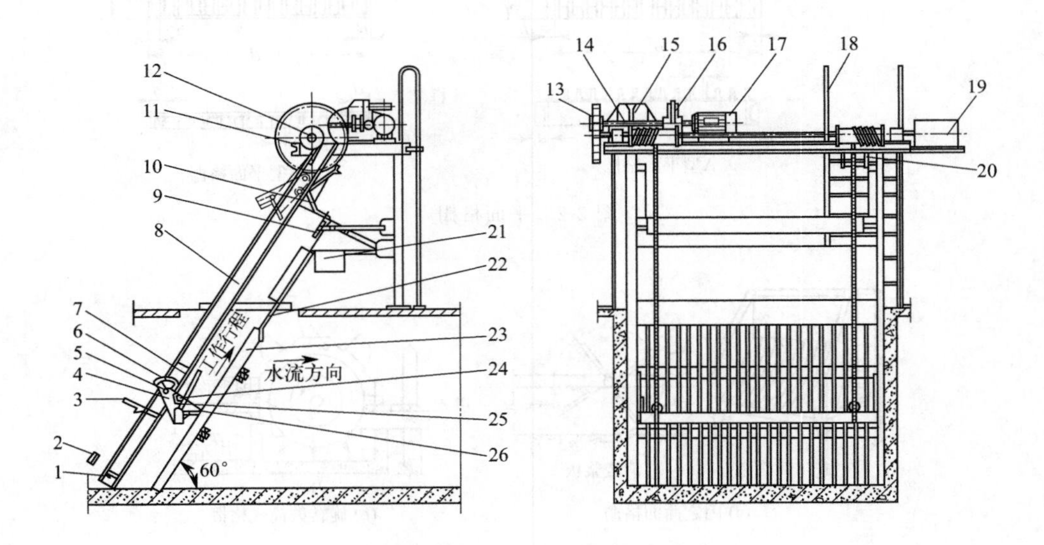


图 2-5 钢丝绳牵引滑块式格栅除污机

1—滑块行程限位螺栓；2—除污耙自锁机构开锁撞块；3—除污耙自锁栓；4—耙臂；5—销轴；6—除污耙摆动限位板；7—滑块；8—滑块导轨；9—刮板；10—抬耙导轨；11—底座；12—卷筒轴；13—开式齿轮；14—卷筒；15—减速机；16—制动器；17—电动机；18—扶梯；19—限位器；20—松绳开关；21、22—上、下溜板；23—格栅；24—抬耙滚子；25—钢丝绳；26—耙齿板

(3) 臂式格栅除污机

采用机械臂带动铲齿，不清渣时清渣设备全部在水面以上，维护检修方便，工作可靠性高，但清渣设备较大，且渠深不宜过大。臂式格栅除污机如图 2-6 所示。

(4) 自清式回转格栅除污机

也叫回转式格栅除污机(图 2-7),是没有静止格栅,由密布的齿耙随着回转式牵引链的运动将水中污物打捞出来的格栅除污机。与传统的固定平面格栅不同,众多小耙齿组装在耙齿轴上,形成了封闭式耙齿链条。格栅机的栅距为 2～10mm,栅宽范围为 300～1800mm。克服了平面格栅易被棉丝、塑料等缠死,固定栅条处于水下不易清除等缺点,目前应用较为广泛。

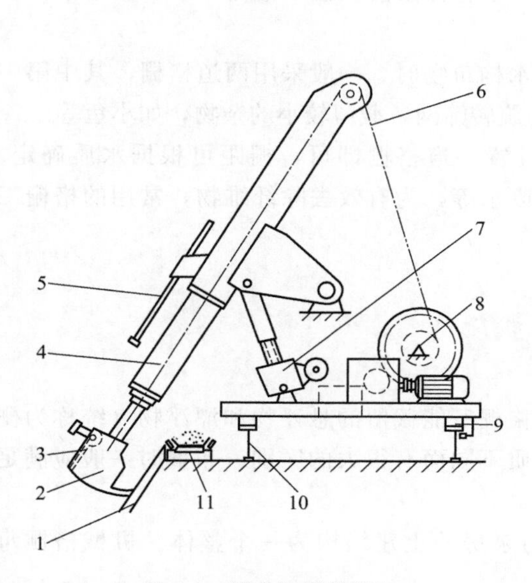


图 2-6 臂式格栅除污机

1—格栅;2—耙斗;3—卸污板;4—伸缩臂;
5—卸污调整杆;6—钢丝绳;7—臂角调整机构;
8—卷扬机构;9—行走轮;10—轨道;11—皮带运输机

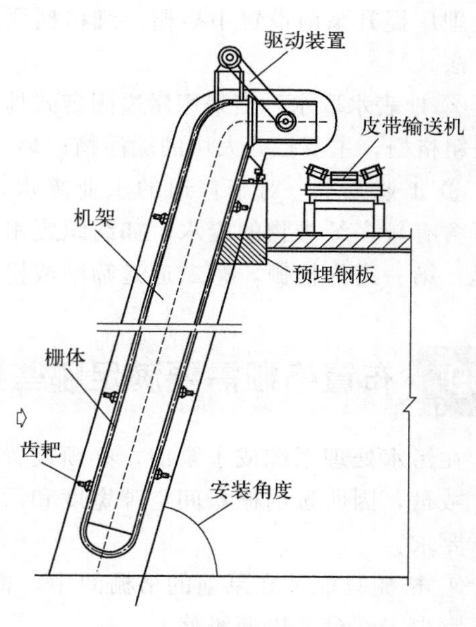


图 2-7 回转式格栅除污机

(5) 弧形格栅除污机

主要用于细格栅。弧形栅的过栅深度和出渣高度有限,不便在泵前使用,只能用作污水水泵提升后的细格栅。HGB 弧形格栅除污机见图 2-8。

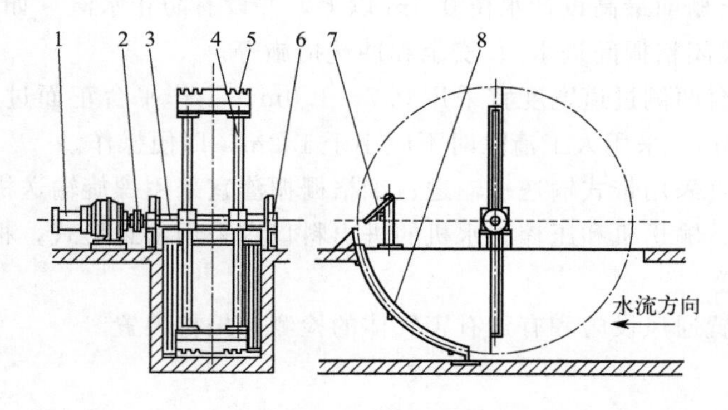


图 2-8 HGB 弧形格栅除污机

1—带电机减速机;2—联轴器;3—转动轴;4—旋臂;5—耙齿;
6—轴承座;7—除污器;8—弧形栅条

## 38 如何确定合适的格栅?

根据水中杂物的特性和处理要求，格栅的选择可从以下三方面进行：

① 城市排水　城市排水分为合流制和分流制两大系统。对于合流制排水系统，为保证格栅机正常运行，常在中格栅前再设置一道粗格栅。对于分流制的城市污水系统，一般在污水处理厂提升泵前设置中格栅、细格栅两道格栅，也有在泵前设置中格栅，泵后设置细格栅的方法。

② 地表水取水　当采用岸边固定式地表水取水构筑物时，一般采用两道格栅，其中第一道是粗格栅，主要拦截大块的漂浮物；第二道多为旋转筛网，截留较小的杂物，如小鱼等。

③ 工业废水　对于普通的工业废水，泵前设置一道格栅即可，栅距可根据水质确定。对于含有较多纤维物的废水，如纺织废水、毛纺废水等，为有效去除纤维物，常用的格栅工艺是：第一道为格栅，第二道是筛网或捞毛机。

## 39 布置格栅需要满足哪些要求?

在污水处理系统或水泵前，必须设置格栅。格栅所能截留的悬浮物和漂浮物（统称为栅渣）数量，因所选的栅条间空隙宽度和污水的性质不同而有很大的区别，布置时一般应满足以下要求：

① 格栅只能装在泵前的格栅间中，格栅间与泵房的土建结构为一个整体。机械格栅每道不宜少于 2 台，以便维修。

② 污水过栅流速宜采用 0.6～1.0m/s。除转鼓式格栅除污机外，机械清除格栅的安装角度宜为 60°～90°。人工清除格栅的安装角度宜为 30°～60°。

③ 格栅除污机底部前端距井壁尺寸，钢丝绳牵引除污机或移动悬吊葫芦抓斗式除污机应大于 1.5m，链动刮板除污机或回转式固液分离机应大于 1.0m。

④ 当来水接入管的埋深较小时，可选用较高的格栅机，把栅渣直接刮出地面以上。当接入管的埋深较大，受格栅机械所限，格栅机需设置在地面以下的工作平台上。格栅间地面下的工作平台应高出栅前最高设计水位 0.5m 以上，并设有防止水淹（如前设速闭闸，以便在泵房断电时迅速关闭格栅间进水）、安全和冲洗措施等。

⑤ 格栅工作平台两侧过道宽度宜采用 0.7～1.0m。工作平台正面过道宽度，采用机械清除时不应小于 1.5m，采用人工清除时不应小于 1.2m，以便操作。

⑥ 粗格栅栅渣宜采用带式输送机输送；细格栅栅渣宜采用螺旋输送机输送。

⑦ 格栅除污机、输送机和压榨脱水机的进出料口宜采用密封形式，根据周围环境情况，可设置除臭处理装置。

⑧ 格栅间应设置通风设施和有毒有害气体的检测与报警装置。

## 40 筛网的作用和类型有哪些?

筛网是一种采用孔眼材料截留液体中悬浮物的简单、高效、维护方便的拦污装置，适用于从低浓度溶液中去除固体悬浮杂质。由于水中的某类悬浮物，如纤维、纸浆、藻类等，一般格栅不能完全去除。一般在印染废水、禽类加工等工业废水和城市污水处理中，以及有用固体杂物回收场合，需要在格栅后设置筛网进行补充处理，去除水中大于筛网网径的颗粒。

筛网可分为四大类：

① 固定筛　常用的设备为水力筛网（图 2-9）。

② 板框型旋转筛　常用的设备为旋转筛网（图 2-10）。

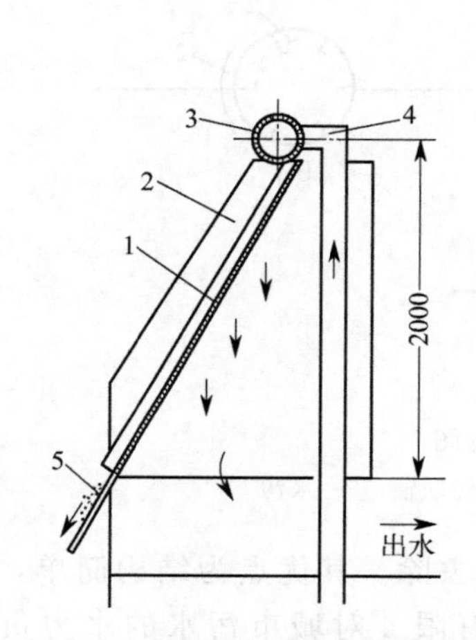


图 2-9　固定平面式水力筛网

1—筛网；2—筛网架；3—布水管；4—进水管；5—截留污染物

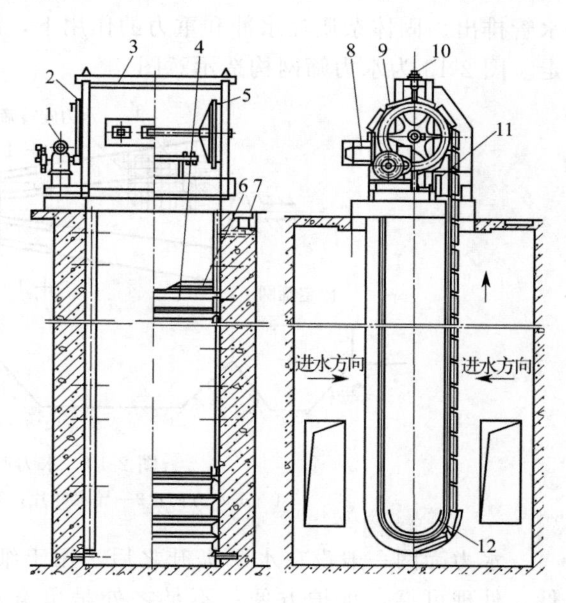


图 2-10　旋转筛网示意图

1—蜗轮蜗杆减速器；2—齿轮转动副；3—座架；4—筛网；5—转动大链轮；6—板框；7—排渣槽；8—电动机；9—链板；10—调节杆；11—冲洗水干管；12—导轨

③ 连续传送带型旋转筛网　常用的设备为带式旋转筛（图 2-11）。

④ 转筒型筛网　常用的设备为转鼓筛和微滤机（图 2-12）。

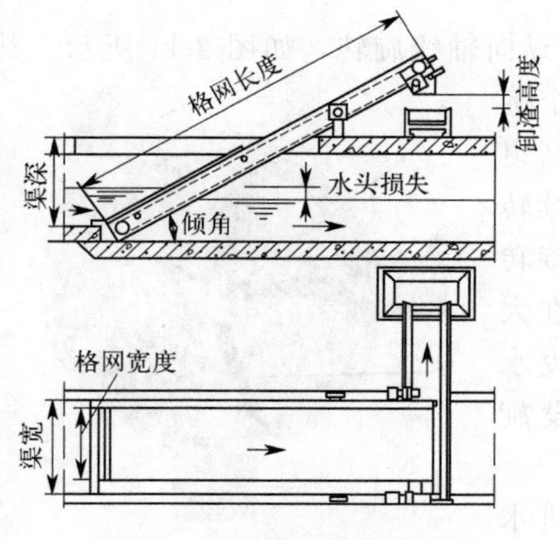


图 2-11　带式旋转筛示意图

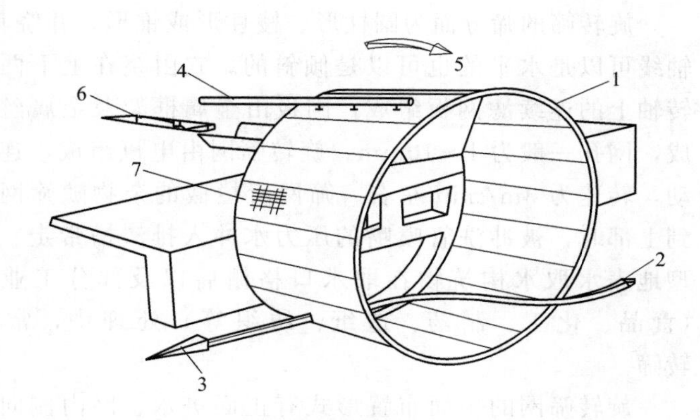


图 2-12　转筒型筛网

1—旋转筒；2—进水；3—出水；4—蒸汽或高压空气管；5—转动方向；6—渣槽；7—筛网

## 41 水力筛网的工作原理和使用场合是什么?

水力筛网也称固定筛。筛面由筛条组成，筛条间距为 0.25～1.5mm。筛面倾斜设置，在竖向有一定弧度，从上到下筛面的倾斜角逐渐加大。筛面背后的上部为进水箱，进水由水箱的顶部向外溢流，分布在筛面上。水从筛条间隙流入筛面背后下部的水箱，再从下部的出水管排出。固体杂质在水冲和重力的作用下，沿筛面下滑，落入渣槽，然后由螺旋运输机移走。图 2-13 为水力筛网构造示意图。

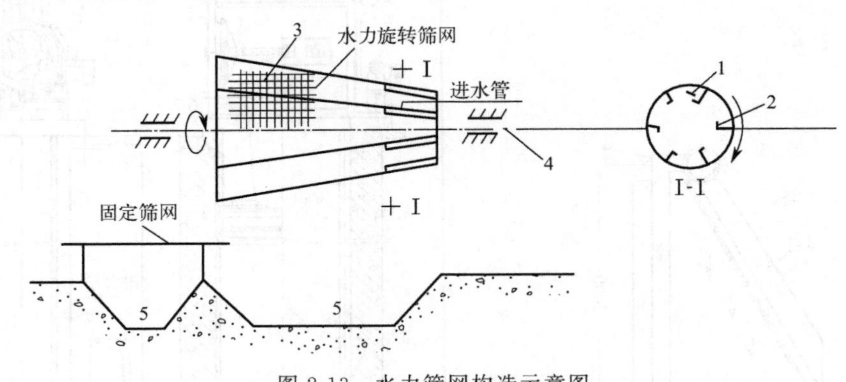


图 2-13　水力筛网构造示意图

1—进水方向；2—导水叶片；3—筛网；4—转动轴；5—水沟

水力筛网一般设在水泵提升之后，用于细小杂质的去除。其优点为结构简单，设备费低，处理可靠，维护方便；不足之处是单宽水力负荷有限［对城市污水的水力负荷约为 $2000m^3/(d \cdot m)$］，单台设备处理能力有限（一般设备的筛宽在 2m 以内），水头损失较大，在 1.2～2.1m 之间。以上特点使水力筛网多用于工业废水处理，在城市污水处理中仅用于个别小型污水处理厂。

## 42 旋转筛的工作原理和使用场合是什么?

旋转筛的筛分面为圆柱形、棱柱形或锥形，并绕其纵向轴线旋转，如图 2-14 所示。其轴线可以是水平的也可以是倾斜的。它由绕在上下两个旋转轴上的连续滤网板组成，网板由金属框架及金属丝网组成，网孔一般为 1～10mm。旋转筛网由电机组成，连续转动，转速为 3m/min 左右。筛网所拦截的杂物随筛网旋转到上部时，被冲洗管喷嘴的压力水冲入排渣槽带走。在大型地表水取水构筑物在取水口格栅后以及部分工业废水（食品、化工、制药、造纸、纺织等）处理中，常设旋转筛。

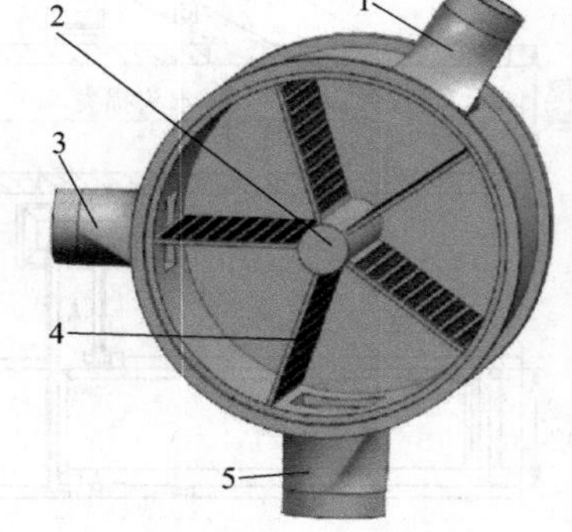


图 2-14　旋转筛网结构图

1—乏气出口；2—中心轴；3—颗粒物入口；4—筛网；5—颗粒物出口

旋转筛网的平面布置形式有正面进水、网内侧向进水和网外侧向进水三种。图 2-15 所示为网内侧向进水的布置方式。

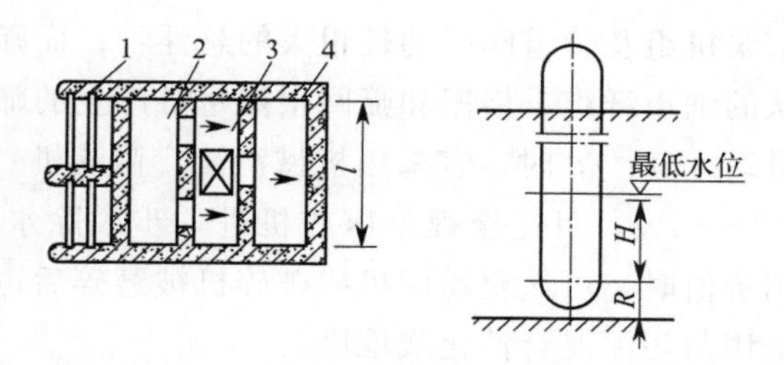


图 2-15 旋转筛网内侧向进水布置方式平面图

1—格栅（或闸门）；2—进水室；3—旋转筛网；4—吸水室

## 43 微滤机的工作原理和使用场合是什么?

微滤机又名转筒式格栅，是采用 80～200 目/$in^2$（1in=25.4mm）的微孔筛网固定在转鼓型过滤设备上，通过截留污水体中固体颗粒，实现固液分离的净化装置。水由内向外穿过滤网，滤速可采用 30～120m/h（与原水水质和滤网孔径有关），水头损失为 50～150mm，滤筒直径为 1～3m，转速为 1～4r/min，在转鼓上部的外面设冲洗水嘴，里面设冲洗排渣槽，把截留在滤网内表面的杂物冲走，冲洗水量约占处理水量的 1%。微滤机构造见图 2-16。

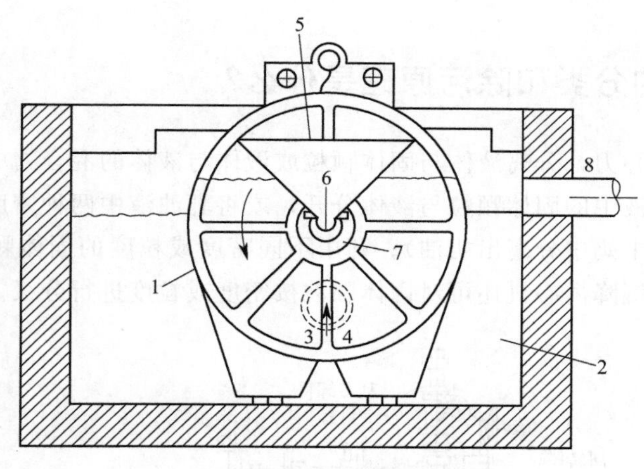


图 2-16 微滤机构造图

1—旋转鼓筒；2—水池；3、4—水槽；5—冲洗滤网的设备；6—集渣斗；7—排渣管；8—出水管

微滤机一般用在对原水的第一级过滤上，以滤除水中的大颗粒泥沙、悬浮藻类、颗粒等。或者用在密闭循环净化的第一级粗滤环节。国外有个别城市污水处理厂对二沉池出水再用微滤机过滤，进一步降低出水中悬浮物的含量。

微滤机具有占地面积小、生产能力大、操作管理方便等优点，但现有设备仍存在易堵塞、易破损、维修维护工作量大、二次投资多等问题。

## 44 筛余物的处置方法有哪些?

格栅和筛网截留的物质称为筛余物或栅渣，其截留效率取决于间隙或孔隙大小。其中，格栅去除的是可能堵塞水泵机组及管道阀门的较粗大的悬浮物；而筛网和微滤机去除的是用格栅难以去除的呈悬浮状的细小纤维。格栅和筛网根据每日产生的筛余物量，可采用人工清渣或机械清渣。当栅渣量$>0.2m^3/d$时，宜采用机械清渣。微滤机一般采用机械清渣。

筛余物含水率为75%～85%，可送至螺旋压榨机进一步脱除水分。栅渣中绝大部分都是有机物，当有回收利用价值时，可送至粉碎机或破碎机被磨碎后再用；没有回收价值的通常进行填埋处置，也可采用与污泥混合消化或堆肥。

## 45 何为离心分离技术？常用的分离设备有哪些？

高速旋转物体能产生离心力，利用离心力分离水中杂质的方法称为离心分离法。离心分离设备按照离心力产生的方式可分为三类。

① 离心机　依靠转鼓的高速旋转产生的离心力进行固水分离。

② 压力式水力旋流器　水在压力下由切线方向进入设备，造成旋转运动来产生离心力并实现固水分离。

③ 重力式水力旋流器　水在重力下由切线方向进入设备，造成旋转运动来产生离心力并实现固水分离。

## 46 离心机的分类和除污原理是什么？

离心机是利用离心力，分离液体与固体颗粒或液体与液体的混合物中各组分的机械。离心机主要用于将悬浮液中的固体颗粒与液体分开，或将乳浊液中两种密度不同，又互不相溶的液体分开（例如从牛奶中分离出奶油）；利用不同密度或粒度的固体颗粒在液体中沉降速度不同的特点，有的沉降离心机还可对固体颗粒按密度或粒度进行分级。

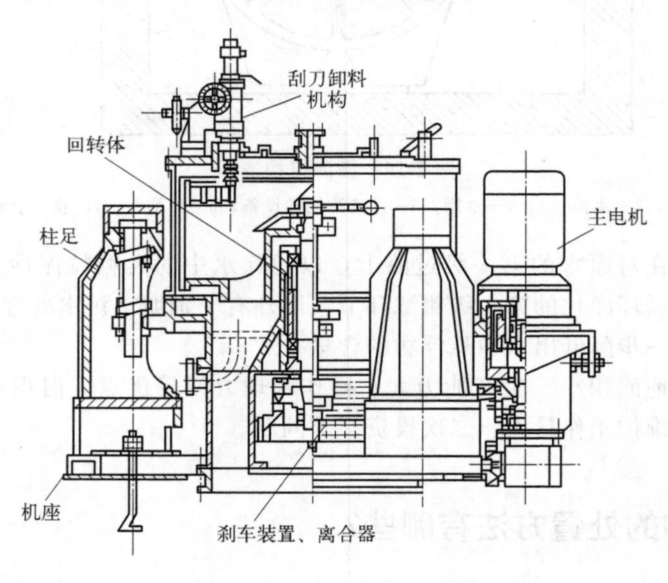


图 2-17　三足式刮刀下部卸料离心机

按照转速 $n$ 分类，有低速离心机（$n<15000$r/min）、中速离心机（$n=15000\sim30000$r/min）和高速离心机（$n>30000$r/min）。

按照操作方式，可将离心机分为间隙式离心机和连续式离心机。

按国家标准与市场使用份额，可将离心机分为三足式离心机、卧式螺旋离心机、管式分离机、碟片式分离机等，如图 2-17～图 2-21 所示。

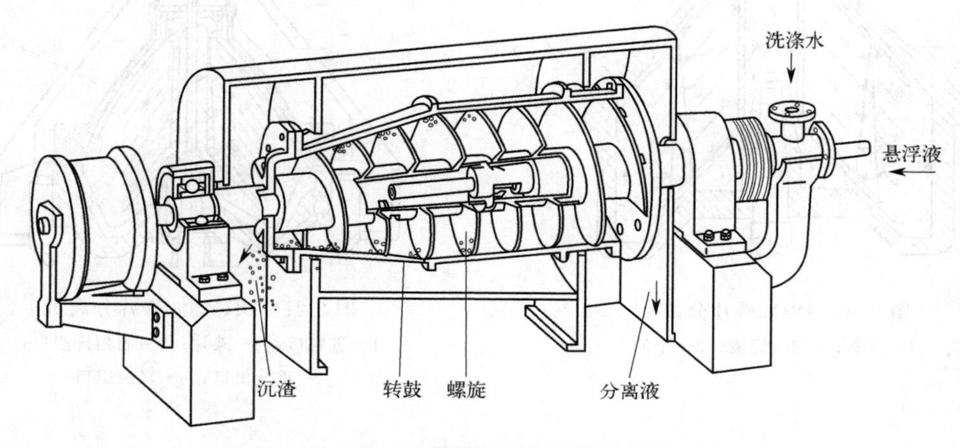


图 2-18　卧式螺旋卸渣沉降离心机

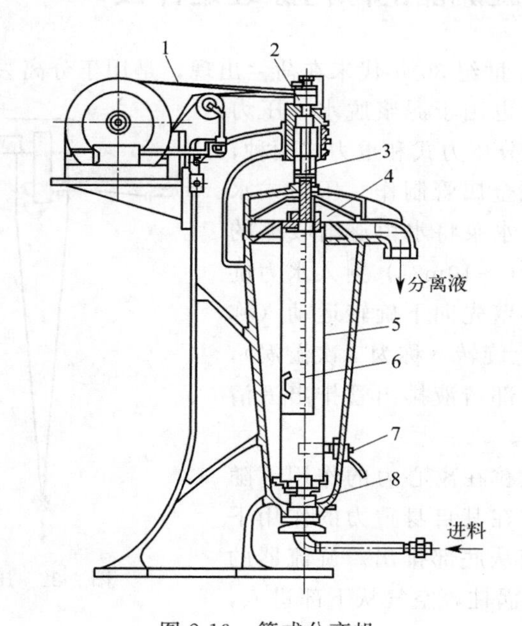


图 2-19　管式分离机

1—平皮带；2—皮带轮；3—主轴；4—液体收集器；5—转鼓；6—三叶板；7—制动器；8—转鼓下轴承

离心机的作用原理有离心过滤和离心沉降两种。离心过滤是使悬浮液在离心力场下产生的离心压力，作用在过滤介质上，使液体通过过滤介质成为滤液，而固体颗粒被截留在过滤介质表面，从而实现液-固分离。离心沉降是利用悬浮液（或乳浊液）密度不同的各组分在离心力场中迅速沉降分层的原理，实现液-固（或液-液）分离。

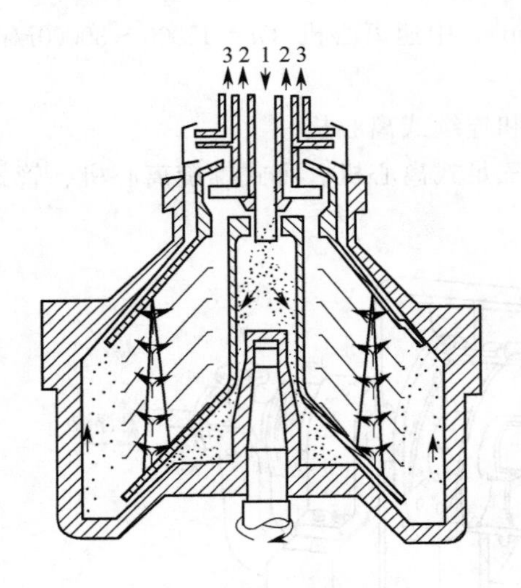


图 2-20 DRY 碟片分离机

1—进料口；2—轻液；3—重液

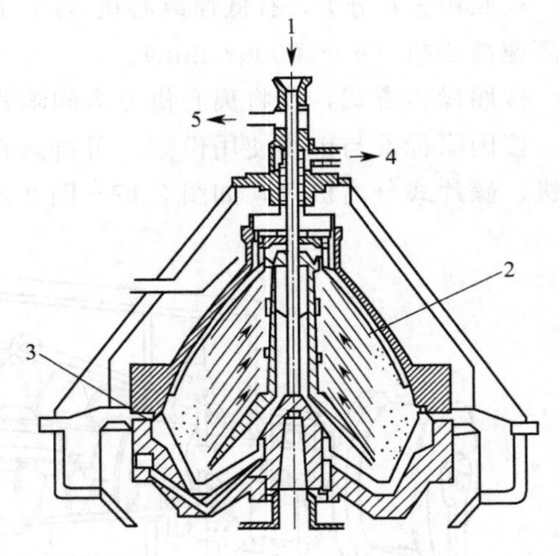


图 2-21 DHY500 碟片分离机

1—进料口；2—碟片；3—固相排渣口；4—重液出口；5—轻液出口

## 47 压力式水力旋流器的除污原理是什么?

水力旋流器最早于 20 世纪 30 年代末在荷兰出现，是用于分离去除污水中较重的粗颗粒泥砂等物质的设备。有时也用于泥浆脱水。压力式水力旋流器（图 2-22）分压力式和重力式两种，常采用圆形柱体构筑物或金属管制作。压力式水力旋流器在运行过程中，水泵将水由逐渐收缩的管口沿切线方向高速（约 6～10m/s）射入水力旋流器上部的圆筒，水沿器壁先向下旋转运动（称为一次涡流），然后再向上旋转（称为二次漩涡），通过中心连通管，再从上部清液排出管排出澄清液，达到固液分离的目的。

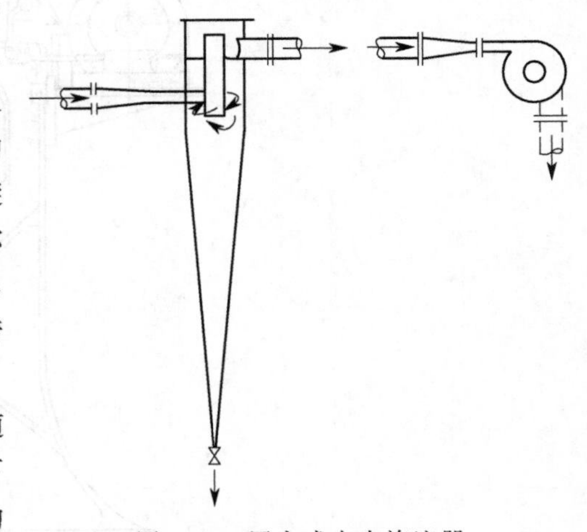

图 2-22 压力式水力旋流器

密度比水大的悬浮颗粒在离心力的作用下随一次涡流被甩向器壁，并在其自身重力的作用下沿器壁向下滑动，随浓液从底部排出。旋流器的中心还上下贯通有空气漩涡柱，空气从下部进入，从上部排出。

## 48 磁分离技术的原理和特点是什么?

磁分离技术的原理如图 2-23 所示，物质在磁场中，受到磁力和其他竞争力（如重力、惯性力、流体阻力和离心力等）的共同作用，最终合力决定了颗粒的运动轨迹，即对磁性较强的颗粒，磁力超过竞争力，称为磁性物质，磁性物质易被磁场吸走；对磁性较弱或非磁性颗粒，竞争力超过磁力，称为非磁性物质，非磁性物质不能被磁场吸走。故通过外加磁场的作用，很容易实现磁性物质与非磁性物质的分离。利用磁分离技术处理废水主要就是利用这种磁-力效应，通过对废水施加磁场，使废水中的磁性污染物直接从废水中分离出来；而非磁性污染物，则通过投加磁种，使之与废水中污染物产生物理作用或化学反应，形成磁性体，从而得以在磁场作用下分离出来。

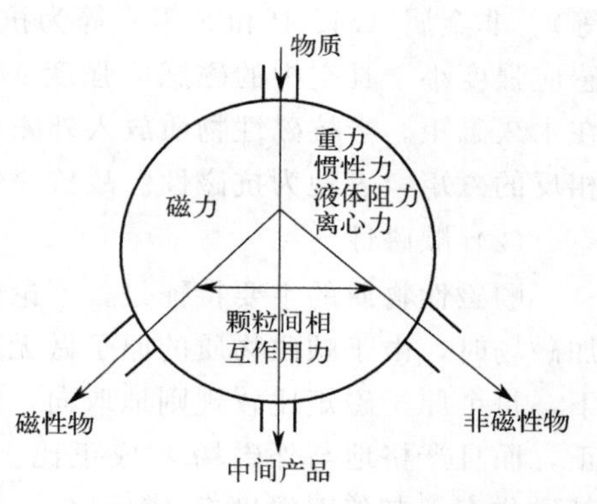

图 2-23 磁分离技术原理

一切宏观的物体，在某种程度上都具有磁性，但按其在外磁场作用下的特性，可分为三类：铁磁性物质、顺磁性物质和反磁性物质，各种物质的磁性差异正是磁分离技术的基础。废水中的污染物种类很多，对于具有较强磁性的污染物，可直接用高梯度磁分离技术分离。对于磁性较弱的污染物可先投加磁种和混凝剂，使磁种与污染物结合，然后用高梯度磁分离技术除去。图 2-24 为非磁性或弱磁性污染物污水处理流程图。

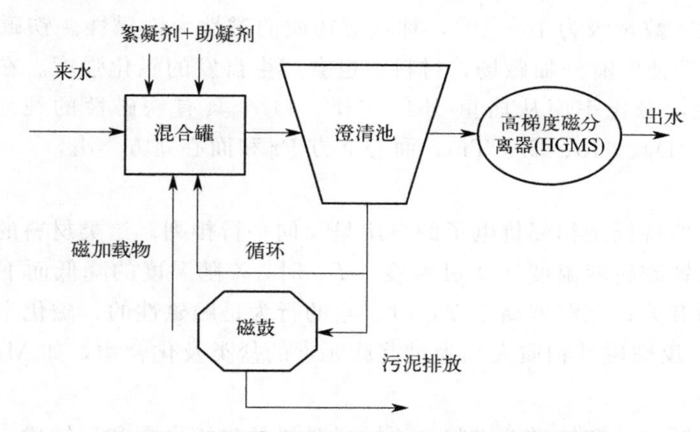

图 2-24 非磁性或弱磁性污染物污水处理流程图

根据磁分离技术的作用原理，采用磁分离技术进行废水处理具有以下优点：

① 磁分离设备体积小，占地少；

② 磁分离技术具有多功能性和通用性，在原水中通过投加磁种和混凝剂，使得悬浮物和胶体颗粒在高梯度磁场中得到高效去除；

③ 磁分离技术处理水量大，高梯度磁分离器的过滤速度相当于沉淀池表面负荷的 100 倍，适合在寒冷地区进行室内处理。

## 49 物质所带磁性有哪些类型?

物质所带的磁性可分为五种类型：抗磁性、顺磁性、铁磁性、反铁磁性和亚铁磁性。

（1）抗磁性

当磁化强度 $M$ 为负时，固体表现为抗磁性。抗磁性物质的抗磁性一般很微弱，磁化率 $\chi$ 一般约为 $-10^{-5}$，为负值。惰性气体、许多有机化合物、部分金属（Bi、Zn、Ag 和 Mg

等)、非金属(Si、P 和 S 等)等为抗磁性物质。在外磁场中，这类磁化了的介质内部的磁感应强度小于真空中的磁感应强度 $M$。抗磁性物质的原子(离子)的磁矩应为零，即不存在永久磁矩。当抗磁性物质放入外磁场中，外磁场使电子轨道改变，感生一个与外磁场方向相反的磁矩，表现为抗磁性。故抗磁性来源于原子中电子轨道状态的变化。

(2) 顺磁性

顺磁性物质的主要特征是，不论外加磁场是否存在，原子内部存在永久磁矩。但在无外加磁场时，由于顺磁物质的原子做无规则的热振动，宏观看来，没有磁性；在外加磁场作用下，每个原子磁矩比较规则地取向，物质显示极弱的磁性。磁化强度与外磁场方向一致，为正，而且严格地与外磁场 $\chi$ 成正比。顺磁性物质的磁性除了与 $\chi$ 有关外，还依赖于温度。其磁化率 $\chi$ 与绝对温度 $T$ 成反比。

顺磁性物质的磁化率一般也很小，室温下 $\chi$ 约为 $10^{-3}\sim10^{-6}$。一般含有奇数个电子的原子或分子，电子未填满壳层的原子或离子，如过渡元素、稀土元素、锕系元素，还有铝铂等金属，都属于顺磁物质。

(3) 铁磁性

磁化率特别大，数量级为 $10\sim10^{6}$，称这类物质的磁性为铁磁性。铁磁性物质在某个临界温度 $T_C$ 以下，即使没有外加磁场，材料中也会产生自发的磁化强度。在高于 $T_C$ 的温度时，它变成顺磁性，磁化率服从居里-外斯定律。11 个具有铁磁性的纯元素晶体为：Fe、Co、Ni、Gd、Td、Dy、Ho、Er、Tm、面心立方 Pr 和面心立方 Nd。

(4) 反铁磁性

反铁磁性物质的特征是相邻价电子的自旋呈反向平行排列。这类材料的磁化率是小的正数。在温度低于反铁磁转变温度(Néel 温度)$T_N$ 时，$\chi$ 随温度的降低而下降，并且它的磁化率同磁场的取向有关；在温度高于 $T_N$ 时，它的行为是顺磁性的，磁化率与温度的关系服从居里-外斯定律。反铁磁性物质大都为过渡族元素的盐类及化合物，如 MnO、CoO。

(5) 亚铁磁性

亚铁磁性位于顺磁性和铁磁性之间。不同子晶格的磁矩方向和反铁磁一样，但是不同子晶格的磁化强度不同，不能完全抵消掉，所以有剩余磁矩，称为亚铁磁。反铁磁性物质大都是合金，如 TbFe 合金。亚铁磁也有从亚铁磁变为顺磁性的临界温度，称为居里温度。

图 2-25 和图 2-26 分别为五种磁性物质的磁结构示意图和特性曲线。

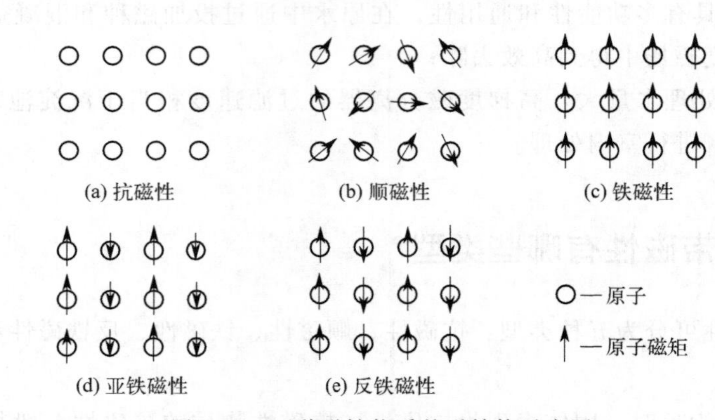


图 2-25 五种磁性物质的磁结构示意图

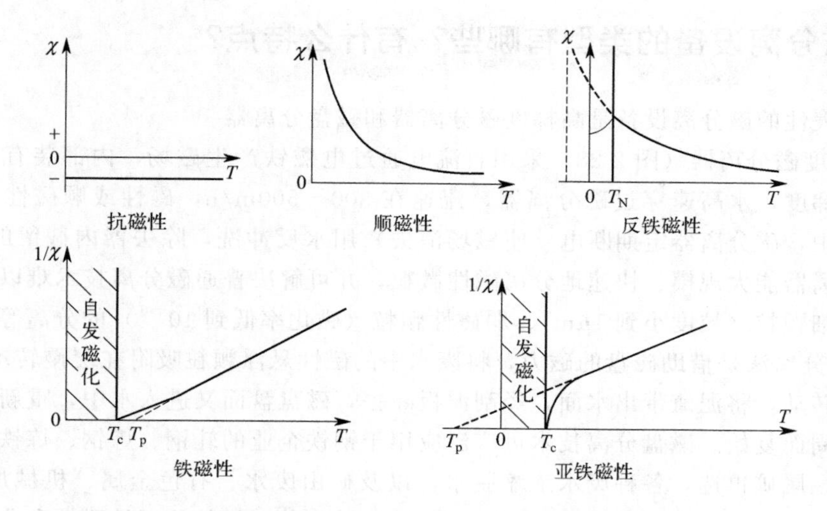


图 2-26　五种磁性物质的磁化率（$\chi$）-温度（$T$）曲线图

$T_N$—耐耳点；$T_c$—居里点；$T_p$—顺磁居里点

## 50 磁场力的影响因素主要有哪些?

磁场力是磁场对其中运动电荷和电流的作用力。磁场力包括洛仑兹力和安培力。磁场对运动电荷作用力称为洛仑兹力，磁场对电流的作用力称为安培力。

磁场中电磁力的大小与磁感应强度、导体内的电流、导体长度以及电流与磁场方向间的夹角都有关系。在均匀磁场中，它们之间的关系可用下式表示：

$$F = BIL\sin\theta$$

式中，$F$ 为导体在磁场中所受的电磁力，N；$B$ 为磁场的磁感应强度，T；$I$ 为导体内的电流，A；$L$ 为磁场中的导体长度，m；$\theta$ 为磁感应强度方向与电流方向的夹角，(°)。

图 2-27 为磁场中通电导线静止时受力状况示意图。由电磁力计算公式可知，当磁感应强度方向与电流方向垂直时（$\theta=90°$），通电导体在磁场中受到的电磁力最大。如果磁感应强度的方向与电流方向平行（$\theta=0°$或 $\theta=180°$），通电导体在磁场中所受的电磁力则为零。

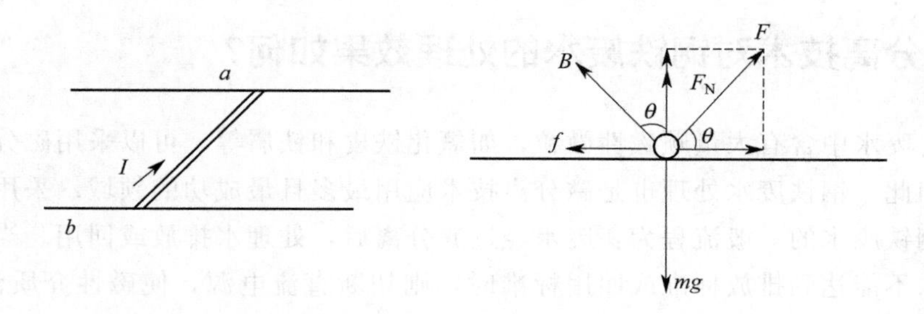

图 2-27　磁场中通电导线静止时受力状况示意图

$F_N$—导体受到的支持力；$f$—导体受到的摩擦力；$mg$—导体的重力

## 51 磁分离设备的类型有哪些？有什么特点？

具有代表性的磁分离设备是高梯度磁分离器和磁盘分离器。

① 高梯度磁分离器（图 2-28）采用直流电通过电磁铁产生磁场，内部装有钢毛，形成很高的磁场梯度，水高速穿过磁分离器，流速在 300～500m/h，磁性或顺磁性颗粒则被吸在钢毛空隙中，磁分离器定期断电（使磁场消失）用水反冲洗，除去器内截留的杂质颗粒。高梯度磁分离器能大规模、快速地分离磁性微粒，并可解决普通磁分离技术难以解决的许多问题，如微细颗粒（粒度小到 1μm）、弱磁性颗粒（磁化率低到 $10^{-6}$）的分离等。

② 磁盘分离法是借助磁盘的磁力，将废水中的磁性悬浮颗粒吸附在缓慢转动的磁盘上，随着磁盘的转动，将泥渣带出水面，经刮泥板除去，磁盘盘面又进入水中，重新吸附水中的颗粒，如此周而复始。磁盘分离技术可广泛应用于钢铁企业的轧钢、炼钢、炼铁、烧结等除尘废水处理，尾矿再选，各种废水浓缩脱水，以及矿山废水、有色金属、机械加工、化工、食品、造纸、纺织印染等工业废水的处理。此设备是一种理想的处理铁磁性和非铁磁性颗粒的固液分离设备。图 2-29 为圆磁盘分离器示意图。

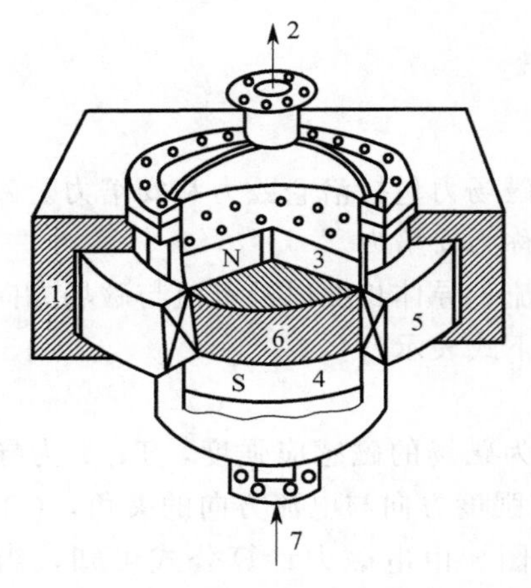


图 2-28 高梯度磁分离器

1—铁壳；2—出水口；3，4—极头；5—线圈；6—基体；7—进水口

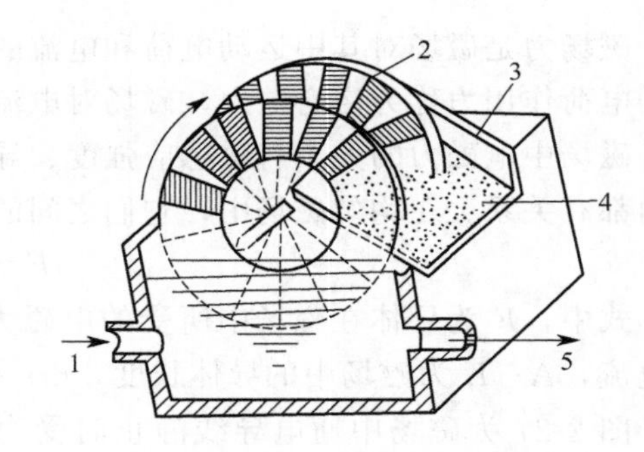


图 2-29 圆磁盘分离器

1—污水入口；2—永久磁石；3—刮板；4—滤饼；5—处理水出口

## 52 磁分离技术对钢铁废水的处理效果如何？

钢铁工业废水中含有大量顺磁性微粒，如氧化铁皮和铁屑等，可以采用磁分离技术直接分离去除。因此，钢铁废水处理也是磁分离技术应用最多且最成功的领域。采用高梯度磁性分离法处理钢铁废水的一般流程为：废水经过滤分离后，处理水排放或回用。当分离介质吸附饱和，出水不能达到排放标准或回用标准时，则切断直流电源，使磁性介质消磁。然后，用冲洗水把吸附颗粒冲下，也可采用压缩空气联合水冲改善冲洗效果。反冲洗出水排入浓缩池，沉渣送真空过滤机处理后回用。图 2-30 为高磁分离法处理钢铁废水流程图。

表 2-1 为采用高磁分离法处理钢铁废水的设计运行参数。由表可见，钢铁废水的滤速大

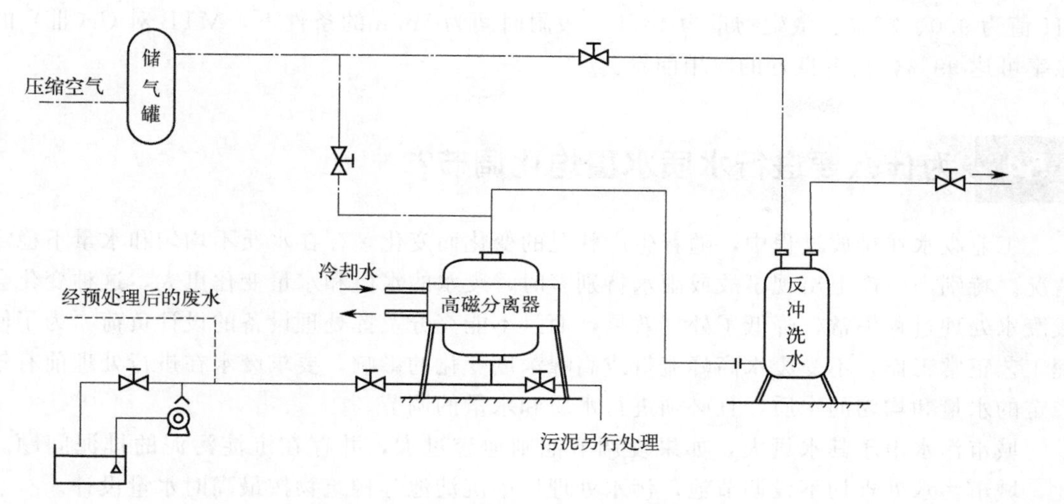


图 2-30 高磁分离法处理钢铁废水流程

都在 100～500m/h，磁感应强度为 3～5kGs。当磁感应强度大于 5kGs 后，去除效率提高不多，而电耗却迅速增高。

**表 2-1 高磁分离法处理钢铁废水设计运行参数**

| 项目 | 氧气吹顶 | 转炉 | 高炉洗涤 | 热轧 | 铸造 | 真空脱气 |
|---|---|---|---|---|---|---|
| 进水浓度/(mg/L) | 2500 | 100～200 | 1000～3000 | 100～150 | 150～200 | 80～120 |
| 出水浓度/(mg/L) | 5～15 | 3～5 | <10 | 5 | 5 | 20～25 |
| 过滤速度/(m/h) | 120 | 100～500 | 300～450 | 300～500 | 900 | 150～200 |
| 磁感应强度/kGs | 2 | 3～5 | 2 | 3～5 | 1～2 | 5 |
| 工作延时/min | 18 | 30 | 10 | 60 | 60 | 60 |
| 反冲延时/min | 3 | 1 | 3 | 12 | 12 | 12 |
| 原水粒径/μm | — | 10 | — | 20～100 | 40～150 | 5～20 |

## 53 磁分离技术对重金属废水的处理效果如何?

高梯度磁分离技术具备处理水量大、处理效果好、设备工艺简单等优点，几乎已应用于所有废水处理领域。日本电气公司（NEC）研发的铁氧体法-高梯度磁分离器是其中的典型代表。该技术对废水中重金属离子的去除率一般在 90%以上。利用导磁性工件高速旋转为基础的旋转磁场微电弧处理技术，也可能实现 80%以上的中水回用率和 90%的重金属去除率，如图 2-31 所示。

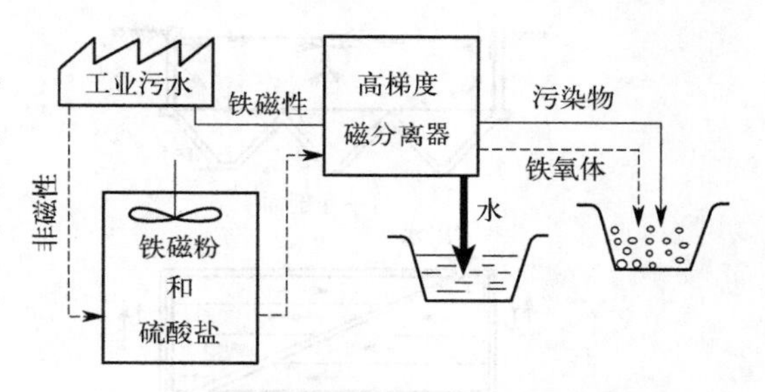


图 2-31 高磁分离法处理重金属废水工艺

趋磁细菌（MTB）细胞内的磁小体（粒径 30～100nm）在外力磁场作用下会呈现出良好的磁分离性能。如果能将特定种类的 MTB 驯化为对某种重金属具有极限抗性的活体细菌，可大大提高 MTB 对金属离子的主动吸附量，提高对金属离子的去除率。研究表明，在

pH 值为 9.0、室温、微生物量为 4g/L、吸附时间为 5min 的条件下，MTB 对 Cr(Ⅲ) 的去除率可达 99%，具有良好的应用前景。

## 54 为什么要进行水质水量均化调节?

工业废水在排放过程中，随着生产状况的变化而变化，存在水质不均匀和水量不稳定的情况。特别当生产上出现事故或雨水特别多时，废水的水质和水量变化更大，这种变化会造成废水处理过程失常，降低了处理效果，而且不能充分发挥处理设备的设计负荷。为了使处理工艺正常工作，不受废水高峰流量或高峰浓度变化的影响，要求废水在进行处理前有较为稳定的水量和均匀的水质，且必须进行水质和水量的调节。

城市污水由于其水量大，如果设调节池则池容过大，并存在沉淀污泥的排泥问题。因此，城市污水处理均不设调节池，污水处理厂中沉淀池等构筑物按最高时水量设计。

## 55 调节池的类型和功能有哪些?

调节池是用以调节进、出水流量和水质的构筑物。按照其均化功能可分为水量调节池、水质调节池、水质水量调节池和事故储水池。

(1) 水量调节池

常见的水量调节池主要作用为均匀水量，称为水量均化池，简称均量池。常以“变水位水池+泵”的方式运行。进水为重力流，出水用泵抽吸，池中最高水位不高于进水管的设计水位，有效水深一般为 2～3m。最低水位为死水位，即位于泵吸水口以下。

(2) 水质调节池

水质调节池是为水质均匀，以避免处理构筑物受过大的冲击负荷而设置的。常以“恒水位水池+搅拌”的方式运行。水质调节池的容量按调节历时进行计算，调节时间越长，水质便越均匀。从生产上讲，往往是以一班即 8h 为一个生产周期，但水质调节池容量按 8h 计算有时也较大。所以计算水质调节池时，其调节历时通常按 4～8h 考虑。常见的水质调节池布置形式如图 2-32 所示。

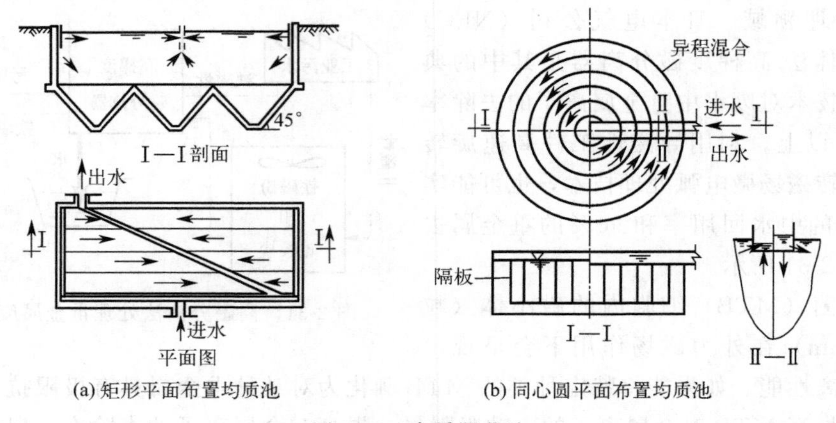


图 2-32 水质调节池

(3) 水质水量调节池

常以"变水位水池+搅拌+泵""多点进水变水位水池+泵"等方式运行，如图 2-33 所示。

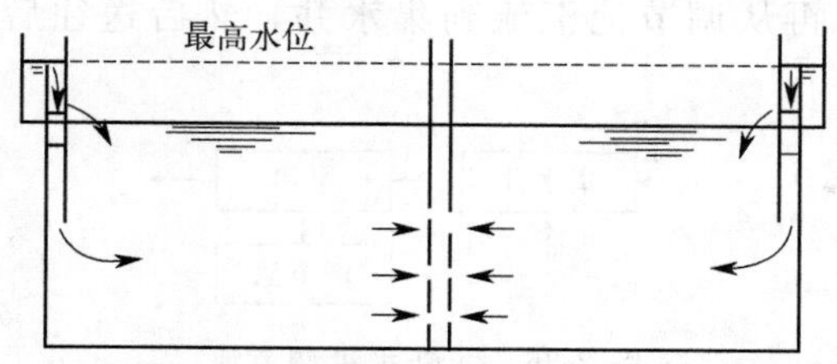


图 2-33 周边进水池底出水（水质水量调节）

(4) 事故储水池

如旁设事故池，储存瞬时排出的高浓度污水，事故排放后再缓慢加入主流中，如图 2-34 所示。

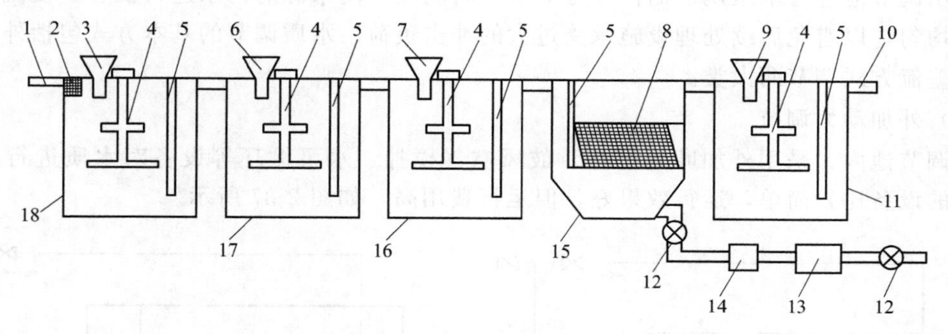

图 2-34 事故污水处理应急池

1—进水管；2—过滤网；3—酸碱添加装置；4—搅拌杆；5—导流墙；6—混凝剂添加装置；7—絮凝剂添加装置；8—斜板；9—消毒剂添加装置；10—出水管；11—消毒池；12—泥水输送泵；13—污泥脱水机；14—污泥浓缩池；15—沉淀池；16—絮凝池；17—混凝池；18—pH 值调节池

## 56 何为线内水量调节和线外水量调节?

采用调节池进行水量调节时，可采用线内水量调节和线外水量调节两种方式。

(1) 线内水量调节

进水一般采用重力流，出水用泵提升。池中最高水位不高于进水管的设计水位，有效水深一般为 2～3m，最低水位为死水位。该调节方式受进水管高度限制，如图 2-35 所示。

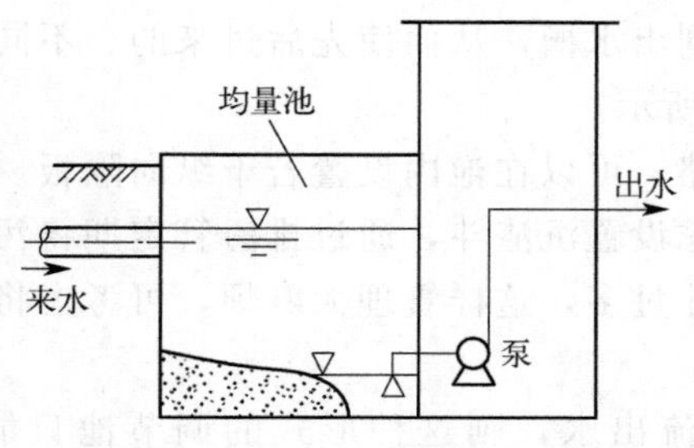


图 2-35 线内水量调节池

(2) 线外水量调节

将调节池设在处理系统的旁路上，利用水泵将高峰时多余的废水打入调节池，当实际流量低于设计流量时，再从调节池汇流到集水井，然后送往后续处理工序，如图 2-36 所示。

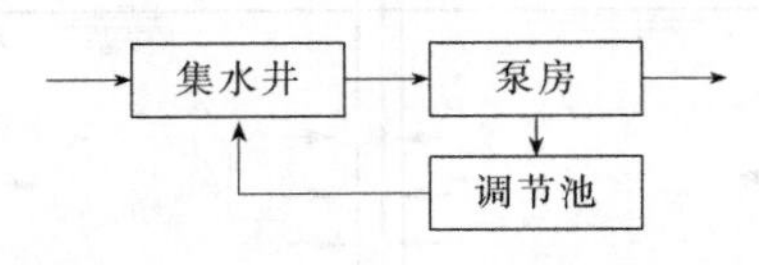


图 2-36 线外水量调节池

## 57 水质调节的方式主要有哪些?

采用调节池进行水质调节的任务是对不同时间或不同来源的污水进行混合，使流出的水质比较均匀，以避免后续处理设施承受过大的冲击负荷。水质调节的基本方式包括外加动力调节和差流方式调节两大类。

(1) 外加动力调节

在调节池内，采用外加叶轮搅拌、鼓风空气搅拌、水泵循环等设备对水质进行强制调节，它的设备比较简单，运行效果好，但运行费用高，如图 2-37 所示。

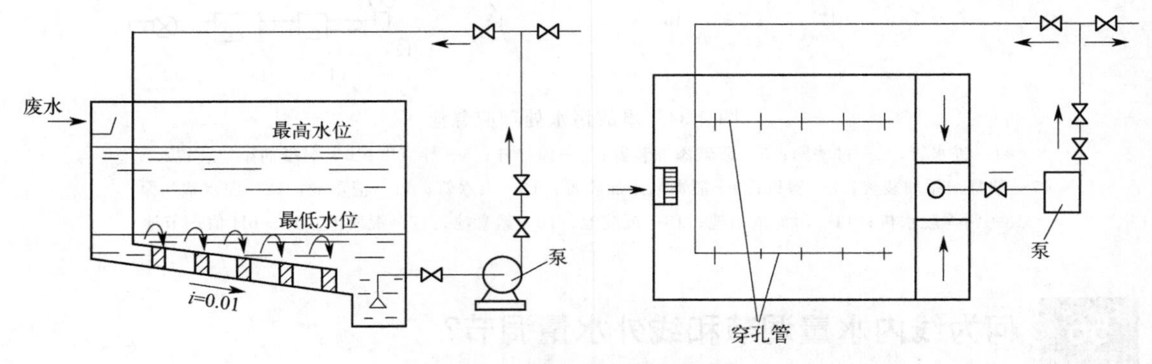


图 2-37 水泵强制循环搅拌

(2) 差流方式调节

采用差流方式进行强制调节，使不同时间和不同浓度的污水进行水质自身水力混合，这种方式基本上没有运行费用，但设备较复杂，常用的有对角线调节池和同心圆调节池。

① 对角线调节池　对角线调节池的特点是出水槽沿对角线方向设置，污水由左右两侧进入池内，经不同的时间流到出水槽，从而使先后过来的、不同浓度的废水混合，达到自动调节均和的目的，如图 2-38 所示。

为了防止污水在池内短路，可以在池内设置若干纵向隔板。污水中的悬浮物会在池内沉淀。对于小型调节池，可考虑设置沉渣斗，通过排渣管定期将污泥排出池外。如果调节池的容积很大，需要设置的沉渣斗过多，这样管理太麻烦，可考虑将调节池做成平底，用压缩空气搅拌，以防止沉淀。

如果调节池采用堰顶溢流出水，则这种形式的调节池只能调节水质的变化，而不能调节水量和水量的波动。如果后续处理构筑物要求处理水量比较均匀和严格，可把对角

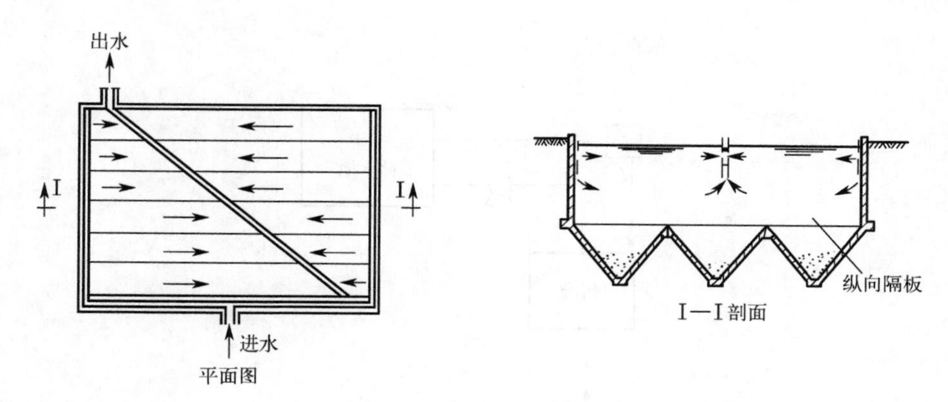


图 2-38　对角线出水调节池

线出水槽放在靠近池底处开孔，在调节池外设水泵吸水井，通过水泵把调节池出水抽送到后续构筑物中，或者使出水槽能在调节池内随水位上下自由波动，以便储存盈余水量，补充水量短缺。

② 同心圆调节池（图 2-39）。在池内设置许多折流隔墙，控制污水 1/3～1/4 流量从调节池的起端流入，在池内来回折流，延迟时间，充分混合、均衡；剩余的流量通过设在调节池上的配水槽的各投配口等量地投入池内前后各个位置，从而使先后过来的、不同浓度的废水混合，达到自动调节均和的目的。

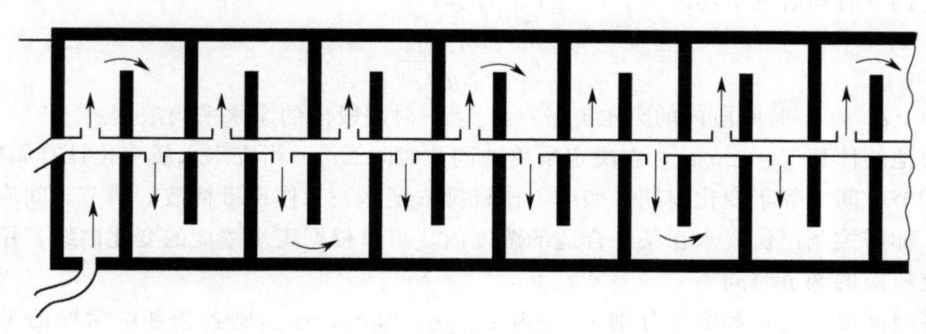

图 2-39　同心圆调节池

另外，利用部分水回流方式、沉淀池沿程进水方式，也可实现水质均和调节。在实际生产中，可结合具体情况选择一种合适的调节方法。

## 58 何为综合调节池和事故调节池?

综合调节池既能调节水量，又能调节水质，在池中需设置搅拌装置。它能接纳和储存一定的水量，经过一定时间的混合，使被处理的污水能比较均质、均量进入下级处理系统。

事故调节池是为了防止出现恶性水质事件，或发生破坏污水处理系统运行的事故，如偶然的废水倾倒或泄漏时，导致废水的流量或强度变化太大而设置的应急处置设施。事故池的进水阀门一般由监测器自动控制，否则无法及时发现事故。事故池平时必须保证泄空备用。带有分流储水池的事故调节系统如图 2-40 所示。

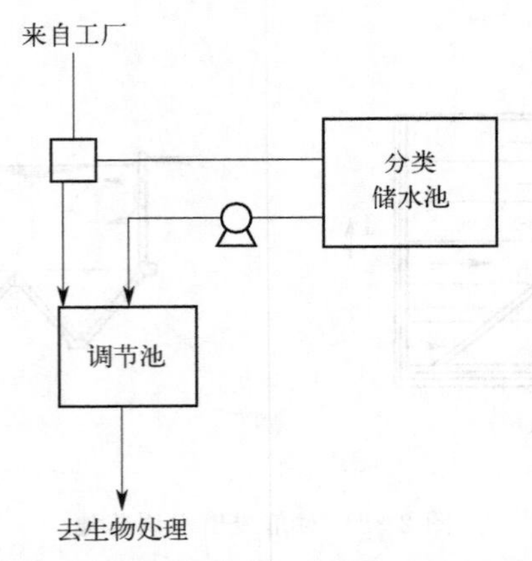


图 2-40 带分流储水池的事故调节系统

## 59 如何设计调节池?

调节池的容积可根据废水浓度和流量变化的规律以及要求的调节均和程度来确定。废水经过一定调节时间后的平均浓度 $c$ 可按下式计算：

$$c=\frac{\sum q_i c_i t_i}{\sum q_i t_i}$$

式中，$q_i$ 为 $t_i$ 时间段内的废水流量；$c_i$ 为 $t_i$ 时间段内的废水平均浓度。

调节池的体积 $V=\sum q_i t_i$，它决定采用的调节时间 $\sum t_i$。当废水水质变化具有周期性时，采用的调节时间应等于变化周期，如一工作班排浓度，一工作班排稀液，调节时间应为两个工作班。如需控制出流废水在某一合适的浓度内，可以根据废水浓度的变化曲线，用试算的方法确定所需的调节时间。

设各时间段的流量和浓度分别为 $q_1$ 和 $c_1$，$q_2$ 和 $c_2$，…，则各相邻两时段的平均浓度分别为 $(q_1c_1+q_2c_2)/(q_1+q_2)$，以此类推。如果设计要求达到的均和浓度 $c'$ 与任意相邻两时段内的平均浓度相比，均大于各平均值，则需要的调节时间即为 $2t_i$；反之，则再比较 $c'$ 与任意相邻三时段内的平均值，若 $c'$ 均大于各平均值，则调节时间为 $3t_i$；以此类推，直到符合要求为止。

同时，在调节池设计中应考虑设置足够的混合设备，以防止悬浮物沉淀和废水浓度的变化，必要时还应设计刮渣（刮油）、排泥和曝气设备。

# 沉淀/气浮技术

## 60 沉淀的作用有哪些?

废水处理中，沉淀是指从水相中产生一个可分离的固相或从过饱和水溶液中析出的难溶物质的过程，其作用主要是去除以下几类物质：①水中密度较大的无机杂粒；②水中密度较小的悬浮物或其他固体物；③生物处理单元流出水中残留的生物污泥；④混凝处理后残留的絮凝体；⑤污泥中的水分，使污泥得到浓缩。

## 61 颗粒物沉淀分离的原理是什么?

沉淀的原理是溶液中的悬浮颗粒通过颗粒和溶液的密度差，在重力的作用下进行分离。水处理中，密度大于水的颗粒将下沉，小于水的则上浮。废水的沉淀处理就是利用悬浮颗粒与水的密度差，在重力的作用下将重于水的悬浮颗粒从水中分离出去的方法。

## 62 沉淀的基本类型有哪些?

根据废水中悬浮物的密度、浓度及凝聚性，颗粒物的沉淀可分为自由沉淀、絮凝沉淀、拥挤沉淀、压缩沉淀四种基本类型。

① 自由沉淀　颗粒在沉淀过程中呈离散状态，互不干扰，其形状、尺寸、密度等均不改变，下沉速度恒定。这种现象时常发生在废水处理工艺中的沉砂池和初沉池的前期。

② 絮凝沉淀　当水中悬浮物浓度不高，但有絮凝性时，在沉淀过程中，颗粒互相凝聚，其粒径和质量增大，沉淀速度加快。这种现象时常发生在废水处理工艺中的初沉池后期、二沉池前期以及给水处理工艺中的混凝沉淀单元。

③ 拥挤沉淀　又称成层沉淀。当悬浮物浓度较高时，每个颗粒下沉都受到周围其他颗粒的干扰，在颗粒群与澄清水层之间存在明显的界面，并逐渐向下移动。这种现象时常发生在高浊度的沉淀单元、活性污泥的二沉池。

④ 压缩沉淀　当水中的悬浮物浓度很高，颗粒互相接触、互相支撑时，在上层颗粒的重力作用下，下层颗粒间的水被挤出，污泥层被压缩。这种现象时常发生在沉淀池底部。

## 63 什么是理想沉淀池?

理想沉淀池（ideal settling tank），是由哈增（Hazen）和坎普（Camp）提出的一种理论模型，可用来分析固体颗粒在沉淀池内的运动规律及其分离效果，是一种概念化的沉淀池，如图 3-1 所示。

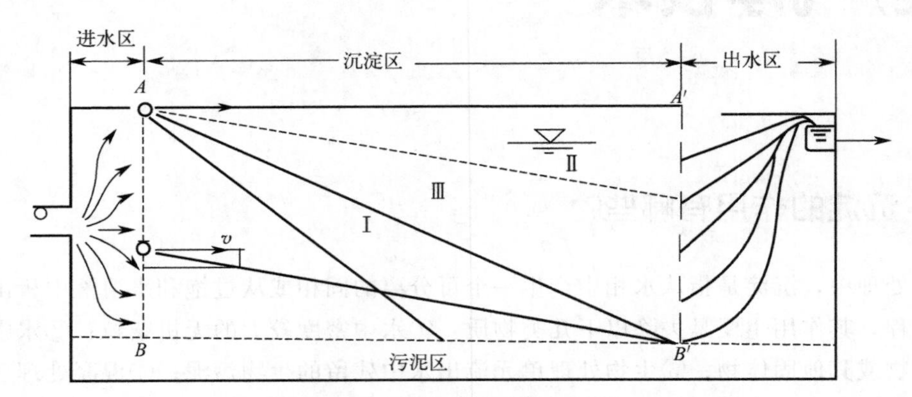


图 3-1 理想平流式沉淀池示意图

理想沉淀池按功能可分为进水区、沉淀区、出水区和污泥区 4 个部分，具有如下特点：

① 沉淀池的进出水均匀分布在整个横断面，沉淀池中各个过水断面上各点的水流速度均相同；

② 颗粒物处于自由沉淀状态，即在沉淀区等速下沉，颗粒之间互不干扰，颗粒的大小、形状和密度不变，因此，颗粒下沉速度在沉淀过程中始终保持不变；

③ 颗粒在沉淀过程中的水平分速等于水流速度；

④ 颗粒一经沉到池底，即认为已被去除。

## 64 影响颗粒物沉淀效果的因素有哪些?

颗粒物在沉淀池内的沉降分离过程主要受废水的水流状态以及颗粒间的絮凝等相互作用的影响。

(1) 水流状态对沉淀效果的影响

衡量水流状态常采用雷诺数（$Re$）、弗洛德数（$Fr$）和容积利用系数来表示。雷诺数 $Re$ 表示水流的紊乱状态，为水流的惯性力与黏滞力之比：

$$Re=\frac{vR}{\mu}$$

式中，$v$ 为水平流速，m/s；$R$ 为水力半径，m；$\mu$ 为水的运动黏度，$m^2/s$。

一般认为，$Re<500$，水流处于层流状态。平流式沉淀池中水流的 $Re$ 一般为 4000～5000，属紊流状态。水流的湍动一方面可在一定程度上使密度不同的水流能较好地混合，减弱分层现象，但另一方面则不利于颗粒的沉淀。在沉淀池中，通常要求降低雷诺数以利于颗粒沉降。

弗洛德数 $Fr$ 表示水流的稳定性，为水流惯性力与重力之比：

$$Fr=\frac{v^2}{gR}$$

增大弗洛德数，惯性力作用增加，重力作用相对减少，水流对温差、密度差异重流及风浪等影响的抵抗力增强，使沉淀池中的流态保持稳定。平流式沉淀池的 $Fr$ 宜大于 $10^{-5}$。

在沉淀池中，降低 $Re$ 和提高 $Fr$ 的有效措施是减小水力半径。平流沉淀池的纵向分格及斜板（管）沉淀池都能达到上述目的。在平流式沉淀池中增大水平流速，虽然提高了 $Re$，但也提高了 $Fr$，增加了水的稳定性，起到改善沉淀效果的作用。因此，水平流速可以在很宽的范围内选用而不至于对沉淀效果有明显的影响。

沉淀池的实际停留时间和理论停留时间的比值称为容积利用系数。实际沉淀池的停留时间可采用在进口处脉冲投加示踪剂，测定出口的响应曲线的方法求得。容积利用系数可作为考察沉淀池设计和运行好坏的指标。

（2）凝聚作用对沉淀效果的影响

对于絮凝性颗粒如混凝反应生成的矾花、活性污泥絮体等，当进入沉淀池后，其絮凝过程仍可以继续进行。由于沉淀池内水流流速分布不均匀，水流中存在的速度梯度将引起颗粒相互碰撞而促进絮凝。此外，水中絮凝颗粒的大小也是不均匀的，它们将具有不同的沉速，沉速大的颗粒在沉淀过程中能追上沉速小的颗粒而引起絮凝。水在池内的沉淀时间越长，由速度梯度引起的絮凝便越强烈；池中的水深越大，因颗粒沉速不同引起的絮凝也进行得越完善。因此，实际沉淀池的沉淀时间和水深所产生的絮凝过程均对沉淀效果有影响。

## 65 什么是沉砂池？主要类型有哪些？

沉砂池属于沉淀池，主要用于去除污水中粒径大于 0.2mm，密度大于 $2.65t/m^3$ 的砂粒，以保护管道、阀门等设施免受磨损和阻塞。其工作原理是以重力分离为基础，控制沉砂池的进水流速，使得比重大的无机颗粒下沉，而有机悬浮颗粒能够被水流带走。按池内水流方向的不同，可将沉砂池分为平流沉砂池、曝气沉砂池、旋流沉砂池等类型。

（1）平流沉砂池（图 3-2）

平流沉砂池是常用的型式，以降低流速使无机颗粒沉降下来。平流沉砂池由入流渠、沉砂区、出流渠、沉砂斗等部分组成。它具有截留无机颗粒效果较好、工作稳定、构造简单和排沉砂方便等优点，但也存在流速不易控制、沉砂中有机颗粒含量较高、需要洗砂处理等缺点。

（2）曝气沉砂池（图 3-3）

曝气沉砂池从 20 世纪 50 年代开始使用，它具有下述特点：①沉砂中有机物的含量低于 5%；②由于池中设有曝气设备，它具有预曝气、脱臭、除泡作用以及加速污水中油类和浮渣的分离等作用。这些特点为后续的沉淀池、曝气池、污泥消化池的正常运行以及对沉砂的最终处置提供了有利条件。但是，曝气作用要消耗能量，对生物脱氮除磷系统的厌氧段或缺氧段的运行也存在不利影响。

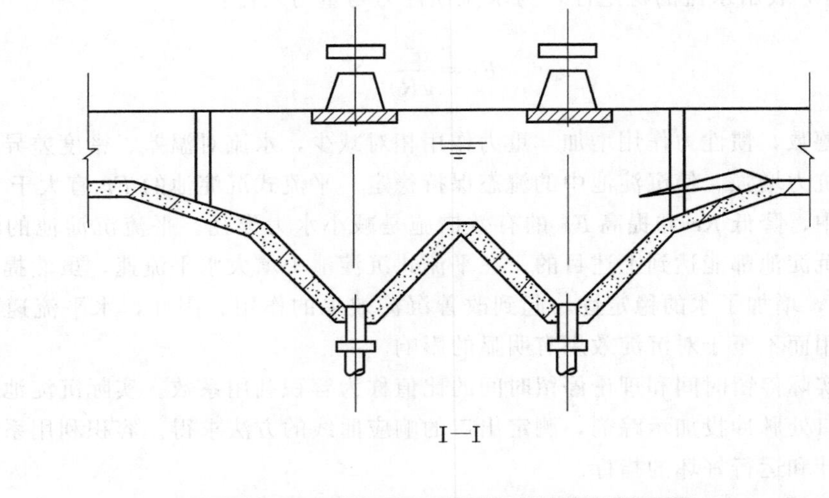


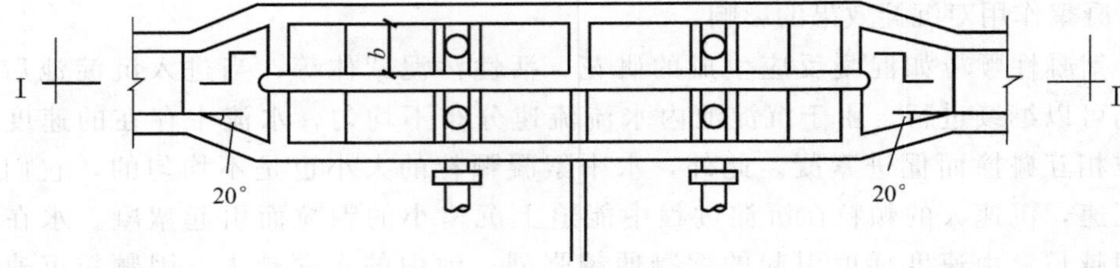


图 3-2 平流沉砂池

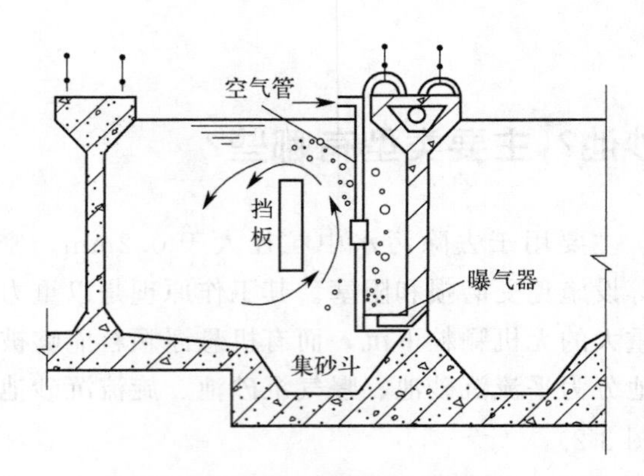


图 3-3 曝气沉砂池

(3) 旋流沉砂池（图 3-4）

旋流沉砂池沿圆形池壁内切方向进水，利用水力或机械力控制水流流态与流速，在径向方向产生离心作用，加速砂砾的沉淀分离，并使有机物被水流带走的沉砂装置。旋流沉砂池有多种类型，沉砂效果也各不相同。

一般旋流沉砂池由流入口、流出口、沉砂区、砂斗、涡轮驱动装置及排砂系统组成。污水由流入口沿切线方向流入沉砂区，利用电动机及传动装置带动转盘和斜坡式叶片旋转，在离心力的作用下，污水中密度较大的砂粒被甩向池壁，掉入砂斗，有机物则被留在污水中。调整转速，可达到最佳沉砂效果。沉砂用压缩空气经砂提升管、排砂管清洗后排除，清洗水回流至沉砂区。

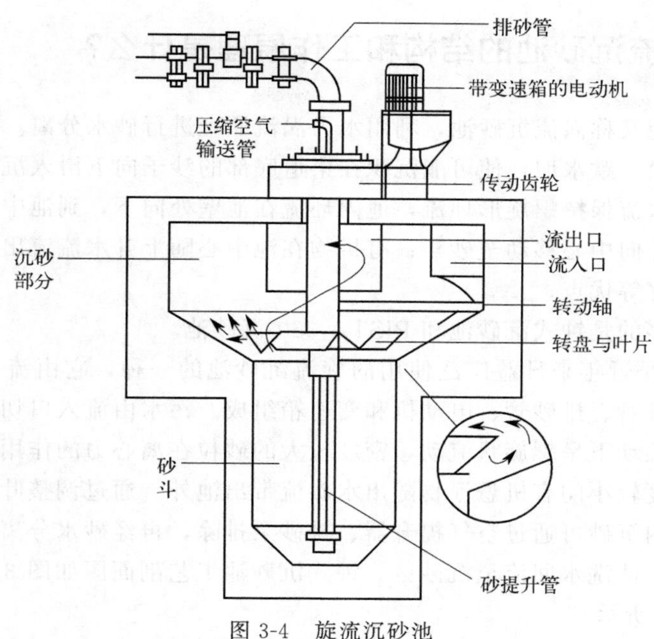


图 3-4　旋流沉砂池

## 66 曝气沉砂池的结构和工作原理是什么?

曝气沉砂池呈矩形，沿渠道壁一侧的整个长度上，沿池底约 0.6～0.9m 处设置曝气装置。曝气装置下面设置集砂槽，在池底另一侧有 $i=0.1\sim0.5$ 的坡度，坡向集砂槽，集砂槽侧壁的倾角应不小于 60°。为了曝气时能使池内水流产生旋流运动，必要时可在设置曝气装置的一侧设置挡板。曝气沉砂池的剖面结构如图 3-3 所示。

污水在池中存在着两种运动形式，其一为水平流动（流速一般取 0.1m/s，不应大于 0.3m/s），同时，由于在池的一侧有曝气作用，因而在池的横断面上产生旋转运动，整个池内水流产生螺旋状前进的流动形式。旋流线速度在过水断面的中心处最小，而在池的周边则为最大。空气的供给量应保证池中污水的旋流速度达到 0.25～0.3m/s 之间。由于旋流主要由鼓入的空气所形成，不是依赖水流的作用，因而曝气沉砂池比其他形式的沉砂池对流量的适应程度要高很多，沉砂效果稳定可靠。

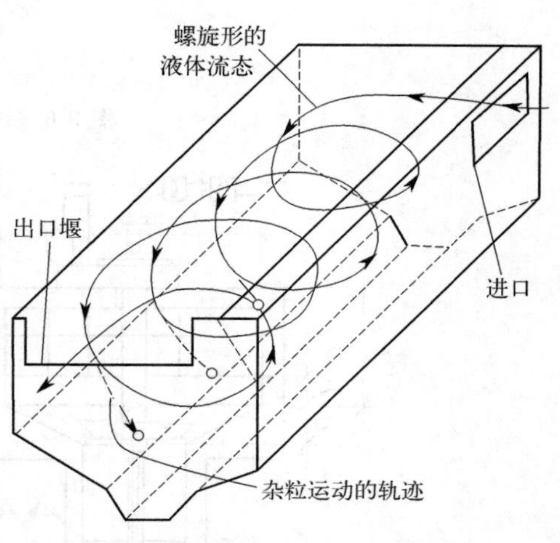


图 3-5　曝气沉砂池螺旋状水流示意图

由于曝气以及水流的旋流作用，污水中悬浮颗粒相互碰撞、摩擦，并受到气泡上升时的冲刷作用，使黏附在砂砾上的有机污染物得以摩擦去除。螺旋水流还将相对密度较小的有机颗粒悬浮起来随出水带走，沉于池底的砂粒较为纯净，便于后续处置，如图 3-5 所示。

## 67 水力旋流沉砂池的结构和工作原理是什么?

水力旋流沉砂池又称涡流沉砂池，利用水力涡流原理进行砂水分离。污水沿切线方向进入，进水渠道末端设一跌水堰，使可能沉积在渠道底部的沙子向下滑入沉砂池；池内设有可调速桨板，使池内水流保持螺旋形环流，池内环流在池壁处向下，到池中间则向上。在重力作用下，砂子下沉并向中心移动至砂斗；有机物在池中心随上升水流流出。具有基建、运行费用低和除砂效果好等优点。

目前，应用较多的是钟式沉砂池和 PISTA 360°沉砂池。

① 钟式沉砂池是近年来日益广泛使用的旋流沉砂池的一种，它由流入口、流出口、沉砂区、砂斗、砂提升管、排砂管、电动机和变速箱组成。污水由流入口切向流入沉砂区，在旋转的涡旋叶片的推动下呈螺旋状流动，密度较大的砂粒在离心力的作用下被甩向池壁，沿池壁落入砂斗，密度较小的有机悬浮物随出水旋流带出池外。通过调整叶轮转速，可达到最佳沉砂效果。砂斗内沉砂可通过空气提升器、排砂泵排除，再经砂水分离器洗砂，达到再次清除有机物的目的。清洗水回流至沉砂区。钟式沉砂池工艺剖面图如图 3-6 所示。各部分尺寸如图 3-7 和表 3-1 所示。

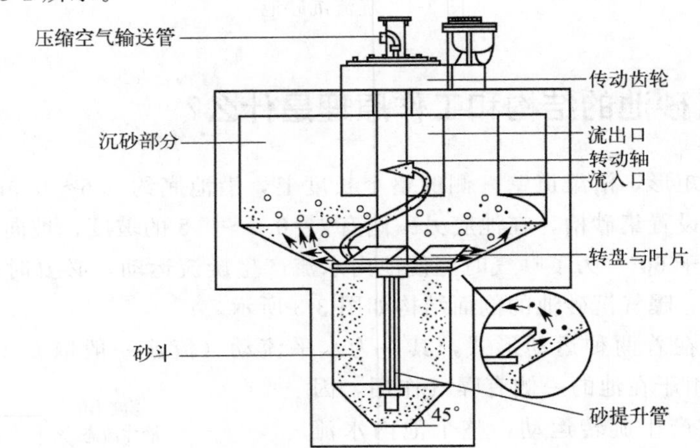


图 3-6 钟式沉砂池工艺剖面图

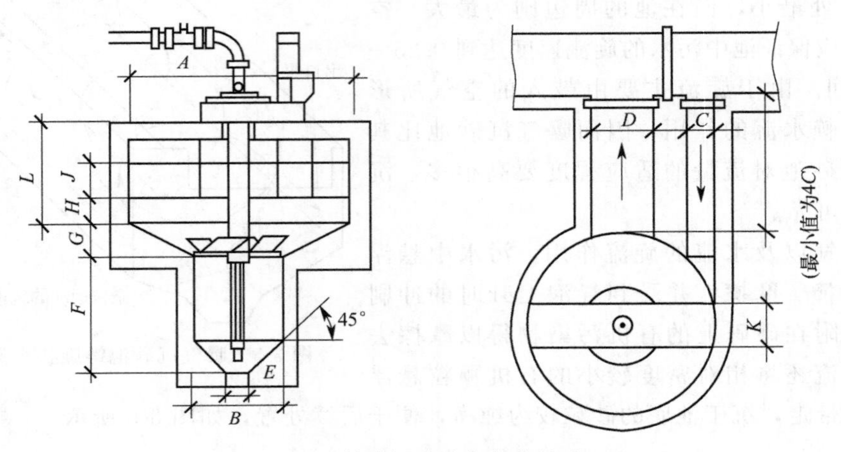


图 3-7 钟式沉砂池各部分尺寸

表 3-1 钟式沉砂池型号和尺寸 单位：m

| 型号 | 流量/(L/s) | A | B | C | D | E | F | G | H | J | K | L |
|---|---|---|---|---|---|---|---|---|---|---|---|---|
| 50 | 50 | 1.83 | 1.0 | 0.305 | 0.610 | 0.30 | 1.40 | 0.30 | 0.30 | 0.20 | 0.80 | 1.10 |
| 100 | 110 | 2.13 | 1.0 | 0.380 | 0.760 | 0.30 | 1.40 | 0.30 | 0.30 | 0.30 | 0.80 | 1.10 |
| 200 | 180 | 2.43 | 1.0 | 0.450 | 0.900 | 0.30 | 1.55 | 0.40 | 0.30 | 0.40 | 0.80 | 1.15 |
| 300 | 310 | 3.05 | 1.0 | 0.610 | 1.200 | 0.30 | 1.55 | 0.45 | 0.30 | 0.45 | 0.80 | 1.35 |
| 550 | 530 | 3.65 | 1.5 | 0.750 | 1.50 | 0.40 | 1.70 | 0.60 | 0.51 | 0.58 | 0.80 | 1.45 |
| 900 | 880 | 4.87 | 1.5 | 1.00 | 2.00 | 0.40 | 2.20 | 1.00 | 0.51 | 0.60 | 0.80 | 1.85 |
| 1300 | 1320 | 5.48 | 1.5 | 1.10 | 2.20 | 0.40 | 2.20 | 1.00 | 0.61 | 0.63 | 0.80 | 1.85 |
| 1750 | 1750 | 5.80 | 1.5 | 1.20 | 2.40 | 0.40 | 2.50 | 1.30 | 0.75 | 0.70 | 0.80 | 1.95 |
| 2000 | 2200 | 6.10 | 1.5 | 1.20 | 2.40 | 0.40 | 2.50 | 1.30 | 0.89 | 0.75 | 0.80 | 1.95 |

② PISTA360°旋流沉砂池（图 3-8）对进水渠和池内构造进行了改造，进水渠为一条封闭的满流倾斜水渠，进水直接进入沉砂池底部，由于射流的作用，在池内形成旋流，同时在中心轴向桨板的旋转驱动下，于中部形成一个向上的推动力，使水流在垂直面亦形成环流。在垂直环流和水平旋流的共同作用下，水流在沉砂池中以螺旋状前进，砂砾在离心力作用下被甩向池壁沿水流滑入池底，同时由于垂直环流的水平推动作用向池底中心汇集跌入积砂斗，部分较轻的有机物则在中部上升水流的作用下重新进入水中。水流在分选区内回转一周（360°）后，进入与进水渠同流向但位于分选区上部的出水渠。去除的沉砂跌入盖板中心的开孔并存于砂斗中，为防止砂粒板结，桨板驱动轴下端设叶片式砂砾流化器不停搅动，砂砾定时由砂泵抽出池外。

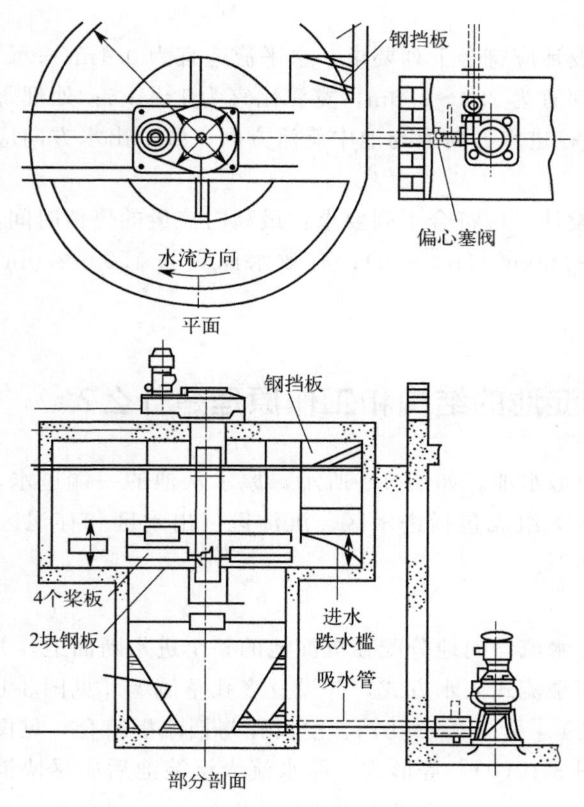


图 3-8 PISTA360°旋流沉砂池

## 68 沉砂池的设计原则是什么?

进行沉砂池设计计算时，一般应遵守以下原则：

① 污水厂应设置沉砂池，按去除相对密度2.65、粒径0.2mm以上的砂粒设计。

② 当污水为自流进入时，设计流量为每期的最大设计流量；当污水为提升进入时，应按每期工作水泵的最大组合流量校核管渠配水能力；对于合流制系统，设计流量应包括雨水量。

③ 污水的沉砂量，可按$1m^3$污水0.03L计算，其含水率为60%，容重为$1500kg/m^3$；合流制污水的沉砂量应根据实际情况确定。

④ 砂斗容积不应大于2d的沉砂量，采用重力排砂时，砂斗斗壁与水平面的倾角不应小于55°。

⑤ 沉砂池除砂宜采用机械方法，并设置储砂池和晒砂场。采用人工排砂时，排砂管直径不应小于200mm。排砂管应考虑设计防堵塞措施。

⑥ 沉砂池的数量（分格数）不能少于2个，每格的宽度不宜小于0.6m。当水量较小时，沉砂池也应采用2个格，1个格工作，1个格备用。但每个格应按最大设计流量计算。

⑦ 池底坡度一般为0.01～0.02。当设置除砂设备时，可根据设备要求考虑池底形状。

⑧ 进水头部应采用消能和整流措施。

⑨ 平流沉砂池的设计应符合下列要求：最大流速应为0.3m/s，最小流速应为0.15m/s；最高时流量的停留时间不应小于30s；有效水深不应大于1.2m，每格宽度不宜小于0.6m。

⑩ 曝气沉砂池的设计应符合下列要求：水平流速宜为0.1m/s；最高时流量的停留时间应大于2min；有效水深宜为2.0～3.0m，宽深比宜为1～1.5；处理每立方米污水的曝气量宜为0.1～$0.2m^3$空气；进水方向应与池中旋流方向一致，出水方向应与进水方向垂直，并宜设置挡板。

⑪ 旋流沉砂池的设计，应符合下列要求：最高时流量的停留时间不应小于30s；设计水力表面负荷宜为150～$200m^3/(m^2 \cdot h)$；有效水深宜为1.0～2.0m，池径与池深比宜为2.0～2.5。

## 69 平流式沉淀池的结构和工作原理是什么?

平流式沉淀池为矩形水池。如图3-9所示，原水从池的一端进水，在池内做水平流动，从池的另一端流出。基本组成包括进水区、沉淀区、出水区和存泥区四部分，各部分的功能、结构和工作原理如下。

（1）进水区

进水区的作用是使水流均匀地分配在沉淀池的整个进水断面上，并尽量减少扰动。在污水处理中，进水可采用溢流式入水方式，并设置多孔整流墙［见图3-10(a)］、底孔设有挡流板（大致在1/2池深处）［见图3-10(b)］、浸没孔与挡流板组合［见图3-10(c)］、浸没孔与多孔整流墙组合［见图3-10(d)］等形式。原水流入沉淀池后应尽快消能，防止在池内形成短流或紊流。

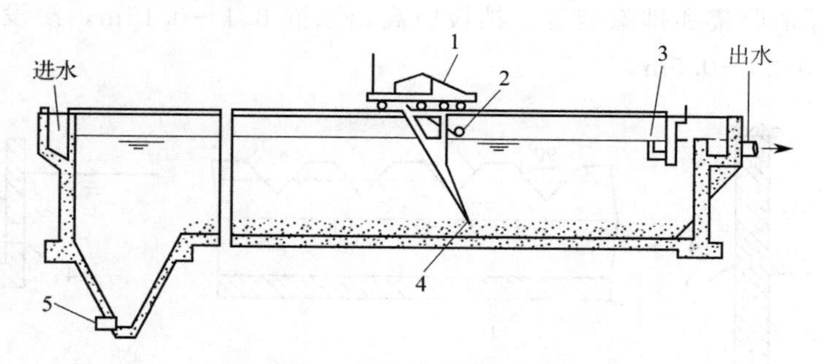


图 3-9 平流式沉淀池

1—刮泥行车；2—刮渣板；3—集浮渣槽；4—刮泥板；5—排泥管

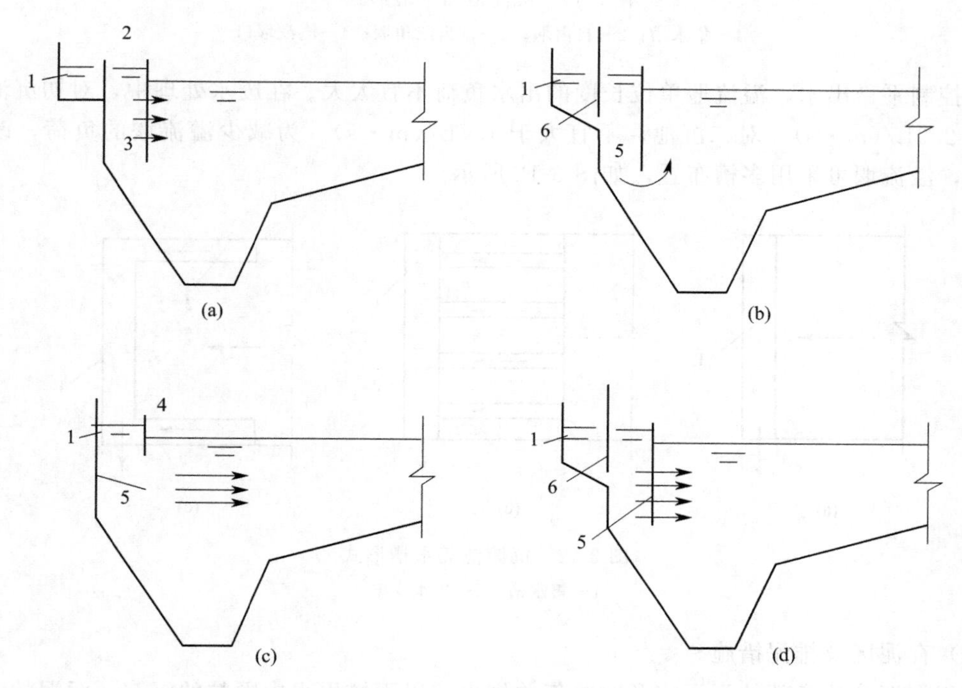


图 3-10 沉淀池进水方式

1—进水槽；2—溢流堰；3—多孔整流墙；4—底孔；5—挡流板；6—浸没孔

(2) 沉淀区

沉淀区的高度与前后相关的处理构筑物的高程布置有关，一般约为 3～4m。沉淀区的长度取决于水流的水平流速和停留时间。一般的，沉淀区长宽比不小于 4，长深比不小于 8。在废水处理中，初沉池中水流的水平流速一般不大于 7mm/s，二沉池中水流的水平流速一般不大于 5mm/s。

(3) 出水区

沉淀后的水应尽量地在出水区均匀流出，一般采用溢流出水堰，如自由堰［见图 3-11(a)］和三角堰［见图 3-11(b)］，或采用淹没式出水孔口［见图 3-11(c)］。其中，锯齿三角堰应用最为普通，水面宜位于齿高地 1/2 处。为适应水流的变化或构筑物的不均匀沉降，在堰口需要设置能使堰板上下移动的调节装置，使出口堰口尽可能水平。堰前应设置挡板，以阻拦漂浮物，或设置浮渣收集和排除装置。挡板应高出水面 0.1～0.15m，浸没在水面下 0.3～0.4m，距出水口 0.25～0.5m。

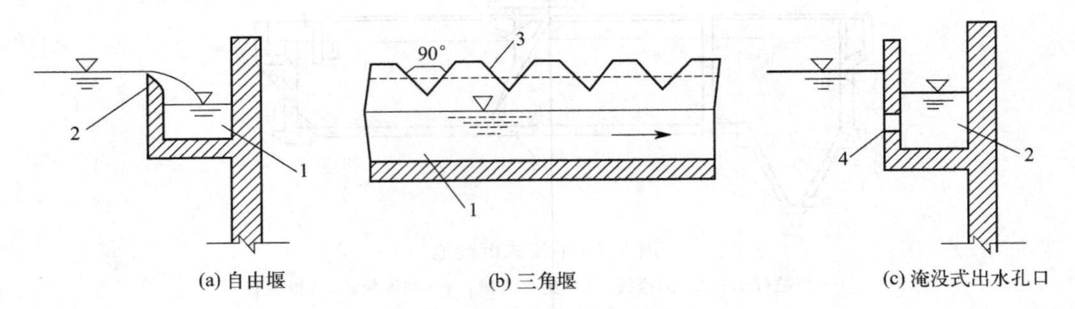


图 3-11 沉淀池出水堰形式

1—集水槽；2—自由堰；3—锯齿三角堰；4—淹没堰口

为控制平稳出水，溢流堰单位长度的出水负荷不宜太大。在废水处理中，对初沉池，不宜大于 2.9L/(m·s)；对二沉池，不宜大于 1.7L/(m·s)。为减少溢流堰的负荷，改善出水水质，溢流堰可采用多槽布置，如图 3-12 所示。

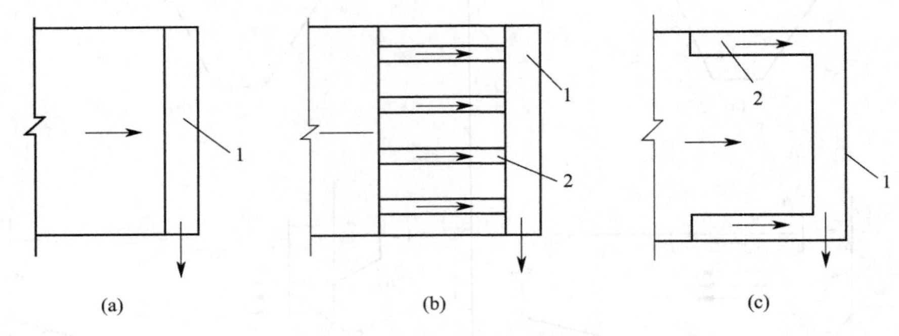


图 3-12 沉淀池集水槽形式

1—集水槽；2—集水支渠

(4) 存泥区及排泥措施

沉积在沉淀池底部的污泥应及时收集并排出，以不妨碍水中颗粒的沉淀。污泥的收集和排除方法有很多。一般可设置泥斗，通过静水压力排出。泥斗设置在沉淀池的进口端时，应设置刮泥车和刮泥机（图 3-13），将沉积在全池的污泥集中到泥斗处排出。链带式刮泥机装有刮板。当链带刮板沿池底缓慢移动时，把污泥缓慢推入污泥斗；当链带刮板转到水面时，又可将浮渣推向出水挡板处的排渣管槽。

如果沉淀池体积不大，可沿池长设置多个泥斗。此时无需设置刮泥装置，但每一个污泥斗应设置单独的排泥管以及排泥阀，如图 3-14 所示。排泥所需的静水压力应视污泥的特性而定，如为有机污泥，一般采用 1.5～2.0m，排泥管直径不小于 200mm。

此外，也可以不设污泥斗，采用机械装置直接排泥。这种吸泥机适用于具有 3m 以上虹吸水头的沉淀池。由于吸泥动力较小，池底积泥中的颗粒太粗时不宜吸起。除多口吸泥机以外，还有一种单口扫描式吸泥机。其特点是无需成排的吸口和吸管装置。当吸泥机沿沉淀池纵向移动时，泥泵、吸泥管和吸口沿横向往复行走和吸泥。

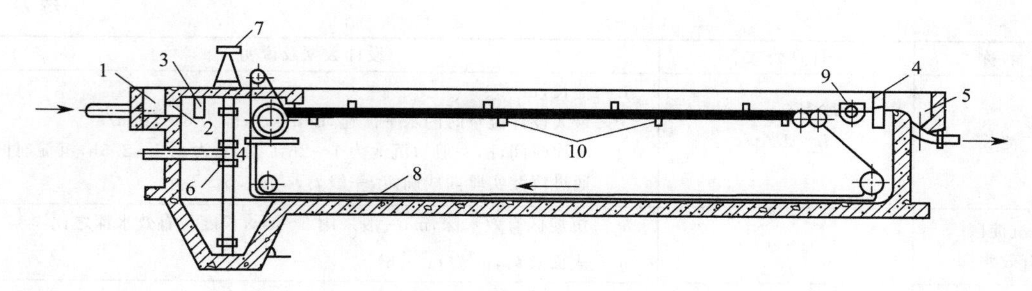


图 3-13　设链带刮泥机的平流式沉淀池

1—进水槽；2—进水孔；3—进水挡板；4—出水挡板；5—出水槽；6—排泥管；7—排泥阀门；8—链带；9—排渣管槽；10—链带支撑

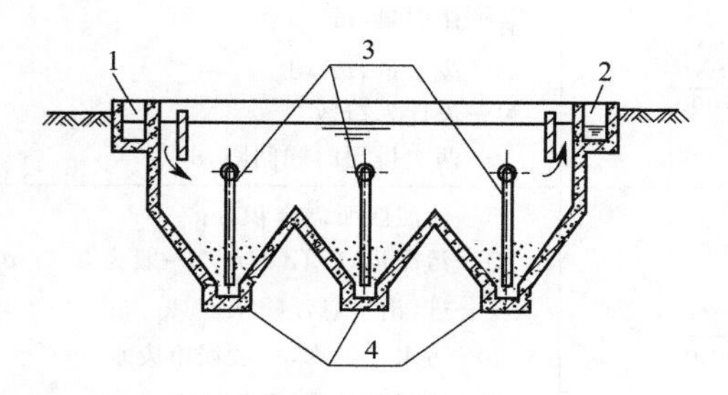


图 3-14　多斗排泥

1—进水槽；2—出水槽；3—排泥管；4—排泥斗

## 70 如何进行平流式沉淀池设计？

平流式沉淀池的设计，应符合下列要求：

① 每格长度与宽度之比不宜小于 4，长度与有效水深之比不宜小于 8，池长不宜大于 60m；

② 宜采用机械排泥，排泥机械的行进速度为 0.3～1.2m/min；

③ 缓冲层高度，非机械排泥时为 0.5m，机械排泥时应根据刮泥板高度确定，且缓冲层上缘宜高出刮泥板 0.3m；

④ 池底纵坡不宜小于 0.01。

平流式沉淀池设计的主要内容包括进水装置、出水装置、沉淀区、缓冲区、污泥区、排泥装置以及排浮渣设备的设计与选择，具体设计计算公式见表 3-2。

**表 3-2　废水处理平流式沉淀池设计计算公式**

| 名称 | 计算公式 | 设计数据及说明 |
| --- | --- | --- |
| 池表面积 | $A=\frac{Q_{max}}{q_0}$<br>或 $A=\frac{Q_{max}}{u_0}$ | $A$—池表面积，$m^2$<br>$Q_{max}$—最大设计流量，$m^3/s$<br>$q_0$—表面负荷率，$m^3/(m^2\cdot h)$，城市废水一般为 1.5～3.0$m^3/(m^2\cdot h)$，工业废水应根据试验或生产运行经验确定<br>$u_0$—去除颗粒相对应的最小沉速，m/h 或 mm/s，$u_0$ 值可通过沉淀试验取得，一般 $u_{试}/u_0$=1.25～1.75 |

续表

| 名称 | 计算公式 | 设计数据及说明 |
| --- | --- | --- |
| 池长 | $L=3.6vt$ | $L$—池长，m<br>$v$—最大设计流量时的水平流速，mm/s，一般为5～7mm/s<br>$t$—沉淀时间，h，一般初沉池为1～2h，二沉池为1.5～2.5h，沉淀时间可通过沉淀实验曲线确定，一般$t/t_{试}=1.5～2.0$ |
| 沉淀区有效水深 | $h_z=q't$ | $h_z$—沉淀区有效水深，m，一般采用2～4m，长度与有效水深之比≥8<br>$q'$—表面负荷，$m^3/(m^2\cdot h)$ |
| 池总宽度 | $B=\frac{A}{L}$ | $B$—池总宽度，m |
| 池分格数 | $n=\frac{B}{b}$ | $b$—每座(或分格)池的宽度，m，长度与宽度之比≥4<br>$n$—池分格数(≥2) |
| 每日排泥量 | $V'_{泥}=\frac{SNt}{1000}$ | $V'_{泥}$—排泥量，$m^3/d$<br>$S$—废水量，$m^3/d$<br>$N$—设计人口数<br>$t$—两次排泥时间间隔，d |
| 污泥区所需容积 | $V'=\frac{Q(c_0-c_c)}{r(1-p)}T$ | $V'$—污泥区所需容积，$m^3$<br>$Q$—污泥量，L/(d·人)，一般为0.3～0.9L/(d·人)<br>$c_0$、$c_c$—进、出水悬浮物浓度，$kg/m^3$<br>$p$—污水含泥率，一般城市废水95%～97%<br>$r$—污泥容量，可取1000$kg/m^3$<br>$T$—每日运行时间，h |
| 池体总高度 | $H=h_1+h_2+h_3+h_4$ | $H$—池体总高度，m<br>$h_1$—超高，m，一般≥0.3m<br>$h_2$—沉淀区有效水深，m<br>$h_3$—缓冲层高度，m，非机械排泥时为0.5m，机械排泥时缓冲层上缘宜高出刮泥板0.3m<br>$h_4$—污泥部分高度，m |

## 71 竖流式沉淀池的结构和工作原理是什么?

竖流式沉淀池又称立式沉淀池，是池中废水竖向流动的沉淀池。可设计为圆形、方形或多角形，但大部分为圆形。图3-15为圆形竖流式沉淀池。废水从中心管流入池中，通过反射板的阻拦向四周分布于整个断面上，缓慢向上流动。澄清后的水由沉淀池四周的堰口溢出池外。沉淀池储泥斗倾角为45°～60°，污泥可借助净水压力由排泥管排出。

在竖流式沉淀池中，污水是从下向上以流速$v$做竖向流动，污水中的悬浮颗粒有以下三种运动状态：

① 当颗粒沉速$u>v$时，则颗粒将以$u-v$的差值向下沉淀，颗粒得以去除；

② 当$u=v$时，颗粒处于随机状态，不下沉亦不上升；

③ 当$u<v$时，颗粒将不能沉淀下来，而会被上升水流带走。

竖流式沉淀池的优点是占地面积小，排泥容易，管理简单。缺点是深度大，施工困难，造价高，对冲击负荷和温度变化的适应能力较差；池径不宜过大，否则布水不匀，故适用于中、小型水厂和污水处理厂。

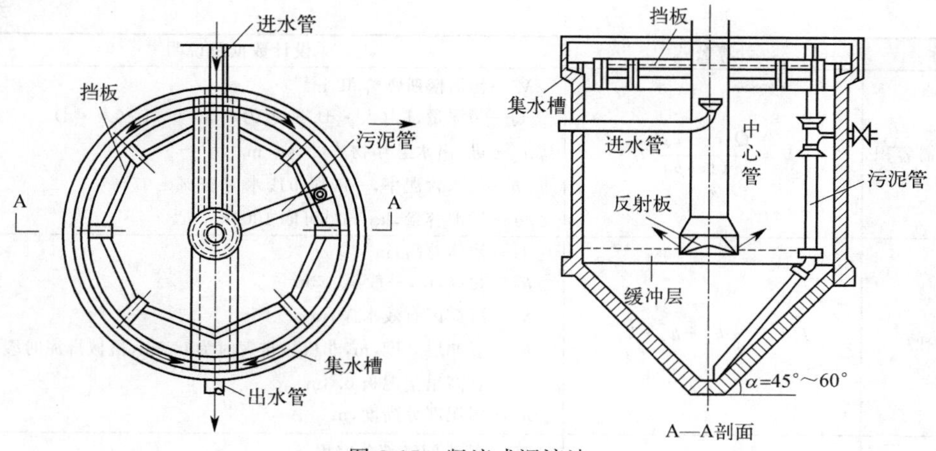

图 3-15 竖流式沉淀池

## 72 如何进行竖流式沉淀池设计？

竖流式沉淀池的设计，应符合下列要求。

① 水池直径（或正方形的一边）与有效水深之比不宜大于 3；

② 中心管内流速不宜大于 30mm/s；

③ 中心管下口应设有喇叭口和反射板，板底面距泥面不宜小于 0.3m。

竖流式沉淀池设计的主要内容包括中心管面积与直径、沉淀区有效面积、池直径、沉淀区有效水深、污泥斗容积等，设计计算公式见表 3-3。

表 3-3 废水处理竖流式沉淀池设计计算公式

| 名称 | 计算公式 | 设计数据及说明 |
|---|---|---|
| 沉淀区有效断面面积 | $f_2=\frac{Q_{max}}{q_0}$ | $f_2$—沉淀区有效断面面积，$m^2$<br>$Q_{max}$—最大设计流量，$m^3/s$ |
| 沉淀区有效水深 | $h_2=3600vt$ | $h_2$—沉淀区有效水深，m<br>$v$—废水在沉淀池中的流速，m/s，一般为 1.5～3.0m/h<br>$t$—沉淀时间，h，一般采用 1.0～2.0h |
| 中心管有效面积 | $f_1=\frac{Q_{max}}{v_0}$ | $f_1$—中心管的有效面积，$m^2$<br>$v_0$—废水在中心管内的流速，mm/s，一般不大于 30mm/s |
| 中心管直径 | $d_0=\sqrt{\frac{4f_1}{\pi}}$ | $d_0$—中心管的直径，m |
| 沉淀区总面积 | $A=f_1+f_2$ | $A$—沉淀区总面积，$m^2$ |
| 沉淀池直径 | $D=\sqrt{\frac{4A}{\pi}}$ | $D$—沉淀池直径，m，一般不大于 9m，池直径与有效水深之比不大于 3 |
| 中心管喇叭口与反射板之间的缝隙高度 | $h_3=\frac{Q_{max}}{v_1\pi d_1}$ | $h_3$—中心管喇叭口与反射板之间的缝隙高度，m<br>$v_1$—缝隙流出的速度，mm/s，一般不大于 20mm/s<br>$d_1$—喇叭口直径，m，一般 $d_1=1.35d_0$ |
| 每日排泥量 | $V'_{泥}=\frac{SNt}{1000}$ | $V'_{泥}$—排泥量，$m^3/d$<br>$S$—废水量，$m^3/d$<br>$N$—设计人口数<br>$t$—两次排泥时间间隔，d |

续表

| 名称 | 计算公式 | 设计数据及说明 |
| --- | --- | --- |
| 污泥区所需容积 | $V'=\frac{Q(c_0-c_e)}{r(1-p)}T$ | $V'$—污泥区所需容积，$m^3$<br>$Q$—污泥量，L/(人·d)，一般为 0.3～0.9L/(人·d)<br>$c_0$、$c_e$—进、出水悬浮物浓度，$kg/m^3$<br>$p$—污水含泥率，一般城市废水为 95%～97%<br>$r$—污泥容量，$kg/m^3$，可取 $1000kg/m^3$ |
| 池体总高 | $H=h_1+h_2+h_3+h_4$ | $H$—池体总高，m<br>$h_1$—超高，m，一般≥0.3m<br>$h_2$—沉淀区有效水深，m<br>$h_3$—缓冲层高度，m，非机械排泥时为 0.5m，机械排泥时缓冲层上缘宜高出刮泥板 0.3m<br>$h_4$—污泥部分高度，m |
| 污泥斗容积 | $V_1=\frac{\pi}{3}h_5(R^2+Rr+r^2)$ | $V_1$—截头圆锥部分容积，$m^3$<br>$h_5$—污泥室截头圆锥部分高度，m<br>$R$—截头圆锥上部半径，m<br>$r$—截头圆锥下部半径，m |

## 73 辐流式沉淀池的结构和工作原理是什么?

辐流式沉淀池呈圆形或方形。直径较大，一般为 20～30m，最大直径达 100m，中心深度为 2.5～5.0m，周围深度为 1.5～3.0m。池直径与有效水深之比为不小于 6，一般为 6～12。辐流式沉淀池内水流的流态为辐射型，为达到辐射型的流态，原水由中心或周边流入沉淀池。

以中心进水辐流式沉淀池（图 3-16）为例，其工作原理为，原水从池底进入中心管，或用明渠自池的上部进入中心管。在中心管的周围是由穿孔挡板围成的流入区，使原水能沿圆

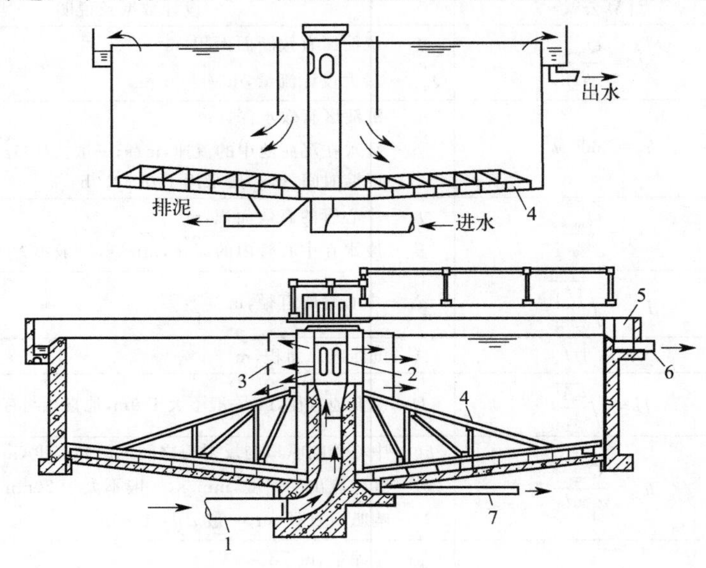


图 3-16 中心进水周边出水辐流式沉淀池

1—进水管；2—中心管；3—穿孔挡板；4—刮泥机；5—出水槽；6—出水管；7—排泥管

周方向均匀分布，向四周辐射流动。由于过水断面不断增大，因此流速逐渐变小，颗粒在池内的沉降轨迹是向下弯的曲线，进而逐渐沉入池底，实现固水分离。澄清后的水，从设在池壁顶端的出水槽堰口溢出，通过出水槽流出池外。为了阻挡漂浮物质，出水槽堰口前端可加设挡板及浮渣收集与排出装置。

## 74 如何进行辐流式沉淀池设计?

辐流沉淀池的设计，应符合下列要求：

① 沉淀池直径（或正方形的一边）与有效水深之比宜为6～12，直径不宜大于50m；

② 宜采用机械排泥，排泥机械旋转速度宜为1～3r/h，刮泥板的外缘线速度不宜大于3m/min，当水池直径（或正方形的一边）较小时，也可采用多斗排泥；

③ 缓冲层高度，非机械排泥时宜为0.5m，机械排泥时应根据刮泥板高度确定，且缓冲层上缘宜高出刮泥板0.3m；

④ 坡向泥斗的底坡不宜小于0.05。

辐流式沉淀池设计的主要内容包括沉淀区有效面积、池子直径、沉淀区有效水深、污泥斗容积以及排泥设备的选择等，计算公式详见表3-4。

**表3-4 废水处理辐流式沉淀池设计计算公式**

| 名称 | 计算公式 | 设计数据及说明 |
| --- | --- | --- |
| 池表面积 | $A=\frac{Q_{max}}{q_0}$ | $A$—池表面积，$m^2$<br>$Q_{max}$—最大设计流量，$m^3/h$<br>$q_0$—表面负荷率，$m^3/(m^2 \cdot h)$，可通过试验确定，无试验时一般采用1.5～3.0$m^3/(m^2 \cdot h)$ |
| 分格数 | $n=\frac{A}{A_1}$ | $A_1$—每个池表面积，$m^2$<br>$n$—池座数(≥2) |
| 池体直径 | $D=\sqrt{\frac{4A_1}{\pi}}$ | $D$—池直径(或正方形一边)，m，不宜小于16m |
| 有效水深 | $h_2=q_0t=\frac{Q_{max}t}{nA_1}$ | $t$—沉淀时间，h，一般采用初沉池1～2h，二沉池1.5～2.5h<br>$h_2$—有效水深，m，一般≤4m |
| 每日排泥量 | $V'_{泥}=\frac{SNt}{1000}$ | $V'_{泥}$—排泥量，$m^3/d$<br>$S$—废水量，$m^3/d$<br>$N$—设计人口数<br>$t$—两次排泥时间间隔，d |
| 污泥区所需容积 | $V'=\frac{Q(c_0-c_e)}{r(1-p)}T$ | $V'$—污泥区所需容积，$m^3$<br>$Q$—污泥量，L/(人·d)，一般为0.3～0.9L/(人·d)<br>$c_0$、$c_e$—进、出水悬浮物浓度，$kg/m^3$<br>$p$—污水含泥率，一般城市废水95%～97%<br>$r$—污泥容量，$kg/m^3$，可取1000$kg/m^3$ |
| 池体总高 | $H=h_1+h_2+h_3+h_4$ | $H$—池体总高，m<br>$h_1$—超高，m，一般≥0.3m<br>$h_2$—沉淀区有效水深，m<br>$h_3$—缓冲层高度，m，非机械排泥时为0.5m，机械排泥时缓冲层上缘宜高出刮泥板0.3m<br>$h_4$—污泥部分高度，m |

## 75 什么是初沉池和二沉池？有何差异？

初沉池是污水处理中第一次沉淀的构筑物，主要去除水中悬浮固体和部分呈悬浮态的有机物。一般设置在污水处理厂的沉砂池之后、生化池之前。二沉池即污水生物处理后的沉淀池，主要作用是泥水分离，使混合液澄清、污泥浓缩，并把分离的污泥回流到生物处理阶段。二沉池设在生化池之后、深度处理或排放之前。

初沉池与二沉池的主要差异详见表 3-5。

表 3-5　初沉池与二沉池的主要差异比较

| 项目 | 初沉池 | 二沉池 |
| --- | --- | --- |
| 处理对象 | 悬浮物和部分有机物 | 活性污泥 |
| 处理作用 | 去除可沉物和漂浮物，减轻后续处理设施的负荷；使细小的固体絮凝成较大的颗粒，强化了固液分离效果；对胶体物质具有一定的吸附去除作用 | 固液分离，保证出水水质；污泥浓缩，使回流污泥的含水率降低，保证回流污泥的浓度 |
| 原理 | 自由沉淀 | 成层沉淀、压缩沉淀 |
| 分区 | 五个区：进水区、出水区、沉淀区、污泥区和缓冲区 | 四个区：清水区、絮凝区、成层沉淀区和压缩区 |
| 负荷 | 沉淀时间为 1.0～2.5h，表面负荷为 1.2～2.0 $m^3/(m^2 \cdot h)$，污泥含水率为 95%～97%，堰口负荷≤2.9L/(s·m) | ①活性污泥法后：沉淀时间为 2.0～5.0h，表面负荷为 0.6～1.0$m^3/(m^2 \cdot h)$，污泥含水率为 99.2%～99.6%，堰口负荷≤1.7L/(s·m)。<br>②生物膜法后：沉淀时间为 1.5～4.0h，表面负荷为 1.0～1.5$m^3/(m^2 \cdot h)$，污泥含水率为 96%～98%，堰口负荷≤1.7L/(s·m) |

## 76 各类沉淀池的优缺点和适用条件是什么？

废水处理中常见的沉淀池有平流式沉淀池、辐流式沉淀池和竖流式沉淀池，各种池型的优缺点和适用条件见表 3-6。其中，平流式沉淀池的适用范围最为广泛，可用于大、中、小型污水处理厂，辐流式沉淀池适用于大、中型污水处理厂，而竖流式沉淀池一般仅适用于小型的污水处理厂。

表 3-6　各类沉淀池的优缺点及适用条件

| 池型 | 优点 | 缺点 | 适用条件 |
| --- | --- | --- | --- |
| 平流式 | ①沉淀效果好<br>②对水量和温度的变化有较强的适应能力<br>③处理流量大小不限<br>④施工方便<br>⑤平面布置紧凑 | ①池子配水不宜均匀<br>②采用多斗排泥时，每个泥斗需单设排泥管排泥，操作工作量大。采用机械排泥时，设备和机件浸于水中，易锈蚀 | ①适用地下水位较高和地质条件较差的地区<br>②大、中、小型废水处理厂均可采用 |
| 辐流式 | ①对大型废水处理厂（>$5\times10^4 m^3/d$）比较经济适用<br>②机械排泥设备已定型化，排泥较方便 | ①排泥设备复杂，要较高水平的运行管理<br>②施工质量要求高 | ①适用地下水位较高地区<br>②适用于大、中型废水处理厂 |
| 竖流式 | ①占地面积小<br>②排泥方便，运行管理简单 | ①池深大，施工困难<br>②对水量和温度的变化适应性较差<br>③池子直径不宜过大 | 适用于小型废水处理厂 |

## 77 选择沉淀池池型时需考虑哪些因素?

废水处理中沉淀池的池型不同，其沉淀效果、对水质水量的适应能力、管理强度、经济性等均有一定的差异。选择沉淀池时，应考虑以下因素：

① 废水量的大小　如果处理水量大，可考虑采取平流式、辐流式沉淀池；如果水量小，可采用竖流式沉淀池。

② 悬浮物质的沉降性能与泥渣性质　相对密度大的污泥，需用机械排泥，应考虑平流式或辐流式沉淀池；而黏性大的污泥不宜采用斜板式沉淀池，以免堵塞。

③ 占地面积　竖流式沉淀池占地面积较小，而在地下水水位高、施工困难的地区应采用平流式沉淀池。

④ 造价高低与运行管理水平　平流式沉淀池造价低，而竖流式沉淀池造价较高。从管理水平方面考虑，竖流式沉淀池排泥较方便，管理较简单；而辐流式沉淀池需要较高的管理水平。

## 78 什么是污泥浓缩池? 主要类型有哪些?

污泥浓缩池是用于污泥浓缩，即降低污泥含水率、减小污泥体积的废水处理构筑物。按浓缩方法，污泥浓缩池可以分为重力浓缩池、气浮浓缩池和离心浓缩工艺三种类型。

（1）重力浓缩池

连续式重力浓缩池（图 3-17），一般采用圆形竖流式或辐流式沉淀池的形式，适用于大、中型污水处理厂。

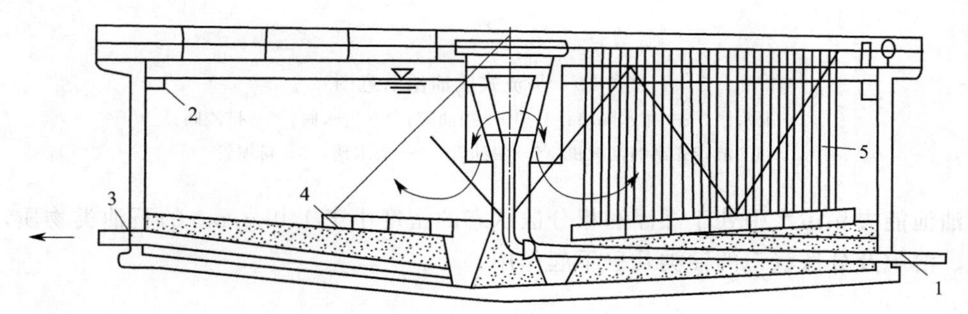


图 3-17　连续式污泥浓缩池

1—中心进泥管；2—上清液溢流堰；3—底流排出管；4—刮泥机；5—搅动栅

间歇式重力浓缩池（图 3-18）可建成圆形或矩形，多用于小型废水处理厂（站），其停留时间一般取 9～12h，排泥采用重力式。

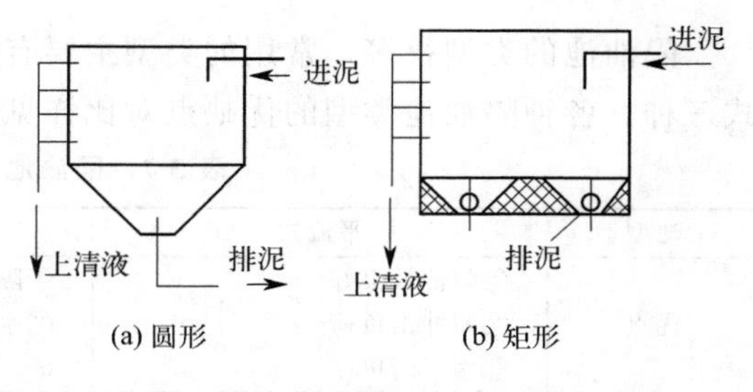


图 3-18　间歇式重力浓缩池

（2）气浮浓缩池

气浮法适用于浓缩活性污泥和生物滤池等的较轻污泥。当浓缩活性污泥时，一般采用出水部分回流加压溶气的流程。根据池型可分为矩形气浮浓缩池和圆形气浮浓缩池。当气浮装置处理能

力小于 $100m^3/h$，多采用矩形气浮池；当气浮装置处理能力大于 $100m^3/h$，多采用辐流式气浮池。

（3）离心浓缩工艺

离心浓缩的动力为离心力，一般用于浓缩剩余污泥等难脱水物。衡量离心浓缩效果的主要指标为出泥含固率和固体回收率等。用于污泥浓缩的离心机机型主要有轴筒式、盘式、篮式等，现在普遍采用的离心机为卧螺式离心机。

## 79 隔油池的工作原理是什么？

隔油池是利用油滴与水的密度差产生上浮作用来去除含油废水中可浮性油类物质的一种废水预处理构筑物。隔油池与沉淀池处理废水的基本原理相同，都是利用废水中悬浮物和水的比重不同而达到分离的目的，如图 3-19 所示。隔油池的构造多采用平流式，含油废水通过配水槽进入平面为矩形的隔油池，沿水平方向缓慢流动，在流动中油品上浮水面，由集油管或设置在池面的刮油机推送到集油管中流入脱水罐。在隔油池中沉淀下来的重油及其他杂质，积聚到池底污泥斗中，通过排泥管进入污泥管中。经过隔油处理的废水则溢流入排水渠排出池外，进行后续处理，以去除乳化油及其他污染物。

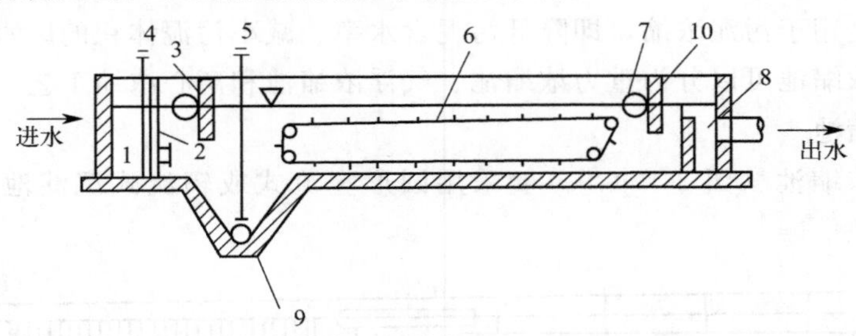


图 3-19 平流式隔油池示意图

1—配水槽；2—布水隔墙；3，10—挡油板；4—进水阀；5—排渣阀；6—链带式刮油刮泥机；7—集油管；8—集水槽；9—排泥管

隔油池能去除污水中处于漂浮和粗分散状态的密度小于 $1.0kg/m^3$ 的石油类物质，而处于乳化、溶解及分散状态的油类几乎不起作用。

## 80 隔油池的常见类型有哪些？

隔油池的类型很多，常用的类型主要有平流式隔油池、斜板式隔油池和平流与斜板组合式三种。各种隔油池类型的优缺点对比详见表 3-7。

表 3-7 隔油池的类型与优缺点比较

| 池型 | 平流式 | 斜板式 | 组合式 |
| --- | --- | --- | --- |
| 优点 | ①隔油效果好<br>②耐冲击负荷<br>③施工简单 | ①隔油效果好<br>②水力负荷高<br>③占地面积小 | ①隔油效果好<br>②水力负荷高<br>③耐冲击负荷 |
| 缺点 | ①布水不均<br>②不能连续排泥，操作工作量大 | ①斜板易堵，增加了表面冲洗设备<br>②不宜作为初次隔油措施 | ①池体深度不同，施工较复杂<br>②操作较复杂 |

## 81 在什么条件下需要设置隔油池?

在废水的生化处理环节，如SBR系统或者生物膜法对废水的含油量要求较高，普通活性污泥法要求稍低，表面几乎无油才能进行。因此，当废水表面漂有浮油时，油含量一般在5%以上，应设置隔油池。

此外，食堂及餐厅排放的含油污水，应经除油装置进行油分分离后方可排入污水管道。

## 82 如何进行隔油池设计计算?

平流式隔油池主要用于去除粒径大于150μm的油珠，设计计算方法可参考平流式沉淀池。具体设计要求如下：

① 池数一般不少2个，有效水深应小于等于2.0m，超高不小于0.4m，单格池宽应小于6m，隔油段的长宽比不小于4，工作水深与每格宽度之比不小于0.4，池内流速一般为2～5mm/s；

② 隔油池底宜设刮油刮泥机，刮板移动速度应小于2m/min，污泥斗深度一般为0.5m，底宽不小于0.4m，侧面倾角为45°～60°，刮板的移动速度应小于2m/min；

③ 平流隔油池的排泥管管径应大于200mm，集油管宜为$\phi$200～300mm，当池宽在4.5m以上时，集油管串联不应超过4根；

④ 在寒冷地区，集油管及隔油池宜设置加热设施，隔油池附近应有蒸汽管道接头，以备需要时清理管道或灭火。

⑤ 一般采用穿孔墙进水，溢流堰出水。

斜板隔油池主要用于去除粒径大于80μm的油珠，具体设计要求如下：

① 斜板隔油池的表面水力负荷为0.6～0.8$m^3/(m^2 \cdot h)$；

② 斜板倾角要在45°以上，斜板间的距离一般为40mm，板间流速宜为3～7mm/s。为避免油珠或油泥粘在斜板上，斜板材质必须具有不粘油的特点，同时要求耐腐蚀和光洁度好；

③ 布水板与斜板断面的平行距离为200mm，布水板过水通道为孔状时，孔径一般为12mm，孔隙率为3%～4%，孔眼流速为17mm/s、布水板过水通道为栅条状时，过水栅条宽20mm，间距为30mm；

④ 为保证过水的畅通性和除油效果，要在斜板出水端200～500mm处设置斜板清污器，清污动力可采用压缩空气或压力为0.3MPa的蒸汽。

表3-8为废水处理斜板隔油池设计计算公式。

**表3-8 废水处理斜板隔油池设计计算公式**

| 名称 | 公式 | 符号说明 |
| --- | --- | --- |
| 池子水面面积 | $F=\dfrac{Q}{nq'\times 0.91}(m^2)$ | $Q$—平均流量，$m^3/h$<br>$n$—池数，个<br>$q'$—设计表面负荷，$m^3/(m^2 \cdot h)$<br>0.91—斜板区面积利用系数 |
| 池子平面尺寸 | ①圆形池直径：$D=\sqrt{\dfrac{4F}{\pi}}$(m)<br>②方形池边长：$a=\sqrt{F}$(m) | |

续表

| 名称 | 公式 | 符号说明 |
| --- | --- | --- |
| 池内停留时间 | $t=\dfrac{(h_2+h_3)\times 60}{q'}$(min) | $h_2$—斜板区上部水深,m,一般为0.5～1m<br>$h_3$—斜板高度,m,一般为0.866～1m |
| 污泥部分所需容积 | (1)算法一:<br>$V=\dfrac{SNT}{1000n}(m^3)$<br>(2)算法二:<br>$V=\dfrac{Q(C_1-C_2)\times 24T}{\gamma(1-\rho_0)n}$ | $S$—污泥量,L/(人·d),一般采用0.3～0.8L/(人·d)<br>$N$—设计人口数<br>$T$—污泥室储泥周期,d<br>$C_1$—进水悬浮物浓度,t/d<br>$C_2$—出水悬浮物浓度,t/d<br>$\gamma$—污泥密度,t/m³,约为1t/m³<br>$\rho_0$—污泥含水率 |
| 污泥斗容积 | (1)圆锥体:<br>$V_1=\dfrac{\pi h_5}{3}(R^2+Rr_1+r_1{}^2)(m^3)$<br>(2)方锥体:<br>$V_1=\dfrac{h_5}{6}(2a^2+2aa_1+2a_1{}^2)(m^3)$ | $h_5$—污泥斗高度,m<br>$R$—污泥斗上部半径,m<br>$r_1$—污泥斗下部半径,m<br>$a_1$—污泥斗下部边长,m<br>$a$—方形边长,m |
| 隔油池总高度 | $H=h_1+h_2+h_3+h_4+h_5$(m) | $h_1$—超高,m<br>$h_4$—斜板区底部缓冲层高度,m,一般采用0.6～1.2m |

## 83 气浮法的原理和去除对象是什么?

气浮是通过在水中通入空气，产生微细的气泡，使其与水中密度接近于水的固体或液体污染物黏附，形成密度小于水的气浮体，在浮力的作用下，上浮至水面形成浮渣层，从而回收水中的悬浮物质，同时改善水质的水质净化技术。

气浮法的去除对象主要为废水中靠自然沉淀难以去除的悬浮物，如石油工业或煤气发生站废水中所含的乳化油类（粒径为0.5～25μm），毛纺工业洗衣废水中所含的羊毛脂及洗涤剂，食品工业废水中所含的油脂，选煤车间废水中的细煤粉（粒径为0.5～1mm），以及相对密度接近1的固体颗粒，如造纸废水中的纸浆、纤维工业废水中的细小纤维等。

气浮池结构见图3-20。

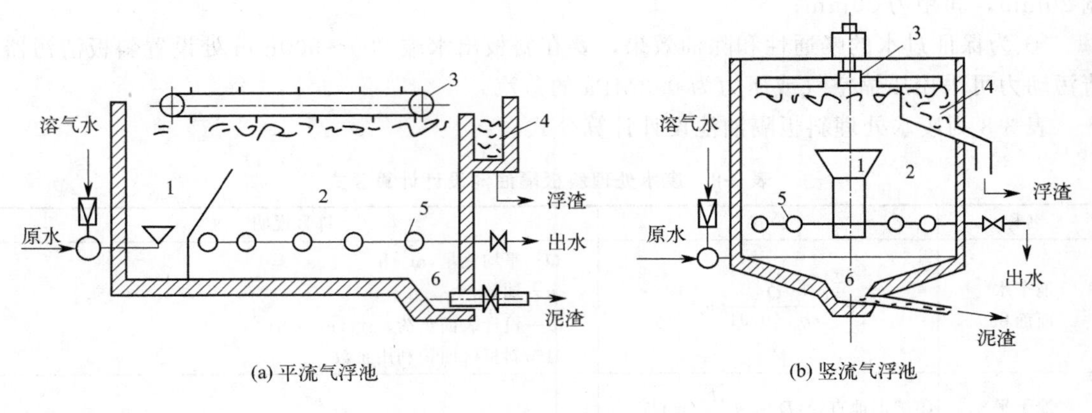


图 3-20 气浮池结构

1—接触室；2—分离室；3—刮渣机；4—浮渣槽；5—集水管；6—集泥斗

## 84 悬浮物和气泡的附着条件是什么?

气泡能否与悬浮颗粒发生有效附着主要取决于悬浮颗粒的表面性质。如果颗粒易被水润湿，则称该颗粒为亲水性的，如颗粒不易被水润湿，则是疏水性的。颗粒的润湿性程度常用气、液、固三相间互相接触时所形成的平衡接触角的大小来表示。在静止状态下，当气、液、固三相接触时，气-液界面张力线和固-液界面张力线之间的夹角（包含液相的）称为平衡接触角，用$\theta$表示，如图 3-21 所示。当$\theta>90°$时［图 3-21(a)］，称固体为疏水性物质，易于为气泡黏附；当$\theta<90°$时，称固体为亲水性物质，不易为气泡所黏附［图 3-21(b)］。

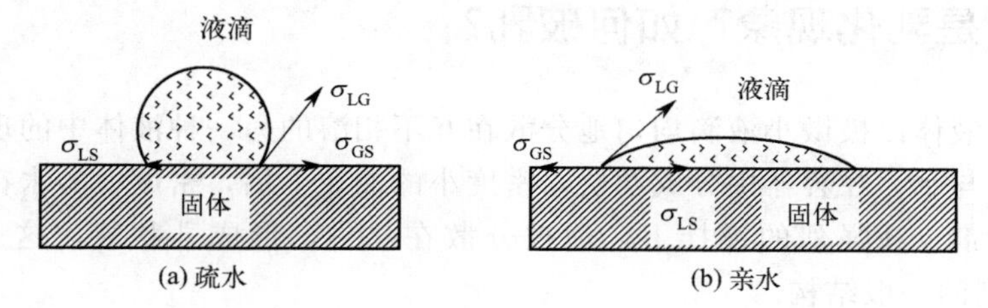


图 3-21 接触角示意图

从图中还可看出，不论物质的润湿性如何，当体系稳定时，在三相接触点上，三个界面张力总是处于平衡状态，如果分别用$\sigma_{LG}$、$\sigma_{LS}$和$\sigma_{GS}$表示液、气界面，液、固界面和气、固界面的界面张力，则有：

$$\sigma_{LS}+\sigma_{LG}\cos\theta=\sigma_{GS}$$

当气泡与颗粒共存于水中时，颗粒是否能附着在气泡上和附着的牢固程度，取决于附着前后界面能的变化。如果总能量降低，则能附着，且能量降低越多，附着越牢固；如果能量增加，则不能附着。在颗粒与气泡附着前，单位界面面积上的界面能$W_1$等于气、液界面能和液、固界面能之和，即$W_1=\sigma_{LS}+\sigma_{LG}$。附着后，由于附着部分没有了固液界面，所以单位附着面积上的界面能相应变为$W_2=\sigma_{GS}$。因此附着前后界面能变化的数值为：

$$\Delta W=W_2-W_1=\sigma_{GS}-\sigma_{LS}-\sigma_{LG}$$

前两式整理得

$$\Delta W=\sigma_{LS}+\sigma_{LG}\cos\theta-\sigma_{LS}-\sigma_{LG}=\sigma_{LG}(\cos\theta-1)$$

由上式可知：①当颗粒能完全被水润湿时，$\theta=0°$，$\cos\theta=1$，$\Delta W=0$，颗粒不能与气泡黏附，因此也就不能用气浮法处理；②当颗粒完全不能被水润湿时，$\theta=180°$，$\cos\theta=-1$，$\Delta W=-2\sigma_{LG}$，颗粒与气泡黏附的动力大，易于用气浮法处理；③固体的接触角越大，越易于与气泡的黏附，对于$\sigma_{LG}$很小的体系，虽然有利于固体向气泡的黏附，但由于黏附动力较小，颗粒向气泡的黏附困难。

## 85 如何保证气泡的分散度和稳定性?

为了保证气浮效果的稳定性，气泡在水中需要具有一定的分散度和稳定性。一般气泡粒径需要<100$\mu$m，才能很好地附着在颗粒上。

对于有机污染物含量不多的废水，进行气浮时，气泡的稳定性可能成为影响气浮效果的主要因素，可向水中添加一定的表面活性物质。表面活性物质是由极性-非极性分子组成的。极性基团易溶于水，伸向水中；非极性基团为疏水基，伸入气泡。由于同号电荷的相斥作用可防止气泡的兼并和破灭，从而保证了气泡的极细分散度和稳定性。

当表面活性物质过多时，会导致水的表面张力降低，水中污染粒子严重乳化，表面 $\zeta$ 电势增高。此时，水中含有与污染粒子相同荷电性的表面活性物质的作用则转向反面。这时尽管气泡稳定，但颗粒与气泡黏附不好，气浮效果下降。

因此，需要从气泡稳定性、水的表面张力以及乳化效果等多方面综合考虑，来控制表面活性剂的投加量。

## 86 什么是乳化现象？如何破乳？

乳化是一种液体以极微小液滴均匀地分散在互不相溶的另一种液体中的现象。两种不相溶的液体，如油与水，在容器中分成两层，密度小的油在上层，密度大的水在下层。若加入适当的表面活性剂，在强烈的搅拌下，油被分散在水中，形成乳状液，这一过程叫乳化。图 3-22 为乳化剂的一般结构。

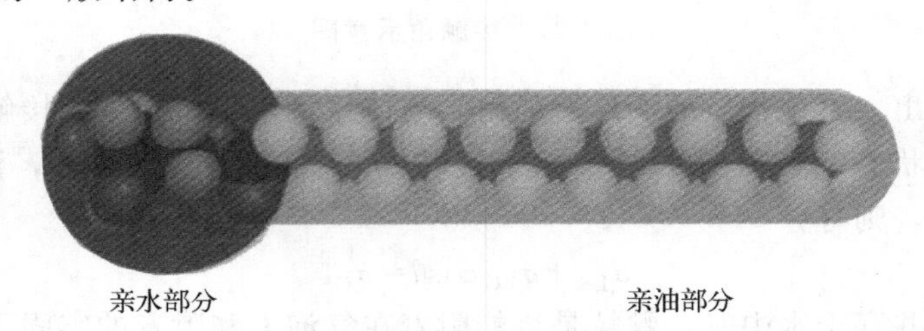


图 3-22 乳化剂的一般结构

消除乳化现象的技术称为破乳。破乳的有效方法是投加混凝剂，使水中增加相反的电荷胶体，以压缩双电层，降低 $\zeta$ 电势，使其达到电中和。投加的混凝剂有硫酸铝、聚合氯化铝、三氯化铁等。投加量视废水的性质不同而异，可根据试验确定。

图 3-23 为破乳剂结构及其穿透水滴周围界面膜示意图。

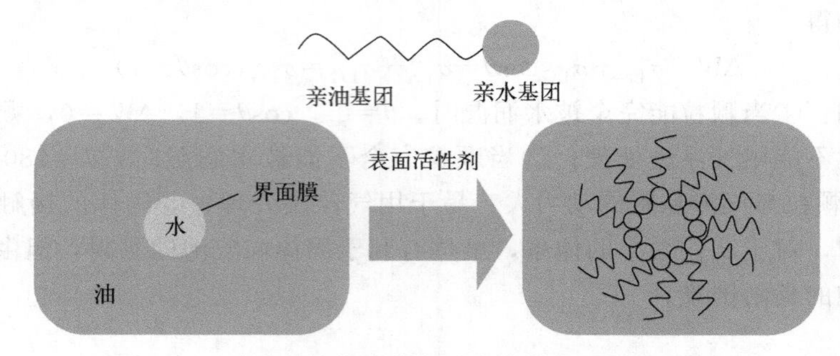


图 3-23 破乳剂结构及其穿透水滴周围界面膜示意图

## 87 气浮法的主要类型有哪些？

按气浮工艺中微细气泡的产生方式，可分为电解气浮法、分散空气气浮法和溶解空气气浮法。溶解空气气浮法根据气浮池中气泡析出时所处的压力不同，又分为溶气真空气浮和加压溶气气浮两种类型。加压溶气气浮法是目前常用的气浮方法。

（1）电解气浮法

电解气浮是将正负相间的多组电极安装在稀电解质水溶液中，在 5～10V 直流电的作用下，在正负两极间产生氢气和氧气微细气泡，黏附于悬浮物上，将其带至水面达到分离的目的。由于污水电解产生的微细气泡很小，故该法特别适用于处理脆弱絮状悬浮物。其表面负荷通常低于 $4m^3/(m^2 \cdot h)$。电解气浮法装置如图 3-24 所示。

（2）分散空气气浮法

包括微孔曝气器气浮法和剪切气泡气浮法两种形式。

微孔曝气器气浮法（图 3-25）是将压缩空气引入到靠近池底处的微孔曝气器，并被微孔曝气器分散成细小的气泡。微孔曝气器气浮法的优点是简单易行，但也存在微孔曝气器装置的微孔易于堵塞、气泡较大、气浮效果不高等缺点。

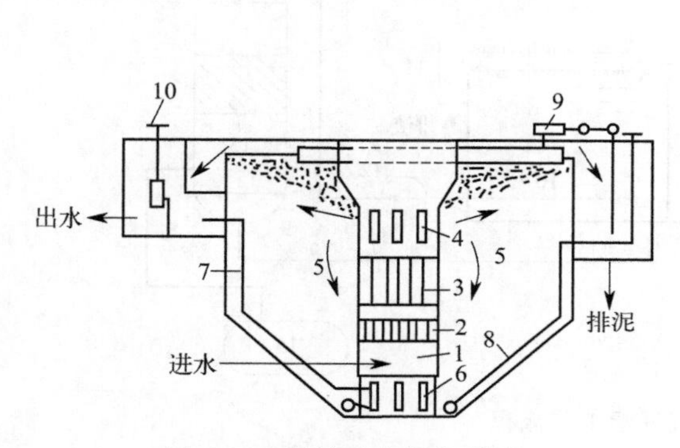


图 3-24　竖流式电解气浮池

1—入流室；2—转流槽；3—电极组；4—出流孔；5—分离室；6—集水孔；7—出水管；8—排沉泥管；9—刮渣机；10—水位调节器

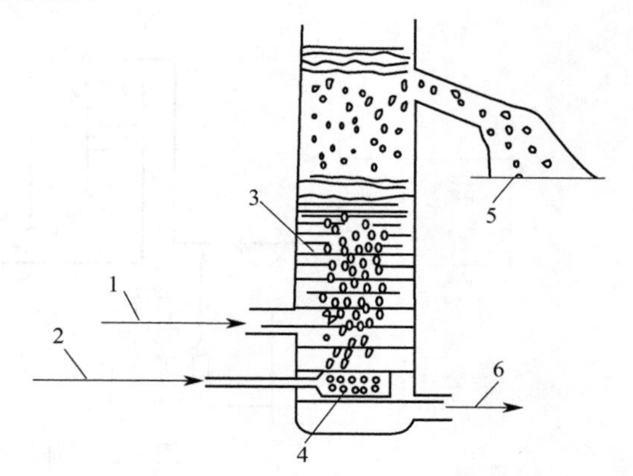


图 3-25　微孔曝气气浮法

1—入流液；2—空气进入；3—分离柱；4—微孔陶瓷扩散板；5—浮渣；6—出流液

剪切气泡气浮法（图 3-26）是将空气引入到一个高速混合或叶轮机的附近，通过高速旋转混合器或叶轮机的高速剪切，将引入的空气切割粉碎成细小的气泡。剪切气泡气浮法适用于处理水量不大，而污染物质浓度较高的废水。用于除油时，除油效果可达 80%左右。

分散空气气浮法常用于矿物浮选，也用于含油脂、羊毛及大量表面活性剂等废水的初级处理。

（3）溶解空气气浮法

空气在一定压力下溶解于废水中，并达到过饱和状态，然后再突然使废水减到常压，使溶解于水中的空气以微小气泡的形式从水中逸出以进行气浮。溶解空气气浮形成的气泡直径很小，其初期粒度可能在 80μm 左右。根据气泡在水中析出时所处压力的不同，溶解空气气浮法又可分为加压溶气气浮法和溶气真空气浮法两种类型。

① 加压溶气气浮法（图 3-27）是在加压下将空气溶于水中，在常压下析出，气浮池在常压下运行。其特点是气体溶解量大、产生气泡多。设备维护和工艺流程操作简单、管理方便，因此实际应用较多。

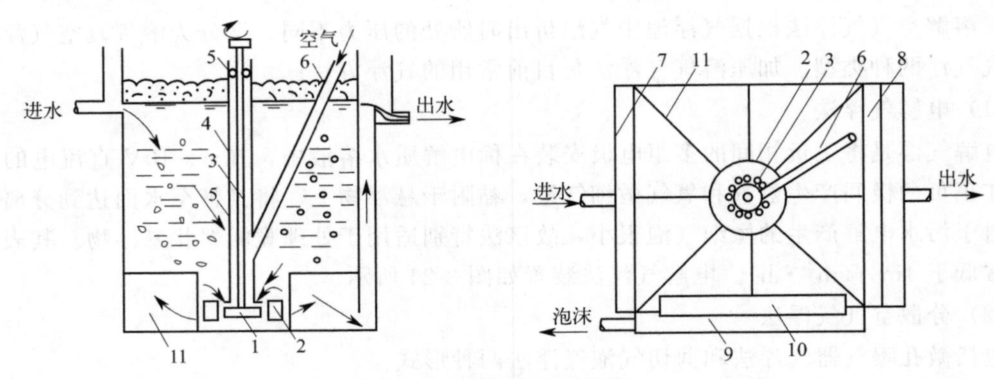


图 3-26 剪切气泡气浮法

1—叶轮；2—盖板；3—转轴；4—轴套；5—轴承；6—进气管；
7—进水槽；8—出水槽；9—泡沫槽；10—刮沫板；11—整流板

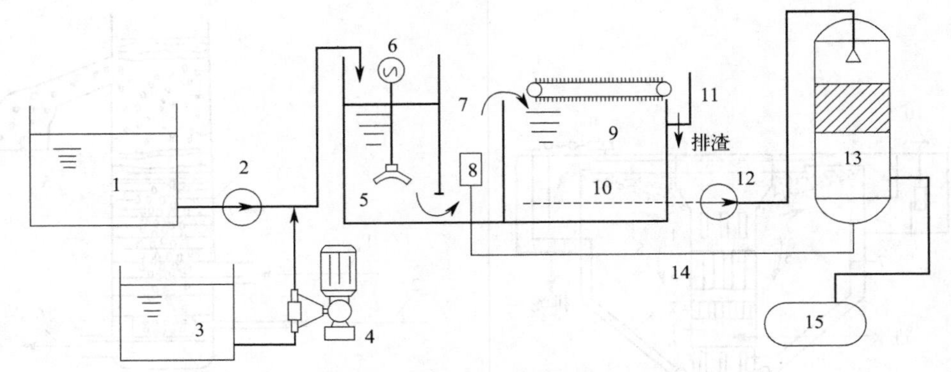


图 3-27 加压溶气气浮工艺流程

1—原水池；2—原水泵；3—药业箱；4—絮凝剂加药泵；5—反应室；6—搅拌器；
7—气浮池接触室；8—溶气释放器；9—气浮池分离室；10—集水管；11—排渣槽；
12—回流水泵；13—压力溶气罐；14—溶气回水管；15—压缩空气管

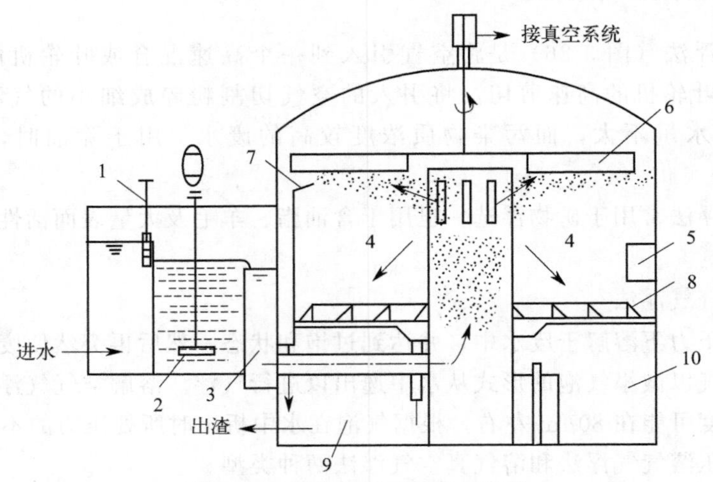


图 3-28 真空气浮法设备示意图

1—流量调节器；2—曝气器；3—消气井；4—分离井；5—环形出水槽；6—刮渣板；
7—集渣槽；8—池底刮泥板；9—出渣室；10—操作室（包括抽真空设备）

② 溶气真空气浮法（图 3-28） 气浮池在负压（真空）状态下运行。由于是负压（真空）条件下运行，因此，溶解在水中的空气易呈现过饱和状态，从而以大量气泡的形式从水中析出，进行气浮。析出的空气量取决于水中溶解的空气量和真空度。溶气真空气浮池平面多为圆形，池面压力为 30～40kPa，废水在池内停留时间为 5～20min。

在溶解空气气浮操作中，气泡与废水的接触时间还可以人为地加以控制。因此，溶解空气气浮的净化效果较好，在废水处理中，特别是对含油废水的处理，得到了广泛的应用。

## 88 加压溶气气浮工艺的基本流程有哪些?

加压溶气气浮法在国内外应用最为广泛。加压气浮法是在加压情况下，将空气溶解在废水中达饱和状态，然后突然减至常压，这时溶解在水中的空气处于过饱和状态，以极微小的气泡释放出来，乳化油和悬浮颗粒黏附于气泡周围而随其上浮，在水面上形成泡沫层，然后由刮泡器清除，使废水得到净化。

根据废水中所含悬浮物的种类、性质、处理水净化程度和加压方式的不同，基本流程有以下三种。

(1) 全溶气气浮法

全溶气气浮法是将全部废水用水泵加压，在泵前或泵后注入空气，如图 3-29 所示。在溶气罐内，空气溶解于废水中，然后通过减压阀将废水送入气浮池，废水中形成许多小气泡黏附乳化油或悬浮物而浮出水面，在水面上形成浮渣。用刮板将浮渣连续排入浮渣槽，处理后的废水通过溢流堰和出水管排出。

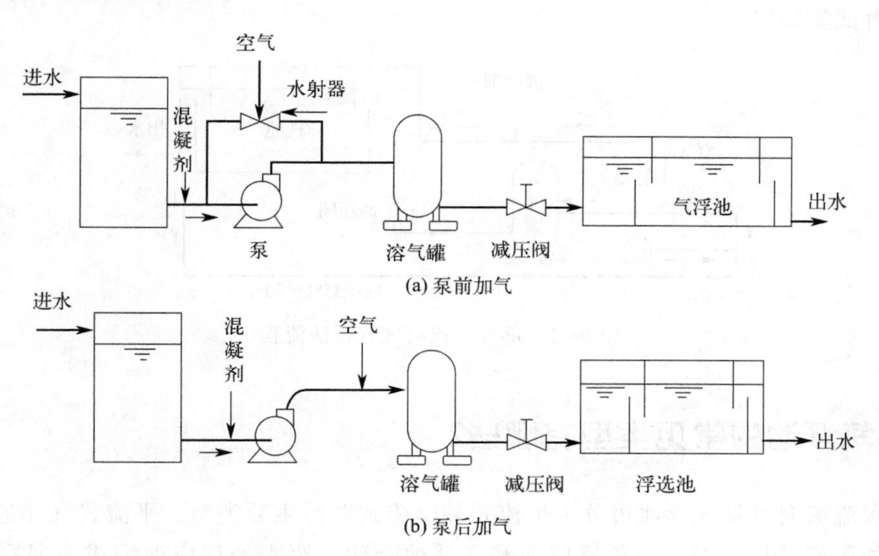


图 3-29 全加压溶气气浮法工艺流程

全溶气气浮法的优点是：溶气量大，增加了油粒或悬浮颗粒与气泡的接触机会；在处理水量相同的条件下，它较部分回流溶气气浮法所需的气浮池小，从而减少了基建投资。但由于全部废水经过压力泵，所需的压力泵和溶罐均较大，因此投资和运转动力消耗也较大。

(2) 部分溶气气浮法

部分溶气气浮法是取部分废水加压和溶气，其余废水直接进入气浮池并在池中与溶气废水混合，如图 3-30 所示。其特点为：①较全溶气气浮法所需的压力泵小，故动力消耗低；②压力泵所造成的乳化油量较全溶气法低；③气浮池的大小与全溶气法相同，但较部分回流溶气法小。

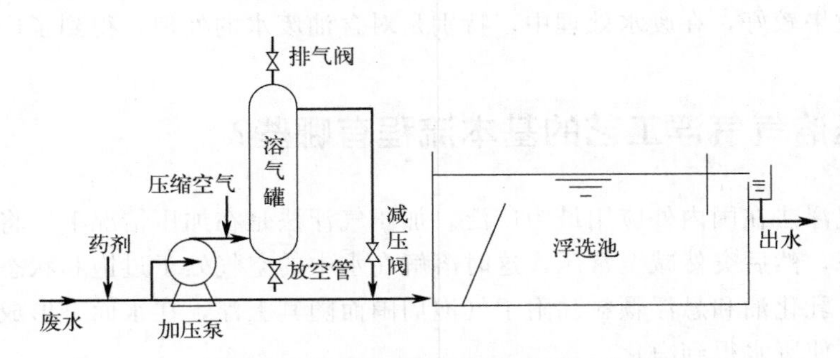


图 3-30 部分进水加压溶气气浮法流程

(3) 部分回流溶气气浮法

部分回流溶气气浮法是取一部分除油后的出水回流进行加压和溶气，减压后直接进入气浮池，与来自絮凝池的含油废水混合后气浮，如图 3-31 所示。回流量一般为含油废水的 25%～50%。其特点为：①加压的水量少，动力消耗低；②气浮过程中不促进乳化；③矾花形成好，后絮凝也少；④缺点是气浮池容积较大。

为了提高气浮的处理效果，往往向废水中加入混凝剂或浮选剂，投加量因水质不同而异，一般由试验确定。

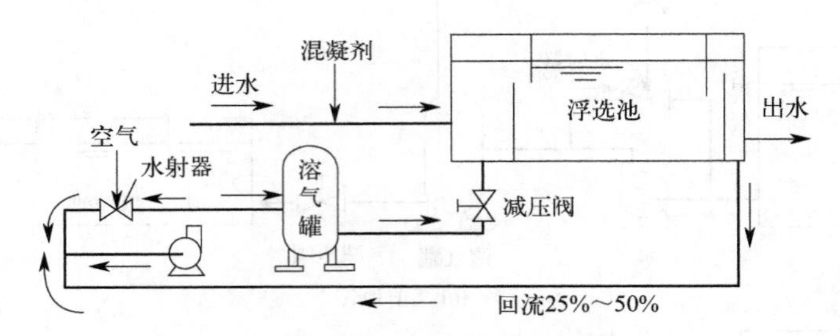


图 3-31 部分回流溶气气浮法流程

## 89 气浮池的常见类型有哪些?

根据水流流向可将气浮池可分为平流式和竖流式两种主要类型。平流式气浮池是目前最常用的一种形式(图 3-32)。一般反应池和气浮池合建。废水经反应池完成与混凝剂的混合反应后，经挡板由底部进入接触室，与溶气水接触混合，然后进入气浮池进行固液分离。

平流式气浮池的优点是池身浅、造价低、结构简单、管理方便。缺点是分离部分的容积利用率不高。

竖流式气浮池也是一种常用的形式(图 3-33)。其优点是接触室在池中央，水流向四周扩散，水力条件比平流式好。缺点是与反应池较难衔接，构造比较复杂。

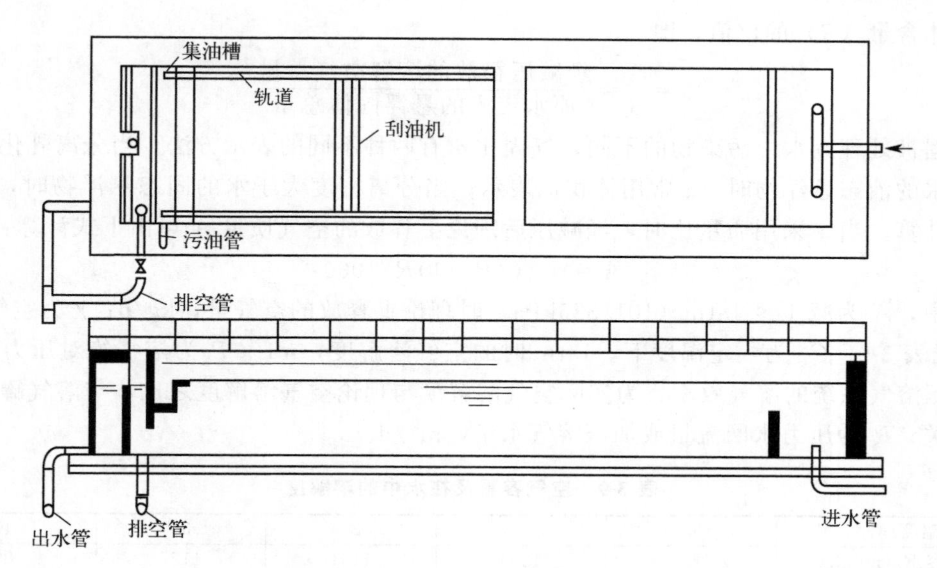


图 3-32　平流式气浮池

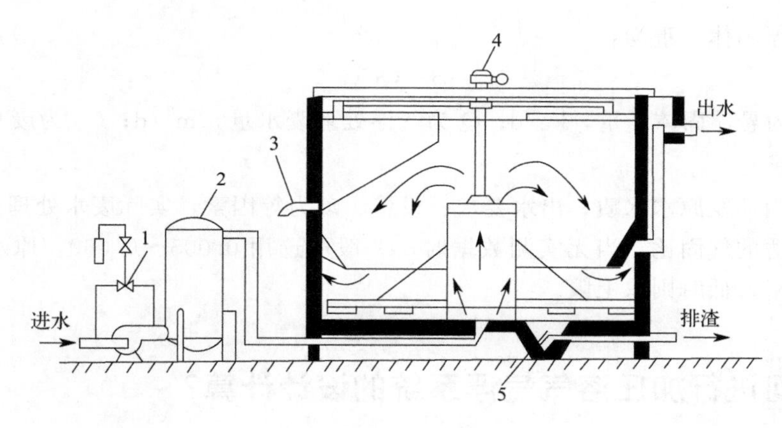


图 3-33　竖流式气浮池

1—射流器；2—溶气罐；3—泡沫排出管；4—变速装置；5—沉渣斗

除上述两种基本形式外，还有各种组合式一体化气浮池，如气浮-沉淀一体化、气浮-过滤一体化等。

气浮-沉淀一体化的形式主要应用于原水浊度较高及水中含有一部分密度较大、不易进行气浮的杂质时，采用同向流斜板，先将部分易沉杂质去除，而不易沉淀的较轻杂质则由后续的气浮加以去除。这种形式结构紧凑，占地小，也能照顾到后续构筑物的高程需要。

气浮-过滤一体化的形式主要为充分利用气浮分离池下部的容积，在其中设置了滤池。滤池可以是普通快滤池，也可以是移动冲洗罩滤池。一般以后者的配合更为经济和合理。气浮池的刮泥机可以兼作冲洗罩的移动设备。同时由于设置了滤池，使气浮集水更为均匀。

## 90 如何确定气浮池的气固比?

气固比 $\alpha$ 是设计加压溶气气浮系统时最基本的参数，反映了溶解空气量（$A$）与原水中悬浮固体含量（$S$）的比值，即：

$$\alpha=\frac{A}{S}=\frac{\text{经减压释放的溶解空气总量}}{\text{原水带入的悬浮固体总量}}$$

根据被处理废水中污染物的不同，气固比 $\alpha$ 有两种不同的表示方法。当分离乳化油等密度小于水的液态悬浮物时，$\alpha$ 常用体积比表示；当分离密度大于水的固态悬浮物时，$\alpha$ 采用质量比计算。当 $\alpha$ 采用质量比时，经减压后理论上释放的空气质量 $A$ 可由下式计算：

$$A=\gamma C_a(fP-1)R/1000$$

式中，$A$ 为减压至 1atm（101.325kPa）时理论上释放的空气量，kg/d；$\gamma$ 为空气容重，g/L，见表 3-9；$C_a$ 为一定温度下，1atm 时的空气溶解度，mL；$P$ 为溶气绝对压力，atm；$f$ 为加压溶气系统的溶气效率，为实际空气溶解度与理论空气溶解度之比，与溶气罐形式等因素有关；$R$ 为压力水回流量或加压溶气水量，$m^3/d$。

**表 3-9　空气容重及在水中的溶解度**

| 温度/℃ | 0 | 10 | 20 | 30 | 40 |
|---|---|---|---|---|---|
| 空气容重/(mg/L) | 1252 | 1206 | 1164 | 1127 | 1092 |
| 溶解度/(mL/L) | 29.2 | 22.8 | 18.7 | 15.7 | 14.2 |

气浮的悬浮固体干重为：

$$S=QC_s$$

式中，$S$ 为悬浮固体干重，kg/d；$Q$ 为气浮处理废水量，$m^3/d$；$C_s$ 为废水中的悬浮颗粒浓度，$kg/m^3$。

气固比选用涉及原水水质、出水要求、设备、动力等因素，实际废水处理最好通过气浮试验来确定合适的气固比。当无实测数据时，一般可选用 0.005～0.060，原水的悬浮物含量高时，取下限，低时则取上限。

## 91 如何进行加压溶气气浮系统的设计计算?

加压溶气气浮系统的设计主要包括所需空气量、溶气水量、溶气罐和气浮池的设计计算。

（1）溶气量与溶气水量

在加压溶气系统设计中，常用的基本参数是气固比 $\alpha$（$A/S$）。在溶气压力 $P$ 下溶解的空气，经减压释放后，理论上释放空气量为：

$$A=\rho C_a\left(f\frac{R}{P_0}-1\right)Q_R \tag{3-1}$$

因此，气固比可写成：

$$\frac{A}{S}=\frac{\rho C_a\left(f\frac{P}{P_0}-1\right)Q_R}{QC_S} \tag{3-2}$$

式中，$A$ 为减压至常压（1atm，即 $1.01\times10^5$Pa）时释放的空气量，kg/h；$\rho$ 为空气密度，g/L；$C_S$ 为一定温度下，一个大气压时的空气溶解度（表 3-10），mL/L；$f$ 为加压溶气系统的溶气效率，即实际空气溶解度与理论溶解度之比，与溶气罐等因素有关，通常取

0.5～0.8；$P$ 为溶气压力（绝对压力），atm；$P_0$ 为当地气压（绝对压力），atm；$Q_R$ 为回流加压溶气水量，$m^3/h$；$Q$ 为气浮处理废水量，$m^3/h$；$C_S$ 为废水中的悬浮固体浓度，$g/m^3$。

**表 3-10 一个大气压下空气在水中的饱和溶解度 $C_a$ 与温度的关系**

| 温度/℃ | 0 | 10 | 20 | 30 | 40 |
| --- | --- | --- | --- | --- | --- |
| 溶解度/(mg/L) | 36.06 | 27.26 | 21.77 | 18.14 | 15.51 |

气固比选用涉及原水水质、出水要求、设备、动力等因素，实际废水处理最好通过气浮试验来确定合适的气固比。当无实测数据时，一般可选用 0.005～0.060，原水的悬浮物含量高时，取下限，低时则取上限。

确定气固比和溶气压力值后，可用式(3-2) 计算回流溶气水量。

(2) 溶气罐尺寸计算

溶气罐直径 $D$(m)：

$$D=\sqrt{\frac{4Q_R}{\pi I}}$$

式中，$I$ 为过流密度，$m^3/(m^2 \cdot d)$。

若采用空罐，$I=1000\sim2000m^3/(m^2 \cdot d)$；若采用填料溶气罐，$I=2500\sim5000m^3/(m^2 \cdot d)$，溶气罐承压能力应大于 0.6MPa。

溶气罐高 $h$(m)：

$$h=2h_1+h_2+h_3+h_4+h_5$$

式中，$h_1$ 为罐顶、底封头高度（依罐直径而定），m；$h_2$ 为布水区高度，m，一般取 0.2～0.3m；$h_3$ 为填料层高度，m，一般为 0.8～1.3m，当采用阶梯环时可取 1.0～1.3m；$h_4$ 为储水区高度，m，一般取 1.0m；$h_5$ 为液位控制高度，m，一般取 0.1m。

(3) 气浮池尺寸计算

接触区面积：

$$A_c=\frac{Q+Q_R}{v_c}$$

分离区面积：

$$A_s=\frac{Q+Q_R}{v_s}$$

气浮池有效水深：

$$H=v_s t_s$$

气浮池有效容积：

$$V=(A_c+A_s)H$$

式中，$v_c$ 为接触区水深上升平均流速，取接触区上、下端水流上升流速的平均值，m/h；$v_s$ 为气度分离速度（表面负荷），$m^3/(m^2 \cdot h)$；$t_s$ 为气浮池分离区水力停留时间，h，一般为 10～20min。

## 92 气浮法在废水处理中的应用主要有哪些?

气浮法作为一种快速、高效的固液分离技术，既适用于给水处理，又适用于多种废水的处理；不仅能代替水处理上的沉淀、澄清，而且可作为废水深度处理的预处理及浓缩污泥之用。对一些沉淀法难以取得良好净化效果的原水的处理，气浮法效果更好。

(1) 电镀废水处理

采用溶气气浮法处理电镀废水，处理设备小，浮渣含水率低，而且由于微气泡充氧，加速不溶性高价氢氧化铁的形成，净化效果较高。上海汽车修理三厂电镀混合废水中含有多种重金属离子，日废水量为 $9\sim11m^3$，因场地紧张，无法采用沉淀法。该厂采用气浮法处理后，铬、镍、锡、锌等含量均达到国家排放标准。

(2) 印染废水处理

随着化纤工业的发展，印染废水中 BOD/COD 的比值不断降低，致使采用物化法的处理厂日趋增多。对于含不溶性染料的印染废水，应用气浮法的效果显著，现已广泛采用。苏州棉布印染厂是国内第一个采用气浮法处理印染废水的工厂。该厂主要染整中、深色涤棉、化纤、棉织物。染料品种为硫化、分散、士林、纳夫妥等，日产水量为 $1000m^3$。采用全溶气气浮工艺，投产多年来运行稳定，处理效果显著。此外，上海第二毛纺厂、南通新生织布厂、武汉毛巾厂等许多单位均宜采用溶气气浮法处理印染废水。

(3) 造纸废水处理

造纸废水中的后段废水主要含短小纤维、松香、滑石粉等物质，以往总是设置庞大的沉淀、澄清设备进行处理回收。由于纸纤维极其轻飘，很难沉降，因此回收率低，大量宝贵的纤维原料随水流失，既造成环境污染，又提高了造纸成本。采用溶气气浮法完全改变了这种困境。轻飘的短小纤维很快被气泡黏附、上浮至水面成为含水率较低的浮渣，这就为原料回收、清水回用并实现闭路循环创造了良好的条件。宁波八方集团造纸厂 $1\times10^4 t/d$ 黄板纸生产污水，采用气浮加生物接触氧化法处理工艺，取得了良好的效果，各项指标均达到国家一级排放标准。

(4) 含油废水处理

含油废水的范围很广，有炼油厂含油废水，运输车、船的洗舱、洗罐废水，机车、机械维修中产生的含油、含垢废水，金属切削过程中的含油废水等，但由于油的比重小，且憎水性能好，因此用溶气气浮法除油均能取得良好效果。需要注意的是处理过程中要尽量避免乳化，对已乳化程度高的要采取破乳措施。玉门炼化总厂对原浮选系统进行改造，将喷射气浮法改为部分回流加压式溶气气浮，改造后出水含油降低到 12.2mg/L，达到了生化系统的进水要求，取得了良好的效果。

# 化学沉淀/中和技术

## 93 利用化学沉淀法进行废水净化的原理是什么？

化学沉淀法是向废水中投加某种化学物质，使之与废水中的一些离子发生反应，生成难溶的沉淀物从水中析出，以达到降低水中溶解污染物的目的。化学沉淀法的原理是：在一定温度下，难溶盐在溶液中同时存在着离子的析出沉淀反应和固体的溶解反应。对于饱和溶液，固体的溶解与析出处于平衡状态，各种离子浓度的乘积为一常数，即溶度积常数 $K_{sp}$。为去除废水中的某种离子，向水中投加能生成难溶解盐类的另一种离子，并使两种离子的乘积大于该难溶解盐的溶度积，形成沉淀，从而降低污水中这种离子的含量。

## 94 什么是同离子效应和分级沉淀？

如果水中同时存在几种盐，且它们具有相同的离子，则其中难溶盐的溶解度将比其单独存在时有所下降，这就是同离子效应。

例如，当AgCl单独存在时，其饱和液的溶解度为：$S_0=[Ag^+]=[Cl^-]=\sqrt{K_S}$，已知AgCl的 $K_S=1.8\times10^{-10}$，故 $S_0=1.34\times10^{-5}$ mol/L。当向溶液中投入NaCl后，AgCl在溶液中的解离式为：

$$AgCl(固)\rightleftharpoons Ag^++Cl^-$$

从上式可以看出，由于溶液中 $Cl^-$ 浓度增加，AgCl的溶解平衡将向左移动，当达到新的平衡时，溶液中的离子积必然仍符合溶度积原理，此时仍有 $[Ag^+][Cl^-]=K_S$，但因 $[Cl^-]$ 增大，所以 $[Ag^+]$ 减小。如果投加的NaCl浓度 $c=1.0\times10^{-2}$ mol/L，减小后的 $[Ag^+]$ 为 $S$，则有 $K_S=[Ag^+][Cl^-]=S(S+c)$，因为 $c\gg S$，所以 $c+S\approx c$，这样便可得到：$S=K_S/c=1.8\times10^{-10}/(1.0\times10^{-2})=1.8\times10^{-8}$ mol/L。由此可见，水中 $Ag^+$ 的浓度将下降至原来的 $S/S_0=1.8\times10^{-8}/(1.34\times10^{-5})\approx1/1000$。

当溶液中有多种离子可与同一种离子生成多种难溶盐时，难溶盐将按先后顺序生成沉淀，这种现象称为分级沉淀。如果这些难溶盐的溶度积相差很大，则溶度积较小的难溶盐通常先发生沉淀，但并不总是溶度积较小的难溶盐先发生沉淀，应当以 $K_S$ 值为指标进行判定，哪种离子形成的难溶盐的离子积大于 $K_S$，则该种盐便先发生沉淀。

## 95 什么是盐效应?

溶度积原理是以离子浓度来计算的，它只适用于单种难溶盐溶液或其他盐类浓度不大的情况，一般难溶盐的溶解度低于0.01mol/L。而溶液中盐的总浓度不大于0.3mol/L时，可以用离子浓度进行计算。如果废水中盐的浓度较高，则应当考虑离子的活度。

所谓离子的活度实际上是离子的校正浓度，它等于离子的实际浓度乘以校正系数（活度系数）。也就是说，当废水中盐的浓度增大后，各离子之间存在相互牵制作用，使离子的活性减弱，这样，离子之间相互碰撞的数目减少，其结果使离子相互结合生成沉淀的速度降低，造成溶解度增大，这种现象称为溶解的盐效应。在废水处理中往往需要考虑盐效应，即应当用离子活度代替离子浓度来计算离子积，用活度计算出的离子积称为活度积。在这种情况下，只有当活度积的值等于该种难溶盐的溶度积后才会产生沉淀。在计算难溶盐的活度积时，需要从有关化学书籍中查得该种盐的平均活度系数。

## 96 常用的化学沉淀法有哪些?

废水处理中常用的化学沉淀技术包括氢氧化物沉淀法、硫化物沉淀法和碳酸盐沉淀法等，用于去除水中的金属离子等污染组分。

（1）氢氧化物沉淀法

许多金属离子的氢氧化物是难溶于水的，铜、镉、铬、铅等重金属氢氧化物的溶度积一般都很小。因此，可采用氢氧化物沉淀法去除废水中的重金属离子。常用的沉淀剂有石灰、氢氧化钠、碳酸氢钠等。以M代表$n$价的金属阳离子，其反应通式为：

$$M(OH)_n = M^{n+} + nOH^-$$

（2）硫化物沉淀法

许多金属硫化物的溶度积都很小。因此，常用硫化物从废水中去除重金属离子溶度积越小的物质，越容易生成硫化物沉淀析出，主要金属硫化物的难溶顺序如下（以阳离子表示）：

$$Hg^+ > Ag^+ > As^{3+} > Cu^{2+} > Pb^{2+} > Cd^{2+} > Zn^{2+} > Fe^{3+}$$

硫化物沉淀法采用的沉淀剂有硫化钠、硫化氢等。当使用硫化氢时，应注意防止硫化氢气体逸出而污染大气。

（3）碳酸盐沉淀法

通过向水中投加某种沉淀剂，使其与金属离子生成碳酸盐沉淀物。对于不同的处理对象，碳酸盐沉淀法有三种不同的应用方式。

① 投加可溶性碳酸盐，使水中金属离子生成难溶碳酸盐沉淀析出，这种方式可除去水中重金属离子和非碳酸盐硬度。

② 投加难溶碳酸盐，利用沉淀转化原理，使水中重金属离子生成溶解度更小的碳酸盐而沉淀析出。

③ 投加石灰，使之与水中碳酸盐硬度生成难溶的碳酸钙和氢氧化镁沉淀而析出。此方式可去除水中的碳酸盐硬度，主要用于工业给水的软化处理，称为石灰软化法。

## 97 氢氧化物沉淀法的适用条件是什么？

金属离子 $M^{n+}$ 与 $OH^-$ 能否生成难溶的氢氧化物沉淀，取决于溶液中 $M^{n+}$ 浓度和 $OH^-$ 浓度。据 $M(OH)_n$ 的沉淀-溶解平衡以及水的离子积 $K_W=[H^+][OH^-]$，可计算出使氢氧化物沉淀的 pH 值：

$$pH=14-\frac{1}{n}(\lg[M^{n+}]-\lg K_{sp})$$

或

$$\lg[M^{n+}]=\lg K_{sp}-npK_W-npH$$

式中，$[M^{n+}]$ 为金属离子浓度，mol/L；$K_{sp}$ 为溶度积；$K_W$ 为水的离子积。

可知，同一金属离子，其在水中的剩余浓度随 pH 值增大而减小；金属离子浓度相同时，溶度积 $K_{sp}$ 越小，沉淀析出的 pH 值越小。

需要注意的是，上式计算金属氢氧化物沉淀所需 pH 为理论计算值，而实际废水成分非常复杂，各种金属氢氧化物沉淀的 pH 值都比理论值高，最佳 pH 值最好通过试验确定。工业废水处理可供参考的金属氢氧化物沉淀析出的 pH 范围，如表 4-1 所示。

**表 4-1 金属氢氧化物沉淀析出最佳的 pH 范围**

| 金属离子 | $Fe^{3+}$ | $Al^{3+}$ | $Cr^{3+}$ | $Cu^{2+}$ | $Zn^{2+}$ | $Ni^{2+}$ | $Pb^{2+}$ | $Cd^{2+}$ | $Fe^{2+}$ | $Mn^{2+}$ |
|---|---|---|---|---|---|---|---|---|---|---|
| 最佳 pH 值 | 5～12 | 5.5～8 | 8～9 | >8 | 9～10 | >9.5 | 9～9.5 | >10.5 | 5～12 | 10～14 |
| 加碱溶解的 pH 值 | — | >8.5 | >9 | — | 10.5 | — | >9.5 | — | >12.5 | — |

此外，有些金属氢氧化物属两性化合物，即既可在酸性溶液中溶解，又可在碱性溶液中溶解，只在一定 pH 范围内才呈不溶性沉淀物。例如，Zn（$OH)_2$ 宜控制 pH 值在 9～10 范围内。当溶液 pH 高于最佳范围时，随着 pH 的升高，这些两性化合物的溶度积又将增加，进而引起其在水中的再次溶解。

## 98 硫化物沉淀法的适用条件是什么？

许多金属硫化物的溶度积都很小。因此，常用硫化物从废水中去除金属离子。溶度积越小的物质，越易生成硫化物沉淀析出。

值得注意的是，硫化物沉淀法除汞只适用于无机汞。对于有机汞，必须先用氧化剂（如氯）氧化成无机汞，再用硫化物沉淀法处理。其反应如下：

$$Hg^{2+}+S^{2-}=HgS\downarrow$$

$$2Hg^{+}+S^{2-}=Hg_2S\downarrow$$

若废水存在卤离子（$F^-$、$Cl^-$、$Br^-$、$I^-$）、$CN^-$ 和 $SCN^-$，其会与 $Hg^{2+}$ 生成络合离子，不利于汞的沉淀，应先把上述离子去除。硫化物沉淀法采用的沉淀剂有硫化钠、硫化氢等，当使用硫化氢时，应注意防止硫化氢气体逸出而污染大气。

## 99 重金属污染废水净化常用的螯合剂有哪些？

普通的沉淀法所产生的重金属污泥在 pH 值改变的情况下会再度溶出，造成二次污染。

采用高分子有机螯合剂与废水中的重金属离子发生螯合反应，可以生成稳定且不溶于水的重金属螯合物，具有沉淀物稳定性高、去除率高的特点，克服了传统化学处理法的不足，处理水中重金属含量远低于采用普通传统方法。

重金属螯合剂是一种含有特定的官能团结构，可以从废水中螯合、捕集并沉淀分离重金属的有机药剂，该药剂通过配合作用实现重金属废水的净化。常用的重金属螯合剂主要有不溶性淀粉黄原酸酯（ISX）和二硫代氨基甲酸盐（DTC）类衍生物，DTC类衍生物应用最为广泛。

DTC类重金属捕集剂合成方法主要是利用伯胺或仲胺与二硫化碳（$CS_2$），在强碱性溶液中发生亲和加成反应。该合成方法原料来源广、产率高、条件温和，且反应过程中，伯胺或仲胺中氨基上的氢原子被 $CS_2$ 取缔，使其分子中含有N、S配体等多种官能团和多个杂原子，可与多种主族和过渡金属生成稳定的配合物。由于不同杂化状态下氮、硫原子存在，对各种氧化态的金属离子具有较强的螯合能力，其在硝基、硫原子和金属离子之间具有共用电子的倾向，因此对重金属具有较好的去除能力。

## 100 石灰软化去除废水中钙、镁离子的原理是什么?

石灰软化去除废水中钙、镁离子的原理是向水中加入石灰乳，石灰乳呈碱性，与水中的重碳酸根反应生成碳酸根。碳酸根与水中的钙离子生成难溶的碳酸钙，通过沉淀去除。水中的镁离子与石灰乳所产生的氢氧根生成难溶的氢氧化镁，通过沉淀析出，从而实现同步去除水中钙、镁离子，对水进行软化的目的。石灰软化反应的化学反应式如下：

$$CaO + H_2O \longrightarrow Ca(OH)_2 \tag{4-1}$$

$$CO_2 + Ca(OH)_2 \longrightarrow CaCO_3 \downarrow + H_2O \tag{4-2}$$

$$Ca(HCO_3)_2 + Ca(OH)_2 \longrightarrow 2CaCO_3 \downarrow + 2H_2O \tag{4-3}$$

$$Mg(HCO_3)_2 + Ca(OH)_2 \longrightarrow MgCO_3 + CaCO_3 \downarrow + 2H_2O \tag{4-4}$$

$$MgCO_3 + Ca(OH)_2 \longrightarrow Mg(OH)_2 \downarrow + CaCO_3 \downarrow \tag{4-5}$$

式(4-1)是石灰的消解反应，式(4-2)是去除水中的游离二氧化碳的反应，式(4-3)、式(4-4)和式(4-5)是去除钙、镁离子的反应。

## 101 什么是铁氧体和铁氧体沉淀法?

铁氧体是一类具有一定晶体结构的复合氧化物，是一种重要的磁性介质。其化学组成主要是二价金属氧化物与三价金属氧化物。铁氧体沉淀法是指向废水中投加铁盐，通过控制工艺条件，使废水中的重金属离子在铁氧体的包裹、夹带作用下进入铁氧体的晶格中形成复合铁氧体，然后再采用固液分离的手段，一次脱除多种重金属离子的方法。

铁氧体工艺按产物生成过程不同可分为中和法和氧化法两种。中和法是先将 $Fe^{2+}$ 和铁盐溶液混合，在一定条件下用碱中和直接形成尖晶石型铁氧体。氧化法是将 $Fe^{2+}$ 和其他可溶性重金属离子溶液混合，在一定条件下（主要是调节pH）用曝气（或其他方法）部分氧化 $Fe^{2+}$ 而形成尖晶石型铁氧体。

## 102 铁氧体沉淀法的工艺过程是怎样的?

铁氧体沉淀法处理重金属废水工艺是指向废水中投加铁盐，通过工艺条件的控制，使废水中的各种金属离子形成不溶性的铁氧体晶粒，再采用固液分离手段，达到去除重金属离子的目的。在铁氧体工艺过程中也往往伴随着氧化还原反应，其工艺过程包括投加亚铁盐、调整 pH 值、充氧加热、固液分离、沉渣处理五个环节。图 4-1 为铁氧体沉淀法处理重金属废水的工艺流程图。

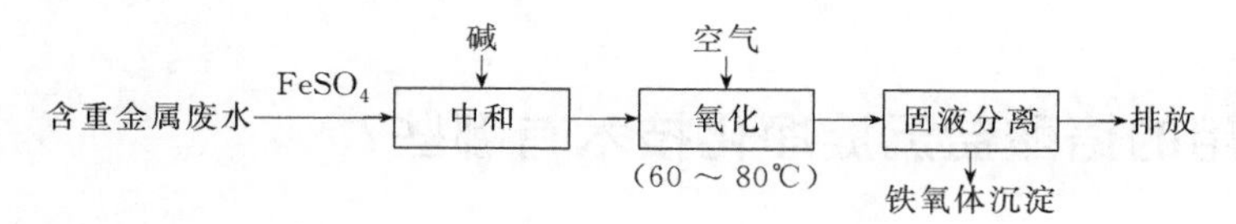


图 4-1 铁氧体沉淀法处理重金属废水的工艺流程图

① 投加亚铁盐的作用：a. 补充 $Fe^{2+}$；b. 通过氧化，补充 $Fe^{3+}$；c. 若废水中有六价铬，则 $Fe^{2+}$ 能使其还原为 $Cr^{3+}$，作为铁氧体的原料之一。

② 调整 pH 值：一般调整废水的 pH 值为 8～9，以使大多数金属氢氧化物能沉淀析出。

③ 充氧加热：通常向废水中通入空气，使二价铁转化为三价铁，以及通过加热促使反应的进行，加速形成铁氧体。

④ 固液分离：可采用沉淀法或离心分离法使之与废水分离。因铁氧体带有磁性，也可采用磁力分离法使之分离。

⑤ 沉渣处理：按沉渣组成、性能及用途的不同，处理方式各异。若废水的成分单纯，浓度稳定，则沉渣可作铁氧体的原料。若废水成分复杂，则沉渣可供制耐蚀瓷器或暂时堆置储存。

铁氧体法处理重金属废水效果好，特别适用于处理工业生产中所产生的含多种重金属离子的废水，投资省、设备简单、沉渣量少，且化学性质比较稳定。在自然条件下，一般不易造成二次污染。铁氧体具有磁性，可以作磁性材料回收利用。但该方法不能单独回收有用的金属，且其在形成铁氧体过程中一般需要加热，能耗较高。另外该方法还有处理后废水盐度高、不能处理含 Hg 和络合物的废水等缺点。目前，铁氧体工艺正由单极向多极和多种工艺复合的趋向发展，与其他处理工艺相结合，互相取长补短，构成新工艺，使重金属废水处理更加完善。

## 103 如何采用铁氧体沉淀法处理电镀废水?

采用铁氧体法去除废水中的铬、汞及其他重金属离子，效果均比较显著。此法在电镀含铬废水处理、钝化和电镀废水混合处理以及含汞废水的处理中已获得成功应用。现以电镀废水为例简要介绍铁氧体沉淀法的具体应用。

图 4-2 为铁氧体沉淀法处理含铬废水的工艺流程。废水中主要含有铁离子和六价铬离子，溶液 pH 值在 3～5 之间。废水由调节池进入反应槽，按 $FeSO_4 \cdot 7H_2O : CrO_3 = 16:1$（质量比）投加硫酸亚铁。经搅拌使其进行氧化反应，生成 $Cr^{3+}$ 和 $Fe^{3+}$。随后，采用氢氧

化钠溶液调整pH值至7～9，产生墨绿色氢氧化物沉淀。将溶液的温度加热至60～80℃，同时通入空气20min，当沉淀呈黑褐色时停止通气。然后，进行固液分离。处理后的出水排放，形成的铁氧体沉渣经洗去除钠盐后资源化利用。

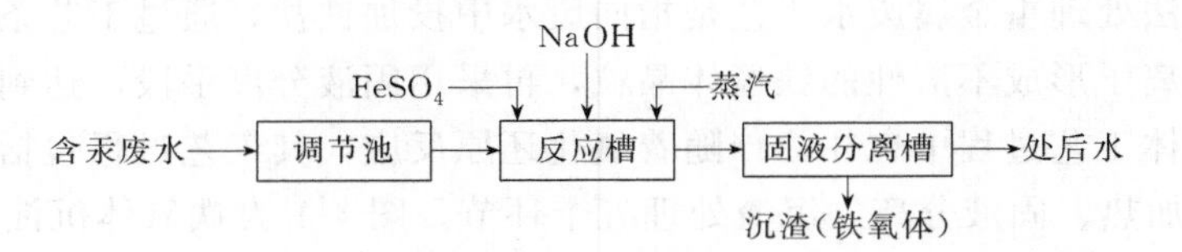


图4-2 铁氧体沉淀法处理含铬废水工艺

## 104 常用的铬酸盐沉淀净化技术有哪些?

铬酸盐沉淀法的处理对象仅限于六价铬，投加的沉淀剂主要有$BaCl_2$、$BaCO_3$和BaS等，因为都是钡盐，习惯上称为钡盐法除铬。

以碳酸钡作沉淀剂为例，其除铬的原理如下：

$$BaCO_3 + H_2CrO_4 = BaCrO_4 \downarrow + CO_2 + H_2O$$

$$2BaCO_3 + K_2Cr_2O_7 = 2BaCrO_4 \downarrow + K_2CO_3 + CO_2$$

$BaCO_3$和$BaCrO_4$都是难溶盐，但前者的溶度积较大（$K_{sp}=5.1\times10^{-9}$），后者较小（$K_{sp}=1.2\times10^{-10}$）。根据沉淀转化原理，反应向生成溶度积更小的难溶物方向进行。由于$BaCO_3$是难溶盐，反应速度很慢，通常需数天才能反应完全。为了加快反应速度，一般要投加过量的$BaCO_3$，理论投$BaCO_3$量为六价铬量的3.8倍，工程上实际投加10～15倍。这样，在采用空气搅拌的情况下，15min就可以完成反应。

采用钡盐法处理含铬废水，应注意以下几点：

① 投加过量的碳酸钡后，废水中钡的残存浓度在50mg/L以上，通常采用石膏过滤法去除残留的钡离子。

② 要准确掌握废水的pH值，宜控制在4.5～5之间。当pH值太低时，铬酸钡溶解度大，对除铬不利；而当pH值过高时，$CO_2$气体难以析出，不利于除铬反应的进行。

③ 调节废水的pH值时，宜采用硫酸或乙酸，而不采用盐酸，主要原因是残余的氯离子对镀件质量存在不利影响。

钡盐法的优点是处理后的水清澈透明，可用于生产。缺点是处理过程控制要求严格，碳酸钡来源少，且引入了二次污染物$Ba^{2+}$。

## 105 常用的化学沉降除磷技术有哪些?

废水中的磷主要以正磷酸盐$PO_4^{3-}$的形式存在，化学除磷法只适用于去除正磷酸盐，对于以聚磷酸盐和有机磷形式存在的磷，需先转化为正磷酸盐后才能化学沉淀去除。常用的化学沉淀除磷沉淀剂有：

① 铁盐：以三氯化铁、硫酸亚铁等铁盐为沉淀剂，生成磷酸铁沉淀。二价铁要先氧化成三价铁，才能生成磷酸铁沉淀。

② 铝盐：以三氯化铝、硫酸铝等铝盐作为沉淀剂，生成磷酸铝沉淀。

③ 钙盐：以石灰作为沉淀剂，生成磷酸钙沉淀。

废水化学除磷一般与废水处理的主要构筑物结合进行。

① 石灰法因 pH 值过高，需单独设置处理系统。

② 对于活性污泥法污水处理工艺，铁盐或铝盐除磷沉淀剂一般在曝气池中或二沉池前投加，所形成的沉淀物在二沉池中与活性污泥共沉淀，最终以剩余污泥形式排出。部分生物除磷与化学除磷相结合的城市污水处理系统需单独设置除磷池。

③ 铝盐或铁盐在初沉池前投加时，因其同时具有混凝功能，所需投加量大，产生污泥量也较大，经济性和除磷效果不佳。

## 106 如何沉淀去除废水中的氟化物?

含氟废水的处理方法有离子交换法、电凝聚法和钙盐沉淀法等。当废水中杂质多、含氟浓度高、水量较大时，以采用钙盐沉淀法为宜。钙盐沉淀法处理含氟废水的工艺过程，包括投加可溶性钙盐、调整 pH 值、加磷酸盐或混凝剂、固液分离、沉渣处理等环节。

(1) 石灰沉淀法　石灰中钙离子与水中氟离子生成氟化钙沉淀，其溶度积为 $2.7\times10^{-11}$ (18℃)。若废水中还含其他金属离子，如 $Mg^{2+}$、$Fe^{3+}$ 等加石灰后调 pH 值至 9～11，除形成氟化钙外，还形成金属氢氧化物沉淀，因后者的沉淀物具有吸附作用，可使废水中含氟浓度降到 8mg/L 以下。

(2) 石灰＋磷酸盐沉淀法　在投加石灰的同时，加入磷酸盐（如过磷酸钙、磷酸氢二钠），则水中氟形成难溶的磷灰石沉淀，当石灰投量为理论投量的 1.3 倍，过磷酸钙投量为理论投量的 2～2.5 倍时，可使含氟浓度降到 2mg/L 左右。

以某电子管厂采用钙盐沉淀法处理含氟废水为例。该厂含氟废水量为 $50m^{3}/d$，pH＝1～2，含氟浓度为 300～1500mg/L。选用 $CaCl_2$ 为沉淀剂，投加量为 $Ca^{2+}:F^{-}=2:1$（当量数比），控制 pH 值范围为 6～7.5。为提高 $CaF_2$ 的沉降速度，投加混凝剂 $FeCl_3$ 15mg/L、助凝剂聚丙烯酰胺 0.5mg/L，固液分离设备采用斜板沉淀池，产生的沉渣经板框压滤机脱水后运往厂外。废水经治理后，氟离子浓度可达到国家的排放标准。

## 107 如何沉淀去除废水中的银离子?

含银废水常采用氯化物沉淀法处理。实际操作中可采用氯化钠作沉淀剂，与废水中的银离子反应生成氯化银沉淀，从而达到从废水中去除银离子的目的。采用氯化物沉淀法除银时，应注意以下几个方面的问题：

① 当废水中的含银量很高时，例如氰化镀银槽中含银浓度高达 13～45g/L，一般先用电解法回收废水中的银，把银浓度降低至 100～500mg/L，然后采用氯化物沉淀法，使银浓度降至几 mg/L。若在碱性条件下与其他金属氢氧化物共沉，可使银浓度进一步降至 0.1mg/L。

② 投加沉淀剂不能过量太多。否则，氯离子会和沉淀出的固体氯化银产生络合反应，使固体氯化银又重新溶解，不利于银离子的沉淀去除。适宜的沉淀剂投加量，宜通过试验

确定。

③ 当处理电镀含银废水时，因废水中含氰，它和银离子形成 $[Ag(CN)_2]^-$ 络合离子，对处理不利。一般采用氯化氧化法破坏其中的氰离子，反应后释放出的氯离子又可充当沉淀剂与银离子反应。

## 108 何为中和技术？与 pH 调节有何区别？

中和处理的目的是中和废水中过量的酸或碱以及调节废水的酸度或碱度，使中和后的废水呈中性或接近中性，以适应后续处理或外排的要求。应该区别中和处理与 pH 值调节的含义。中和处理的目的如前所述，使中和后废水呈中性或接近中性。pH 值调节是为了某种特殊要求，把废水的 pH 值调整到某一特定值（范围）。若把溶液的 pH 值由中性或酸性调节到碱性，称为碱化；若把溶液的 pH 值由中性或碱性调到酸性，称为酸化。从两个概念的范围上来看，pH 调节更为宽泛，而中和仅是将溶液 pH 调节至中性或接近中性环境的特殊情况。

## 109 常用的酸碱废水中和剂有哪些？

酸性废水的中和剂主要有石灰、石灰石、白云石、苏打和苛性钠等；碱性废水的中和剂通常是盐酸和硫酸。苏打（$Na_2CO_3$）和苛性钠（NaOH）具有组成均匀、易于储存和投加、易溶于水且溶解度高、反应速度快的优点，但价格昂贵，一般较少采用。石灰来源广泛，价格便宜，所以使用较多；但存在的问题也较多，如杂质多、沉渣量大，需要用机械设备投配，运行人员劳动量大、卫生条件差等。石灰石和白云石（$MgCO_3 \cdot CaCO_3$）是石料，在产地就地使用便宜，卫生条件较好。用石灰和石灰石等中和剂处理硫酸的反应式为：

$$\underset{98}{H_2SO_4} + \underset{56}{CaO} \longrightarrow \underset{136}{CaSO_4} + H_2O$$

$$\underset{98}{H_2SO_4} + \underset{100}{CaCO_3} \longrightarrow \underset{136}{CaSO_4} + H_2O + CO_2\uparrow$$

从上述方程式可以计算出，中和 1g 硫酸需要 $\frac{1\times 56}{98}=0.571(g)$ 石灰，需要 $\frac{1\times 100}{98}=1.020(g)$ 纯石灰石。按反应式可以计算出中和各类酸所需的碱性中和剂的剂量，见表 4-2。

表 4-2 碱性中和剂的理论单位消耗量

| 酸类名称 | 中和 1g 酸所需的碱性物质/g | | | | |
|---|---|---|---|---|---|
| | CaO | $Ca(OH)_2$ | $CaCO_3$ | $CaCO_3 \cdot MgCO_3$ | $MgCO_3$ |
| $H_2SO_4$ | 0.571 | 0.755 | 1.020 | 0.940 | 0.860 |
| HCl | 0.767 | 1.010 | 1.370 | 1.290 | 1.150 |
| $HNO_3$ | 0.444 | 0.590 | 0.795 | 0.732 | 0.668 |

同时，从反应式还可看出，用石灰或石灰石处理含硫酸废水时生成 $CaSO_4$，这是一种溶解度很低的微溶盐，如表 4-3 所示，在 18℃时才 1.6g/L。据此计算，能够中和的硫酸浓度是 $1.6\times\frac{98}{136}=1.15(g/L)$，生成的 $CaSO_4$ 浓度将大于其溶解度 1.6g/L 而生成沉淀。这在

用石灰作中和剂时，不会存在多大问题，但如果中和剂是石灰石等石料，因反应在固液界面上进行，$CaSO_4$ 沉淀物有可能在石灰石等颗粒表面沉积结垢而阻碍化学反应继续进行。

**表 4-3 硫酸钙在水中的溶解度**

| 温度/℃ | | 0 | 10 | 18 | 25 | 30 | 40 |
|---|---|---|---|---|---|---|---|
| 溶解度/(g/L) | $CaSO_4 \cdot 2H_2O$ | 1.76 | 1.93 | 2.02 | 2.08 | 2.09 | 2.11 |
| | 折算成 $CaSO_4$ | 1.39 | 1.53 | 1.60 | 1.65 | 1.66 | 1.67 |

石灰的投加方法有干法和湿法两种。干投法系将石灰直接投入废水中，设备简单，但反应慢，且不完全，投量要比理论值高 40%～50%，只在水量不大时采用。湿投法是将石灰消解并配制成一定浓度（一般 5%～10%）的溶液后，用投配器投加入废水中，此法投加的机械设备较多，但反应迅速，投量较少，仅为理论值的 1.05～1.10 倍。

中和碱性废水的酸性中和剂的单位消耗量列于表 4-4。硫酸作中和剂有生成沉淀反应产物而沉渣量大的缺点，但因生成溶解性固体，会使废水中的总固体超标。纯 $CO_2$ 作中和剂不常用，因费用昂贵，烟道气中含有 $CO_2$（最高可达 14%），可用以中和碱性废水，但因烟尘量大而沉渣量很大，需要妥善处理。

**表 4-4 酸性中和剂单位消耗量**

| 碱类名称 | 中和 1g 碱所需的酸量/g | | | | | |
|---|---|---|---|---|---|---|
| | $H_2SO_4$ | | HCl | | $HNO_3$ | |
| | 100% | 98% | 100% | 36% | 100% | 65% |
| NaOH | 1.22 | 1.24 | 0.91 | 2.53 | 1.37 | 2.42 |
| KOH | 0.88 | 0.90 | 0.65 | 1.80 | 1.13 | 1.74 |
| $Ca(OH)_2$ | 1.32 | 1.34 | 0.99 | 2.74 | 1.70 | 2.62 |
| $NH_3$ | 2.88 | 2.93 | 2.12 | 5.90 | 3.71 | 5.70 |

## 110 中和技术适用于哪些废水的处理?

中和技术适用于以下场合的废水处理：

① 废水排入收纳水体前，其 pH 值指标超过排放标准。这时应采用中和处理，以减少对水生生物的影响。

② 工业废水排入城市下水道系统前进行中和处理，以免对管道系统造成腐蚀。

③ 化学处理或生物处理之前进行中和处理，对生物处理而言，需将处理系统的 pH 维持在 6.5～8.5 范围内，以确保最佳的生物活力。

## 111 碱性废水的中和处理方法有哪些?

碱性废水具有较强的腐蚀性，会腐蚀管渠和构筑物，改变水体的 pH 值、土壤的性质等，所以酸性废水应尽量回收利用，或经过处理，使废水的 pH 值在 6～9 之间，才能排入水体。碱性废水的中和方法包括：

① 利用酸、碱废水相互中和。这种方法节省中和药剂，设备简单，处理费用低，但酸碱废水流量及浓度时有变化，处理效果往往不稳定。处理流程如图 4-3 所示。

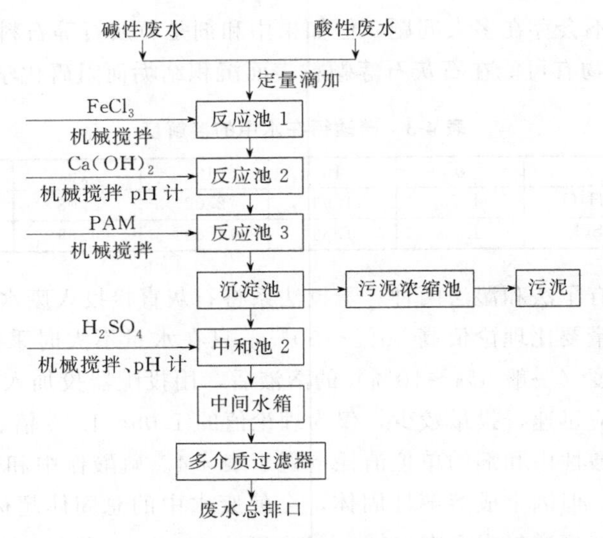


图 4-3 酸性碱性废水处理系统工艺流程

② 用酸性的烟道气体（含 $CO_2$、$SO_2$）中和。例如以碱性废水用作烟道气湿法除尘器的喷淋水，该法的处理成本低，但处理后水中悬浮物、硫化物、色度等升高，需进行补充处理后才能排放。

③ 在无含酸废水或烟道气可供利用时，含碱废水须采用加酸处理，主要是投加工业硫酸、盐酸或硝酸。这样虽可达到中和目的，但增加了废水处理费用。

## 112 酸性废水的中和处理方法有哪些?

酸性废水的中和处理方法包括：用碱性废水或废渣中和法、投药中和法及过滤中和法。

(1) 用碱性废水或废渣中和法

当工厂有条件应用碱性废水或废渣时，优先考虑使用碱性废水或废渣中和法，以节约成本。碱渣包括电石渣［含 $Ca(OH)_2$］、碳酸钙碱渣等。

(2) 投药中和法

此法可用于处理各种酸性废水，中和过程容易控制，容许水量变动范围较大。酸性废水投药中和流程如图 4-4 所示。常用的中和剂是石灰或 NaOH。采用石灰对酸进行中和的反应式为：

$$CaO + H_2O = Ca(OH)_2$$

$$2H^+ + Ca(OH)_2 = 2H_2O + Ca^{2+}$$

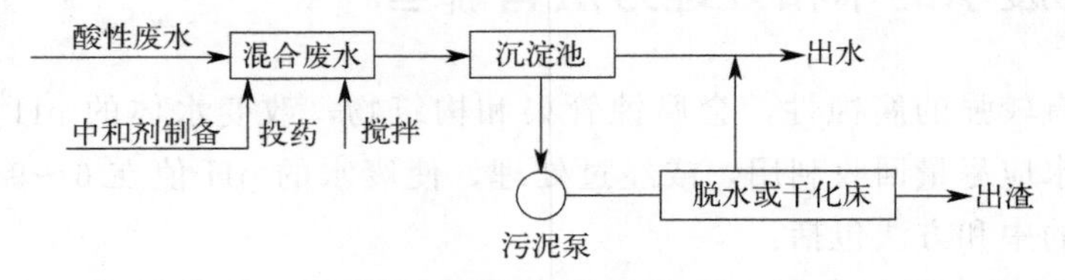


图 4-4 酸性废水投药中和流程

(3) 过滤中和法

使酸性废水流过具有中和能力的滤料而得以中和的方法，称为过滤中和法。

过滤中和法所用滤料有石灰石、白云石、大理石等。石灰石与酸的中和反应如下：

$$2H^{+}+CaCO_3 = H_2O+CO_2\uparrow+Ca^{2+}$$

石灰石的主要成分是 $CaCO_3$，只能中和 2%以下的低浓度硫酸，因为所生成的 $CaSO_4$ 的溶解度较低，如进水硫酸浓度过高，生成的硫酸钙超过溶解度，析出的 $CaSO_4$（石膏）将覆盖在石灰石表面，使其无法继续与水中的酸反应。

白云石是 $CaCO_3$ 和 $MgCO_3$ 的混合物，可以中和 4～5g/L 以下浓度的硫酸，这是因为白云石中的 $MgCO_3$ 与酸反应生成的 $MgSO_4$ 溶解度高，产生的 $CaSO_4$ 的量比石灰石少。由于中和盐酸生成的 $CaCl_2$ 的溶解度较高，石灰石可以用于较高浓度盐酸废水的过滤中和。在过滤中和处理中会产生大量的 $CO_2$，使出水中 $CO_2$ 过饱和，pH 值一般在 4 左右，需后接吹脱处理。

## 113 常用的过滤中和池类型有哪些?

过滤中和池主要有普通中和滤池、等速升流式膨胀中和滤池和变速升流式膨胀中和滤池几种类型。

① 普通中和滤池为固定床形式，按水流方向分为平流式和竖流式两种。目前，较常用的为竖流式，它又可分为升流式和降流式。采用的滤料粒径较大（30～80mm），滤速很低（<5m/h）。当进水酸浓度较大时，易在滤料颗粒表面结垢，不易冲洗，效果较差。

② 等速升流式膨胀中和滤池由于采用的滤料粒径小（0.5～3mm），滤速高（50～70m/h），水流由下而上流动，使滤料互相碰撞摩擦，表面不断更新，故处理效果较好，沉渣量也少。升流式膨胀中和滤池的结构如图 4-5 所示。缺点是：下部大颗粒滤料因不易膨胀而易产生结垢，上部的小颗粒易随水流失。

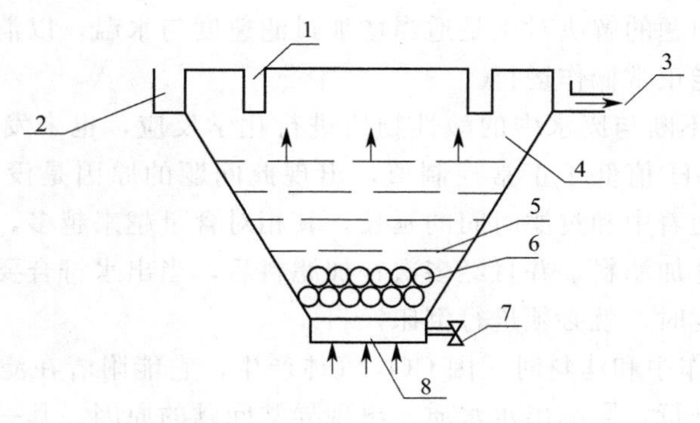


图 4-5 升流式膨胀中和滤池结构

1—中间集水槽；2—环形集水槽；3—出水槽；4—清水区；
5—石灰滤料层；6—鹅卵石垫层；7—放空管；8—进水口

③ 变速升流式膨胀中和滤池是目前使用最为广泛的过滤中和设备，它的结构为倒锥形变速中和塔（图 4-6），滤料粒径为 0.5～3mm，由于中和塔的直径下小上大，使下部的大粒径滤料在高滤速下工作，上部的小滤料在较低滤速下工作，从而使滤料层中不同粒径颗粒都

能均匀膨胀，使大颗粒不结垢或减少结垢，小颗粒不致随水流失。

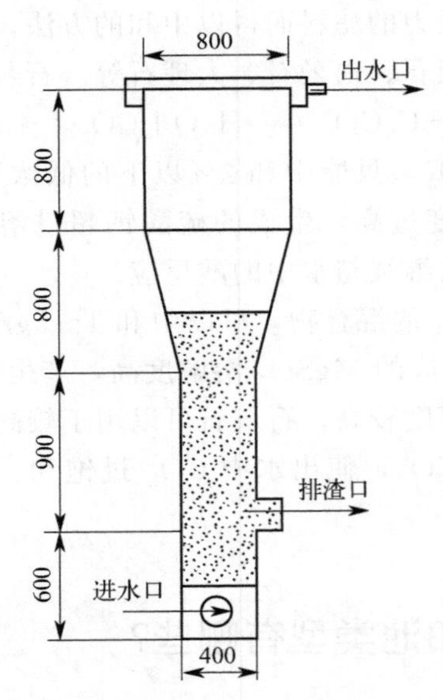


图 4-6 变速升流式膨胀中和滤池（单位：mm）

其优点是：操作简单，处理费低，出水稳定，工作环境好，沉渣远比石灰法少。缺点是：废水的硫酸浓度不能过高，需要定期倒床清除惰性残渣。

## 114 过滤中和操作常见的异常问题和解决对策有哪些?

在过滤中和操作中，采用碱性滤料的中和塔，随着运行时间增加，出现中和效果下降的现象，其可能原因及解决对策如下：

① 处理硫酸废水时，因在滤料表面形成不溶性物（如 $CaSO_4$）的硬壳，而阻碍中和反应的继续进行，对此问题的解决对策是适当增加过滤速度与水温，以消除硬壳，并控制进水的硫酸浓度，以实现能正常操作运行。

② 由于碱性滤料不断与废水中的酸性物质进行化学反应，也未发现在滤料表面形成硬壳，但发现处理后水 pH 值低于正常控制值，出现此问题的原因是没有及时补充滤料。此外，滤料中惰性杂质随着中和过滤时间的延长，其相对含量越来越多，必然引起滤料层的不断塌陷。因而应随时补加滤料，并且经多次补加滤料后，当出水符合要求，滤料层的高度达到滤池的允许装料高度时，就必须进行倒床换料。

③ 当采用碳酸盐作中和滤料时，因 $CO_2$ 气体产生，它能附着在滤料表面，形成气体薄膜，阻碍中和反应的进行，影响出水水质。出现异常问题的原因，其一是酸的浓度过大，其浓度越大，产生的 $CO_2$ 气体就越多；其二是过滤速度过小，不能把反应生成的气体及时随水流带出。解决办法是：控制酸的浓度；加大过滤速度；采用升流过滤方式。

# 五、氧化还原技术

## 115 氧化还原技术的基本原理是什么?

在水处理过程中，水中的某些有害物质能够被氧化或还原，使之转化为微毒或无毒的物质。氧化还原技术是用氧化剂或还原剂去除水中有害物质的方法。例如，用氯、臭氧或二氧化氯氧化有机物，用空气或氯将低价铁、锰氧化为高价铁、锰，使其从水中析出。氧化还原反应的本质是电子转移，如果发生电子转移，反应物所包含元素的化合价将发生改变。失去电子的过程叫做氧化，对应元素所组成的物质为还原剂；得到电子的过程叫做还原，对应元素所组成的物质为氧化剂。

氧化还原反应过程可用如下通式表示：

| 氧化剂 | + | 还原剂 | = | 还原剂 | + | 氧化剂 |
|---|---|---|---|---|---|---|
| （氧化态$_1$） | | （还原态$_2$） | | （还原态$_1$） | | （氧化态$_2$） |
| 被还原 | | 被氧化 | | 被氧化 | | 被还原 |

## 116 常用的氧化还原技术有哪些?

根据水中有害物质在氧化还原反应中能够被氧化或还原的不同进行分类，氧化还原技术可进一步分为氧化技术和还原技术。

① 氧化技术　按照反应条件，可分为常温常压和高温高压两大类。常用的常温常压氧化技术包括空气氧化法、氯氧化法、Fenton 氧化法、臭氧氧化法、光氧化法和光催化氧化法等。高温高压氧化法包括湿式催化氧化法、超临界氧化法和燃烧法等。

② 还原技术　包括利用亚硫酸钠、硫代硫酸钠、硫酸亚铁等作为还原剂的药剂还原法和金属还原法等。电解时，阳极发生氧化反应，阴极发生还原反应，氧化和还原反应同时在电解槽中进行。

水处理中常见的氧化技术和还原技术见表 5-1。

**表 5-1　常见的水处理氧化技术和还原技术**

| 分类 | | 方法 |
|---|---|---|
| 氧化技术 | 常温常压 | 空气氧化法、氯氧化法（液氯、NaClO、漂白粉等）、Fenton 氧化法、臭氧氧化法、光氧化法、光催化氧化法、电解（阳极） |
| | 高温高压 | 湿式催化氧化法、超临界氧化法、燃烧法 |
| 还原技术 | | 药剂还原法（如利用亚硫酸钠、硫代硫酸钠、硫酸亚铁、二氧化硫）、金属还原法、电解（阴极） |

## 117 常用的氧化剂有哪些?

氧化还原电位不同的两种物质都可以相对地成为氧化剂或还原剂，但在废水处理实践中能够使用的氧化剂必须满足以下要求：

①对废水中希望去除的污染物质有良好的氧化作用；

②反应后生成的物质应当无害以避免二次污染；

③价格便宜，来源可靠；

④能在常温下快速反应，不需要加热；

⑤反应时所需的 pH 值最好在中性，不能太高或太低。

在废水处理中常用的氧化剂有：

① 在接受电子后还原变成带负电荷离子的中性原子，如 $O_2$、$Cl_2$、$O_3$ 等；

② 带正电荷的原子，接受电子后还原成带负电荷的离子。比如，在碱性条件下，漂白粉、次氯酸钠等药剂中的次氯酸根 $OCl^-$ 中的正一价 Cl 和二氧化氯中的正四价 Cl 接受电子还原成 $Cl^-$；

③ 带高价正电荷的原子在接受电子后还原成带低价正电荷的原子。例如，三氯化铁中的 $Fe^{3+}$ 和高锰酸钾中的七价 Mn 在接受电子后还原成 $Fe^{2+}$ 和 $Mn^{2+}$。

## 118 常用的还原剂有哪些?

氧化还原电位不同的两种物质都可以相对地成为氧化剂或还原剂，但在废水处理实践中能够使用的还原剂必须满足以下要求：

① 对废水中希望去除的污染物质有良好的还原作用；

② 反应后生成的物质应当无害以避免二次污染；

③ 价格便宜，来源可靠；

④ 能在常温下快速反应，不需要加热；

⑤ 反应时所需的 pH 值最好在中性，不能太高或太低。

在废水处理中常用的还原剂有：

① 在给出电子后被氧化成带正电荷的中性原子，例如铁屑、锌粉等；

② 带负电荷的原子，在给出电子后被氧化成带正电荷的原子，例如硼氢化钠中的硼元素为负五价，在碱性条件下可以将汞离子还原成金属汞，同时自身被氧化成正三价；

③ 金属或非金属的带正电的原子，在给出电子后被氧化成带有更高正电荷的原子，例如硫酸亚铁、氯化亚铁中的 $Fe^{2+}$ 在给出一个电子后被氧化成 $Fe^{3+}$，$SO_2$ 和 $SO_3^{2-}$ 中的四价硫在给出两个电子后，被氧化成六价硫，形成 $SO_4^{2-}$。

## 119 如何选择氧化还原药剂?

所选药剂能否发挥氧化剂或还原剂的作用，主要由反应双方氧化还原能力的相对强弱来决定。氧化还原能力是指某种物质失去或获得电子的难易程度，可以统一用氧化还原电势作为评价指标。水处理中常用氧化剂和还原剂的标准氧化还原电势见表 5-2。标准电势值由小到大依次排列。凡位置在前者可以作为后者的还原剂，而位置在后者可以作为前者的氧化剂。

表 5-2 水处理中常用物质的标准氧化还原电势$E^{\ominus}$

| 半反应式 | $E^{\ominus}$/V |
|---|---|
| $Ca^{2+}+2e=Ca$ | −2.87 |
| $Mg^{2+}+2e=Mg$ | −2.37 |
| $Mn^{2+}+2e=Mn$ | −1.18 |
| $OCN^{-}+H_2O+2e=CN^{-}+2OH^{-}$ | −0.97 |
| $SO_4^{2-}+H_2O+2e=SO_3^{2-}+2OH^{-}$ | −0.93 |
| $Zn^{2+}+2e=Zn$ | −0.763 |
| $Cr^{3+}+3e=Cr$ | −0.74 |
| $Cd^{2+}+2e=Cd$ | −0.403 |
| $Ni^{2+}+2e=Ni$ | −0.25 |
| $Sn^{2+}+2e=Sn$ | −0.136 |
| $CrO_4^{2-}+4H_2O+3e=Cr(OH)_3+5OH^{-}$ | −0.13 |
| $Pb^{2+}+2e=Pb$ | −0.126 |
| $2H^{+}+2e=H_2$ | 0.00 |
| $S_4O_6^{2-}+2e=2S_2O_3^{2-}$ | 0.08 |
| $S+2H^{+}+2e=H_2S$ | 0.141 |
| $Sn^{4+}+2e=Sn^{2+}$ | 0.15 |
| $Cu^{2+}+e=Cu^{+}$ | 0.153 |
| $SO_4^{2-}+4H^{+}+2e=H_2SO_3+H_2O$ | 0.17 |
| $Cu^{2+}+2e=Cu$ | 0.337 |
| $Fe(CN)_6^{3-}+e=Fe(CN)_6^{4-}$ | 0.36 |
| $SO_4^{2-}+8H^{+}+6e=S+4H_2O$ | 0.36 |
| $2CO_2+N_2+2H_2O+6e=2CNO^{-}+4OH^{-}$ | 0.40 |
| $O_2+2H_2O+4e=4OH^{-}$ | 0.401 |
| $I_2+2e=2I^{-}$ | 0.535 |
| $H_3AsO_4+2H^{+}+2e=HASO_2+2H_2O$ | 0.559 |
| $MnO_4^{-}+2H_2O+3e=MnO_2+4OH^{-}$ | 0.588 |
| $2HgCl_2+2e=Hg_2Cl_2+2Cl^{-}$ | 0.63 |
| $O_2+2H^{+}+2e=H_2O_2$ | 0.682 |
| $Fe^{3+}+e=Fe^{2+}$ | 0.771 |
| $NO_3^{-}+2H^{+}+e=NO_2+2H_2O$ | 0.79 |
| $Ag^{+}+e=Ag$ | 0.799 |
| $2Hg^{2+}+2e=Hg_2^{2+}$ | 0.92 |
| $NO_3^{-}+3H^{+}+2e=HNO_2+H_2O$ | 0.94 |
| $NO_3^{-}+4H^{+}+3e=NO+2H_2O$ | 0.96 |
| $Br_2+2e=2Br^{-}$ | 1.087 |

续表

| 半反应式 | $E^{\ominus}$/V |
| --- | --- |
| $ClO_2+e = ClO_2^-$ | 1.16 |
| $IO_3^-+6H^++5e = 0.5I_2+3H_2O$ | 1.195 |
| $OCl^-+H_2O+2e = Cl^-+2OH^-$ | 1.2 |
| $O_2+4H^++4e = 2H_2O$ | 1.229 |
| $Cr_2O_7^{2-}+14H^++6e = 2Cr^{3+}+7H_2O$ | 1.33 |
| $Cl_2+2e = 2Cl^-$ | 1.359 |
| $HOCl+H^++2e = Cl^-+H_2O$ | 1.49 |
| $MnO_4^-+8H^++5e = Mn^{2+}+4H_2O$ | 1.51 |
| $HClO_2+3H^++4e = Cl^-+2H_2O$ | 1.57 |
| $H_2O_2+2H^++2e = 2H_2O$ | 1.77 |
| $S_2O_8^{2-}+2e = 2SO_4^{2-}$ | 2.01 |
| $O_3+2H^++2e = O_2+H_2O$ | 2.07 |
| $F_2+2e = 2F^-$ | 2.87 |
| $F_2+2H^++2e = 2HF$ | 3.06 |

理论上讲，按照氧化还原电势序列，每种物质都可以相对地成为另一种物质的氧化剂或还原剂，但在水处理工程中，应当综合考虑药剂成本、反应条件和产物的环境影响等因素进行氧化剂和还原剂的选择。

## 120 什么是空气氧化法？有何特点？

空气氧化法就是在水中鼓入空气，利用空气中的氧气氧化水中的有害物质的方法。

从热力学上分析，空气氧化法具有以下特点：

① 电对 $O_2/O^{2-}$ 的半反应中有 $H^+$ 或 $OH^-$ 离子参加，因而氧化还原电势与 pH 值有关。在强碱性（pH=14）溶液中，半反应式为 $O_2+2H_2O+4e \rightleftharpoons 4OH^-$，$E^{\ominus}=0.401V$；在中性（pH=7）和强酸性（pH=1）溶液中，半反应式为 $O_2+4H^++4e \rightleftharpoons 2H_2O$，$E^{\ominus}$分别为 0.815V 和 1.229V。由此可见，降低 pH 值，有利于空气氧化的进行。

② 在常温常压的中性 pH 值条件下，分子 $O_2$ 为弱氧化剂，反应性很低，故常用来处理易氧化的污染物，如 $S^{2-}$、$Fe^{2+}$、$Mn^{2+}$ 等。

③ 提高温度和氧分压，可以增大氧化还原电势；增加催化剂，可以降低反应活化能，都利于氧化反应的进行。

## 121 空气氧化法在废水处理中有哪些应用？

空气中的氧（$O_2$）是最廉价的氧化剂，但只能氧化易于氧化的污染物，如二价铁、二价锰和硫化物等。空气氧化法在地下水除铁锰和工业水脱硫中已得到广泛应用。

(1) 空气氧化除铁和锰

地下水中往往含有溶解性的 $Fe^{2+}$ 和 $Mn^{2+}$。通过曝气，空气中的 $O_2$ 将它们分别氧化成 $Fe(OH)_3$ 和 $MnO_2$ 沉淀物，从而加以去除。

对于空气氧化除铁，反应式为

$$2Fe^{2+}+\frac{1}{2}O_2+5H_2O=2Fe(OH)_3\downarrow+4H^+$$

考虑到水中的碱度作用，总反应式可写为

$$2Fe^{2+}+8HCO_3^-+O_2+2H_2O=4Fe(OH)_3\downarrow+8CO_2$$

地下水除锰比除铁困难。实践证明，要使 $Mn^{2+}$ 被溶液氧化成 $MnO_2$，需将水的 pH 提高到 9.5 以上。在相似条件下，$Mn^{2+}$ 的氧化速率明显低于 $Fe^{2+}$。研究表明，$MnO_2$ 对 $Mn^{2+}$ 的氧化具有催化作用，反应历程如下：

氧化： $$2Mn^{2+}+O_2+4OH^- \overset{慢}{=} 2MnO_2(s)+2H_2O$$

吸附： $$Mn^{2+}+MnO_2(s)=Mn^{2+}+MnO_2(s)$$

催化： $$2Mn^{2+}+MnO_2+O_2+4OH^-=3MnO_2+2H_2O$$

基于上述反应特点，开发出了曝气-过滤除锰工艺。净化过程如下：先将含锰的地下水强烈曝气，尽量地除去 $CO_2$，提高 pH 值，再流入装有天然锰砂或石英砂的过滤器。利用接触氧化的原理将水中的 $Mn^{2+}$ 氧化成 $MnO_2$，产物逐渐附着在滤料表面形成一层能起催化作用的活性滤膜，加速除锰过程。

$MnO_2$ 对 $Fe^{2+}$ 的氧化也具有催化作用，使 $Fe^{2+}$ 的氧化速率大大加快：

$$3MnO_2+O_2=MnO+Mn_2O_7$$

$$4Fe^{2+}+MnO+Mn_2O_7+2H_2O=4Fe^{3+}+3MnO_2+4OH^-$$

(2) 空气氧化除硫

含硫废水主要来自石油炼制厂、石油化工厂、皮革厂等的排放。其中的硫化物一般以钠盐或铵盐形式存在，如 NaHS、$Na_2S$、$NH_4HS$、$(NH_4)_2S$ 等。当含硫量不大，无回收价值时，可采用空气氧化法直接氧化去除。

## 122 氯氧化的原理是什么？

氯类氧化处理法简称氯氧化法，已有 100 多年应用历史，起初用次氯酸钙去臭味，后来用氯消毒。1909 年前后，液氯成为商品，用氯处理废水得到了迅速发展。1928—1933 年，牛奶加工、罐头食品、肉类加工、毛纺等工业先后开始用氯处理废水，以消除臭味，降低 BOD、色度，促进絮凝。1942 年开始用氯氧化破坏废水中的氰化物，并发展成为处理电镀工业废水最通用的方法。含酚废水的氯氧化处理法于 1950 年开始用于生产。

氯氧化的技术原理为，液氯或气态氯加入水中，迅速发生水解反应而生成次氯酸 (HClO)，次氯酸在水中电离为次氯酸根 ($ClO^-$)。次氯酸、次氯酸根都是较强的氧化剂。分子态次氯酸的氧化性能比离子态次氯酸根更强。次氯酸的电离度随 pH 值的增加而增加，当 pH 值小于 2 时，水中的氯以分子态存在；pH 值为 3～6 时，以次氯酸为主；pH 值大于 7.5 时，以次氯酸根为主。因此，在理论上氯化法在 pH 值为中性偏低的水溶液中最有效。

$$HOCl \rightleftharpoons OCl^- + H^+$$

$$CaCl(OCl) \rightleftharpoons OCl^- + Ca^{2+} + Cl^-$$

$$Ca(OCl)_2 \rightleftharpoons 2OCl^- + Ca^{2+}$$

氯氧化常用的药剂有液氯、漂白粉、次氯酸钠、二氧化氯等。各药剂的氧化能力用有效氯（化合价大于−1的那部分氯）含量表示，取液氯的有效氯含量为100%，几种含氯氧化剂的有效氯含量如表5-3所示。由表5-2可知，氯和次氯酸根的标准氧化还原电势较高，分别为1.359V和1.2V，因此两者均具有很强的氧化能力。

表5-3 含氯化合物的有效氯含量

| 化学式 | 分子量 | 含氯量/% | 有效氯/% |
|---|---|---|---|
| 液氯$Cl_2$ | 71 | 100 | 100 |
| 漂白粉 CaCl(OCl) | 127 | 56 | 56 |
| 次氯酸钠 NaOCl | 74.5 | 47.7 | 95.4 |
| 次氯酸钙 $Ca(OCl)_2$ | 143 | 49.6 | 99.2 |
| 一氯胺$NH_2Cl$ | 51.5 | 69 | 138 |
| 亚氯酸钠 $NaClO_2$ | 90.5 | 39.2 | 156.8 |
| 氧化二氯$Cl_2O$ | 87 | 81.7 | 163.4 |
| 二氯胺 $NHCl_2$ | 86 | 82.5 | 165 |
| 三氯胺 $NCl_3$ | 120.5 | 88.5 | 177 |
| 二氧化氯 $ClO_2$ | 67.5 | 52.5 | 262.5 |

## 123 采用氯氧化技术如何进行含氰废水处理?

含氰废水主要源于电镀行业，废水中含有氰基（—C≡N）的氰化物，如氰化钠、氰化钾、氰化铵等易溶于水，解离为氰离子$CN^-$。游离的氰离子毒性很高。氰的络合盐［如$Zn(CN)_4^{2-}$、$Ag(CN)^-$、$Fe(CN)_6^{4-}$、$Fe(CN)_6^{3-}$等］可溶于水。尤其是，络合牢固的铁氰化物和亚铁氰化物，由于不易析出$CN^-$，表现出的毒性相对较低。采用氯氧化技术进行含氰废水处理可分以下两个阶段进行。

第一阶段：在碱性条件下（pH为10～11）将$CN^-$氧化成氰酸盐：

$$CN^- + OCl^- + H_2O = CNCl + 2OH^-$$

$$CNCl + 2OH^- = CNO^- + Cl^- + H_2O$$

上式中，中间产物CNCl是挥发性物质，其毒性和HCN相等。在pH＜9.5的环境下，CNCl在溶液中占有一定比重；且前一反应速率较慢，往往需要几小时以上。而在pH＝10～11时，前一反应只需10～15min。因此，要求pH控制在10～11之间。经第一阶段处理后，虽然氰酸盐$CNO^-$的毒性只有HCN的0.1%，但从保证水体安全出发，应进行第二阶段处理，以完全破坏碳氮键。

第二阶段：在弱碱性条件下（pH＝8～8.5）将$CNO^-$进一步氧化为氮气、二氧化碳和水：

$$2CNO^- + 3OCl^- = CO_2\uparrow + N_2\uparrow + 3Cl^- + CO_3^{2-}$$

上式的反应在 pH=8～8.5 时最有效，有利于 $CO_2$ 气体挥发出水面，促进氧化过程进行。如果 pH>8.5，$CO_2$ 将形成半化合态或化合态 $CO_2$，不利于反应向右移动。在 pH=8～8.5 时，完全氧化反应需半小时左右。

## 124 采用氯氧化技术如何进行含硫废水处理?

采用氯氧化技术处理含硫废水，是通过外加氯类氧化剂［如 $Cl_2$、NaClO 和 $Ca(ClO)_2$ 等］将硫化物氧化为单质硫、硫代硫酸盐和硫酸盐的处理方法。氯氧化硫化物的反应如下：

部分氧化：

$$H_2S + Cl_2 = S + 2HCl$$

完全氧化：

$$H_2S + 3Cl_2 + 2H_2O = SO_2 + 6HCl$$

将 1mg/L 的硫化物部分氧化成硫时需氯量为 2.1mg/L；完全氧化成 $SO_2$ 时，需氯量为 6.3mg/L。

## 125 采用氯氧化技术如何进行含酚废水处理?

利用液氯或漂白粉氧化酚，所用氯量必须过量数倍，否则将产生氯酚，产生不良气味。酚的氯氧化反应为：

$$C_6H_5OH + 8Cl_2 + 7H_2O \longrightarrow \begin{matrix} CH{-}COOH \\ \| \\ CH{-}COOH \end{matrix} + 2CO_2 + 16HCl$$

二氧化氯是一种易溶于水的黄绿色气体，具有强氧化性，其氧化能力是氯的 2.63 倍。二氧化氯在将水中的酚类物质氧化去除的同时，不会形成副产物。二氧化氯氧化法处理含酚废水，操作方便简单，除酚后无有机氯存在，且同时具有脱色、除臭、消毒作用。如用 $ClO_2$，则可能使酚全部分解，而无氯酚味，但费用较氯昂贵。

## 126 臭氧氧化的原理是什么? 有何特点?

臭氧能够氧化大多数有机物，特别是氧化难以降解的物质。臭氧在与水中有机物发生反应的过程中，通常伴随着直接反应和间接反应两种途径。不同反应途径的氧化产物不同，且受控的反应动力学类型也不同。

（1）直接氧化反应

臭氧直接反应是对有机物的直接氧化，反应速率较慢，反应具有选择性。由于臭氧分子的偶极性、亲电性和亲核性，臭氧直接氧化机理包括 Criegree 机理、亲电反应机理、亲核反应机理三种。Criegree 机理表明臭氧的偶极结构使其可以促进有机物不饱和键断裂，起到开环断键、降解有机物的作用。亲电反应机理表明，臭氧反应易发生在电子密度高的基团上，如—OH、—$NH_2$，因此臭氧氧化对酚类和苯胺类物质容易发生亲电反应，而与吸电子基团（如—COOH、—$NO_2$）反应速率较慢。亲核反应机理表明，臭氧的电子易攻击有吸电子基团的碳原子，臭氧与离子化和易电离的有机物反应速率常数比中性化合物反应速率常数大，臭氧与含有供电子取代基的环状有机物反应速率常数更大。

（2）间接氧化反应

臭氧间接反应是有自由基参与的氧化反应，过程中产生了 HO·，氧化还原电位高达 2.80V，自由基作为二次氧化剂使得有机物迅速氧化，属于非选择性瞬时反应，氧化效率大大高于直接反应。此外，HO·与有机物发生的反应主要有三种：脱氢反应、亲电加成、转移电子。间接反应是自由基链式反应，包括反应的引发、传递和终止几个过程。因此，在实际应用时要考虑终止剂对臭氧链反应的影响，同时也要考虑提高引发剂的含量来提高臭氧氧化速率。

一般酸性条件下（pH<4）臭氧以直接反应途径为主，pH≥10 时以间接反应为主，中性条件下两种途径都很重要。

## 127 制备臭氧的方法和影响因素有哪些？

制备臭氧的方法有化学法、电解法、紫外光法、无声放电法等。工业上一般采用无声放电法制备臭氧。采用无声放电法制备臭氧时，影响臭氧产率的主要因素有：

① 电极电压　据研究，单位电极表面积的臭氧产量与电极电压的二次方成正比，电压越高，产量越高。但电压过高很容易造成介电体被击穿并损伤电极表面。因此，一般采用 15～20kV 的电压。

② 电极温度　臭氧的产生浓度随电极温度升高而明显下降。为提高臭氧浓度，必须采用有效冷却措施，降低电极温度。

③ 介电体　单位电极表面的臭氧产量与介电体常数成正比，与介电体厚度成反比。因此，应采用介电常数大、厚度薄的介电体。一般采用厚度为 1～3mm 的硼玻璃作为介电体。

④ 交流电频率　提高交流电的频率，可增加放电次数，从而可提高臭氧产量，但需要增加调频设备，国内目前仍采用 50～60Hz 的电源。

⑤ 放电间隙　放电间隙越小，越容易放电，产生无声放电所需的电压越小，耗电量越小。但间隙越小，对介电体或电极表面要求越高，管式臭氧发生器一般采用 2～3.5mm。

## 128 臭氧氧化处理工艺由哪几部分组成？

臭氧氧化处理工艺主要由气源系统、臭氧发生系统和臭氧曝气系统三部分组成。

① 臭氧发生器的气源主要是空气和氧气，一般使用较多的是氧气，大多数污水处理厂通过购买液氧的方式来得到氧气，通过蒸发器产生氧气。

② 臭氧发生系统主要包含臭氧发生器、PSU 电源、冷却水循环系统等，主要原理是气源进入臭氧发生器后，经过高压发电使空气或者氧气变成臭氧。

③ 臭氧发生器产出的臭氧进入接触池等设施，在污水中充分接触污染物，对其进行氧化分解。臭氧曝气系统主要包含臭氧投加、接触池及尾气处理装置等。

图 5-1 为一种微气泡臭氧催化氧化的装置示意图。

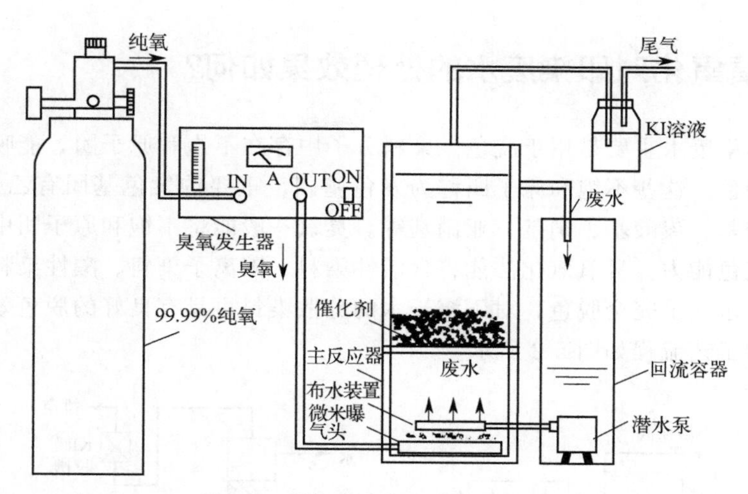


图 5-1 微气泡臭氧催化氧化装置

## 129 如何选择合适的臭氧接触反应器?

废水的臭氧氧化处理在接触反应器内进行。将臭氧通入废水后，水为吸收剂，臭氧为吸收质，在气液两相进行传质，同时发生臭氧氧化反应，因此属于化学吸收。接触反应器的作用主要有两个：①促进气、水扩散混合；②使气、水充分接触，迅速反应。应根据臭氧分子在水中的扩散速率和污染物的反应速率来选择接触反应器的型式。

① 当臭氧扩散速率较大，而反应速率为整个氧化过程的速率控制步骤时，臭氧接触氧化反应器的结构应有利于反应的充分进行。属于这一类的污染物有合成表面活性剂、焦油、氨氮等，反应器可采用多孔扩散板反应器、塔板式反应器等。

② 当反应速率较大，而扩散速率为整个氧化过程的速率控制步骤时，臭氧接触氧化反应器的结构应有利于臭氧的加速扩散。属于这类的物质有酚、氯、亲水性染料、铁、锰、细菌等，可采用喷射器作反应器，如静态混合器等。

## 130 臭氧反应尾气如何处理?

臭氧是有毒气体。从臭氧接触反应器排出的尾气应进行妥善处置，防止污染周围大气环境。臭氧反应尾气的处理方法主要有活性炭吸附法、药剂法、燃烧法等，其工艺条件和优缺点比较见表 5-4。

**表 5-4 各种臭氧尾气处理方法的比较**

| 处理方法 | 工艺条件 | 优缺点 |
|---|---|---|
| 活性炭吸附法 | 活性炭固定床，适用于低浓度臭氧 | 设备简单、较经济，使用周期短，饱和后需要更新或再生 |
| 药剂法 | 分还原法和分解法：还原法可采用亚铁盐、亚硫酸钠、硫代硫酸钠等；分解法可采用氢氧化钠等 | 比较简单，但费用较高 |
| 燃烧法 | 加热温度大于 270℃ | 简单、可靠，但能耗高 |

## 131 臭氧氧化对印染废水的处理效果如何？

臭氧处理印染废水主要是用于脱色。染料分子中存在不饱和原子团，能吸收一部分可见光，从而产生颜色。这些不饱和原子团称为发色基团。重要的发色基团有乙烯基、偶氮基、氧化偶氮基、羧基、羧酸基、硝基、亚硝基等。臭氧一般能将不饱和原子团中的不饱和键打开，使之失去显色能力。臭氧氧化法能将含活性染料、阳离子染料、酸性染料、直接染料等水溶性染料的废水几乎完全脱色，对不溶于水的分散染料也具有良好的脱色效果。臭氧氧化处理印染废水的工艺流程如图 5-2 所示。

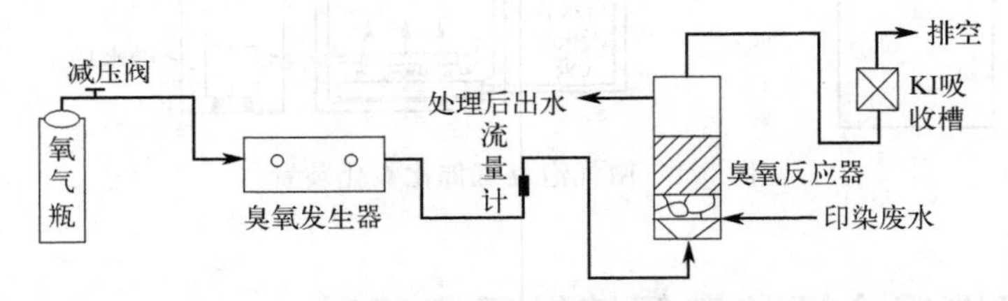


图 5-2 臭氧氧化处理印染废水工艺流程

例如，某厂排出的印染废水主要含有活性、分散、还原染料和涂料。其中活性染料占 40%，分散染料占 15%。废水主要来源于退浆、煮炼、染色、印花和整理工段。废水经生物处理后，再用臭氧氧化法进行脱色。处理水量为 $600m^3/d$。采用臭氧接触反应器 2 座，塔高为 6.2m，塔径为 1.5m，内填聚丙烯波纹板，底部进气，顶部进水。臭氧投加量为 $50g/m^3$，接触时间为 20min。进水 pH=6.9，COD 为 201.5mg/L，色度为 66.2 倍，悬浮物为 157.9mg/L。经臭氧处理后，COD、色度、悬浮物去除率分别为 13.6%、80.9%、33.9%。

## 132 臭氧氧化对含氰废水的处理效果如何？

含氰废水指含氰化物的废水。氰化物分为两类，一类为无机氰，如氢氰酸及其盐类；一类为有机氰或腈，如丙烯腈、乙腈等。氰离子的特点是容易与某些金属形成络合物。$CN^-$ 是一种十分常见的剧毒物质，主要来源于矿物的开采和提炼、摄影冲印、焦炉废水、电镀厂、钢锭的表面淬火以及工业气体洗涤等。

臭氧氧化法是利用臭氧发生器产生的臭氧，使氰化物、硫氰酸盐氧化为无毒的 $N_2$。臭氧在水溶液中可释放出原子氧参加反应，表现出很强的氧化性，能彻底地氧化游离状态的氰化物。氰与臭氧的反应为：

$$2KCN + 3O_3 \longrightarrow 2KCNO + 2O_2 \uparrow$$

$$2KCNO + H_2O + 3O_3 \longrightarrow 2KHCO_3 + N_2 \uparrow + 3O_2 \uparrow$$

按上述反映，处理到第一阶段，每去除 1mg $CN^-$ 需臭氧 1.84mg。此阶段生成的 $CNO^-$ 毒性为 $CN^-$ 的 1%；处理到第二阶段，每去除 1mg $CN^-$ 需臭氧 4.6mg。臭氧氧化法处理含氰废水的工艺流程如图 5-3 所示。

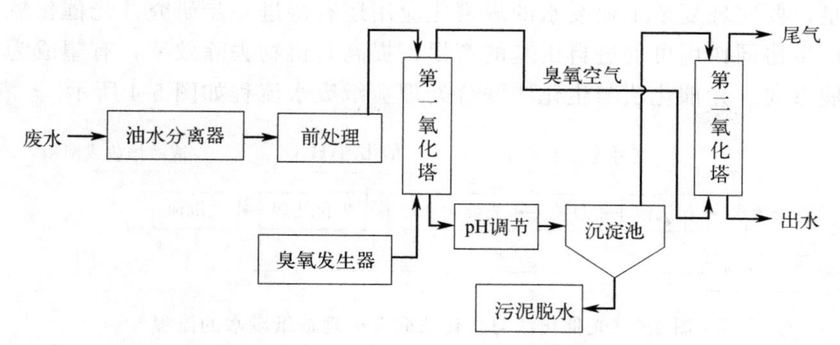


图 5-3 臭氧氧化法处理含氰废水工艺流程

## 133 臭氧氧化对含酚废水的处理效果如何?

含酚废水指工业生产过程中排出的以含挥发酚和不挥发酚为主的废水。含酚废水主要来源于焦化、炼油、石油化工、煤气发电站、塑料、树脂、绝缘材料、木材防腐、农药、化工、造纸、合成纤维等工业。这类废水的含酚量及其特性随工业种类不同而不同，就是同一工业也可能有所差异。含酚废水排入江河，对水生物、农作物都有危害。如果饮用水源含酚，对人体健康十分有害。因此，对工业含酚废水进行处理已成为工业废水方面亟待解决的问题之一。

臭氧对酚的氧化作用与氯和二氧化氯相同，但臭氧的氧化能力为氯的 2 倍，且不产生氯酚。将酚完全氧化成二氧化碳是不经济的。可以利用臭氧将酚的苯环打断，生成易生物降解的物质，再与生物法联合处理。臭氧去除酚类化合物的机理是汽提和氧化，这些化合物去除的难易程度与分子结构有关，而去除率的大小与溶液 pH 值、温度和接触时间有关。pH 值高，氧化速度快，污染物去除率高，碱性条件对提高污染物的去除有利；温度越高，氧化速度越快；通臭氧时间越长，臭氧投加量越大，污染物去除率越高。

## 134 何为光氧化和光催化氧化?

光化学反应是指在光的作用下进行的化学反应。物质（原子、分子、离子）的基态吸收光子形成激发态，之后发生化学变化到稳定的状态或者变成引发热反应的中间化学产物。环境工程中常利用光化学反应来降解有机污染物，也称之为光降解。光降解反应包括无催化剂和有催化剂的两种，前者一般称为光氧化或光化学氧化，后者称为光催化氧化。

废水的光氧化处理是利用紫外线和氧化剂的协同作用，分解废水中有机物的处理方法。在化学氧化法中使用的氧化剂受温度的影响，常不能充分发挥其氧化能力，而采用紫外线辅助照射，能使废水中的氧化剂激发生成具有更强氧化性的自由基，迅速而有效地去除废水中的有机物。适用于废水的高级处理，尤其适用于难以生物降解有机废水的处理。

光催化氧化法是一种水处理新技术，是用半导体（通常为 $TiO_2$）为催化剂，通过光激发引起氧化还原反应，氧化分解废水中有机和无机污染物的方法。目前，光催化氧化处理工业废水大多处于实验室研究阶段中，存在太阳光利用率较低，光催化氧化效率不高等问题，在催化剂的选择和制备、催化剂的固定化和分离回收、光催化反应器的研制和设计等方面还存在一些不足，要实现复杂工业废水的规模化应用还有待进一步研究。光催化氧化技术与其他氧化技术产生协同作用可促进自由基的产生，提高有机物去除效率，有望成为光催化氧化法的主要发展方向。光催化法与生化法联合处理造纸废水流程如图 5-4 所示。

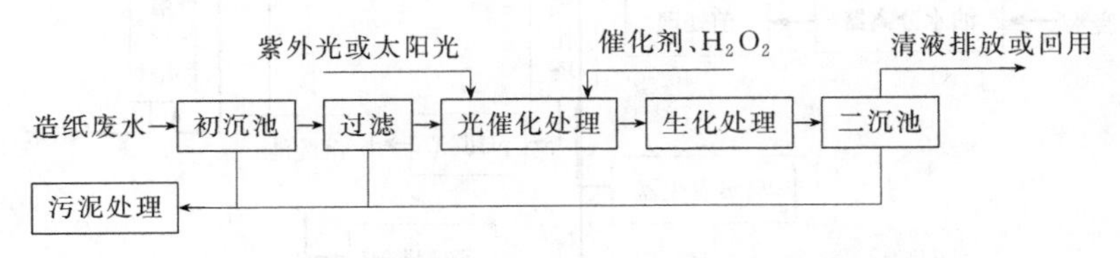


图 5-4 光催化法与生化法联合处理造纸废水的流程

## 135 常用光化学氧化技术有哪些？其原理是什么？

光化学氧化是通过氧化剂（如 $O_3$、$H_2O_2$ 等）在光辐射下产生强氧化能力的羟基自由基 HO· 而进行的。光氧化技术与其他氧化方法比较，其反应过程产生大量的羟基自由基，对有机物的降解速率快，而且对许多难降解有机物的矿化效果好。光氧化的反应条件对温度、压力没有特别要求；作为生物处理技术的前处理，可以大大提高难生物降解废水的可生化性。

根据氧化剂的种类不同，主要分为光过氧化氢（UV-$H_2O_2$）氧化、光臭氧（UV-$O_3$）氧化、光臭氧/过氧化氢（UV-$O_3$-$H_2O_2$）氧化以及光/超声（UV-US）氧化等。

(1) 光过氧化氢（UV-$H_2O_2$）氧化机理

UV-$H_2O_2$ 氧化的反应机理是，1 分子 $H_2O_2$ 首先在紫外光（$\lambda<300$nm）的照射下产生 2 分子的 HO·：

$$H_2O_2 + h\nu \longrightarrow 2HO\cdot$$

产生的羟基自由基进而通过自由基反应来降解水中的污染物。因此，污染物的降解过程以自由基反应为主。同时，也存在 $H_2O_2$ 对污染物的直接化学氧化和紫外光的直接氧化作用。

(2) 光臭氧（UV-$O_3$）氧化机理

UV-$O_3$ 氧化过程涉及 $O_3$ 直接氧化和 HO· 的氧化作用。对于 UV-$O_3$ 氧化过程中产生 HO· 的机理，目前存在两种解释：

$$O_3 + h\nu \longrightarrow O_2 + O$$

$$O + H_2O \longrightarrow 2HO\cdot$$

或

$$O_3 + H_2O + h\nu \longrightarrow O_2 + H_2O_2$$

$$H_2O_2 + h\nu \longrightarrow 2HO\cdot$$

尽管目前不能确定哪种机理占主导，但得出的结论是一致的，即 1mol 的臭氧在紫外光辐射下产生 2mol 的 HO·。

(3) UV-$O_3$-$H_2O_2$ 联合反应机理

对紫外辐照、$H_2O_2$ 和 $O_3$ 联合的高级氧化技术研究表明，UV-$O_3$-$H_2O_2$ 能够高速产生 HO·。该系统对有机物的降解利用了氧化和光解作用，包括 $O_3$ 的直接氧化、$O_3$ 和 $H_2O_2$ 分解产生 HO· 的氧化以及 $O_3$ 和 $H_2O_2$ 光解和解离作用。和单纯 UV-$O_3$ 相比，加入 $H_2O_2$ 对 HO· 的产生有协同作用，从而表现出对有机污染物的高效去除。

在 UV-$O_3$-$H_2O_2$ 的反应过程中，HO· 的产生机理为：

$$H_2O_2 + H_2O \longrightarrow H_3O^+ + HO_2^-$$

$$O_3 + H_2O_2 \longrightarrow O_2 + HO\cdot + HO_2\cdot$$

$$O_3 + HO_2^- \longrightarrow HO\cdot + O_2^- + O_2$$

$$O_3 + O_2^- \longrightarrow O_3^- + O_2$$

$$O_3 + H_2O \longrightarrow HO\cdot + HO^- + O_2$$

（4）UV-US反应机理

将超声（US）引入光氧化技术中可提高物质的传递效率，加速氧化速率，改善降解效果。超声波技术本身也是一种处理废水的有效手段，使用的超声波频率范围一般为$2\times10^4$～$1\times10^7$Hz。采用光氧化技术与超声技术联合降解处理有机物，其降解速率往往比单独采用光氧化技术或超声波技术处理好。将超声波技术的“空化作用”配以紫外光辐射，可以增强氧化剂的氧化能力，加快反应速率，提高有机物的降解效果。UV-US氧化技术在处理染料废水方面已被证明有很好的效果。

## 136 常用光化学氧化工艺组成有哪些？

光化学氧化工艺主要由光源、反应器、发射器组成。在光化学反应器中，光源可以包围反应器，也可以反应器包围光源，根据几何光学的折射原理，可以制造出各种高效反应器。常用的反应器类型有矩形光化学反应器、辐射网式光化学反应器和液膜光化学反应器。

（1）矩形光化学反应器

如图5-5所示，反应器的一个平面用一管状光源照射，在其后放置了一个抛物线式的反射器。

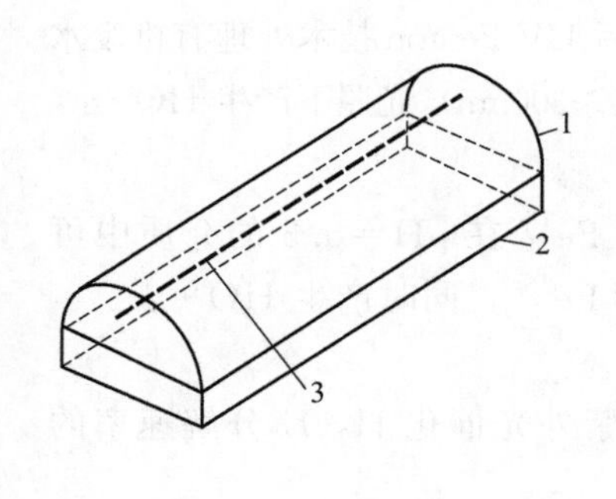


图5-5 具有抛物面形发射器的矩形光化学反应器
1—抛物面发射器；2—反应器；3—灯源

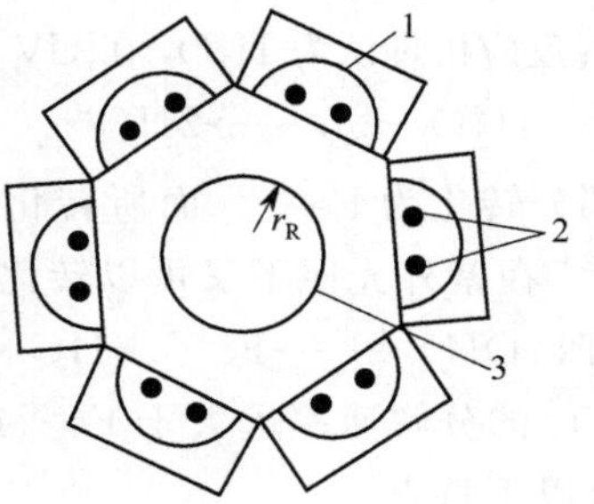

图5-6 辐射网式光化学反应器截面
1—抛物面镜；2—灯源；3—圆柱形反应器

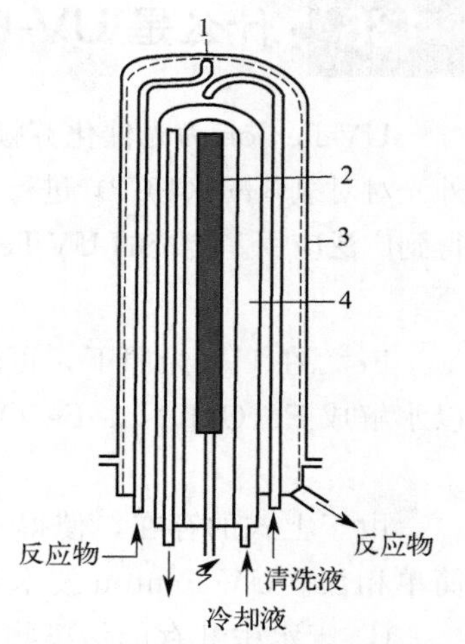


图5-7 环形降膜光化学反应器
1—液体分布器；2—灯源；3—降膜；4—冷却液

（2）辐射网式光化学反应器

如图5-6所示，圆柱形反应器处于辐射场的中央，辐射场由安装了适当反射器的2～16只灯的一个环形装置产生。

(3) 液膜光化学反应器

如图 5-7 所示，灯源置于反应器中央。反应混合物从一个倒转的浸没式反应器顶部扩散进去，并在反应器外壁的内表面形成液相降膜，这样反应溶液和隔离灯管的器壁不直接接触，不会产生沉淀。

## 137 光化学氧化技术在废水处理中的应用有哪些?

光化学氧化尤其是光催化氧化技术在工业废水处理中有着广泛的应用。

① UV-$H_2O_2$ 工艺　UV-$H_2O_2$ 工艺可以有效氧化二氯乙烯（TCE）、四氯乙烯（PCE）、三氯甲烷等难降解有机物；可用于脱色处理，对脱色对象具有较强的选择性，单偶氮染料的处理效果最佳；可用于去除水中天然存在的有机物；可用于处理漂白纸浆、石油炼制以及纺织等行业所排工业废水。

② UV-$O_3$ 工艺　UV-$O_3$ 作为一种高级氧化水处理工艺，不仅对有毒难降解有机物、细菌、病毒等进行氧化降解，而且还可用于造纸工业漂白废水的脱色。同时，有研究表明，UV-$O_3$ 工艺对饮用水中的二氯甲烷、四氯化碳、芳香族化合物、氯苯类化合物、五氯苯酚等有机污染物也具有良好的去除效果。

③ UV-$O_3$-$H_2O_2$ 工艺　UV-$O_3$-$H_2O_2$ 工艺在处理多种工业废水和受污染地下水方面的应用已有报道，可用于多种农药（如 PCP、DDT 等）和其他化合物的处理。在成分复杂的废水中，某些反应可能会受到抑制，而 UV-$O_3$-$H_2O_2$ 则表现出优越性，受废水中色度和浊度的影响程度较低，适用于更广的 pH 范围。

## 138 什么是 UV-Fenton 氧化技术？有何特点?

UV-Fenton 为光催化芬顿高级氧化技术。1933 年 Ruppert 等首次在 Fenton 试剂中引入紫外光对对氯苯酚（4-CP）进行去除，发现反应速率大大提高，随后 UV-Fenton 技术处理有机废水得到广泛应用。传统的 UV-Fenton 反应机理认为 $H_2O_2$ 在 UV（$\lambda$>300nm）光照下产生 HO·：

$$H_2O_2 + h\nu \longrightarrow 2HO\cdot$$

$Fe^{2+}$ 在 UV 光照下，可以部分转化为 $Fe^{3+}$，而所转化的 $Fe^{3+}$ 在 pH＝5.5 的介质中可以水解成 $Fe(OH)^{2+}$，$Fe(OH)^{2+}$ 在紫外光照下又可以转化为 $Fe^{2+}$，同时产生 HO·：

$$Fe(OH)^{2+} \longrightarrow Fe^{2+} + HO\cdot$$

由于上式的存在，使得 $H_2O_2$ 的分解速率远大于 $Fe^{2+}$ 或紫外光催化 $H_2O_2$ 分解速率的简单相加。UV-Fenton 技术具有以下特点：

① 废水中共存的污染物可降低 $Fe^{2+}$ 的用量，保持 $H_2O_2$ 较高的利用率；

② 紫外光和 $Fe^{2+}$ 对 $H_2O_2$ 催化分解存在协同效应；

③ 可以使有机物矿化程度更充分，因为 $Fe^{3+}$ 与有机物降解过程中形成的络合物是光活性物质，可在紫外光的作用下迅速还原为 $Fe^{2+}$。

UV-Fenton 氧化技术的影响因素有：

① 污染物起始浓度，污染物的起始浓度越高，表现反应速率越低；

② $Fe^{2+}$ 浓度，$Fe^{2+}$ 浓度需要维持在一定水平，过高对 $H_2O_2$ 消耗过大，过低则不利于

HO·的产生；

③ 保持一定浓度的 $H_2O_2$ 可使反应维持在较高水平。

## 139 UV-Fenton 氧化技术在废水处理中的应用有哪些?

UV-Fenton 法是氧化能力强于传统芬顿氧化法的光催化芬顿高级氧化技术。在紫外光辐射情况下，可以提高羟基自由基的反应活性，使目标物激发活化。紫外光催化发羟基自由基的大量产生，从而提高氧化效率。其反应式如下：

$$Fe^{2+} + H_2O_2 \longrightarrow Fe^{3+} + HO\cdot + OH^-$$

$$Fe^{3+} + H_2O_2 + h\nu \longrightarrow Fe^{2+} + HO_2\cdot + H^+$$

$$H_2O_2 + h\nu \longrightarrow 2HO\cdot$$

在 UV-Fenton 氧化中，二价铁离子被氧化成三价络合羟基铁离子，经过紫外催发，分解为二价铁离子和羟基，羟基自由基因此增多，氧化效果也增强。该工艺可降解的典型有机物有除草剂 2,4-二氯苯氧乙酸（2,4-D）、硝基酚、苯酚、苯甲醚、甲氨基对硫磷等，也有将 UV-Fenton 氧化工艺用于处理垃圾渗滤液的研究。紫外芬顿氧化高速有效、低成本的运行状态已经越来越得到关注，尤其是该方法在处理高负荷或高毒废水中有显著的效果，但 UV-Fenton 处理废水费用高，需将其与其他废水处理法联用以降低处理费用。如将 UV-Fenton 氧化和生物处理联合，利用 UV-Fenton 氧化提高废水的可生化性，然后利用生物对废水进一步处理。

## 140 常用非均相光催化氧化技术及其原理有哪些?

光催化氧化技术是在光化学氧化技术的基础上发展起来的。光化学氧化技术是在可见光或紫外光作用下使有机污染物氧化降解的反应过程。但由于反应条件所限，光化学氧化降解往往不够彻底，易产生多种芳香族有机中间体，成为光化学氧化需要克服的问题，而通过和光催化氧化剂的结合，可以大大提高光化学氧化的效率。

根据光催化氧化剂使用的不同，可以分为均相光催化氧化和非均相光催化氧化。均相光催化降解是以 $Fe^{2+}$ 或 $Fe^{3+}$ 及 $H_2O_2$ 为介质，通过光助-芬顿反应产生羟基自由基使污染物得到降解。非均相光催化降解是利用光照射某些具有能带结构的半导体光催化剂（如 $TiO_2$、ZnO、CdS、$WO_3$、$SrTiO_3$、$Fe_2O_3$ 等）诱发产生羟基自由基。

半导体能带结构与金属不同的是价带和导带之间存在一个禁带，在这个禁带里是不含能级的。用作光催化剂的半导体大多为金属的氧化物和硫化物，一般具有较大的禁带宽度，有时称为宽带隙半导体。当光催化剂吸收一个能量大于禁带宽度的光子时，位于价带的电子（e）就会被激发到导带，从而在价带留下一个空穴（$h^+$），这个电子和空穴与吸附在催化表面的 $OH^-$ 或 $O_2$ 进一步反应，生成氧化性能很高的羟基自由基（HO·）和氧负离子自由基 $O_2^-\cdot$，这些自由基和光生空穴共同作用氧化水中的有机物，使之变成 $CO_2$、$H_2O$ 和无机酸。

$$有机污染物 + O_2 \xrightarrow{半导体、紫外} CO_2 + H_2O + 无机酸$$

与此同时，生成的电子和空穴又会不断地复合，同时释放能量。作为一种有效的催化剂，这就要求电子和空穴的产生速率大于它们的复合速率。

## 141 非均相光催化氧化技术的影响因素有哪些?

非均相光催化氧化技术属于高级氧化工艺。由于光催化技术具有较强的氧化能力，能够将部分有机物氧化为水和二氧化碳，因而受到广泛的关注。研究表明，对非均相光催化氧化效率存在影响的因素主要有无机盐离子含量、催化剂表面改性技术、入射光强、溶液的 pH 环境和反应温度等。

(1) 无机盐离子干扰

无机盐离子（如硫酸根离子、氯离子、硫酸根离子）会与有机物产生竞争吸附，另一些无机盐离子（如 $CO_3^{2-}$）可以作为羟基自由基的清除剂，即发生竞争性反应。竞争吸附和竞争性反应都可以降低反应速率。

(2) 催化剂表面技术沉积

很多贵金属在催化剂表面上的沉积有益于提高光催化氧化反应速率。水溶液中，光催化还原氯铂酸、氯铂酸钠或六羟基铂酸，可使微小铂颗粒沉积在 $TiO_2$ 表面。细小铂颗粒成为电子积累的中心，阻碍了电子和空穴的复合，提高了反应速率。实际操作过程中存在一个最佳沉积量。当沉积量大于这个最佳沉积量时，催化剂活性反而会降低。其他贵重金属在催化剂表面的沉积对催化活性也有类似的影响。

(3) 入射光强

空穴的产生量与入射光强成正比。入射光强的选择，既要考虑能高效去除污染物，又要尽量地减少能耗，存在一个经济效益分析的问题。

(4) pH 值

pH 值对光催化氧化的影响包括表面电荷和催化剂的能带位置。以二氧化钛催化剂为例，其等电点对应的 pH 在 6 附近。当 pH 值较低时，颗粒表面带正电荷；当 pH 值较高时，表面带负电荷。表面电荷的极性及其大小对催化剂的吸附性能影响较大。

半导体的价带能级是 pH 值的函数。在 pH 值较高时，对 $OH^-$ 的氧化有利，而在 pH 值较低时，则对 $H_2O$ 的氧化有利。所以不管在酸性还是碱性条件下，$TiO_2$ 表面吸附的 $OH^-$ 和 $H_2O$ 理论上都可能被空穴氧化成 HO·。但在 pH 值变化很大时，光催化氧化速率也不会超过 1 个数量级。因此，光催化氧化反应速率受 pH 值的影响较弱。

(5) 温度

在光催化反应中，受温度影响的反应步骤是吸附、解吸、表面迁移和重排。但这些都不是决定光反应速率的关键步骤。因此，温度对光催化反应影响较弱。

## 142 常用非均相光催化剂有哪些?

在非均相光催化氧化工艺中使用的催化剂大多为 n 型半导体。研究表明，许多金属氧化物和硫化物（包括 $TiO_2$、ZnO、CdS、$Fe_2O_3$、$SnO_2$、$WO_3$ 等）都具有光催化性。由于 $TiO_2$ 的化学性质和光化学性质十分稳定，无毒价廉，货源充分，因此使用最为普遍。作为催化剂的 $TiO_2$ 主要有两种晶型——锐钛矿型和金红石型。由于晶型结构、晶格缺陷、表面结构以及混晶效应等因素，锐钛矿型的 $TiO_2$ 催化活性要高于金红石型。

$TiO_2$ 用途很广，能够把多种有机污染物光催化降解为无毒的小分子化合物，如水、$CO_2$、无机酸等；去除溶液中的重金属离子，将其还原为无毒的金属；光解水为 $H_2$ 和 $O_2$ 来获取氢能；应用于太阳能电池，把太阳能有效转换为化学能。但是 $TiO_2$ 是宽禁带（$E_g$＝3.2eV）半导体化合物，只有波长较短的太阳光能（$\lambda<387nm$）才能被吸收，而这部分紫外线（300～400nm）只占到达地面上的太阳光能的4%～6%，太阳能利用率很低。而可见光却占了太阳光能总能量的45%，因此缩短催化剂的禁带宽度，使吸收光谱向可见光扩展是提高太阳能利用率的技术关键。$TiO_2$ 可见光催化的方法包括金属离子掺杂、非金属离子注入、半导体复合以及染料光敏化。

实际应用中，大多将催化剂固定后使用，主要有固定颗粒体系和固定膜体系两种形式。固定颗粒体系是指将二氧化钛或二氧化钛前驱物负载于成型的颗粒上；固定膜体系是将二氧化钛或二氧化钛前驱物涂覆在基材上，从而在基材表面形成一层二氧化钛薄膜。

## 143 非均相光催化氧化反应器有哪些类型?

非均相光催化氧化反应器是光催化氧化反应的场所。依据光源类型和催化剂所处的物理状态，反应器有不同的分类方式。

① 按光源的不同，可分为紫外灯光催化反应器和太阳能光催化反应器。目前，通常采用汞灯、黑灯、氙灯等发射紫外线。紫外灯由于使用寿命短，通常应用于实验室研究。太阳能光催化反应器节能，但应充分提高太阳光的采集量。

② 根据反应器中催化剂所处的物理状态不同，分为悬浮型光催化反应器和固定床型光催化反应器。早期的光催化研究多以悬浮型光催化为主。此类反应器结构较简单，反应器用泵循环或曝气等方式使呈悬浮状的光催化剂颗粒悬浮在液相中，与液相接触充分，反应速率较高。但催化剂难以回收，活性成分损失较大，须采用过滤、离心分离、絮凝等手段来解决催化剂的分离问题，其实用性受到了限制。

固定床型光催化反应器是为解决悬浮催化剂分离回收而提出的有效途径。根据光催化剂固定方式的不同，又可分为非填充式固定床型和填充式固定床型光催化反应器。非填充式固定床型光催化反应器使用最为广泛，根据聚光与否又可分为聚光式和非聚光式。

聚光式反应器只能利用太阳光的直射部分，然而太阳光的散射部分对催化作用也相当重要，尤其是在湿度大，或多云、阴天的条件下，可以使用非聚光式反应器。非聚光式反应器有箱式、管式、平板式等几种形式。平板式非聚光反应器如图5-8所示。

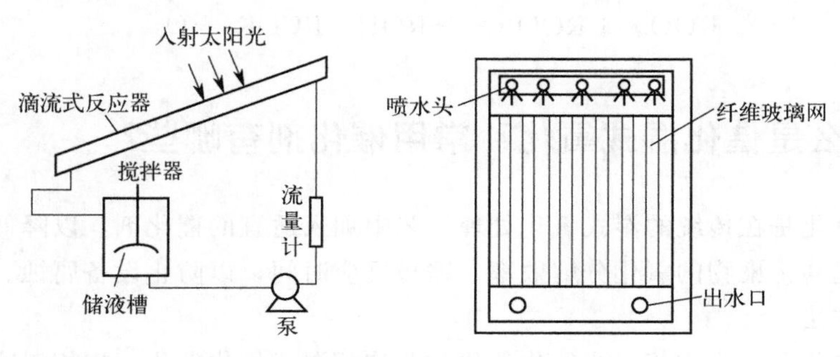


图5-8 平板式非聚光反应器

## 144 湿式氧化技术的原理是什么？

湿式氧化法一般指在高温（150～350℃）和高压（0.5～20MPa）环境下，以氧气或空气作为氧化剂，氧化水中有机物或还原态无机物的处理方法，最终产物一般为二氧化碳和水。在高温高压下，水和作为氧化剂的氧的性质都会发生变化。如表5-5所示，当温度大于150℃时，氧的溶解度随温度的升高而增大，且其溶解度大于室温状态下的溶解度。同时，氧在水中的传质系数也随温度升高而增大。因此，有助于污染物在高温下的氧化降解。

表5-5 水和氧在不同温度下的物理性质

| 温度/℃ | | 25 | 100 | 150 | 200 | 250 | 300 | 320 | 350 |
|---|---|---|---|---|---|---|---|---|---|
| 水 | 蒸汽压/atm | 0.033 | 1.033 | 4.854 | 15.855 | 40.560 | 87.621 | 115.112 | 140.045 |
| | 黏度/($10^3$Pa·s) | 0.922 | 0.281 | 0.181 | 0.137 | 0.116 | 0.106 | 0.104 | 0.103 |
| | 密度/(g/mL) | 0.944 | 0.991 | 0.955 | 0.934 | 0.908 | 0.870 | 0.848 | 0.828 |
| 氧($p_{O_2}$=5atm,25℃) | 扩散系数/($10^{-5}$cm$^2$/s) | 2.24 | 9.18 | 16.2 | 23.9 | 31.1 | 37.3 | 39.3 | 40.7 |
| | 亨利常数/($10^{-4}$atm/mol) | 4.38 | 7.04 | 5.82 | 3.94 | 2.38 | 1.36 | 1.08 | 0.9 |
| | 溶解度/(mg/L) | 190 | 145 | 195 | 320 | 565 | 1040 | 1325 | 1585 |

注：1atm＝101.325kPa。

湿式氧化反应前半小时内，因反应物浓度高，氧化速率快，去除率增加快。此后，因反应物浓度降低或产生的中间产物更难以氧化，使氧化速率趋缓。普遍认为，湿式氧化去除有机物所发生的氧化反应共经历诱导期、增殖期、退化期及结束期四个阶段。在诱导期和增殖期，分子态氧参与了各种自由基的形成。生成的HO·、RO·、ROO·等自由基攻击有机物RH，引发链反应，生成其他低分子酸和二氧化碳。

各阶段发生的主要反应如下：

诱导期：
$$RH + O_2 \longrightarrow R\cdot + HOO\cdot$$
$$2RH + O_2 \longrightarrow 2R\cdot + H_2O_2$$

增殖期：
$$R\cdot + O_2 \longrightarrow ROO\cdot$$
$$ROO\cdot + RH \longrightarrow ROOH + R\cdot$$

退化期：
$$ROOH \longrightarrow RO\cdot + HO\cdot$$
$$ROOH \longrightarrow R\cdot RO\cdot + H_2O$$

结束期：
$$R\cdot + R\cdot \longrightarrow R{-}R$$
$$ROO\cdot + R\cdot \longrightarrow ROOR$$
$$ROO\cdot + ROO\cdot \longrightarrow ROH + RCOR_2 + O_2$$

## 145 什么是催化湿式氧化？常用催化剂有哪些？

催化湿式氧化是在传统的湿式氧化处理工艺中加入适宜的催化剂，以降低反应所需的温度和压力，并提高污染物的氧化分解效率，缩短反应时间，以防止设备腐蚀、降低处理成本的一种水处理方法。

催化湿式氧化可分为均相湿式氧化催化和非均相湿式氧化催化。均相湿式氧化催化剂主要为可溶性的过渡金属盐类，以溶解离子的形式混合在废水中使用。最常用的且效果较为理想的是铜盐和 Fenton 试剂（即 $Fe^{3+}$ 和 $H_2O_2$）。常用的金属盐有 $FeSO_4$、$CuSO_4$、$Cu(NO_3)_2$、$CuCl_2$、$MnSO_4$、Ni（$NO_3$）$_2$ 等。均相湿式催化氧化法的缺点是：催化剂易于流失，存在二次污染问题，需再次处理回收水中的催化剂，由此增加了工艺的复杂化并提高了运行成本。非均相湿式氧化催化剂所采用的活性组分通常有铜、锰、铁、钴、镍、钌、铑、钯、铱、铂、金、铈、钨、钍、银、锇、钒、锡、锑、铋、铬、硒等，可以是其中的一种金属或金属氧化物，也可以由多种金属、金属氧化物或复合氧化物所组成。典型的湿式氧化工艺过程如图 5-9 所示。

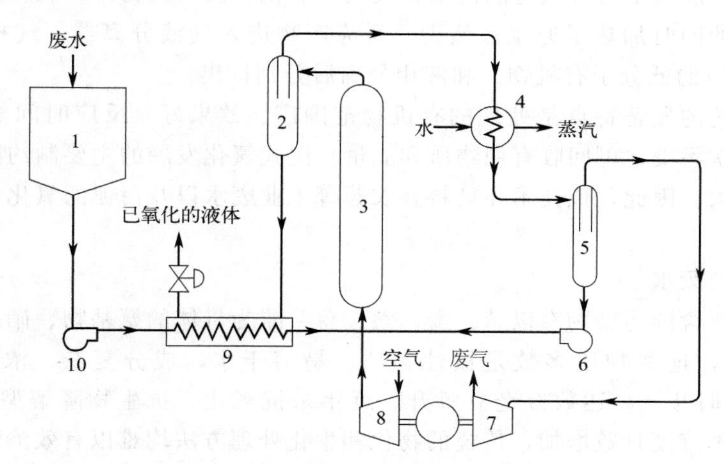


图 5-9 典型的湿式氧化工艺流程

1—储存罐；2、5—分离器；3—反应器；4—再沸器；6—循环泵；7—透平机；8—空压机；9—热交换器；10—高压泵

## 146 湿式氧化的影响因素有哪些?

影响湿式氧化反应效果的主要因素有温度、压力、反应时间以及废水的性质和浓度等。

① 温度　温度是湿式氧化过程中的主要影响因素。温度越高，反应速率越快，反应进行得越彻底。同时温度升高还有助于增加溶解氧及氧气的传质速率，减小液体黏度，降低表面张力，有利于氧化反应的进行。

② 压力　控制总压的目的是保证湿式氧化维持在液相反应中进行，因此总压应不低于该温度下的饱和蒸气压，一般不低于 5.0～12.0MPa。同时，氧分压也应保持在一定范围内，以保证液相中的溶解氧浓度足够高。若氧分压不足，供氧过程就会成为湿式氧化反应的限制步骤。

③ 反应时间　对不同的污染物，湿式氧化的难易程度不同，所需的反应时间也不同。为了加快反应速率，缩短反应时间，可以采用提高反应温度或投加催化剂等措施。

④ 废水性质　废水性质是湿式氧化反应的影响因素之一。研究表明，氰化物、脂肪族和卤代脂肪族化合物、芳烃（如甲苯）、芳香族和含非卤代基团的卤化芳香族化合物等易氧化；而不含非卤化基团的卤代芳香族化合物（如氯苯和多氯联苯）难氧化。

⑤ 废水浓度　废水浓度影响湿式氧化工艺的经济性。一般认为湿式氧化适用于处理高浓度废水。研究表明，湿式氧化能在较宽的浓度范围内（COD 为 10～300g/L）处理各种废

水，具有较佳的经济效益。

## 147 湿式氧化技术在废水处理中应用情况如何?

常见工业化规模的湿式氧化工艺流程如图5-9所示。待处理的废水经高压泵增压，在热交换器内被加热到反应所需的温度，然后进入反应器；同时空气或纯氧经空压机压入反应器内。在反应器内，废水中的可氧化的污染物被氧气氧化。反应产物排出反应器后，先进入热交换器，被冷却的同时加热了原水；然后，反应产物进入气液分离器，气相（主要为$N_2$、$CO_2$和少量未反应的低分子有机物）和液相分离后分别排出。

湿式氧化工艺的显著特点是处理的有机物范围广、效果好，反应时间短、反应器容积小，几乎没有二次污染，可回收有用物质和能量。湿式氧化发展的主要制约因素是设备要求高、一次性投资大。因此，该技术在染料、农药等工业废水以及污泥的氧化处理中均有着较好的应用效果。

（1）处理染料废水

染料废水中所含的污染物有以苯、酚、萘、蒽、醌为母体的氨基物、硝基物、胺类、磺化物、卤化物等，这些物质多数是极性物质，易溶于水，成分复杂，浓度高，毒性大，COD浓度高，有时甚至高达数万毫克每升。近年来抗氧化、抗生物降解型新染料的出现，使染料废水的处理难度日益增加，传统的物化和生化处理方法均难以有效治理。

湿式氧化能有效地去除染料废水中的有毒成分，分解有机物，提高废水的可生化性。活性染料和酸性染料适合湿式氧化，而直接染料稍难氧化。在200℃，总压6.0～6.3MPa，进水COD浓度为3280～4880mg/L的条件下，活性染料、酸性染料和直接耐晒黑染料废水的COD去除率分别为83.6%、65%和50%。

（2）处理农药废水

农药废水的特点是水量小，浓度高，水质变化大，成分复杂，毒性大，用传统方法通常难以有效处理。国外已有研究者采用湿式氧化对多种农药废水进行了处理，当温度在204～316℃范围内，废水中烃类有机物及其卤化物的分解率达99%以上，氯化物如多氯联苯（PCB）、双对氯苯基三氯乙烷（DDT）等通过湿式氧化，毒性也降低了99%，大大提高了处理后出水的可生化性，使得后续的生物处理得以顺利进行。国内应用湿式氧化处理乐果废水，在温度为225～240℃，压力为6.5～7.5MPa，停留时间为1～1.2h的条件下，有机磷去除率为93%～95%，有机硫去除率为80%～88%，COD去除率为40%～45%。

（3）处理污泥

湿式氧化用于城市污水处理厂剩余污泥的处理，可以强化对微生物细胞的破坏，提高可生化性，提高后续污泥的厌氧消化效果，改善脱水性能。

## 148 超临界水氧化技术的原理是什么？有何特点?

超临界水氧化的原理是利用超临界水作为介质氧化分解水中的有机组分。在超临界水氧化过程中，由于超临界水对有机物和氧气都是极好的溶剂，因此有机物的氧化可以在富氧的均一相中进行，反应不会因相间转移而受限制。同时，高的反应温度也加快了反应速率。在几秒钟内即可实现对有机物的高度破坏。有机污染物在超临界水中进行的氧化反应，可用如下化学反应关系式表示：

$$\text{有机化合物} + O_2 \longrightarrow CO_2 + H_2O$$

$$\text{有机化合物中的杂原子} \xrightarrow{[O]} \text{酸、盐、氧化物}$$

$$\text{酸} + NaOH \longrightarrow \text{无机盐}$$

超临界水氧化反应完全彻底，可将有机碳转化成 $CO_2$、氢转化成水、卤素原子转化为卤化物的离子、硫和磷分别转化为硫酸盐和磷酸盐、氮转化为硝酸根和亚硝酸根离子或氮气。同时，超临界水在氧化过程中将释放出大量的热，一旦开始，反应可以自己维持，不需外界能量。研究认为，超临界水氧化反应也属于自由基反应。自由基是由氧气进攻有机物分子中较弱的 C—H 键所产生的：

$$RH + O_2 \longrightarrow R\cdot + HO_2\cdot$$

$$RH + HO_2\cdot \longrightarrow R\cdot H_2O_2$$

在反应条件下，中间产物过氧化氢可进一步分解成羟基自由基：

$$H_2O_2 + M \longrightarrow 2HO\cdot$$

M 可以是均质或非均质界面，羟基自由基具有很强的亲电性，几乎能与所有的含氢化合物发生如下反应：

$$RH + HO\cdot \longrightarrow R\cdot + H_2O$$

上式中生成的自由基（R·）能与氧气作用生成过氧化自由基。后者进一步获取氢原子生成过氧化物：

$$R\cdot + O_2 \longrightarrow ROO\cdot$$

$$ROO\cdot + RH \longrightarrow ROOH + R\cdot$$

过氧化物通常分解生成分子较小的化合物，这种断裂迅速进行直至生成甲酸或乙酸为止。甲酸或乙酸最终也转化为 $CO_2$ 和水。超临界水氧技术具有以下特点：

① 效率高、处理彻底。有机物在适当的温度、压力和一定的停留时间下，能完全被氧化成二氧化碳、水、氮气以及盐类等无毒的小分子化合物。

② 由于超临界水氧化是在高温、高压下进行的均相反应，反应速率快，停留时间短（可小于 1min），反应器体积小。

③ 不形成二次污染，适用范围广，可适用于各种有毒物质、废水和废物的处理。

④ 当有机物含量超过 2%时，可以依靠反应过程中自身氧化放热来维持反应所需的温度，而不需要额外供给热量，如果浓度更高，则放出的热量更多，并可以回收。

## 149 超临界水氧化技术的工艺流程是怎样的?

图 5-10 是超临界水氧化的工艺流程示意图。首先，废水由泵打入反应器，在此与循环反应物直接混合而加热，以提高温度。同时，空压机将空气增压，通过循环用喷射泵把上述循环反应物一并打入反应器。有害有机物与氧在反应器的超临界水相中迅速反应，氧化释放出的热量足以将反应器内的所有物料加热至超临界状态。从反应器出来的物料进入固体分离器，将反应中生成的无机盐等固体物质从流体相中沉淀析出。固体分离器出来的物料一分为二：一部分循环进入反应器；另一部分作为高温、高压流体先通过蒸汽发生器，产生高压蒸

汽，再通过高压气液分离器，在此 $N_2$ 及大部分 $CO_2$ 气体得到了分离，进入透平机，为空气压缩机提供动力。液体物料（主要是水和溶在水中的 $CO_2$）经减压阀减压，进入低压气液分离器，进一步分离气体（主要是 $CO_2$）后作为清洁水排放。

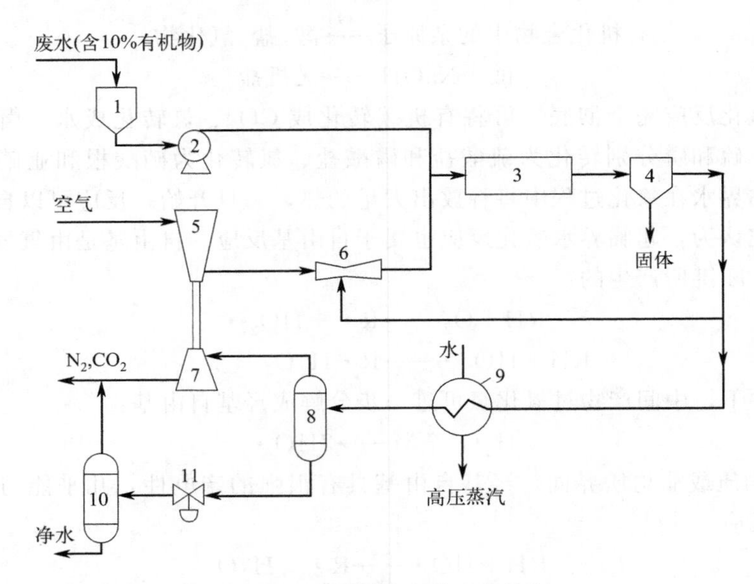


图 5-10 超临界水氧化工艺流程

1—废水槽；2—废水泵；3—氧化反应器；4—固体分离器；5—空气压缩器；6—循环用喷射泵；7—透平机；8—高压气液分离器；9—蒸汽发生器；10—低压气液分离器；11—减压阀

## 150 常用的铬还原净化技术有哪些?

含铬工业废水主要来源于电镀生产过程，废水中铬的存在形式主要有Cr(Ⅵ)和Cr(Ⅲ)两种。其中，以Cr(Ⅵ)的毒性最大，约为Cr(Ⅲ)的100倍，且更易被人体吸收并在体内蓄积。铬属于第一类污染物，在污水处理环节为重点关注对象。为保证工艺去除效率，常采用铁屑过滤、硫酸亚铁-石灰还原、亚硫酸盐还原法等技术进行净化处理。

(1) 铁屑（或锌粉）过滤

含铬废水在酸性条件下进入铁屑滤柱后，铁放出电子，产生亚铁离子，可将Cr(Ⅵ)还原成Cr(Ⅲ)。化学反应如下：

$$Fe = Fe^{2+} + 2e$$

$$Cr_2O_7^{2-} + 6e + 14H^+ = 2Cr^{3+} + 7H_2O$$

$$Cr_2O_7^{2-} + 6Fe^{2+} + 14H^+ = 2Cr^{3+} + 6Fe^{3+} + 7H_2O$$

随着反应的不断进行，水中消耗了大量的 $H^+$，使 $OH^-$ 的浓度增高，当其达到一定的浓度时，产生下列反应：

$$Cr^{3+} + 3OH^- = Cr(OH)_3 \downarrow$$

$$Fe^{3+} + 3OH^- = Fe(OH)_3 \downarrow$$

氢氧化铁具有絮凝作用，将氢氧化铬吸附凝聚到一起，当其通过铁屑滤柱时，即被截留在铁屑空隙中，这样使废水中的Cr(Ⅵ)及Cr(Ⅲ)原子同时被去除，达到排放标准。当铁屑吸附饱和丧失还原能力后，可用酸碱再生，使$Cr(OH)_3$重新溶解于再生液中：

$$Cr(OH)_3 + 3H^+ = Cr^{3+} + 3H_2O$$

$$Cr(OH)_3 + OH^- = CrO_2^- + 2H_2O$$

如用5%盐酸作再生液，再生后的残液中含有剩余酸及大量$Fe^{2+}$，可用来调整原水pH及还原Cr(Ⅵ)，以节省运行费用。还可以用铁碳还原法，处理效果比单用铁屑好。这是由于铁碳形成原电池，加速了氧化还原过程。

(2) 硫酸亚铁-石灰还原法

利用$Fe^{2+}$的还原性，在pH值小于3的条件下将Cr(Ⅵ)还原成Cr(Ⅲ)，同时生成$Fe^{3+}$。当硫酸亚铁投加量大时，水解能降低溶液的pH值，可以不加硫酸。当Cr(Ⅵ)浓度大于100mg/L时，可按照理论药剂量Cr(Ⅵ)：$FeSO_4 \cdot 7H_2O$=1：16（质量比）投加；当Cr(Ⅵ)浓度小于100mg/L时，实际用量在1：(25～32)。碱化反应用石灰乳在pH值7.5～8.5条件下进行中和沉淀。反应式如下：

$$2Cr^{3+} + 3SO_4^{2-} + 3Ca^{2+} + 6OH^- = 2Cr(OH)_3 \downarrow + 3CaSO_4 \downarrow$$

$$2Fe^{3+} + 3SO_4^{2-} + 3Ca^{2+} + 6OH^- = 2Fe(OH)_3 \downarrow + 3CaSO_4 \downarrow$$

该法最终沉淀物为铁铬氢氧化物和硫酸钙的混合物。泥渣量大、回收利用率低、出水色度很高，容易造成二次污染。

(3) 亚硫酸盐还原法

利用亚硫酸钠或亚硫酸氢钠作为还原剂，在pH=1～3条件下还原Cr(Ⅵ)，实际投药比为Cr(Ⅵ)：$NaHSO_3$=1：(4～8)。其处理含铬废水的反应式为：

$$2Cr_2O_7^{2-} + 6HSO_3^- + 10H^+ = 4Cr^{3+} + 6SO_4^{2-} + 8H_2O$$

$$Cr_2O_7^{2-} + 3SO_3^{2-} + 8H^+ = 2Cr^{3+} + 3SO_4^{2-} + 4H_2O$$

Cr(Ⅵ)还原后，用中和剂NaOH、石灰，在pH值7～9时以沉淀形式将$Cr^{3+}$去除：

$$2Cr^{3+} + 3SO_4^{2-} + 3Ca^{2+} + 6OH^- = 2Cr(OH)_3 \downarrow + 3CaSO_4 \downarrow \text{(用中和剂石灰)}$$

$$Cr^{3+} + 3OH^- = Cr(OH)_3 \downarrow \text{(用中和剂 NaOH)}$$

用NaOH作为中和剂生成的$Cr(OH)_3$沉淀纯度较高，可以通过过滤回收，综合利用。石灰中和时生成的泥量较大且难以综合利用。

(4) 其他方法

含铬废水处理中还有水合肼（$N_2H_4 \cdot H_2O$）还原法，利用其在中性或微碱条件下的强还原性直接还原六价铬并生成$Cr(OH)_3$沉淀去除。反应方程式为：

$$4CrO_3 + 3N_2H_4 = 4Cr(OH)_3 \downarrow + 3N_2 \uparrow$$

水合肼还原法产生的污泥量少、含铬量高、便于回收利用。特别在中性或微碱性条件处理含铬废水，不会引入中性盐，改善了排放水水质。水合肼方法处理含铬钝化废水时，Zn、Cd、Fe、Ni等重金属也可同时去除。

## 151 常用的汞还原净化技术有哪些?

废水中的汞包括无机汞和有机汞两种形式。环境中任何形式的汞（金属汞、无机二价汞、芳基汞和烷基汞等)，在一定条件下，均可转化为剧毒的甲基汞。有研究证明，元素汞和有机汞化合物可能对肾脏和免疫系统产生危害，而甲基汞可以对神经系统和心脑血管造成威胁。甲基汞具有在食物链中富集的能力，之后进入人体，对人的身体健康造成影响。常见的含汞废水的处理方法有沉淀法、还原法、电解法、离子交换法、活性炭吸附法和组合工艺处理法，还原法包括硼氢化钠还原法和金属还原法。

(1) 硼氢化钠还原法

用 $NaBH_4$ 处理含汞废水，可将废水中的汞离子还原成金属汞回收，出水中的含汞量可降到难以检出的程度。为了完全还原，有机汞化合物需先转换成无机盐。硼氢化钠要求在碱性介质中使用。反应如下：

$$Hg^{2+}+BH_4^-+2OH^- \xlongequal{} Hg+3H_2\uparrow+BO_2^-$$

图 5-11 为某含汞废水的处理流程。将硝酸洗涤器排出的含汞洗涤水 pH 调整到 7～9，使有机汞转化为无机盐。将 $NaBH_4$ 溶液投加到碱性含汞废水中，在混合器中混合并进行还原反应（pH 值为 9～11)，然后送往水力旋流器，可除去 80%～90%的汞沉淀物（粒径约 10μm)，汞渣送往真空蒸馏，而废水从分离罐出来后送往孔径为 5μm 的过滤器过滤，将残余的汞滤除。$H_2$ 和汞蒸气从分离罐出来送到硝酸洗涤器，返回原水进行二次回收。每 1kg $NaBH_4$ 约可回收 2kg 的金属汞。

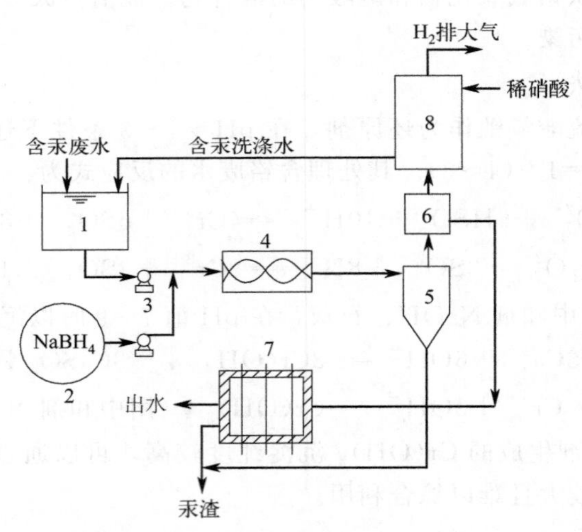


图 5-11 硼氢化钠处理含汞废水

1—集水池；2—硼氢化钠溶液槽；3—泵；4—混合器；
5—水力旋流器；6—分离罐；7—过滤器；8—硝酸洗涤器

(2) 金属还原法

用金属还原汞，通常在滤柱内进行。废水与还原剂金属接触，汞离子被还原为金属汞析出。可用于还原的金属有铁、锌、锡、铜等，以 Fe 还原为例，反应的方程式如下：

$$Fe+Hg^{2+} \xlongequal{} Fe^{2+}+Hg\downarrow$$

$$2Fe^{2+}+Hg^{2+} \xlongequal{} 2Fe^{3+}+Hg\downarrow$$

控制反应的温度为 20～30℃。温度太高，容易导致汞蒸气逸出。铁屑还原效果与废水 pH 有关，当 pH 值降低时，由于铁的电极电势比氢的电极电势低，则废水中的氢离子也将被还原为氢气而逸出：

$$Fe+2H^{+} = Fe^{2+}+H_2\uparrow$$

结果使铁屑耗量增大，另外析出的氢包围在铁屑表面影响反应的进行，因此，一般控制 pH 值为 6～9 较好。

## 152 常用的铜还原净化技术有哪些?

铜的冶炼、加工以及电镀等工业生产过程中都会产生大量含铜废水，排入水体中会严重影响水的质量。当水中铜含量达 0.01mg/L 时，对水体自净有明显的抑制作用，超过 3.0mg/L 时，会使水体产生异味，超过 15mg/L 时，就无法饮用。因此，含铜废水必须经过处理才能达到环境要求。常见的含铜废水处理技术包括化学沉淀法、电解法、吸附法、离子交换法、置换法、还原法等。

工业上含铜废水的还原处理，一般用的还原剂有甲醛和铁屑等。甲醛还原法是利用甲醛在碱性溶液中呈强还原剂的特性，将 $Cu^{2+}$ 还原成金属 Cu，反应式为：

$$HCHO+3OH^{-} = HCOO^{-}+2H_2O+2e$$

$$HCOO^{-}+3OH^{-} = CO_3^{2-}+2H_2O+2e$$

$$Cu^{2+}+2e = Cu\downarrow$$

在酸性条件下，利用铁屑等较活泼的金属可以将废水中的铜离子还原成单质铜，这种方法可以达到净化要求，但沉淀中杂质分离困难，污泥量多。

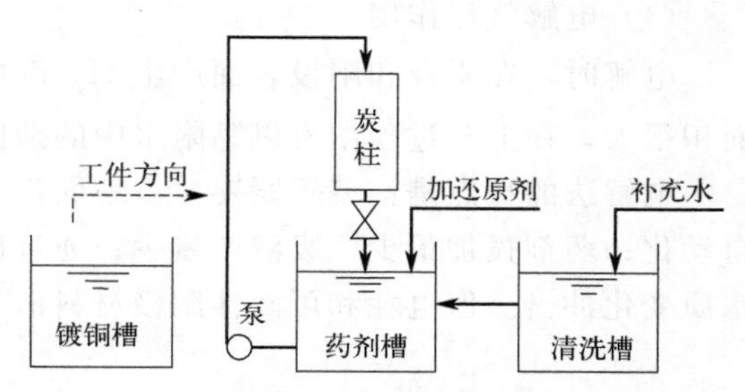

图 5-12 含铜废水还原法槽内处理工艺流程

图 5-12 是电镀含铜废水还原法处理工艺流程，药剂槽用于还原镀件析出铜离子。实际采用的还原剂为：甲醛（36%～38%）1mL/L，氢氧化钾 1g/L，酒石酸钾钠 2g/L。该还原剂溶液 pH 值为 12 左右。氢氧化钾主要用以中和镀件带出的酸性溶液，酒石酸钾钠则用于络合 $Cu^{2+}$，以防止发生副反应 $Cu^{2+}+2OH^{-} = Cu(OH)_2\downarrow$，生成 $Cu(OH)_2$ 絮状沉淀。还原后的含铜废水经活性炭吸附，再用硫酸溶液清洗，在有氧条件下，使 Cu 再氧化成硫酸铜回收利用。其反应式为：

$$2Cu+2H_2SO_4+O_2 = 2CuSO_4+2H_2O$$

## 153 电解法的原理是什么？有何特点?

电解质溶液在电流的作用下发生氧化还原反应的过程称为电解。按电势高低区分电极，与电源正极相连的电势高，称为电解槽的正极；与电源负极相连的电势低，称为电解槽的负极。若按电极上发生反应区分电极，与电源正极相连的电极把电子传给电源，发生氧化反应称为电解槽的阳极；与电源负极相连的电极从电源接受电子，发生还原反应称为电解槽阴极。电解槽结构如图 5-13 所示。

利用电解法对废水进行处理的原理是，阳极发生的氧化反应使污染物被氧化，阴极发生还原反应使污染物被还原。此外，还涉及电解凝聚和电解气浮等作用。

（1）阳极氧化作用

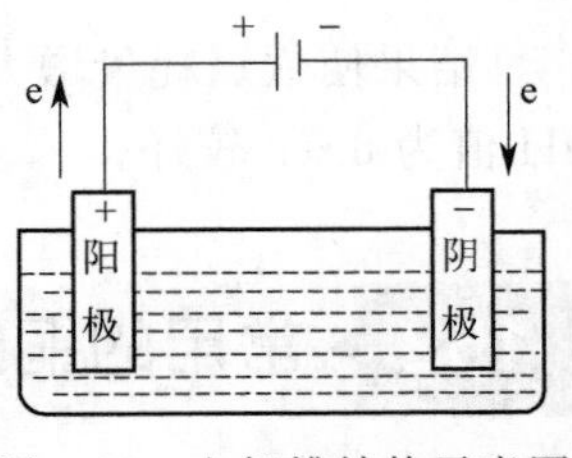

图 5-13 电解槽结构示意图

在电解槽中，阳极与电源的正极相连，能使废水中的有机污染物和部分无机污染物直接失去电子，被氧化为无害物质。此外，水中的 $OH^-$ 和 $Cl^-$ 在阳极放电生成氧气和氯气，新生态的氧气和氯气也具有良好的氧化性能。

$$4OH^- - 4e = 2H_2O + O_2 \uparrow$$

$$2Cl^- - 2e = Cl_2 \uparrow$$

（2）阴极还原作用

在电解槽中，阴极与电源的负极相连，能使废水中的离子直接得到电子被还原，直接还原水中的金属离子。此外，在阴极还有 $H^+$ 接受电子还原成氢气，这种新生态氢气也有很强的还原作用。

$$2H^+ + 2e = H_2 \uparrow$$

（3）电解混凝作用

电解槽用铁或铝板作阳极，通电后受到电化学腐蚀，具有可溶性。Al 或 Fe 以离子状态溶入溶液中，经过水解反应生成羟基络合物。这类络合物可起混凝作用，将废水中的悬浮物与胶体杂质通过混凝去除。

（4）电解气浮作用

电解时，在阴极和阳极表面产生 $H_2$ 和 $O_2$ 等气体。这些气体以微气泡形式逸出，比表面积很大，在上升过程中可以黏附水中的杂质及油类浮至水面，产生气浮作用。

电解法的特点是：装置紧凑，占地面积小，节省一次投资；自动控制水平高，易于实现自动化；药剂投加量少，废液产量少；通过调节槽电压和电流，可以适应较大幅度的水量与水质变化冲击。但电耗和可溶性阳极材料消耗较大，副反应多，电极易钝化。

## 154 电解装置的结构与类型有哪些？

电解槽在工业应用中一般多为矩形。按槽内的水流方式可分为回流式与翻腾式两种，如图 5-14 所示。回流式水流沿着极板间作折流运动，水流的流线长，死角少，离子能充分地向水中扩散，但这种槽型的施工、检修以及更换极板比较困难。翻腾式水流在槽中极板间作上下翻腾流动，极板采用悬挂式固定，极板与地壁不接触而减少了漏电的可能，施工、检修、更换极板都很方便。生产中多采用这种槽型。

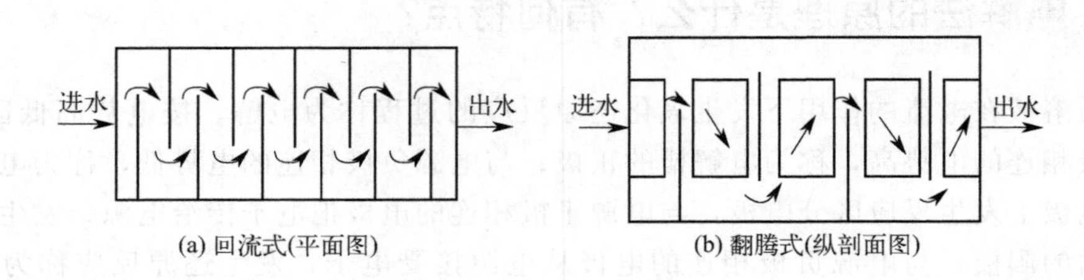

图 5-14 电解槽形式

按照极板电路的布置可分为单极式和双极式，如图 5-15 所示。单极式电解槽生产上应用较少，可能由于极板腐蚀不均匀等原因造成相邻两极板接触，引起短路事故。双极式电解槽电路两端的极板为单电板，与电源相连。中间的极板都是感应双电极，即极板的一面为阳极，另一面为阴极。在双极式电解槽中，极板腐蚀较均匀，相邻极板接触的机会少，即使接触也不致发生短路而引起事故。这样便于缩小极板间距，提高极板有效利用率，减少投资和节省运行费用。

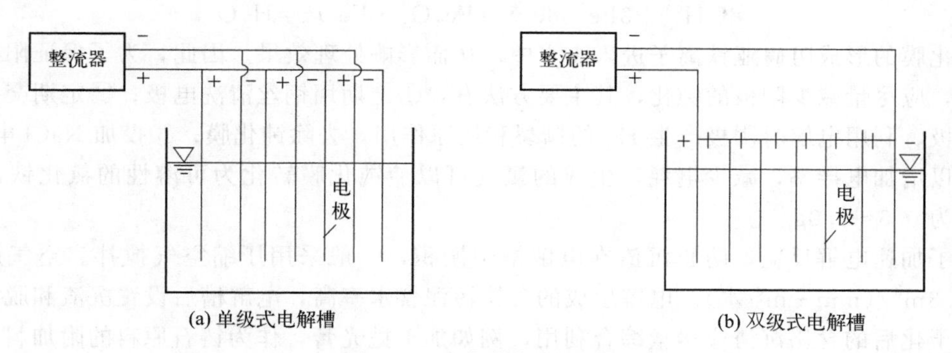


图 5-15 电解槽极板电路

电解槽极板间距的设计与多种因素有关，应综合考虑，一般为 30～40mm。间距过大则电压要求高，电损耗过大；间距过小，不仅材料用量大，而且安装不便。电解槽电源的整流设备应根据电解所需的总电流和总电压进行选择，既取决于电解反应，也取决于电极与电源的连接方式。

## 155 电解法对含铬废水的处理效果如何?

电解法处理含铬废水常用翻腾式电解槽，电极采用铁电极。在电解过程中，铁板阳极溶解产生亚铁离子：

$$Fe-2e \longrightarrow Fe^{2+}$$

亚铁离子是强还原剂，在酸性条件下，可将废水中的六价铬还原成三价铬：

$$Cr_2O_7^{2-}+6Fe^{2+}+14H^+ \longrightarrow 2Cr^{3+}+6Fe^{3+}+7H_2O$$

$$Cr_2O_4^{2-}+3Fe^{2+}+8H^+ \longrightarrow Cr^{3+}+3Fe^{3+}+4H_2O$$

从上述反应式可知，还原 1 个六价铬离子，需要 3 个亚铁离子，理论上阳极铁板的消耗量应是被处理六价铬离子的 3.22 倍（质量比）。

在阴极，氢离子获得电子生成氢气：

$$2H^++2e \longrightarrow H_2\uparrow$$

此外，废水中的六价铬直接被还原成三价铬：

$$Cr_2O_7^{2-}+6e+14H^+ \longrightarrow 2Cr^{3+}+7H_2O$$

$$CrO_4^{2-}+3e+8H^+ \longrightarrow Cr^{3+}+4H_2O$$

从上述反应可知，随着反应的进行，废水中的氢离子浓度降低，废水碱性增加，三价铬和三价铁以氢氧化物的形式沉淀。试验证明，电解时阳极溶解产生的亚铁离子是六价铬还原为三价铬的主要因素，而在阴极直接将六价铬还原为三价铬的过程是次要的。

在电解过程中阳极腐蚀严重，阳极附近消耗大量的 $H^+$，使 $OH^-$ 浓度变大放电生成氧，容易氧化铁板形成钝化膜，不溶性钝化膜的主要成分为 $Fe_2O_3 \cdot FeO$，其反应式如下：

$$4OH^- - 4e = 2H_2O + O_2\uparrow$$

$$3Fe + 2O_2 = FeO + Fe_2O_3$$

上述两式的综合式为：

$$8OH^- + 3Fe - 8e = Fe_2O_3 \cdot FeO + 4H_2O$$

钝化膜的形成阻碍亚铁离子进入废水中，从而影响处理效果。因此，为了保证阳极的正常工作，应尽量减少阳极的钝化，其主要方法有：①定期用钢丝清洗电极；②定期交换使用阴、阳极，利用电解时阴极产生 $H_2$ 的撕裂和还原作用，去除钝化膜；③投加 NaCl 电解质，不仅可以增加电导率，减少电耗，生成的氯气可以使钝化膜转化为可溶性的氯化铁，NaCl 投加量为 0.5～2.0g/L。

为了加速电解反应，防止沉渣在电解槽中淤积，一般采用压缩空气搅拌。空气用量为 0.2～0.3$m^3$/(min·$m^3$ 水)。电解生成的含铬污泥含水率高，电解槽后设置沉渣和脱水干化设备。干化后的含铬沉渣应尽量综合利用，例如加工抛光膏，作为铸石原料的附加料。

电解法处理含铬废水的优点是：效果稳定可靠、操作管理简单、设备占地面积小。缺点是需要消耗电能、钢材，运行费用较高、沉渣综合利用问题还有待进一步解决。

## 156 电解法对含氰废水的处理效果如何？

电解法处理氰化物有直接氧化和间接氧化两种方式，优点在于能减少氧化剂的用量，避免二次污染，且可以同步回收溶解性金属离子。

（1）直接氧化

在阳极上发生直接氧化反应：

$$CN^- + 2OH^- - 2e = CNO^- + H_2O$$

$$2CNO^- + 4OH^- - 6e = 2CO_2\uparrow + N_2\uparrow + 2H_2O$$

（2）间接氧化

氰化物的间接氧化主要是通过媒质进行，如投加氯化钠，电解时产生的氯和次氯酸能把氰化物氧化。间接氧化的速率比直接氧化的电极反应速率要快，而且运行费用较低。

能有效去除氰化物的电极材料包括铜电极、不锈钢电极、镀铂钛电极、镁和石墨电极。但是这些电极易污染，污染后电极的氧化反应效率很低。近年来，因镍作为阳极材料在碱性条件下有良好的抗腐蚀能力和高的电流效率，而被广泛应用于氰化物的处理。

经验表明，采用铜电极箱式电解器，运行温度为100℃、电流强度为400A/$m^2$，处理后能使 10000～20000mg/L 的氰化物浓度降低到小于 1mg/L。

## 157 电解法对有机污染废水的处理效果如何？

电解法处理有机污染废水分为两大类。一种是有机物完全分解，即彻底氧化为二氧化碳和水，这个过程可以通过直接氧化和间接氧化完成，能耗较高，设备成本也较高。第二种是从经济性考虑，只将生物难降解的有机污染物或毒性物质转化为可生物降解的物质，提高可生化性，再通过后续的生物法去除。电解法处理有机污染废水流程如图 5-16 所示。目前，电解法处理有机污染物主要用于生物毒性和难降解有机物的去除方面。下面以染料、印染废水为例进行介绍。

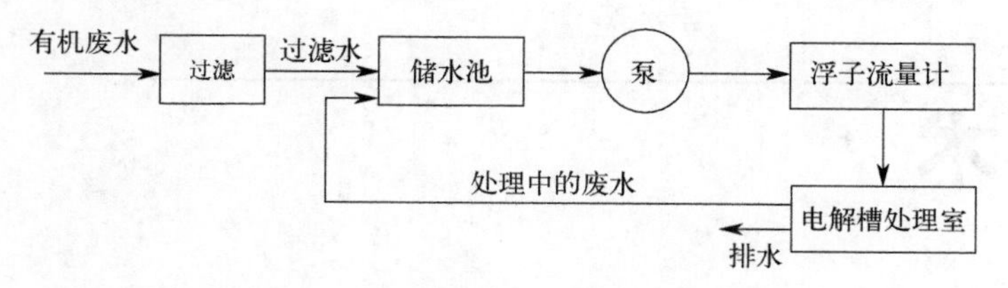


图 5-16　电解法处理有机污染废水流程图

在处理染料和印染废水时，可以用不溶性阳极氧化。阳极的氧化能力与电极的材料有很大的关系，氧化镁、氧化钴、石墨等外加钛涂层均较好。另外，通过投加氯化钠，产生的氯间接氧化作用，对含氮染料有很强的去除能力。也可以用溶解性阳极电凝聚，溶解性的阳极能形成有絮凝能力的氢氧化物，对染料吸附沉淀。常用的溶解性阳极材料为钢。阴极可以直接还原染料，达到脱色目的，这种还原能力比阳极氧化更为明显，但是可能会产生胺类物质。

# 六、吸附技术

## 158 吸附的原理是什么？

当流体与多孔固体接触时，流体中某一组分或多个组分在固体表面处产生积蓄，此现象称为吸附。废水处理中，吸附过程是水、溶质和固体颗粒三者相互作用的结果。引起吸附的主要原因在于吸附质的疏水性和对固体颗粒的高度亲和力。溶质的溶解度越大，则向表面运动的可能性越小。相反，溶质的憎水性越大，向吸附界面移动的可能性越大。此外，溶质与吸附剂之间的静电引力、范德华引力或化学键力也是引起溶质吸附于固体表面的重要原因。与此相对应，可将吸附过程分为物理吸附、化学吸附和交换吸附三种基本类型。

## 159 吸附与吸收有什么区别？

固体表面上的分子力处于不平衡或不饱和状态，由于这种不饱和的结果，固体会把与其接触的气体或液体溶质吸引到自己的表面上，从而使其残余力得到平衡，这种在固体表面进行物质浓缩的现象，称为吸附。当吸附物质分子穿透表面层，进入松散固体的结构中，这个过程叫吸收。吸收的特点是物质不仅保持在表面，而且通过表面分散到整个相。吸附则不同，物质仅在吸附表面上浓缩集成一层吸附层（或称吸附膜），并不深入到吸附剂内部。由于吸附是一种固体表面现象，因此只有那些具有较大内表面的固体才具有较强的吸附能力。吸附与吸收过程如图 6-1 所示。

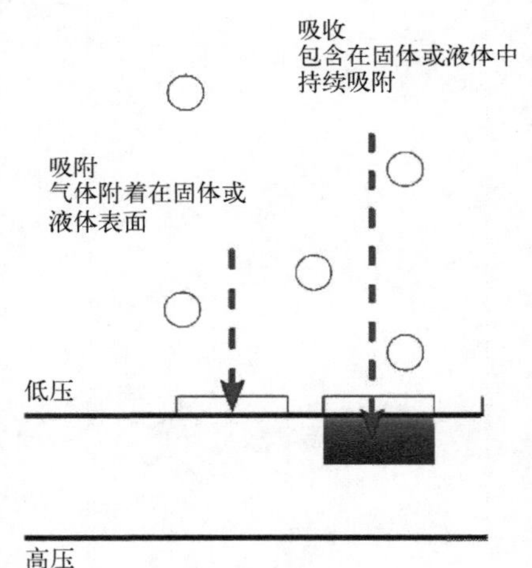


图 6-1　吸附与吸收过程

## 160 什么是物理吸附？

物理吸附指溶质与吸附剂之间由于分子间力（即范德华力）而产生的吸附。特点是吸附没有选择性，可以是单分子层或多分子层吸附，吸附质并不固定在吸附剂表面的特定位置上，而能在界面范围内自由移动，因而其吸附的牢固程度不如化学吸附，容易发生解吸。物理吸附过程如图 6-2 所示。

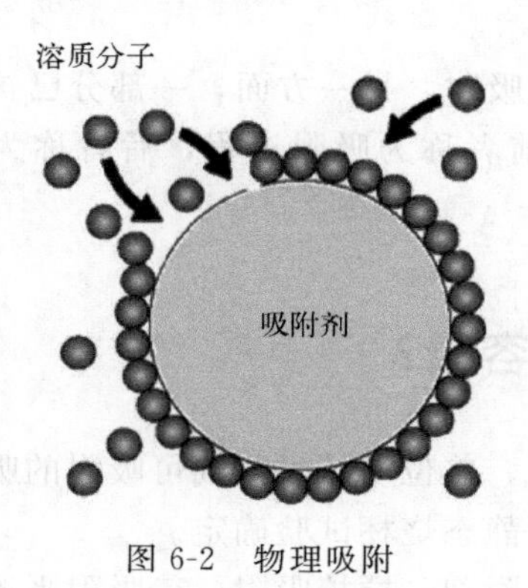


图 6-2 物理吸附

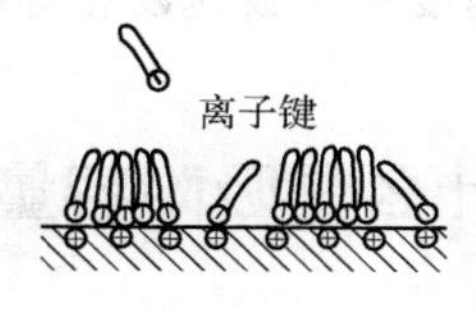


图 6-3 化学吸附

## 161 什么是化学吸附?

化学吸附指溶质与吸附剂之间发生化学反应，形成牢固的吸附化学键和表面络合物，吸附质分子不能在表面自由移动。化学吸附具有选择性，即一种吸附剂只能对某种或特定几种吸附质有吸附作用，一般为单分子吸附层。通常需要一定的活化能，在低温时吸附速度较小。这种吸附与吸附剂的表面化学性质和吸附质的化学性质有密切的关系。化学吸附过程如图 6-3 所示。

## 162 什么是交换吸附?

交换吸附指溶质的离子由于静电引力作用聚集在吸附剂表面的带电点上，并置换出原先固定在这些带电点上的其他离子。离子电荷数和水合半径的大小是影响交换吸附势和吸附效率的重要因素。土壤中发生的交换吸附过程如图 6-4 所示。

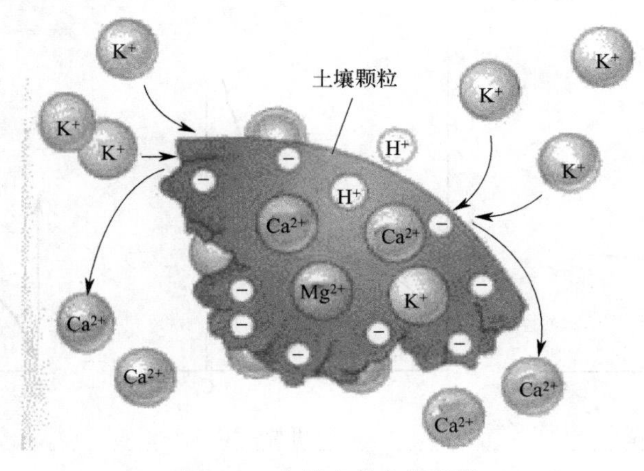


图 6-4 土壤中的交换吸附

## 163 什么是吸附平衡?

废水与吸附剂充分接触后，一方面吸附质被吸附剂吸附，另一方面，一部分已被吸附的吸附质因热运动而脱离吸附剂表面，又回到液相中。前者称为吸附过程，后者称为解吸过程。当吸附速度和解吸速度相等时，即达到吸附平衡。

## 164 什么是吸附容量？如何确定吸附容量?

吸附容量是指一定温度、压力和吸附质浓度条件下，单位质量吸附剂可吸附的吸附质的最大量。对于特定的吸附质，吸附剂的吸附容量一般用静态烧杯试验确定。

取一定量的实际水样于烧杯中，加入不同质量的吸附剂，搅拌吸附，待吸附平衡后，测定滤过液中吸附质的平衡浓度，计算吸附容量。所用吸附剂为粉末时，可直接投加。对于颗粒状吸附剂，为加速吸附过程，先研磨成粉状，过 200 目或 325 目筛，然后进行吸附试验。吸附容量计算公式为：

$$q=\frac{V(C_0-C_e)}{m}$$

式中，$q$ 为吸附容量，mg/mg 吸附剂；$V$ 为液体体积，L；$C_0$ 为初始浓度，mg/L；$C_e$ 为平衡浓度，mg/L；$m$ 为吸附剂投加量，mg。

## 165 常用的吸附等温线有哪几种类型?

吸附等温线是指在一定温度下，溶质分子在两相界面上进行吸附过程达到平衡时，其在两相中浓度之间的关系曲线。根据吸附等温线所呈现的特点，可分为朗格缪尔（Langmiur）吸附等温线、BET 吸附等温线和弗兰德里希（Freundich）吸附等温线三种主要类型。各种吸附等温线的形式如图 6-5 所示。

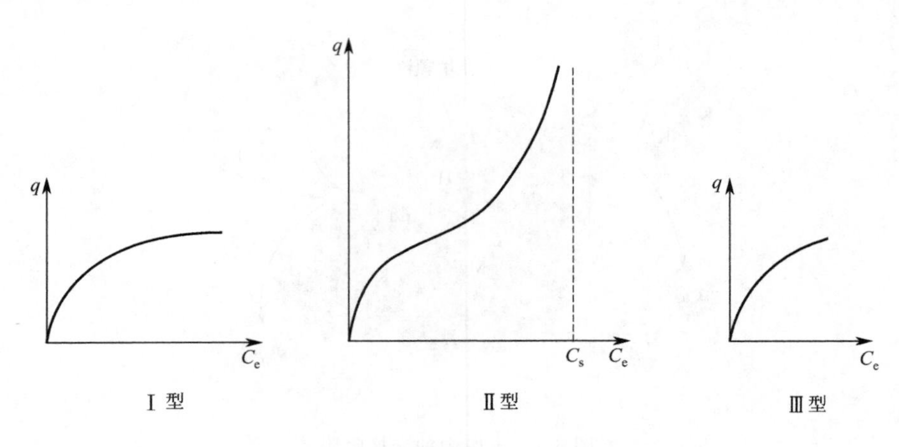


图 6-5 吸附等温线

（1）朗格缪尔吸附等温式

朗格缪尔（Langmiur）吸附等温线的数学表达式如下：

$$q=\frac{bq^0C_e}{1+bC_e}$$

式中，$q^0$ 为最大吸附容量，mg/mg 吸附剂；$b$ 为系数。

朗格缪尔吸附等温式的特性是：该公式是单层吸附理论公式，存在最大吸附容量（单层吸附位全部被吸附质占据）。

（2）BET 等温式

BET 吸附等温线是 Branauer、Emmett、Teller 三人提出的，其数学表达式为：

$$q=\frac{Bq^0C_e}{(C_s-C_e)\left[1+(B-1)\frac{C_e}{C_s}\right]}$$

式中，$C_s$ 为饱和浓度，mg/L；$B$ 为系数。

BET 吸附等温式的特性是：该公式是多层吸附理论公式，曲线中间有拐点。当平衡浓度趋近饱和浓度时，$q$ 趋近无穷大，此时已达到饱和浓度，吸附质发生结晶或析出，因此“吸附”的术语已失去原有含义。此类型吸附在水处理这种稀溶液情况下不会遇到。

（3）弗兰德里希等温式

弗兰德里希（Freundich）吸附等温线的数学表达式为：

$$q=KC_e^{\frac{1}{n}}$$

式中，$K$、$n$ 为系数。

弗兰德里希等温式是经验公式。水处理中常遇到的是低浓度下的吸附，很少出现单层吸附饱和或多层吸附饱和的情况，因此弗兰德里希吸附等温线公式在水处理中应用最广泛。

## 166 常见的吸附剂有哪些？吸附剂需要具备哪些性质？

在废水处理中常见的吸附剂有活性炭、活化煤、白土、硅藻土、活性氯化铝、焦炭、树脂吸附剂、炉渣、木屑、煤灰和腐殖酸等。这些材料均具有较大的比表面积。此外，在工业应用中，吸附剂还需满足以下要求：①吸附能力强；②吸附选择性好；③吸附平衡浓度低；④容易再生和再利用；⑤机械强度好；⑥化学性质稳定；⑦来源广泛；⑧廉价易得。

## 167 什么是活性炭？是如何制备的？

活性炭是由木质、煤质和石油焦等含碳的原料经热解、活化加工制备而成，具有发达的孔隙结构、较大的比表面积和丰富的表面化学基团，特异性吸附能力较强的炭材料的统称。

活性炭的制造工艺如下。

① 成型　把原料（煤、果壳、木屑等）破碎，筛分成一定粒度的颗粒（用果壳煤块制造破碎炭），或者对粉状原料先加入适当黏合剂，直接压制成型（制造柱状炭），或是对大的压块再破碎筛分成所要求的粒度（制造压块炭）。

② 炭化　在无氧条件下加热，温度为400℃左右，烧去部分碳、氢，使原料形成碳原子六角晶格的片状堆积体。

③ 活化　加入水蒸气或二氧化碳气等还原性气体，并使温度升至800～900℃，进一步氧化碳氢物质，起到清孔扩孔的作用。在晶格片状体之间的孔隙中形成各种形状和大小的细孔，成为具有巨大吸附能力的多孔性物质，即活性炭。

活性炭的制备工艺流程如图6-6所示。

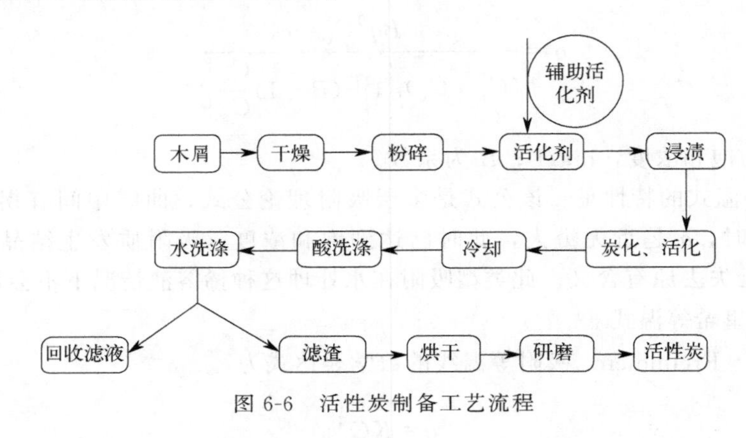


图6-6　活性炭制备工艺流程

## 168 废水处理对活性炭品质有何要求？

用于净水处理的活性炭的有关标准汇总如表6-1所示，其主要指标包括碘吸附值（简称碘值，代表微孔的吸附容量）在900～1200mg/g之间、亚甲蓝吸附值（简称亚甲蓝值，亚甲蓝是一种染料，分子量为374，分子直径约为1.0nm，代表活性炭分子量有机物的吸附容量）在100～200mg/g之间，强度（代表颗粒的硬度，强度高的颗粒活性炭可以长时间经受反复冲洗、空气冲刷和水力输送的磨损）大于85%。

表6-1　净水处理用活性炭的有关标准

<table>
<tr><th rowspan="2">项目</th><th colspan="3">煤质颗粒活性炭标准<br>(GB/T 7701.2—2008)</th><th colspan="2">木质颗粒活性炭标准<br>(GB/T 13803.2—1999)</th></tr>
<tr><th>优级品</th><th>一级品</th><th>合格品</th><th>一级品</th><th>二级品</th></tr>
<tr><td>碘吸附值/(mg/g)</td><td colspan="3">≥800</td><td>≥1000</td><td>900～1000</td></tr>
<tr><td>亚甲蓝吸附值/(mg/g)</td><td colspan="3">≥120</td><td>≥135</td><td>105～135</td></tr>
<tr><td>强度/%</td><td colspan="3">≥85</td><td>≥94</td><td>≥85</td></tr>
<tr><td>pH值</td><td colspan="3">6～10</td><td colspan="2">5.5～6.5</td></tr>
<tr><td>水分/%</td><td colspan="3">≤5</td><td colspan="2">≤10</td></tr>
<tr><td>灰分/%</td><td colspan="3">—</td><td colspan="2">≤5</td></tr>
<tr><td>堆积密度/(g/L)</td><td colspan="3">≥380</td><td>450～550</td><td>320～470</td></tr>
<tr><td>粒度</td><td colspan="3">粒度有多种规格，可在订货时商定</td><td colspan="2">粒度有多种规格，可在订货时商定</td></tr>
</table>

## 169 活性炭的种类有哪些？有何特点？

活性炭是煤、重油、木材、果壳等含碳类物质加热炭化，再经药剂（如氯化锌、氯化锰、磷酸等）或水蒸气活化，制成的多孔性炭结构的吸附剂。活性炭的性质由于原料和制备方法的不同相差很大。

① 按孔径分，碳分子筛在10Å以下，活性焦炭在20Å以下，活性炭在50Å以下；

② 按原料分，可分为果壳系、泥炭褐煤系、烟煤系和石油系；

③ 按形态分，可分为粉末活性炭、颗粒活性炭、纤维活性炭等。

活性炭具有吸附容量大，性能稳定，抗腐蚀，在高温解吸时结构热稳定性好，解吸容易等特点，可吸附解吸多次反复使用，被广泛用于环境保护和工业领域。

## 170 可被活性炭吸附的污染组分有哪些？

活性炭是一种非极性吸附剂，对水中非极性、弱极性的有机物有很好的吸附性能，其吸附作用主要来源于物理表面的吸附作用，吸附作用力为活性炭表面与吸附质分子之间类似于范德华力的吸引力。吸附的选择性低，可以多层吸附，吸附上的物质再脱附相对容易，这有利于活性炭吸附饱和后的再生。

活性炭所能吸附去除的有机物包括：

① 芳香族类有机物，如苯、甲苯、硝基苯等；

② 卤代芳香烃，如氯苯；

③ 酚与氯酚类、烃类有机物，如石油产品；

④ 农药、合成洗涤剂、腐殖酸类、水中致臭物质，如2-甲基异莰醇、土臭素（2-甲基萘烷醇）等；

⑤ 产生色度的物质等。

经过活性炭处理，可以大幅降低水中有机物的含量，减少氯化消毒副产物前体物，降低水的致突变活性，改善水的臭味和色度等指标。但是活性炭对低分子质量的极性有机物和碳水化合物，如低分子质量的醇、醛、酸，糖类和淀粉等的吸附能力有限。

此外，活性炭在高温制备过程中，炭的表面形成了多种官能团。这些官能团对水中的部分离子还具有化学吸附作用。因此，活性炭也可以去除一些重金属离子，其作用机理是络合或螯合作用，它的选择性较高，属单层吸附，并且脱附较为困难。

## 171 何为树脂吸附剂？有何特点？

树脂吸附剂又名吸附树脂，是一种具有立体网状结构的新型有机吸附剂，呈多孔海绵状，熔点较高，可在150℃下使用，不溶于一般溶剂及酸、碱，比表面积大，可达800$m^2/g$。按照基本结构分类，吸附树脂可分为非极性、中极性、极性和强极性四种类型。大孔吸附树脂结构如图6-7所示。

树脂吸附剂的特点有：

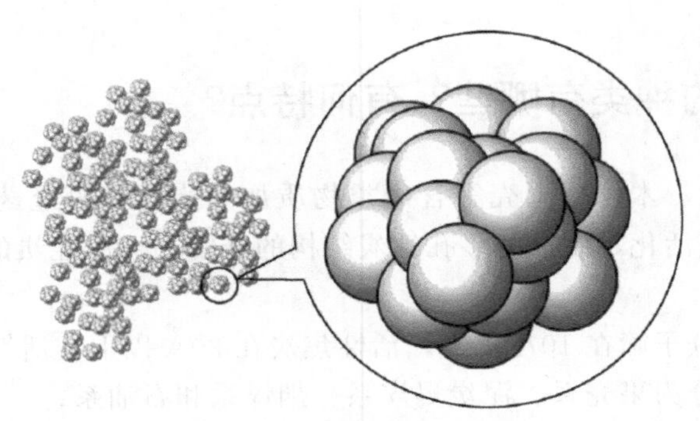

图 6-7 大孔吸附树脂结构

① 吸附剂结构易于人为控制，因而它具有适应性强、应用范围广、吸附选择性和稳定性高等优点；

② 吸附剂再生过程简单，多数为溶剂再生；

③ 在应用上介于活性炭等吸附剂与离子交换树脂之间，兼具它们的优点，既具有类似活性炭的吸附能力，又比离子交换剂更易再生；

④ 树脂的吸附能力一般随吸附质亲油性的增强而增大，最适于吸附去除微溶于水，极易溶于甲醇、丙酮等有机溶剂，分子量略大和带极性的有机物，如脱酚、除油、脱色等。

## 172 可被硅胶吸附的污染组分有哪些?

硅胶是一种坚硬、多孔的硅酸聚合物颗粒，分子式为 $SiO_2 \cdot nH_2O$，是用酸处理硅酸钠水溶液生成的凝胶。通过控制硅胶的生成、洗涤和老化条件，可调节和控制其比表面积、孔体积和孔半径的大小，其结构如图 6-8 所示。作为极性吸附剂，硅胶对极性的含氮或含氧物质，如酚、胺、吡啶、水、醇等有着良好的吸附性能，而对非极性污染组分的吸附较为困难。

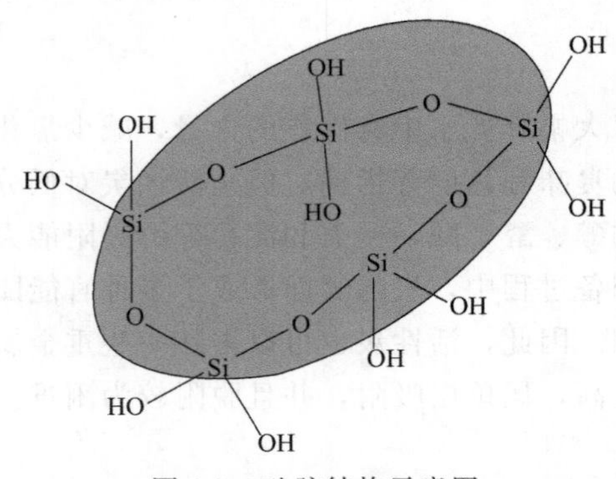


图 6-8 硅胶结构示意图

## 173 何为腐殖酸系吸附剂? 适用于哪些污染组分的吸附?

腐殖酸是一组芳香结构的，性质与酸性物质相似的复杂混合物。常用的腐殖酸吸附剂主要有天然的富含腐殖酸的风化煤、泥煤、褐煤等，它们可以直接使用或经简单处理后使用，将富含腐殖酸的物质用适当的黏合剂可制备成腐殖酸系树脂。腐殖酸吸附剂所含的活性基团有酚羟基、羧基、醇羟基、甲氧基、羰基、醌基、胺基、磺酸基等。这些活性基团通过离子交换、螯合、表面吸附、凝聚等作用对废水中的汞、铬、锌、镉、铅、铜等金属离子表现出良好的吸附性能。吸附饱和后，可以用 $H_2SO_4$、HCl、NaCl 等进行吸附剂再生。

## 174 什么是硅藻土？适用于哪些污染组分的吸附？

硅藻土是一种新型的水处理剂，是由硅藻及其他微生物的硅质遗骸组成的生物硅质岩。硅藻土中非晶体二氧化硅含量大于 60%。其质地轻，微孔多且孔径分布范围大，具有较强的吸附力，可以有效去除废水中的有机物、重金属离子、色度等。

## 175 什么是沸石分子筛？有何特点？

沸石分子筛是一种无机晶体材料，因具有规整的孔道结构、较强的酸性和高的水热稳定性而广泛应用于吸附领域。人们最早发现的是天然沸石，大约有 50 多种，其应用主要局限于气体的纯化分离。对于沸石分子筛的人工合成可追溯到 20 世纪 40 年代，Barrer 等通过对天然矿物在热的盐溶液中相态转变的研究，首次实现了沸石分子筛的人工合成，自此揭开了人工合成沸石分子筛的序幕。从那时到现在的半个世纪里，沸石分子筛的研究经历了三个主要发展阶段，即 70 年代 ZSM-5 的合成、80 年代 $AlPO_{4-n}$ 系列分子筛的合成和 90 年代 M41S 介孔类分子筛的合成。如今，沸石分子筛的种类已超过 120 种，孔道尺寸从微孔扩展到中孔，骨架化学组成从硅酸铝扩展到了含有各种杂原子的硅铝酸盐及磷铝酸盐，已成为石油加工和精细化工中不可缺少的吸附材料。A 型、X 型和 Y 型分子筛晶体结构如图 6-9 所示。

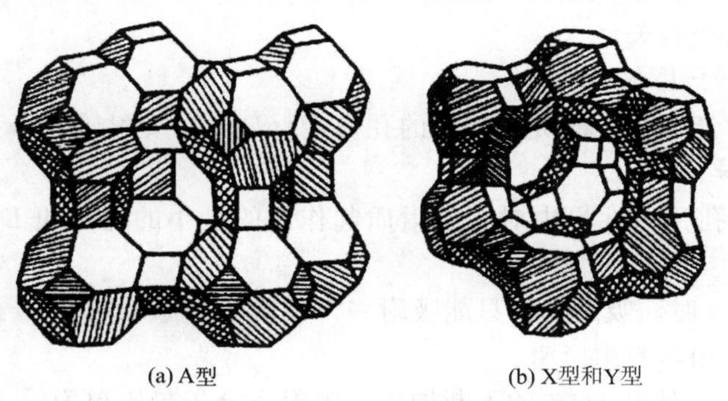


图 6-9　A 型、X 型和 Y 型分子筛晶体结构

沸石分子筛晶体中有许多一定大小的空穴，空穴之间由许多同直径的孔（也称“窗口”）相连。由于分子筛能将比其孔径小的分子吸附到空穴内部，而把比孔径大的分子排斥在其空穴外，起到筛分分子的作用，故得名分子筛。沸石分子筛为极性吸附材料。因其具有良好的选择性，在制备环节通过控制孔道尺寸，可实现废水中特征极性污染组分的选择性吸附。

## 176 污染组分的吸附过程是怎样的？

吸附过程可分为三个连续的阶段，如图 6-10 所示。

① 第一阶段为吸附质膜扩散。吸附质通过水膜到达吸附剂表面，膜扩散吸附速度与溶

液浓度、吸附剂比表面积、孔隙率以及溶液搅动程度有关。

② 第二阶段为吸附质孔隙内扩散。吸附质由吸附剂外表面向细孔深处扩散，扩散速度与吸附剂的孔隙大小、结构、吸附质颗粒大小等因素有关，与吸附剂颗粒外表面的吸附量和平衡吸附量的差成正比，与颗粒粒径的高次方成反比。颗粒越小，扩散越快。

③ 第三阶段为吸附质在吸附剂内表面上发生吸附。通常吸附阶段反应速度非常快，总的过程速度由扩散速度即第一、二阶段速度所控制。在一般情况下，吸附过程开始时往往由膜扩散控制，而在吸附接近终点时，内扩散起决定作用。

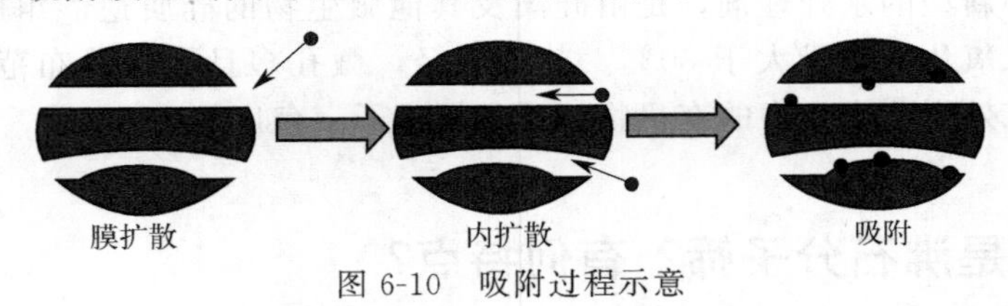


图 6-10 吸附过程示意

## 177 影响活性炭吸附效果的因素有哪些?

影响活性炭吸附效果的因素是多方面的。吸附剂的结构、吸附质的性质以及吸附过程的操作条件等都将影响吸附效果。

（1）吸附质的化学性状

吸附质的极性越强，则被活性炭吸附的性能越差。例如，苯是非极性有机物，很容易被活性炭吸附；苯酚的结构与苯相似，也可以被活性炭吸附，但因羟基使分子的极性增大，被活性炭吸附的性能要弱于苯。有机物能否被吸附还与有机物的官能团有关，即与这些化合物与活性炭的亲和力大小有关。

（2）吸附质的分子大小

对于液相吸附，活性炭中起吸附作用的孔直径（$D$）与吸附质分子直径（$d$）之比的最佳吸附范围为 $D/d=1.7\sim6$。

① $D=1.7d$ 的孔是活性炭中对该吸附质起作用的最小的孔，如 $D/d$ 再小，则体系的能量增加，呈斥力；

② $D/d=1.7\sim3$ 时，吸附孔内只能吸附一个吸附质分子，这个分子四周都受到它与炭表面的范德华力的作用，吸附紧密；

③ $D/d>3$ 以后，随着 $D/d$ 的不断增加，吸附质分子趋于单面受力状态，吸附力也随之降低。

分子量为 1000 的有机物，其平均分子直径约为 1.3nm。由于活性炭的主要吸附表面积集中在孔径＜4nm 的微孔区，可以推断被活性炭吸附的主要物质的分子量小于 1000，这与活性炭的实际应用表现基本吻合。

（3）平衡浓度

活性炭吸附的机理主要是物理吸附，存在吸附的动平衡。一般情况下，液相中平衡浓度越高，固相上的吸附容量也越高。对于单层吸附，当表面吸附位全部被占据时，存在最大吸附容量。如是多层吸附，随着液相吸附质浓度的增高，吸附容量将继续增加。

（4）温度

在吸附过程中，体系的总能量将下降，属于放热过程。因此，温度升高，吸附容量下降。对液相吸附，吸附过程中水温一般不会发生显著变化。

## 178 吸附剂再生方法有哪些?

吸附剂再生技术是指在不破坏吸附剂原有结构的前提下，用物理或化学方法，使吸附于吸附剂表面的吸附质脱离或分解，恢复其吸附性能，使吸附剂可以重复使用的过程。通过再生可以实现吸附剂的循环使用，降低处理成本，减少废渣的生成。目前吸附剂的再生方法有热再生法、超声再生法、电化学再生法、生物再生法、湿式氧化再生法等。

(1) 热再生法

热再生法是目前应用最广泛，技术最成熟的再生方法。它是指通过外部加热、升高温度来提高吸附质分子的振动能，使吸附平衡关系发生改变，实现将吸附质从吸附剂中脱附或是热分解的方法。在水处理中，有机类吸附质种类众多，它们在加热升温的过程中，由于物理化学性质存在差异，脱附程度和分解程度均有一定差异。

(2) 超声再生法

超声再生法指利用超声波的空化作用、直进流作用和加速度作用，对浸泡在一定溶剂中的饱和吸附剂进行冲刷，加速吸附质向溶剂扩散、溶解，以恢复吸附剂的吸附位点。超声再生法能耗低、操作简便、吸附剂损失小、再生效果均匀一致，可节省化学药剂投加量，实现吸附质资源化。投加一定溶剂（如表面活性剂）以减少液体表面张力，可增强空化作用，强化再生效果。

(3) 电化学再生法

在电场作用下，在电化学反应器中吸附质、吸附剂和电解液组分在阳极上进行氧化反应，在阴极上进行还原反应。吸附质被氧化、还原或脱附，实现吸附剂再生。电化学法能将非生物降解有机物转化为可生物降解有机物，再生效率可高达100%且再生时间短。但针对不同吸附质需安排不同的再生过程；再生后吸附剂也需洗涤与烘干，操作较复杂，增加额外能耗；电解液废液处理不当会产生二次污染。

(4) 生物再生法

生物再生法是指利用经过驯化培养的微生物处理吸附饱和的吸附剂，使吸附在吸附剂表面的吸附质被微生物降解为 $CO_2$ 和 $H_2O$，从而恢复吸附剂的吸附容量，达到重复使用的目的。微生物再生法的效率主要与吸附质的种类相关，仅适用于易被生物分解、具有吸附可逆性，且容易脱附的有机物作为吸附质的情况。由微生物解析下来的有机物必须可以一步分解成 $CO_2$ 和 $H_2O$，然而矿化对于生物降解过程而言是非常困难的，如果不能矿化，那么降解的中间产物仍可能被吸附剂再吸附，使再生不够彻底，长时间累积吸附中间产物会降低吸附剂的吸附性能，导致最后需要通过热再生进行修复。由于许多污染物都是难生物降解的，对生物产生较大的毒性，再生过程对水质和水温的要求也较高，并且再生所需周期较长，所以生物再生法的应用受到了限制。

(5) 湿式氧化再生法

湿式氧化再生法是20世纪70年代发展起来的一种再生工艺，利用空气中的氧在高温和高压条件下使吸附的有机物氧化的过程，适用于粉状吸附剂的再生。这种工艺是在完全封闭的系统中进行的，因此操作条件比较严格，吸附剂的再生效率和再生过程吸附剂的损失率与再生温度和再生压力有关。

## 179 如何进行活性炭的加热再生和活化？

废水中的污染物与活性炭结合较牢固，需用高温加热再生。再生过程主要分为干燥、炭化及活化三个阶段。

① 干燥阶段：加热温度为100～130℃，使含水率达40%～50%的饱和炭干燥。干燥所需热量约为再生总能耗的50%，所需容积占总再生装置的30%～40%。

② 炭化阶段：水分蒸发后，升温至700℃左右，使有机物挥发、分解、碳化。升温速度和炭化速度应根据吸附质类型及特性而定。

③ 活化阶段：升高温度至700～1000℃；通入水蒸气、$CO_2$ 等活化气体，将残留在微孔中的碳化物分解为CO、$CO_2$、$H_2$ 等，达到重新造孔的目的。

活化也是再生的关键环节，必须严格控制以下活化条件：

① 最适宜的活化温度与吸附质的种类、吸附量以及活性炭的种类有较密切的关系，一般范围为800～950℃。

② 活化时间要适当，过短活化不完全，过长造成烧损，一般以20～40min为宜。

③ 氧化性气体对活性炭烧损较大，最好用水蒸气作活化气体，其注入量为0.8～1.0kg/kg C。

④ 再生尾气宜为还原性气氛，其中CO含量在2%～3%，氧气含量要求在1%以下。

⑤ 对经反复吸附-再生操作，积累了较多金属氧化物的饱和炭，用酸处理后进行再生，可降低灰分含量，改善吸附性能。

## 180 活性炭加热再生设备有哪些？如何选用？

目前，用于加热再生的炉型有立式多段炉、转炉、立式移动床炉、流化床炉及电加热再生装置等。应根据它们的构造、材质、燃烧方式及最适再生规模进行选用。

(1) 立式多段炉

炉外壳用钢板焊制成圆筒形，内衬耐火砖。炉内分4～8段，各段有2～4个搅拌耙，中心轴带动搅拌耙旋转。饱和活性炭从炉顶投入，依次下落至炉底。在活化段设数个燃料喷嘴和蒸汽注入口。热气和蒸汽向上流过炉床。其结构如图6-11所示。

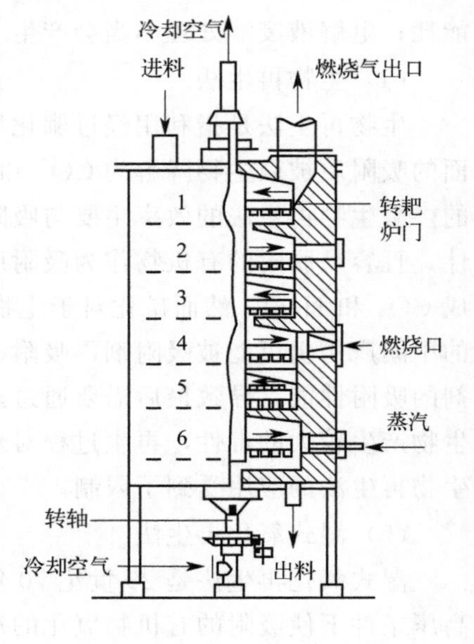

图6-11 立式多段炉

在立式多段炉中上部干燥、中部炭化、下部活化，炉温从上到下依次升高。这种炉型占地面积小，炉内有效面积大，炭在炉内停留时间短、再生炭质量均匀，烧损一般在5%以下，适合于大规模活性炭再生。但操作要求严格，结构较复杂，炉内一些转动部件要求使用耐高温材料。

（2）转炉

转炉为一卧式转筒。从进料端（高）到出料端（低）炉体略有倾斜，活性炭在炉内停留时间靠倾斜度及炉体转速来控制。在炉体活化区设有水蒸气进口，进料端设有尾气排出口。图 6-12 为二段回转式再生装置。

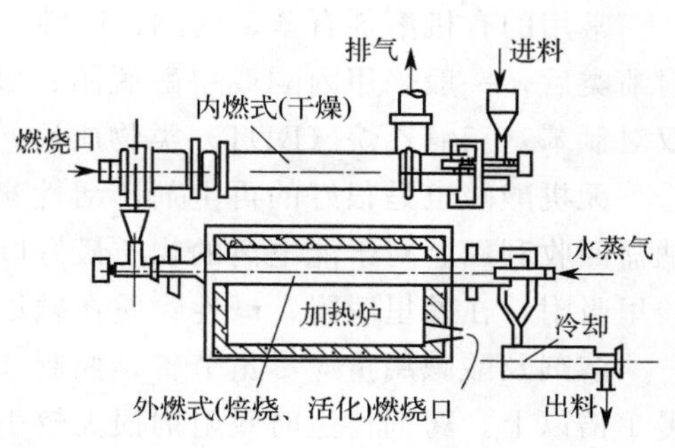

图 6-12　二段回转式再生装置

转炉有内热式、外热式以及内热外热并用三种型式。内热式转炉再生损失大，炉体内衬耐火材料即可；外热式再生损失小，但炉体需用耐高温不锈钢制造。

转炉设备简单，操作容易，但占地面积大，热效率低，适于较小规模（3t/d 以下）再生。

（3）电加热再生装置

包括直接电流加热再生、微波再生和高频脉冲放电再生。

① 直接电流加热再生是将直流电直接通入饱和炭中，利用活性炭的导电性及自身电阻和炭粒间的接触电阻，将电能变成热能，利用焦耳热使活性炭温度升高。达到再生温度时再通入水蒸气进行活化。这种加热再生装置设备简单、占地面积小，操作管理方便。能耗低（1.5～1.9kW·h/kg C）。但当活性炭被油等不良导体包裹或累积较多无机盐时，要首先进行酸洗或水洗预处理。图 6-13 为连续式直接通电再生装置。

② 微波再生是用频率为 900～4000MHz 的微波辐射饱和炭，使活性炭温度迅速升高至 500～550℃，保温 20min，即可达到再生要求。用这种再生装置，升温速度快，再生效率高，损失小。

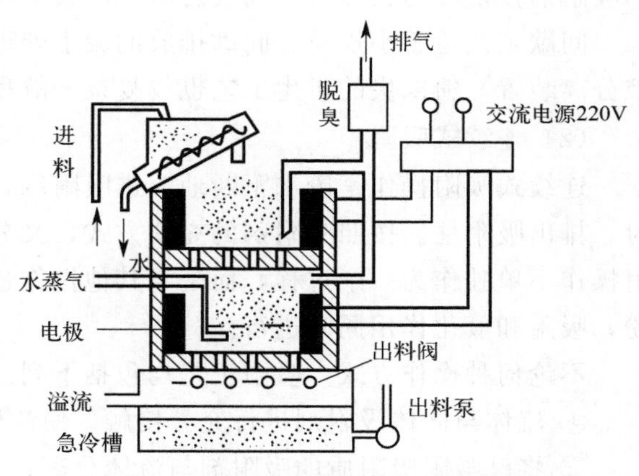

图 6-13　连续式直接通电再生装置

③ 高频脉冲放电再生装置是利用高频脉冲放电，将饱和炭微孔中的有机物瞬间加热到 1000℃ 以上（而活性炭本身的温度不高），使其分解、炭化。与放电同时产生的紫外线、臭氧和游离基对有机物产生氧化作用，吸附水在瞬间成为过热水蒸气，也与炭进行水煤气反应。这种再生装置，效率高（恢复率为 98%），电耗低（0.3～0.4kW·h/kg C），炭损失小于 2%，而且时间短，不需通入水蒸气，操作方便。

## 181 常用的吸附剂再生剂有哪些？如何选用？

在饱和吸附剂中加入适当的溶剂，可以改变体系的亲水-憎水平衡，改变吸附剂与吸附质之间的分子引力，改变介质的介电常数，从而使原来的吸附崩解，吸附质离开吸附剂进入溶剂中，达到再生和回收的目的。

常用的有机溶剂有苯、丙酮、甲醇、乙醇、异丙醇、卤代烷等。树脂吸附剂从废水中吸附酚类后，一般采用丙酮或甲醇脱附；吸附三硝基甲苯（TNT）后，采用丙酮脱附；吸附双对氯苯基三氯乙烷（DDT）类物质后，采用异丙醇脱附。

无机酸碱也是很好的再生剂，活性炭吸附苯酚后可以用热的 NaOH 溶液再生，生成酚钠盐回收利用。对于能电离的物质最好以分子形式吸附，以离子形式脱附，即酸性物质宜在酸里吸附，在碱里脱附；碱性物质在碱里吸附，在酸里脱附。

溶剂及酸碱用量应尽量节省，控制 2～4 倍吸附剂体积为宜。脱附速度一般比吸附速度慢 1 倍以上。药剂再生时吸附剂损失较小，再生可以在吸附塔中进行，无需另设再生装置，而且有利于回收有用物质。缺点是再生效率低，再生不易完全。

经过反复再生的吸附剂，除了机械损失以外，其吸附容量也会有一定损失，因灰分堵塞小孔或杂质除不去，使有效吸附表面积孔容减小。

## 182 常用的吸附工艺操作方式有哪些?

吸附工艺操作方式主要有间歇式和连续式两种。

（1）间歇式吸附

间歇式吸附是将吸附剂（多用粉末炭）投入废水中，不断搅拌，经一定时间达到吸附平衡后，用沉淀或过滤的方法进行固液分离。如果经过一次吸附，出水达不到要求时，则需增加吸附剂投量和延长停留时间或者对一次吸附出水进行二次或多次吸附。

间歇工艺适于小规模、间歇排放的废水处理。当处理规模大时，需建较大的混合池和固液分离装置，粉末炭的再生工艺也较复杂，故目前在生产上很少采用。

（2）连续式吸附

连续式吸附操作是废水不断地流进吸附床，与吸附剂接触，当污染物浓度降至处理要求时，排出吸附柱。按照吸附剂的充填方式，又分固定床、移动床和流化床三种。还有一些吸附操作不单独作为一个过程，而是与其他操作过程同时进行，如在生物曝气池中投加活性炭粉，吸附和氧化作用同时进行。

不论何种操作方式，吸附工艺均包括下列三个步骤：

① 流体与固体吸附剂进行充分接触，使流体中的吸附质被吸附在吸附剂上；

② 将已吸附吸附质的吸附剂与流体分离；

③ 进行吸附剂的再生或更换新的吸附剂。

## 183 何为固定床吸附装置?

固定床吸附装置是废水处理中常用的吸附装置，其构造与快滤池大致相同。固定床吸附装置把颗粒状的吸附剂装填在吸附装置（柱、塔、罐）中，使含有吸附质的流体流过吸附装置时，进行吸附，这是污水处理中最常用的方式。根据水流方向可分为升流式和降流式两种。固定床吸附装置有立式、卧式、环式等多种形式，如图 6-14 所示。

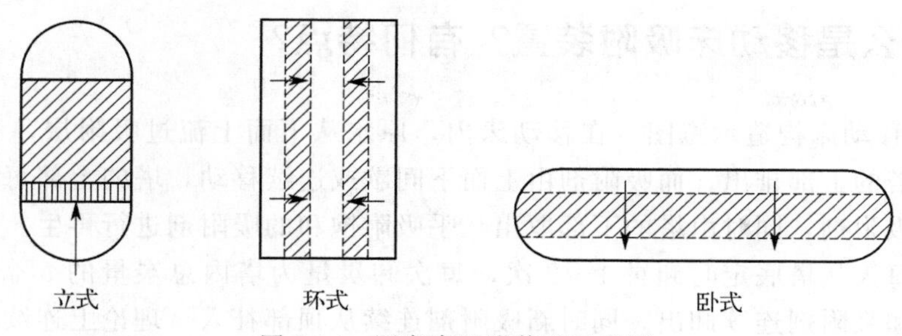

图 6-14　固定床吸附装置示意图

## 184 何为固定床穿透曲线？影响穿透过程的因素有哪些？

当废水连续通过吸附床时，运行初期出水中的溶质浓度几乎为零。随着时间的推移，上层吸附剂达到饱和，床层中发挥吸附作用的区域向下移动。吸附区前面的床层尚未起作用，出水中溶质浓度仍然很低。当吸附区前沿下移至吸附剂层底端时，出水浓度开始超过规定值，此时称床层穿透。之后出水浓度迅速增加，当吸附区后端面下移到床层底端时，整个床层接近饱和，出水浓度接近进水浓度，此时称床层耗竭。将出水浓度随时间变化作图，得到的曲线称穿透曲线，如图 6-15 所示。

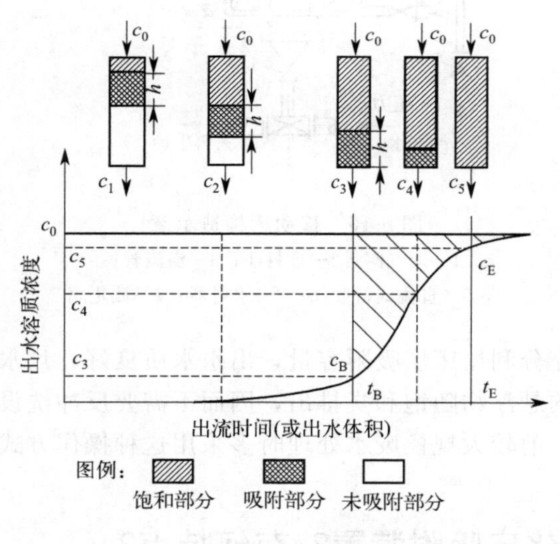

图 6-15　穿透曲线

图中，$c_0$ 为废水的进水溶质浓度；$c_1$～$c_5$ 为吸附区前沿从下移到下移至底端的出水溶质浓度，其中 $c_3$（$c_B$）和 $c_5$（$c_E$）分别为床层穿透和床层耗竭时的出水溶质浓度；$t_B$ 和 $t_E$ 分别为床层穿透和床层耗竭时的出流时间（或出水体积）。

影响穿透曲线的因素有很多。通常进水浓度越高，水流速度越小，穿透曲线越陡。对同一吸附质，采用不同的吸附剂，其穿透曲线形状也不同。随着吸附剂再生次数增加，其吸附剂性能也有所变化，穿透曲线逐渐趋于平缓。

## 185 什么是移动床吸附装置？有何特点？

图 6-16 为移动床构造示意图。在移动床内，原水从下而上流过吸附层，和吸附剂呈逆流接触，再从塔的上部排出。而吸附剂由上而下间歇或连续移动，塔的上部每隔一定时间加入一些新鲜的吸附剂，同时由塔的下部取出几乎吸附饱和的吸附剂进行再生。间歇移动床处理规模大时，每天从塔底定时卸炭 1～2 次，每次卸炭量为塔内总炭量的 5%～10%；连续移动床，即饱和吸附剂连续卸出，同时新吸附剂连续从顶部补入。理论上连续移动床层厚度只需一个吸附区的厚度。直径较大的吸附塔的进出水口采用井筒式滤网。

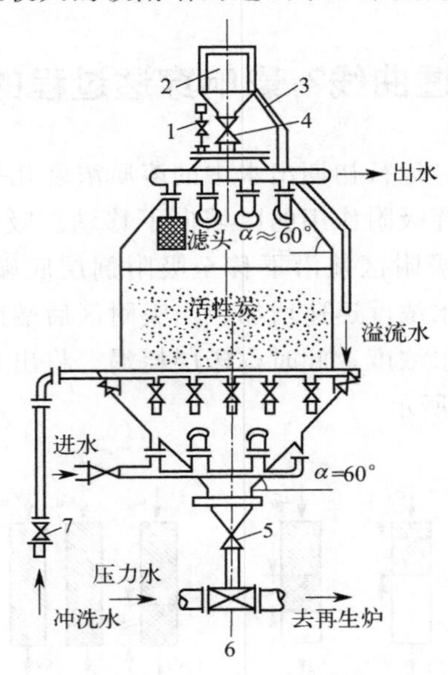


图 6-16 移动床构造示意

1—通气阀；2—进料斗；3—溢流管；
4，5—直流式衬胶阀；6—水射器；7—截止阀

移动床较固定床能充分利用床层吸附容量，出水水质良好，且水头损失较小。由于原水从塔底进入，水中夹带的悬浮物随饱和炭排出，因而不需要反冲洗设备，对原水预处理要求较低，操作管理方便。目前较大规模废水处理时多采用这种操作方式。

## 186 什么是流化床吸附装置？有何特点？

流化床构造如图 6-17 所示。被处理的液体向上流过细颗粒吸附剂床层时，如流速较低，则流体从粒间空隙流过而粒子不动，这是固定床。如流速增加，则粒子间的间距开始增大，少数粒子出现翻动，床层体积有所增大，称为膨胀床。而一旦流速达到某一极限后，液体与粒子间的摩擦力与粒子的重力相平衡，而使粒子都浮动起来，称为流化床。这种状态称为临界流态化，这时的空床线速称为临界流化速度或最小流化速度。如流速进一步增加，将导致床层均匀地逐渐膨胀，粒子分散在整个床层中，床层波动较小，称散式流化。如流速增至可以带出颗粒时，粒子将被流体带出吸附设备。

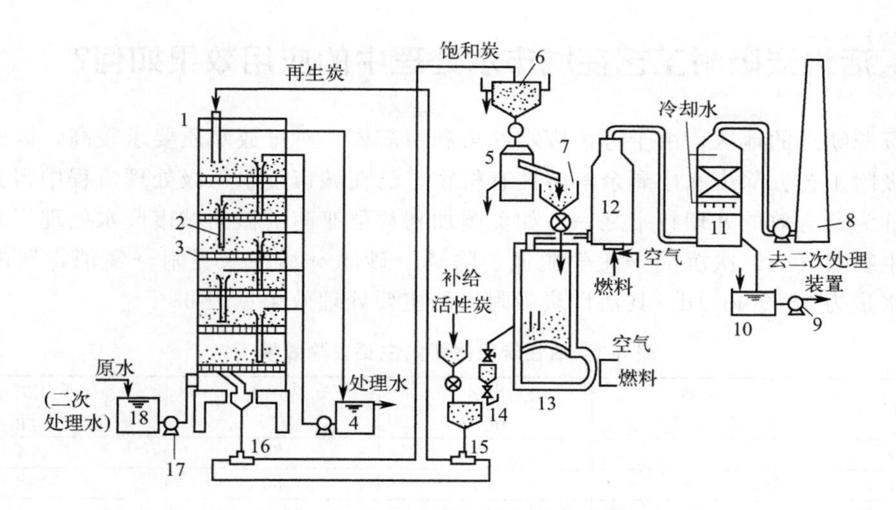


图 6-17 活性炭流化床及再生系统

1—吸附塔；2—溢流管；3—穿孔板；4—处理水槽；5—脱水机；6—饱和炭储槽；7—饱和炭供给槽；8—烟囱；9—排水泵；10—废水槽；11—气体冷却器；12—脱臭炉；13—再生炉；14—再生炭冷却槽；15，16—水射器；17—原水泵；18—原水槽

流化床就是吸附剂处于流化状态操作的吸附装置。原水由底部升流式通过床层，吸附剂由上部向下移动。由于吸附剂保持流化状态，与水的接触面积增大。因此，设备小而生产能力大，基建费用低。与固定床相比，可使用粒度均匀的小颗粒吸附剂，对原水的预处理要求低，但对操作控制要求高。为了防止吸附剂全塔混层，以充分利用其吸附容量并保证处理效果，塔内吸附剂采用分层流化。层数根据吸附剂的静活性、原水水质水量、出水要求等来决定。分隔每层的多孔板孔径、孔分布形式、孔数及下降管大小等，都将影响多层流化床运行。

## 187 吸附工艺在废水处理中的应用情况如何?

在废水处理中，吸附法处理的主要对象是废水中用生化法难以降解的有机物或用一般氧化法难以氧化的溶解性有机物，包括木质素、氯或硝基取代的芳烃化合物、杂环化合物、洗涤剂、合成染料、除莠剂、DDT 等。当用活性炭对这类废水进行处理时，不但能够吸附这些难分解的有机物，降低 COD，还能使废水脱色、脱臭，把废水处理到可重复利用的程度。所以吸附法在废水的深度处理中得到了广泛的应用。

在处理流程上，吸附法可与其他物理化学法联合使用。如，先用混凝、沉淀、过滤等去除悬浮物和胶体，然后用吸附法去除溶解性有机物。吸附法也可与生化法联合，如向曝气池投加粉状活性炭，利用粒状吸附剂作为微生物的生长载体或作为生物流化床的介质；或在生物处理之后进行吸附深度处理等，这些联合工艺都在工业上得到了广泛应用。

吸附法除对含有机物废水有很好的去除作用外，对某些金属及化合物也有很好的吸附效果。研究表明，活性炭对汞、锑、锡、镍、铬、铜、镉等都有很强的吸附能力。国内已应用活性炭吸附法处理电镀含铬、含氰废水。

## 188 活性炭吸附工艺在城市水处理中的应用效果如何?

在水资源缺乏的地区，由于考虑废水的再利用需要，对排放水质要求较高，因此近年来用活性炭吸附工艺去除废水中剩余溶解性有机物，已在城市废水三级处理流程中得到广泛的应用，被称为最有效的处理技术之一。如美国加利福尼亚南塔霍湖城市废水处理厂采用“一次沉淀→生物曝气→二次沉淀→化学脱氮、除磷→砂滤→活性炭吸附→氯消毒”的处理流程，处理水量为28500$m^3$/d。其活性炭吸附塔的主要处理效果见表6-2。

表6-2 活性炭吸附塔的主要去除效果

| 项目 | 进水/(mg/L) | 出水/(mg/L) | 去除率/% | 吸附容量/(kg/kg Ac) |
|---|---|---|---|---|
| COD | 20 | 10 | 50 | 0.4 |
| ABS | 0.6 | 0.1 | 80 | 0.02 |
| $BOD_5$ | 4 | 1～3 | 25～75 | — |
| 色度 | 11 | 5～6 | 50 | — |

## 189 吸附工艺对含汞废水的处理效果如何?

废水中的汞分为无机汞和有机汞两类。有机汞通常先氧化为无机汞，然后按无机汞的处理方法进行处理。从废水中去除无机汞的方法主要有硫化物沉淀法、化学凝聚法、活性炭吸附法、金属还原法和离子交换法等。其中，含汞量在5mg/L以下的低浓度含汞废水一般用活性炭吸附处理。有的工厂采用硫化物沉淀法净化后，出水中的含汞量仍达不到排放标准的要求；在此情况下，也可进一步采用吸附法进行处理。实验表明，活性炭粉可用于处理含汞废水，汞的去除效率平均可达97%以上，见表6-3。

表6-3 粉状活性炭净化含汞废水效果

| 活性炭粉重量/g | 废水含汞浓度/(mg/L) | 净化后平均含汞浓度/(mg/L) | 净化后平均吸汞效率/% | 附注 |
|---|---|---|---|---|
| 5 | 1 | 0.0215 | 97.85 | 同时投加碘5g |
| 5 | 1 | 0.013 | 98.7 | |

图6-18为某厂采用活性炭处理含汞废水的工艺流程，含汞废水经硫化钠沉淀（同时加石炭调整pH值，加硫酸亚铁作混凝剂）处理后，仍含汞约1mg/L，高峰时达2～3mg/L，而允许排放的标准是0.05mg/L。该厂废水处理量较小，每天为10～20$m^3$，所以采用静态间歇吸附池两个，交换工作。每个吸附池容积为40$m^3$，内装1m厚活性炭。当进入吸附池的废水满后，用压力0.3～0.4MPa的压缩空气搅拌30min，然后静置沉淀2h，经取样测定，含汞浓度符合排放标准后，放掉上清液，进行下一批处理。

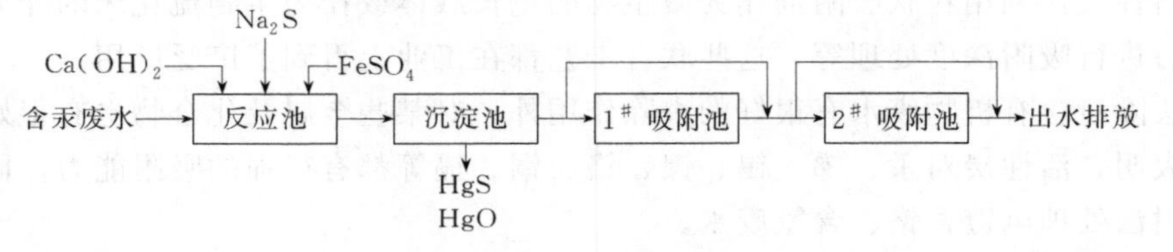


图6-18 某厂含汞废水的处理工艺流程

若采用次品活性炭，其吸附容量为正品的90%。每池用炭量为废水量的5%，外加1/3的余量，共计2.7t。活性炭的再生周期约一年，采用加热再生法再生。

## 190 吸附工艺对含铬废水的处理效果如何？

用活性炭处理含铬电镀废水已获得较广泛的应用，用此法处理浓度为5～60mg/L的含铬废水，出水水质可达到排放标准。由于活性炭对Cr(Ⅵ)有较好的去除效果，因此近年来国内外用活性炭处理含铬废水的实例也逐渐增多起来。一般采用活性炭处理含铬废水主要有以下两种方法：

① 在最佳的pH（4～6）条件下，活性炭对Cr(Ⅵ)先进行吸附处理，然后用无机酸处理含Cr(Ⅵ)的活性炭，在洗涤Cr(Ⅵ)的同时将其还原成Cr(Ⅲ)，并浓缩回收。

② 在最佳pH（4～6）条件下，活性炭对Cr(Ⅵ)先进行吸附处理，然后用NaOH溶液处理吸附Cr(Ⅵ)的活性炭，随即对反应生成的铬酸盐类进行浓缩回收。

活性炭处理含铬废水时，活性炭既作为吸附剂，同时又可作为还原剂。当pH<3时，其可将吸附的Cr(Ⅵ)还原成Cr(Ⅲ)。可以认为，活性炭对Cr(Ⅵ)的吸附作用和还原作用在一定条件下是同时存在的。目前，大部分企业利用活性炭吸附处理含铬废水时，首先利用活性炭对电镀含铬废水中Cr(Ⅵ)进行吸附。原水中的铬离子浓度一般在100mg/L下，出水可达到国家工业“三废”排放标准（$Cr^{6+}$<0.5mg/L）。最适吸附pH值在3.5～5.0之间。

如，某厂含铬废水处理装置为升流式双柱串联固定床，柱径为30cm，高为1.2m，装活性炭170L（85kg），活性炭的饱和容量为13g/L炭。处理废水流量为300L/h，工作pH值为3～4，水流速度为7～15m/h。活性炭再生用5%的硫酸溶液进行，用两倍炭体积的酸，分两次浸泡吸附柱，然后把洗脱液回收，再生后的吸附柱即可恢复吸附能力，重新投入使用。此工艺的除铬率可达到99%，回收的铬酸回用于钝化工序；投资少，操作管理简单，适用于中小企业。

## 191 吸附工艺对含氰废水的处理效果如何？

实际应用效果表明，单纯利用活性炭的吸附性能去除废水中氰化物的效率较差，吸附容量只有活性炭重量的1%。在操作中，一般需将活性炭吸附与催化氧化联合使用方能达到理想的净化效果。

（1）活性炭吸附联合空气催化氧化

向活性炭吸附柱内通入空气，使氧溶解于水中，用活性炭作为吸附和催化触媒载体，促使氧分解废水中$CN^-$成为氰酸盐，再进一步水解成$CO_2$及$NH_3$等。我国某厂采用空气催化法处理氰化镀铬废水的效果见表6-4。氰化物和重金属离子的去除率均可达到98%以上。

**表6-4 空气催化法处理氰化镀铬废水的效果**

| 废水中的主要成分 | $CN^-$ | $Cd^{2+}$ | $Zn^{2+}$ | $Cu^{2+}$ |
|---|---|---|---|---|
| 进水浓度/(mg/L) | 50～80 | 10～30 | 10～30 | 3～5 |
| 去除率/% | >98 | >98 | >98 | >98 |
| 回收率/% | — | 90 | 50～60 | 50 |

（2）外加活性组分的活性炭吸附联合催化氧化

实验证明，粒状活性炭在使用多种氧化剂时的浸渗作用，会产生高效氧化媒介物质，如铜、锌、钴、镍、镉和铁等，其中以铜的效果最好。研究发现，浸渗氯化铜的活性炭对氰的去除效果，较未浸渗的吸附容量增加26倍。在国外，此法已得到较多方面的应用。我国已将这种方法用于处理氰化镀铜含金废水，并生产成套含氰废水处理装置。

## 192 吸附工艺对炼油厂废水的处理效果如何?

炼油废水是原油炼制、加工及油品水洗等过程中产生的一类废水，污染物的种类多、浓度高，对环境的危害大。在炼油化工废水回用于循环冷却水的过程中，采用活性炭吸附对炼油污水进行深度处理，可以有效地降低污水的COD，去除效率随停留时间的增加而增加。活性炭吸附法对炼油厂废水的处理效果较好，出水可达到国家规定的地面水标准。

某炼油厂含油废水经隔油、气浮、生化、砂滤处理后，用活性炭进行深度处理（600$m^3$/h），可使酚由0.1mg/L降到0.005mg/L，氰由0.19mg/L降到0.048mg/L，COD由85mg/L降到18mg/L，出水水质达到地表水标准。

活性炭吸附法对国内几个炼油厂废水的深度处理效果如表6-5所示。

表6-5 国内部分炼油厂废水活性炭深度处理情况

| 项目 | 水质指标 | 兰州炼油厂 | 长岭炼油厂 | 东方红炼油厂 |
|---|---|---|---|---|
| 石油 | 处理前/(mg/L) | 6.49～42.49 | 40以下 | 2.5～7.25 |
| | 处理后/(mg/L) | 0～1.5 | 4～6 | 0.5～0.77 |
| | 去除率/% | 96.47 | 85.0 | 90.06 |
| COD | 处理前/(mg/L) | 88.03～341.6 | 80～120 | 35～72 |
| | 处理后/(mg/L) | 20～30 | 30～70 | 19～38 |
| | 去除率/% | 91.22 | 41.7 | 47.22 |
| 挥发酚 | 处理前/(mg/L) | 0.042～3.38 | 0.4 | 0.04～0.37 |
| | 处理后/(mg/L) | 0～0.05 | 0.05 | 0.0007～0.004 |
| | 去除率/% | 98.52 | 87.5 | 98.92 |

# 离子交换技术

## 193 什么是离子交换技术？

离子交换是一种借助于离子交换剂上的离子和水中的离子进行交换反应而去除水中有害离子的技术，具有去除率高、可浓缩回收有用物质、设备简单、操作控制容易等优点。但离子交换技术的应用范围受离子交换剂品种、性能、成本的限制，对于处理要求较高，离子交换剂的再生和再生液的处理问题难以解决。在工业废水处理中，该技术主要用于回收重金属离子，也用于放射性废水和有机废水的处理。

## 194 常用的离子交换剂有哪些？

按母体材质不同，离子交换剂可分为无机和有机两大类。

（1）无机离子交换剂

包括天然沸石和合成沸石（图 7-1），是一类硅质的阳离子交换剂，成本低，但不能在酸性条件下使用。

图 7-1　天然沸石和合成沸石

（2）有机离子交换剂

包括磺化煤和各种离子交换树脂。磺化煤是烟煤或褐煤经发烟硫酸磺化处理后制成的阳离子交换剂，成本适中，但交换容量低，机械强度和化学稳定性较差。目前，在水处理中广泛使用的是离子交换树脂。

离子交换树脂（图 7-2）是人工合成的高分子聚合物，由树脂本体（又称母体或骨架）和活性基团两部分组成。它具有交换容量高的特点，是沸石和磺化煤的 8 倍以上；球形颗粒，水流阻力小，交换速度快；机械强度和化学稳定性都好，但成本相对较高。

图 7-2 离子交换树脂

## 195 常用的离子交换树脂有哪些？

离子交换树脂是带有离子交换功能的活性基团、具有网状结构的不溶性高分子化合物，通常是球形颗粒物。由于其良好的离子交换性能，常用于废水的净化处理。按照树脂的骨架结构、孔结构和功能基团，可将离子交换树脂分为如下类型：

① 按树脂的骨架结构，可分为苯乙烯系、丙烯酸系、酚醛系和环氧系等。

② 按树脂的孔道结构，可分为大孔树脂、凝胶树脂、均孔树脂三大系列。

③ 按功能基团的类型，可分为强酸阳离子交换树脂（如磺酸基）、强碱阴离子交换树脂（季胺基团）、弱酸阳离子交换树脂（羧酸基、苯氧剂）、弱碱阴离子交换树脂（伯、仲、叔胺基）、两性树脂、螯合树脂和氧化还原树脂等。

## 196 离子交换树脂在结构上有何特点？

离子交换树脂由树脂母体（骨架）和交换基团构成，如图 7-3 所示。树脂母体为具有空间网架多孔结构的高分子聚合物。大部分树脂球的有效粒径为 0.4～0.6mm，均匀系数<1.7(相当于 $d$=0.3～1.2mm)。例如苯乙烯系树脂小球，聚合中以苯乙烯为单体，二乙烯苯为交联剂（常用交联度为 7%），聚合后形成凝胶树脂小球。

凝胶树脂是软化除盐常用的树脂母体。除此之外，还有大孔树脂，即在凝胶树脂的生产中加入致孔剂，使树脂含有更多的孔隙，对水中高分子有机物具有较好的吸附去除功能，但交换能力降低。

根据不同用途，树脂上再引入不同的交换基团，使其具有交换功能，成为离子交换树脂。例如，苯乙烯系树脂在浓硫酸中加热到 100℃，以 1%硫酸银为催化剂，把聚乙烯树脂苯环上的部分 $H^+$ 置换为磺酸基团（$-SO_3H$），就得到强酸性苯乙烯系阳离子交换树脂。

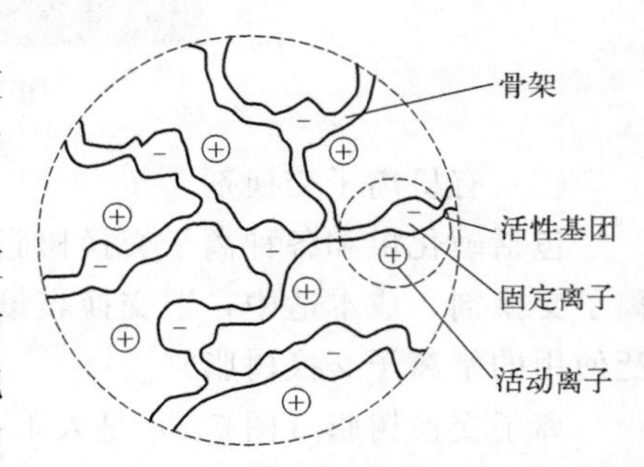


图 7-3 离子交换树脂的结构

# 197 离子交换树脂的产品编号有何含义?

离子交换树脂的产品编号由三位数阿拉伯数字组成，第一位表示树脂的分类，第二位表示树脂的骨架，第三位则为顺序号。凝胶型和大孔型树脂产品编号的含义如下：

（1）凝胶型离子交换树脂

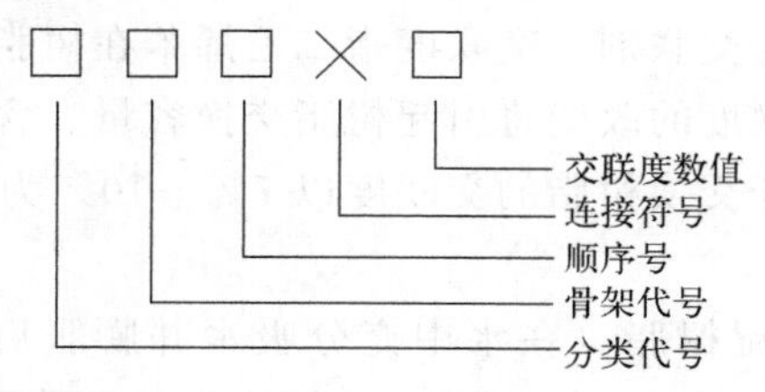


（2）大孔型离子交换树脂

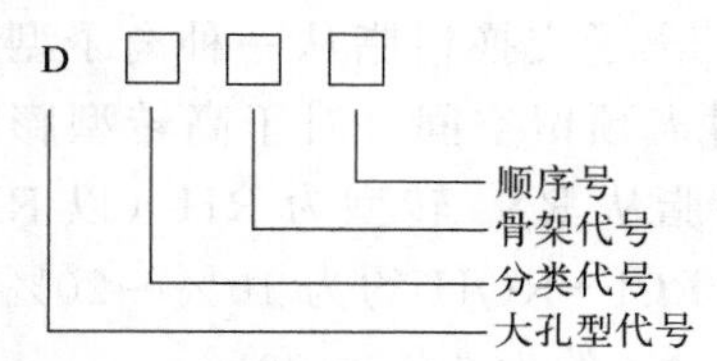


其中，树脂的分类代号和骨架代号对照见表 7-1。

表 7-1　树脂的分类代号和骨架代号

| 分类代号 | | 骨架代号 | |
|---|---|---|---|
| 代号 | 分类名称 | 代号 | 骨架名称 |
| 0 | 强酸性 | 0 | 苯乙烯系 |
| 1 | 弱酸性 | 1 | 丙烯酸系 |
| 2 | 强碱性 | 2 | 酚醛系 |
| 3 | 弱碱性 | 3 | 环氧系 |
| 4 | 螯合性 | 4 | 乙烯吡啶系 |
| 5 | 两性 | 5 | 脲醛系 |
| 6 | 氧化还原性 | 6 | 氯乙烯系 |

# 198 离子交换树脂的主要性能指标有哪些?

评价离子交换树脂性能的指标主要有密度、含水率、交联度、转型膨胀率、工作交换容量和全交换容量等。

① 全交换容量(单位：mmol/g 或 $mmol/cm^3$ 干树脂) 全交换容量表示树脂理论上总的交换能力的大小，等于交换基团的总量。例如，001×7 强酸性阳离子交换树脂的全交换容量为 4.5mmol/g 或 1.9$mmol/cm^3$ 干树脂，201×7 强碱性阴离子交换树脂的全交换容量为 3.6mmol/g 或 1.4$mmol/cm^3$ 干树脂。

② 工作交换容量（单位：$mmol/cm^3$ 或 mmol/g 干树脂） 使用过程中树脂所表现出来的交换容量，例如强酸性阳离子交换树脂的工作交换容量一般为 0.8～1.0$mmol/cm^3$，与树脂的全交换容量相比，只有约 40%～50%。原因是存在交换平衡，再生与交换反应均不完全；交换柱穿透时柱中交换带中仍有部分树脂未交换等。

③ 湿真密度（单位：$g/cm^3$） 湿真密度是树脂在水中吸收了水分后的颗粒密度，用来确定树脂床的反冲洗强度。在混合树脂床中还与树脂分层有关，阴离子交换树脂轻，反冲分层后在上层；阳树脂重，在下层。

④ 湿视密度（单位：$g/cm^3$） 湿视密度为单位体积内堆积的湿树脂质量，用来计算树脂在交换容器中的用量。

⑤ 交联度（单位：%） 树脂在制造中所用交联剂的比例。例如苯乙烯系树脂，聚合中以苯乙烯为单体，二乙烯苯为交联剂，交联度指二乙烯苯在树脂中的质量百分比。交联度对树脂的许多性能有影响，交联度的改变将引起树脂交换容量、含水率、溶胀度、机械强度等性能的改变。水处理用的离子交换树脂的交联度以7%～10%为宜。此时，树脂网架中平均孔隙大小约为2～4nm。

⑥ 含水率（单位：%） 湿树脂（在水中充分吸水并膨胀后）所含水分的质量百分比，一般在50%左右。与交联度有关，交联度越小，树脂中的孔隙就越大，含水率也相应增加。

⑦ 转型膨胀率（单位：%） 离子交换树脂从一种离子型转为另一种离子型时体积变化的百分数。在交换容器的设计时需预留空间。对于高转型膨胀率的树脂，使用中经反复胀缩，树脂易老化。苯乙烯系阳树脂从RNa转型为RH（以RNa→RH表示）的转型膨胀率约为5%～10%，苯乙烯阴树脂RCl→ROH约为10%～20%，丙烯酸系弱酸性阳离子树脂的转型膨胀率很高，$R_{弱}$ H→$R_{弱}$ Na约为60%～70%。

## 199 如何进行离子交换树脂的选择、保存、使用和鉴别？

离子交换树脂的选择、保存、使用和鉴别方法如下。

（1）树脂选择

离子交换树脂的选择应综合考虑原水水质、处理要求、交换工艺以及投资和运行费用等因素。当分离无机阳离子或有机碱性物质时，宜选用阳离子树脂；分离无机阴离子或有机酸时，宜采用阴离子树脂。对氨基酸等两性物质的分离，可用阳离子树脂，也可用阴离子树脂。对某些贵金属和有毒金属离子可选择螯合树脂交换回收。对有机物宜用低交联度的大孔树脂处理。绝大多数脱盐系统都采用强型树脂。

废水处理时，对交换势大的离子，宜采用弱型树脂。此时，弱型树脂的交换能力强、再生容易，运行费用较省。当废水中含有多种离子时，可利用交换选择性进行多级回收，如不需回收，可用阳离子阴离子树脂混合床处理。

（2）树脂保存

树脂宜在0～40℃条件下存放，当环境温度低于0℃，或发现树脂脱水后，应向包装袋内加入饱和食盐水浸泡。对长时期停运而闲置在交换器中的树脂应定期换水。强性树脂以盐型保存，弱酸树脂以氢型保存，弱碱树脂以游离胺型保存，性能最稳定。

（3）树脂使用

在使用前应进行适当的预处理，以除去杂质。最好分别用水、5% HCl、2%～4% NaOH反复浸泡清洗两次，每次4～8h。

树脂在使用过程中，其性能会逐步降低，尤其在处理工业废水时，主要原因为物理破损和流失，活性基团的化学分解，以及污染物覆盖树脂表面。可针对不同的原因采取相应的对策，如定期补充新树脂，强化预处理，去除原水中的游离氯和悬浮物，用酸、碱和有机溶剂等洗脱树脂表面的污垢和污染物。

（4）树脂鉴别

水处理中常用的四大类树脂不能通过外观鉴别。根据其化学性能，可用表 7-2 方法区分。

**表 7-2 未知树脂的鉴别**

<table>
<tr><td>操作①</td><td colspan="4">取未知树脂样品 2mL，置于 30mL 试管中</td></tr>
<tr><td>操作②</td><td colspan="4">加 1mol/L HCl 15mL，摇 1～2min，重复 2～3 次</td></tr>
<tr><td>操作③</td><td colspan="4">水洗 2～3 次</td></tr>
<tr><td>操作④</td><td colspan="4">加 10% $CuSO_4$（其中含 1% $H_2SO_4$）5mL，摇 1min，放 5min</td></tr>
<tr><td>检查</td><td colspan="2">浅绿色</td><td colspan="2">不变色</td></tr>
<tr><td>操作⑤</td><td colspan="2">加 5mol/L 氨液 2mL，摇 1min，水洗</td><td colspan="2">加 1mol/L NaOH 5mL，摇 1min，水洗，加酚酞，水洗</td></tr>
<tr><td>检查</td><td>深蓝</td><td>颜色不变</td><td>红色</td><td>不变色</td></tr>
<tr><td>结果</td><td>强酸性阳离子树脂</td><td>弱酸性阳离子树脂</td><td>强碱性阴离子树脂</td><td>弱碱性阴离子树脂</td></tr>
</table>

## 200 什么是树脂的交换容量？

交换容量定量表示树脂的交换能力。通常用 $E_V$（mmol/mL 湿树脂）表示，也可用 $E_W$（mmol/g 干树脂）表示。这两种表示方法之间的数量关系如下：

$$E_V = E_W(1-\text{含水量}) \times \text{湿视密度}$$

市售商品树脂所标的交换容量是总交换容量，即活性基团的总数。树脂在给定的工作条件下，实际所发挥的交换能力称为工作交换容量。因受再生程度、进水中离子的种类和浓度、树脂层高度、水流速度、交换终点的控制指标等因素的影响，一般工作交换容量只有总交换容量的 60%～70%。

## 201 什么是树脂的交联度？

树脂的交联度，即树脂基体聚合时所用交联剂的质量百分数。交联度对树脂的许多性能具有决定性的影响。交联度的改变将引起树脂的交换容量、含水率、机械强度等性质的改变。交联度较高的树脂，孔隙率较低、密度较大、离子扩散速率较低、对半径较大的离子和水合离子的交换量较小。浸泡在水中时，水化度较低，形变较小，也就比较稳定，不易碎裂。水处理中使用的离子交换树脂，交联度一般为 7%～10%。

## 202 树脂对水中阴阳离子的选择性如何？

离子交换树脂的选择性和离子的种类、离子交换基团的性能以及目标离子在废水中的浓度等因素有关。在天然水的离子浓度和温度条件下，离子交换选择性有以下规律：

对于强酸性阳树脂，与水中阳离子交换的选择性次序为：

$$Fe^{3+} > Al^{3+} > Ca^{2+} > Mg^{2+} > K^{+} = NH_4^{+} > Na^{+} > H^{+}$$

即，如采用H型（树脂交换基团上的可交换离子为$H^+$）强酸性阳离子交换树脂，树脂上的$H^+$可与水中排在$H^+$左侧的阳离子交换，使水中只剩下$H^+$。如采用Na型（树脂交换基团上的可交换离子为$Na^+$）强酸性阳离子交换树脂，树脂上的$Na^+$可以与水中排在$Na^+$左侧的阳离子交换，使水中只剩下$Na^+$和$H^+$。

对于弱酸性阳树脂，与水中阳离子交换的选择性次序为：

$$H^{+} > Fe^{3+} > Al^{3+} > Ca^{2+} > Mg^{2+} > K^{+} = NH_4^{+} > Na^{+}$$

对于强碱性阴树脂，与水中阴离子交换的选择性次序为：

$$SO_4^{2-} > NO_3^{-} > Cl^{-} > HCO_3^{-} > OH^{-} > HSiO_3^{-}$$

即，如采用OH型（树脂交换基团上的可交换离子为$OH^-$）强碱性阴离子交换树脂，树脂上的$OH^-$可以与水中排在$OH^-$左侧的各种阴离子交换，使水中只剩下$OH^-$（实际上$HSiO_3^-$也可以去除）。

对于弱碱性阴树脂，与水中阴离子交换的选择性次序为：

$$OH^{-} > SO_4^{2-} > NO_3^{-} > Cl^{-} > HSiO_3^{-}$$

## 203 影响离子交换速度的因素主要有哪些？

离子交换过程可以分为四个步骤：

① 离子从溶液主体向树脂颗粒表面扩散，穿过颗粒表面液膜（液膜扩散）；

② 穿过液膜的离子继续在颗粒内交联网孔中扩散，直至达到某一活性基团位置；

③ 目标离子和活性基团中的可交换离子发生交换反应；

④ 被交换下来的离子沿着与目的离子运动相反的方向扩散，最后被主体水流带走。

上述过程中，离子交换反应速率与扩散相比要快得多。因此，总交换速度由扩散过程控制。由Fick定律，扩散速度可写成：

$$\frac{dq}{dt} = \frac{D_0 (c_1 - c_2) S}{\delta}$$

式中，$c_1$、$c_2$分别为扩散界面层两侧的离子浓度，$c_1 > c_2$；$\delta$为界面层厚度，相当于总扩散阻力的厚度；$D_0$为总扩散系数；$S$为单位体积的树脂表面积。

$S$与树脂颗粒有效直径$\phi$、孔隙率$\varepsilon$有关。

为树脂

$$S = B \frac{1-\varepsilon}{\phi}$$

式中，$B$是与颗粒均匀程度有关的系数。

则：

$$\frac{dq}{dt} = \frac{D_0 B (c_1 - c_2)(1-\varepsilon)}{\phi \delta}$$

据此，可以分析影响离子交换扩散速度的因素为：

① 树脂的交联度越大，网孔越小，孔隙度越小，则内扩散越慢。大孔树脂的内孔扩散速度比凝胶树脂快得多。

② 树脂颗粒粒径减小，内扩散距离缩短，液膜扩散表面积增大，将使扩散速度增加。研究指出，液膜扩散速度与树脂的粒径成反比，内孔扩散速度与树脂粒径的高次方成反比，但颗粒不宜太小，否则会增加水流阻力，且在反洗时易流失。

③ 溶液离子浓度是影响扩散速度的重要因素，浓度越大，扩散速度越快。一般来说，树脂再生时，溶液离子浓度 $c_0>0.1\text{mol/L}$，整个交换速度偏向受内孔扩散控制；而在交换制水时，$c_0<0.03\text{mol/L}$，交换过程偏向受膜扩散控制。

④ 提高水温能使离子的动能增加，水的黏度减小，液膜变薄，有利于离子扩散。

⑤ 交换过程中的搅拌或流速提高，使液膜变薄，能加快液膜扩散，但不影响内孔扩散。

$$\delta=\frac{0.2r_0}{1+70vr_0}(\text{m})$$

式中，$r_0$ 为颗粒半径，m；$v$ 为空塔流速，m/h。

⑥ 被交换离子的电荷数和水合离子的半径越大，内孔扩散速度越慢。试验证明：阳离子每增加一个电荷，其扩散速度就减慢到约为原来的1/10。

## 204 水质条件对离子交换效果有何影响?

废水的水质条件对离子交换树脂污染物净化效果的影响如下：

① 当废水中存在悬浮物与油类时，易堵塞树脂孔隙，降低树脂交换能力，应在废水进入交换柱之前进行预处理。如，采用砂滤等措施，把悬浮物与油类等预先除去。

② 当废水中溶解盐含量过高时，将会大大缩短树脂工作周期。溶解盐含量大于1000～2000mg/L时，不宜采用离子交换法处理。

③ 工业废水常呈酸性或碱性，这对离子交换过程有两方面的影响。

a. 影响某些离子在废水中的存在状态。如，当pH值很高时，六价铬主要以铬酸根（$CrO_4^{2-}$）形式存在，而在低pH值的条件下，则以重铬酸根（$Cr_2O_7^{2-}$）形式存在。因此，用阴树脂去除六价铬时，在酸性废水中比在碱性废水中的去除效率高。其原因是，同样交换一个二价络合阴离子，$Cr_2O_7^{2-}$ 要比 $CrO_4^{2-}$ 多一个铬离子。

b. 溶液pH将影响树脂交换基团的离解。如，强酸强碱性树脂交换基团的离解不受pH值的限制，它们可以应用在各种pH值的废水处理中；而弱酸、弱碱树脂的交换基团的离解与pH值关系很大，如羧酸型（—COOH）阳树脂，只有在pH>4时才显示其交换能力，且pH值越大，交换能力越强。同样，弱碱性阴树脂只有在pH值较低条件下，才能得到较好的交换效果。因此，针对具体的处理情况，应采取适当的应对措施。

④ 温度的影响。工业废水的温度一般都较高。这虽可提高离子的扩散速度，加速离子交换反应速度，但温度过高，可能引起树脂的分解，从而降低或破坏树脂的交换能力。因此，水温不得超过树脂耐热性能的要求。各种类型树脂的耐热性能或极限允许温度是不同的，可查阅有关资料或产品说明书。若水温度过高，应在进入交换树脂柱前采取降温措施，或者选用耐高（或较高）温的树脂。

⑤ 高价离子的影响。高价金属离子与树脂交换基团的固定离子的结合力强，可优先交换，但再生洗脱比较困难。

⑥ 氧化剂和高分子有机物的影响。废水中含有较多氧化剂，如 $Cl_2$、$O_2$、$H_2Cr_2O_7$ 等，会造成树脂被氧化。若含高分子有机物，则会引起树脂出现有机污染。上述情况将导致树脂的使用寿命缩短及交换容量降低。

## 205 何为树脂的有效 pH 范围?

由于树脂活性基团分为强酸性、弱酸性、强碱性、弱碱性，部分树脂的离子交换性能可能受溶液 pH 环境的影响。强酸、强碱树脂的活性基团电离能力强，其交换容量基本上与水的 pH 无关。弱酸树脂在水中 pH 值低时不电离或仅部分电离，因而只能在碱性溶液中才会有较高的交换能力。弱碱树脂则相反，在水中 pH 值高时不电离或仅部分电离，只是在酸性溶液中才会有较高的交换能力，各种树脂的有效 pH 值范围见表 7-3。

表 7-3　各种类型树脂的有效 pH 值范围

| 树脂类型 | 强酸阳树脂 | 弱酸阳树脂 | 强碱阴树脂 | 弱碱阴树脂 |
| --- | --- | --- | --- | --- |
| 有效 pH 值范围 | 1～14 | 5～14 | 1～12 | 0～7 |

## 206 什么是固定床离子交换器?

离子交换器内装设的交换剂在交换过程中处于固定位置，此类离子交换器称为固定床，并且原水的交换处理和树脂失效后再生是在同一交换器内、不同时间里分别进行的。固定床离子交换器中使用最广泛的是顺流再生和逆流再生两种方式。

(1) 顺流式固定床离子交换器

在顺流式固定床离子交换器中，运行（交换）时水的流动和再生时再生液的流动方向均为由上向下，故称顺流。它的结构装置如图 7-4 所示。交换器内自上而下为：进水装置、再生液分配装置、交换层、石英砂垫层和排水装置。

工作过程为运行、反洗、再生、置换、正洗五个步骤。运行滤速为 15～20m/h，再生液的流速为 4～6m/h，再生剂的耗量按下述范围考虑：Na 型强酸性阳树脂为 110～120g NaCl/mol，H 型强酸性阳树脂为 70～80g HCl/mol 或 100～150g $H_2SO_4$/mol，强碱性阴树脂为 100～120g NaOH/mol。

顺流式离子交换器的特点为：设备结构及操作较简单；再生度较低的树脂处于出水端，因此出水水质较差；再生剂的用量大，再生度低，导致树脂的工作交换容量偏低。

(2) 逆流式固定床离子交换器

在逆流式固定床离子交换器中，被处理的水从上向下流动，再生液则从下向上流动，故称逆流。再生和置换时离子交换树脂层不发生上下混层是保证逆流再生效果的关键。为此，应控制再生液的流速，并采用了不同的顶压方式，包括空气顶压法、水顶压法、低流速再生法和无顶压法等。

空气顶压法的再生过程见图 7-5。逆流式固定床离子交换器再生剂的耗量按下述范围考虑：Na 型强酸性阳树脂为 80～100g NaCl/mol，H 型强酸性阳树脂为 50～55g HCl/mol 或 60～70g $H_2SO_4$/mol，强碱性阴树脂为 60～65g NaOH/mol。

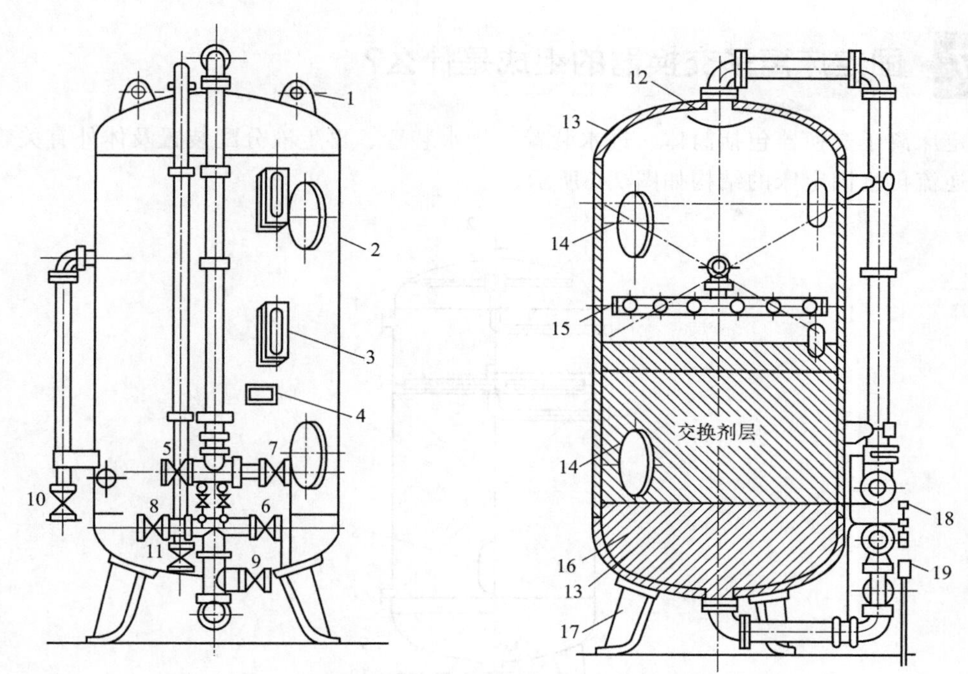


图 7-4　顺流式固定床离子交换器设备的结构示意图

1—吊耳；2—罐体；3—窥视孔；4—标牌；5—进水管；6—出水管；7—反洗排水管；8—正洗、再生排水管；9—反洗进水管；10—进再生液管；11—排空气管；12—进水装置；13—上、下封头；14—上、下入孔门；15—进再生液装置；16—排水装置（在石英砂层内，图中未示）；17—支腿；18—压力表；19—取样槽

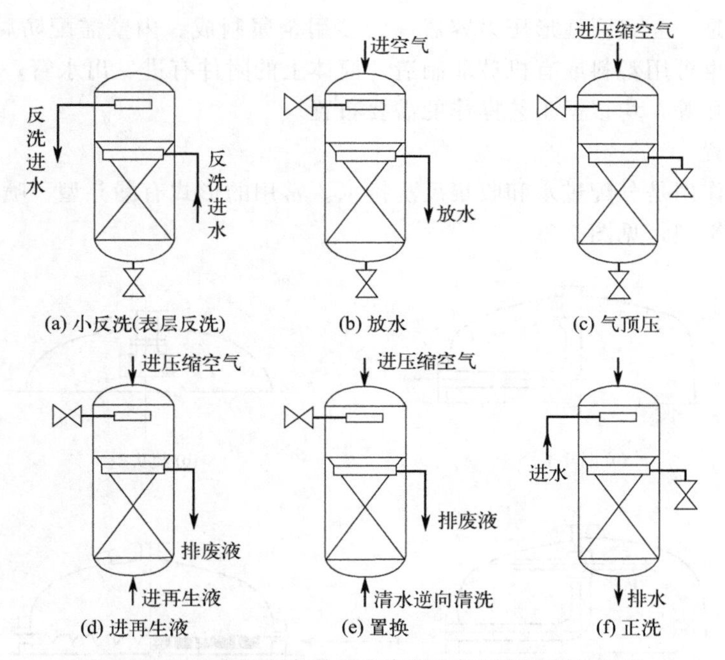


图 7-5　逆流式固定床离子交换器空气顶压法再生过程

## 207 固定床离子交换器的组成是什么?

固定床离子交换器包括筒体、进水装置、排水装置、再生液分配装置及体外有关管道和阀门。逆流再生固定床的结构如图 7-6 所示。

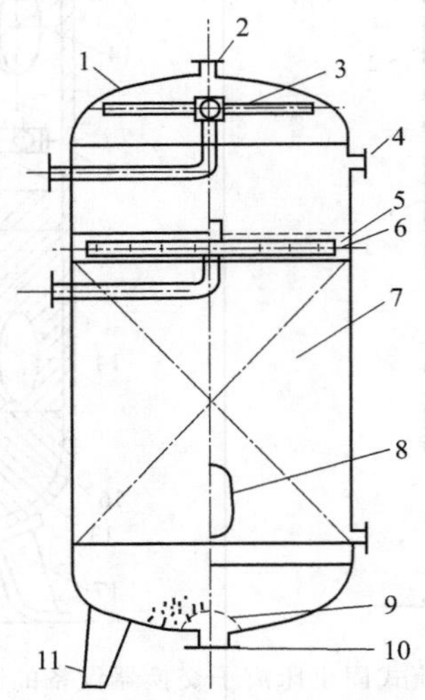


图 7-6 逆流再生固定床的结构

1—壳体；2—排气管；3—上布水装置；4—交换剂装卸口；5—压脂层；6—中排液管；7—离子交换剂层；8—视镜；9—下布水装置；10—出水管；11—底脚

(1) 筒体

固定床一般是一立式圆柱形压力容器，大多用金属制成。内壁需配防腐材料，如衬胶。小直径的交换器也可用塑料或有机玻璃制造。筒体上的附件有进、出水管，排气管，树脂装卸口，视镜，人孔等，均根据工艺操作的需要布置。

(2) 进水装置

进水装置的作用是分配进水和收集反洗排水。常用的形式有漏斗型、喷头型、十字穿孔管型和多孔板水帽型，见图 7-7。

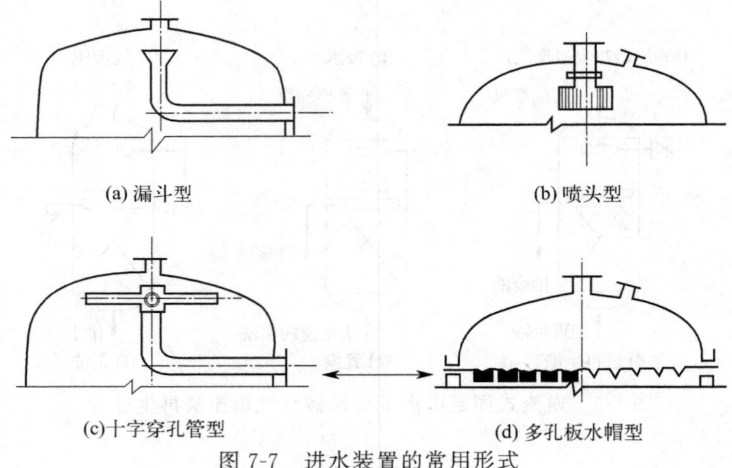


图 7-7 进水装置的常用形式

① 漏斗型　结构简单，制作方便。适用于小型交换器。漏斗的角度一般为60°或90°。漏斗的顶部距交换器的上封头约200mm，漏斗口直径为进水管的1.5～3倍。安装时要防止倾斜，防止树脂流失。

② 喷头型　结构也较简单，有开孔式外包滤网和开细缝隙两种形式。进水管内流速为15m/s左右，缝隙或小孔流速取1～1.5m/s。

③ 十字穿孔管型　管上开有小孔或缝隙，布水较前两种均匀，设计选用的流速同前。

④ 多孔板水帽型　布水均匀性最佳，但结构复杂，有多种帽型，一般适用于小型交换器。

(3) 底部排水装置

作用是收集出水和分配反洗水。应保证水流分布均匀和不漏树脂。常用的有多孔板排水帽式和石英砂垫层式两种。前者均匀性好，但结构复杂，一般用于中小型变换器。后者要求石英砂中$SiO_2$含量在99%以上，使用前用10%～20%HCl浸泡12～14h，以免在运行中释放杂质。砂的级配和层高根据交换器直径有一定要求，达到既能均匀集水，也不会在反洗时浮动的目的。在砂层和排水口间设有穹形穿孔支撑板。

在较大内径的顺流再生固定床中，树脂层面以上150～200mm处设有再生液分布装置。常用的有辐射型、圆环型、母管支管型等几种。对小直径固定床，再生液通过上部进水装置分布，不另设再生液分布装置。

在逆流再生固定床中，再生液自底部排水装置进入，不需设再生液分布装置，但需在树脂层面设一中排装置，用来排放再生液。在小反洗时，兼作反洗水进水分配管。中排装置的设计应保证再生液分配均匀，树脂层不扰动，不流失。常用的有母管支管式和支管式两种。前者适用于大中型交换器，后者适用于$\phi$600mm以下的固定床，支管为1～3根。上述两种支管上有细缝或开孔外包滤网。

## 208 什么是连续床离子交换器?

连续床离子交换器是离子交换树脂在动态下运行的交换器，并且原水的交换处理和树脂失效后的再生是在不同装置内同时进行的。在连续床离子交换器中，离子交换树脂层周期地移动（移动床）或连续移动（流动床），排出一部分已经失效的树脂和补充等量的再生好的树脂，被排出的树脂在另一设备中进行再生。图7-8为几种不同方式的连续床离子交换系统。

连续床的优点是运行流速高，可达60～100m/h，单台设备处理水量大，总的树脂用量少。不足之处是系统复杂，再生剂耗量高，树脂的磨损大等。

## 209 什么是混合床离子交换器?

将阳、阴两种离子交换树脂充分地混合在一个离子交换器内，同时进行阳、阴离子交换的设备，称为混合床离子交换器，简称混床。混合床离子交换器的结构见图7-9。其结构特点是在离子交换树脂层的中间增加了一层中间排水装置（排出再生废液）和在底部装有进压缩空气的装置（用于混层搅拌）。混合床离子交换器的工作过程是分层反洗、分层再生、树脂混合、正洗、交换运行。

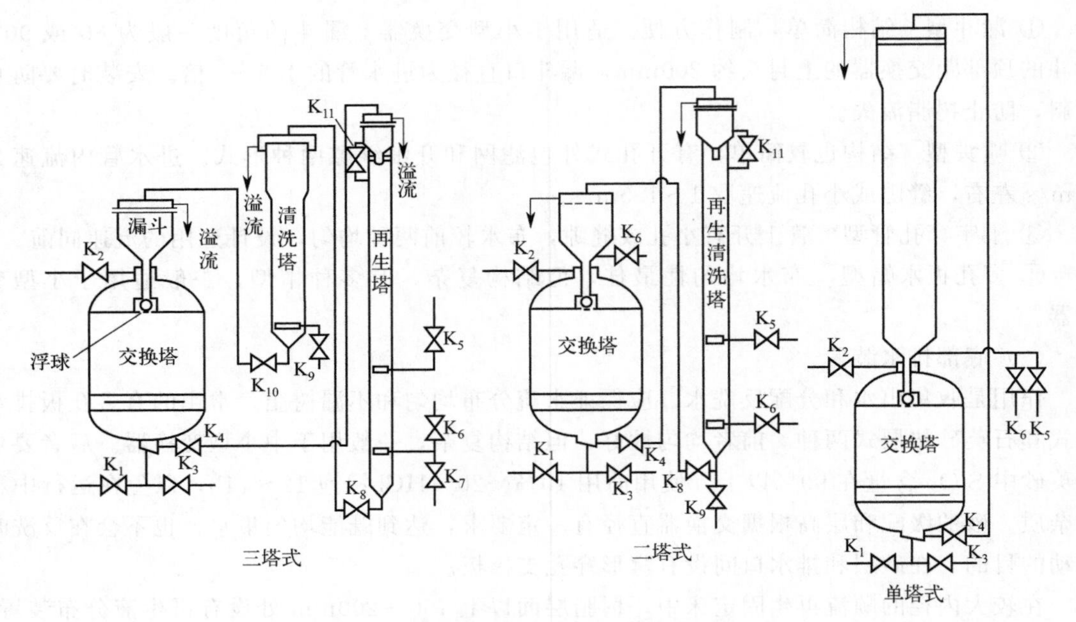


图 7-8 几种不同方式的移动床离子交换系统

$K_1$—进水阀；$K_2$—出水阀；$K_3$、$K_7$、$K_9$—排水阀；$K_4$—失效树脂输出阀；$K_5$—进再生液阀；$K_6$—进置换水或清洗水阀；$K_8$—再生后树脂输出阀；$K_{10}$—清洗好树脂输出阀；$K_{11}$—连通阀

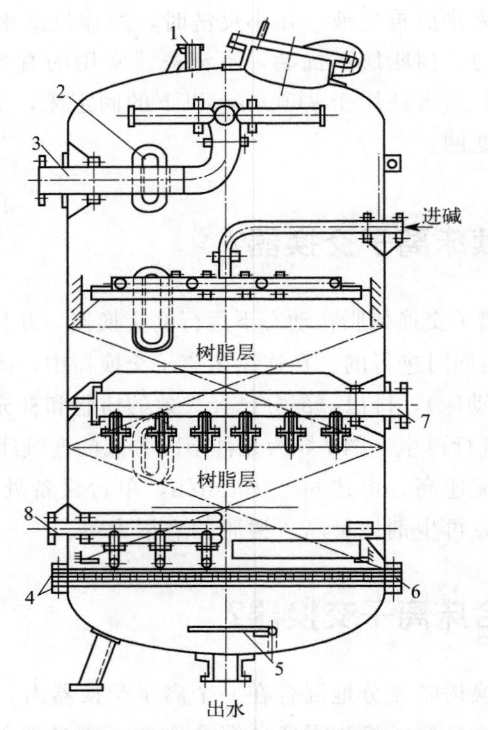


图 7-9 混合床离子交换器的结构

1—放空气管；2—窥视孔；3—进水装置；4—多孔板；5—挡水板；6—滤布层；7—中间排水装置；8—进压缩空气装置

混合床的优点是：出水水质好，工作稳定，设备数目比复床少等。缺点是：树脂的交换容量利用率低，树脂磨损大，再生操作复杂等。根据混合床的特点，混合床一般设在一级复床之后，对除盐起“精加工”作用，并可采用很高流速，一般为50～100m/h。

## 210 离子交换树脂再生液系统有哪些类型？

离子交换树脂再生液系统有盐液再生系统、酸液再生系统和碱液再生系统三种类型。

（1）盐液再生系统

盐液再生系统用于Na型阳离子交换器的再生，以工业食盐作为再生剂。

系统的构成包括盐液制备系统和输送系统两大部分。其中，盐液制备系统有食盐溶解器（适用于小型离子交换器）和食盐溶解池两种形式，室温下饱和盐液的浓度为23%～26%。盐液输送系统由泵或水射器、计量箱等组成。水射器是一种常用的流体输送设备，水射器用压力水作为介质，所以在输送盐液的同时，也稀释了盐液。树脂再生液中NaCl的浓度控制在5%～8%。使用中只要用计量箱和水射器之间的阀门就可以调节所需要的稀释程度，设备简单，操作方便。

（2）酸液再生系统

阳离子交换树脂需要用酸再生，可以采用工业盐酸或工业硫酸作为再生剂。

用盐酸作再生剂较简单，先用泵把地下储酸槽中的浓盐酸送至高位酸槽，再依靠重力流入计量箱，再生时用水射器直接稀释成3%～4%的再生液送至离子交换器中。因工业盐酸的浓度较低（30%左右），此法所需盐酸用量（体积）较大，并且盐酸的腐蚀性较大，对设备的要求高。

用硫酸作再生剂时，因工业硫酸的浓度高（96%左右）、用量少，并且由于碳钢耐浓硫酸，可以直接用碳钢容器存放，防腐问题小。但对再生液的配置浓度必须严格控制，否则会在树脂中产生$CaSO_4$沉淀析出物。在实际生产中，多采用分步再生法，即先用低浓度高流速的硫酸再生液再生，然后逐步提高硫酸浓度，降低流速。再生液的浓度视原水中$Ca^{2+}$的含量和所占水中阳离子的比例，计算或调试确定。输配原理与盐酸系统相同。

（3）碱液再生系统

阴离子交换树脂的再生剂为氢氧化钠。工业氢氧化钠产品有固体和液体两种，液体浓度约为30%，使用较为方便，其再生系统和设备与盐酸再生系统相同。为了提高阴离子树脂的再生效果，再生时多对碱液加热使用（在水射器前用蒸汽将压力水加热）。若采用固体氢氧化钠（含量95%以上），则先将其溶解成30%～40%的碱液后再用。

## 211 如何进行离子交换树脂的再生？影响因素有哪些？

离子交换树脂的再生，一方面可恢复树脂的交换能力，另一方面可回收有用物质。化学再生是交换的逆过程。根据离子交换平衡式：$RA+B \rightleftharpoons RB+A$，如果显著增加A离子浓度，在浓度差作用下，大量A离子向树脂内扩散，而树脂内的B则向溶液扩散。反应向左进行，从而达到树脂再生的目的。

固定床再生操作包括反洗、再生和正洗三个过程。反洗是逆交换水流方向通入冲洗水和空气，以松动树脂层，清除杂物和破碎的树脂。经反洗后，将再生剂以一定流速（4～8m/h）通过树脂层，再生一定时间（不小于30min），当再生液中B浓度低于特定设定值后，停止再生，通水正洗。正洗时水流方向与交换时水流方向相同。有时再生后还需要对树脂作转型处理。离子交换树脂再生效果的影响因素包括以下几个方面。

（1）再生剂的种类

对于不同性质的原水和不同类型的树脂，应采用不同的再生剂。选择再生剂既要有利于再生液的回收利用，又要求再生效率高、洗脱速度快、价廉易得。如，用钠型阳离子树脂交换纺丝酸性废水中的$Zn^{2+}$，用芒硝（$Na_2SO_4 \cdot 10H_2O$）作再生剂，再生液的主要成分是浓缩的$ZnSO_4$，可直接回用于纺丝的酸浴工段。再如，用烟道气（$CO_2$）作为弱酸性阳离子树脂的再生剂也可以得到很好的再生效果。

一般对强酸性阳离子树脂用HCl或$H_2SO_4$等强酸及NaCl、$Na_2SO_4$再生；对弱酸性阳离子树脂用HCl、$H_2SO_4$再生；对强碱性阴离子树脂用NaOH等强碱及NaCl再生；对弱碱性阴离子树脂用NaOH、$Na_2CO_3$、$NaHCO_3$等再生。

（2）再生剂用量

树脂的交换和再生均按等当量进行。理论上，1当量的再生剂可以恢复树脂1当量的交换容量，但实际上再生剂的用量要比理论值大得多，通常为2～5倍。实验证明，再生剂用量越多，再生效率越高。但是，当再生剂用量增加到一定值后，再生效率随再生剂用量增长不大。因此，再生剂用量过高既不经济也无必要。

当再生剂用量一定时，适当增加再生剂浓度，可以提高再生效率。但再生剂浓度太高，会缩短再生液与树脂的接触时间，反而降低再生效率，因此存在最佳浓度值。

（3）再生方式

固定床的再生主要有顺流和逆流两种方式。再生剂流向与交换时水流方向相同者，称为顺流再生，反之称为逆流再生。顺流再生的优点是设备简单、操作方便、工作可靠；缺点是再生剂用量多，再生效率低，交换时出水水质较差。逆流再生时，再生剂耗量少（比顺流法少40%左右），再生效率高，而且能保证出水质量；但设备较复杂，操作控制较严格。采用逆流再生，切忌搅乱树脂层，应避免进行大反洗，再生流速通常小于2m/h。也可采用气顶压、水顶压或中间排液法操作。

## 212 离子交换技术在废水处理中的应用特点有哪些?

工业废水水质复杂，常含有各种悬浮物、油类和溶解盐类，在采用离子交换法处理前需要进行适当的预处理。

① 离子交换的处理效果受pH的影响较大，$H^+$会影响某些离子在废水中的形态，并影响树脂交换基团的离解。必要时需预先进行pH的调整。

② 离子交换的处理效果还受到温度的影响，温度高有利于交换速度的增加，但过高的水温对树脂有损害，应适当降温。

③ 高价金属离子会引起离子交换树脂的中毒，即由于高价离子与树脂交换基团的结合能力极强，再生下来极为困难。因此，对于处理含有$Fe^{3+}$等高价离子的树脂，需要定期用高浓度的酸再生。

④ 对于含有氧化剂的废水，应尽量采用抗氧化性好的树脂。

⑤ 对于同时含有有机污染物的废水，可以采用大孔型树脂对有机物进行吸附。

⑥ 废水处理的再生残液中污染物质的含量很高，应考虑回收利用。再生剂的选择应便于回收。离子交换处理只是一种浓缩过程，并不改变污染物的性质，对再生残液必须妥善处置。

离子交换树脂在工业废水处理中主要用于回收金属离子和进行低浓度放射性废水的预浓缩处理。

## 213 离子交换树脂对电镀废水中铬的回收效果如何?

电镀生产中排放的废水的特点是种类多、水质复杂。除含氰废水和酸碱废水外，还有各种重金属以及各种表面活性剂、柠檬酸、EDTA、硫脲、炔二醇、香豆素等光亮剂、添加剂。电镀废水不经过处理就进行排放，会污染饮用水和工业用水，对人类生存和生态环境造成巨大危害。

含 Cr(Ⅵ)≤50mg/L 的电镀废水，首先经过滤除去悬浮物，再经过强酸性阳离子(RH)交换柱，除去金属离子（$Cr^{3+}$、$Fe^{3+}$、$Cu^{2+}$ 等），然后进入强碱性阴离子（ROH）交换柱除铬，除去铬酸根 $CrO_4^{2-}$ 和重铬酸根 $Cr_2O_7^{2-}$，出水中 Cr(Ⅵ) 浓度小于 0.5mg/L，达到排放标准，并可以作为清洗水循环使用。阳树脂失效后用 4%～5% HCl 再生，用量为2倍树脂体积。

阴离子（ROH）交换柱采用双柱串联，使前一级柱充分饱和后再进行再生，以节省再生剂用量，并提高再生残液中 $Na_2CrO_4$ 的浓度。阴离子交换树脂交换容量约为 65g Cr(Ⅵ)/L。阴树脂失效后用 8% NaOH 再生，用量为 1.2～2 倍树脂体积。离子交换法废水除铬流程如图 7-10 所示。

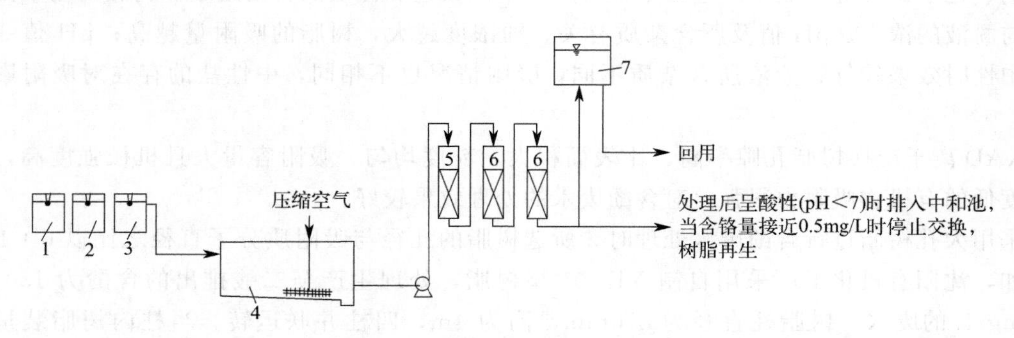


图 7-10　离子交换法废水除铬流程

1—电镀槽；2—回收槽；3—清洗槽；4—含铬污水调节池；5—阳柱；6—阴柱；7—高位水箱

## 214 离子交换树脂对含镍废水的处理效果如何?

含镍废水主要来自镀镍生产过程中镀槽废液和镀件漂洗水。废镀液量少，但其中镍离子浓度非常高。镀件漂洗水是电镀废水的主要来源，占车间废水排放量的 80%以上。镀件漂洗水量大，但其中镍离子浓度与废镀液相比小很多。含镍废水除了有以硫酸镍和氧化镍为主的游离态镍，还有因生产工艺需要添加的各种络合剂，与废水中的$Ni^{2+}$形成更稳定的TA-Ni、CA-Ni、SP-Ni等酸性络合镍，使得含镍废水难以有效处理，其超标排放还会对环境造成严重的污染。

Elshazly等使用阳离子交换树脂去除氯化镍废水中的$Ni^{2+}$，研究了镍离子浓度、搅拌度和温度等参数对镍离子与树脂之间扩散控制反应的传质系数的影响。发现镍离子与环氧树脂之间的传质系数随着镍离子浓度的增加而降低，随着搅拌程度和温度的提高而增加。环氧树脂对镍离子的处理效率高达88.5%。

因为工业废水越来越复杂，现有离子交换树脂不能满足所有废水的去除需求，所以很多学者开始自制离子交换树脂材料。如新型凝胶除铁树脂应用于凝结水精处理系统，与常规树脂相比，其关联度下降了2%，水分增加了9%，表面积增加了近六倍；新型大孔苯乙烯系弱碱性树脂，具有交换容量高、易再生等特点，在补给水处理中具有较好的抗氧化和抗有机物性能；新型001×7、201×7树脂具有机械强度高、抗频繁再生和疲劳性能提高等特点，在补给水处理中较传统树脂有较大优势。韩科昌等通过离子交换及再生的方法，研究了NDA-36树脂对实际电镀废水中Ni的吸附效果及回收率。在温度为313K的条件下，当pH分别为3和5时，NDA-36树脂对$Ni^{2+}$的去除效果最好；再生实验表明，回收率基本接近100%。

## 215 离子交换树脂对含酚废水的处理效果如何？

含有酚类物质的废水来源广泛，危害较大。焦化厂、煤气厂、煤气发生站产生大量含酚废水。石油炼制厂、页岩炼油厂、木材防腐厂、木材干馏厂，以及用酚作原料或合成酚的各种工业，如树脂、合成纤维、染料、医药、香料、农药、炸药、玻璃纤维、油漆、消毒剂、上浮剂、化学试剂等工业生产过程中都可产生不同数量和性质的含酚废水。树脂对酚吸附的好坏与酚液的浓度、pH值及所含杂质有关。酚浓度越大，树脂的吸附量越高；pH值一般接近中性时效果较好；酚液所含杂质不同，吸附情况也不相同，中性盐的存在对吸附影响不大。

XAD离子交换树脂孔隙率高、比表面积大、粒度均匀、吸附容量大且机械强度高，对溶解度低的有机物吸附力很强，对含酚废水的处理效果较好。

采用大孔树脂进行含酚废水处理时，所选树脂的孔径与吸附质分子直径之比以6∶1最好。如，沈阳有机化工厂采用自制YIX-01型树脂，处理生产癸二酸排出的含酚为1300～2500mg/L的废水，树脂柱直径为870mm，高为4m，四柱并联运转。当柱内树脂装量为1m、床速为3L/(L树脂·h)、树脂层高为1750mm、下降速度为5m/h、pH值为5～6时，进水含酚浓度为1700mg/L，经树脂柱处理，脱酚效率达99.9%以上。饱和后树脂用10%的NaOH溶液解吸，其用量为树脂的5倍，解吸再生液含酚1%左右，再用篦麻油酸解吸其中的酚，含酚5%的蓖麻油酸作裂化原料使用。

## 216 离子交换树脂对含汞废水的处理效果如何？

汞对人类的危害是众所周知的，其主要来自氯碱工业，在有氯存在时，汞离子形成

$HgCl^+$、$HgCl_2$、$HgCl_3^-$ 和 $HgCl_4^{2-}$ 等络合离子，这些离子之间是处于平衡状态的。常用的离子交换除汞技术有两种：一种是使用含巯基阳离子交换剂，另一种是使用含有异硫脲或氨基甲酸酯基的阴离子交换剂。

① 巯基对 $Hg^{2+}$ 和 $HgCl^+$ 离子有很高的亲和力，其反应为：

$$2RSH + Hg^{2+} \rightleftharpoons (RS)_2Hg + 2H^+$$

$$RSH + HgCl^+ \rightleftharpoons RSHgCl + H^+$$

络合离子从溶液中去除后，将使平衡移动，于是 $HgCl_4^{2-}$ 被解离成 $HgCl_2$ 和 $HgCl^+$ 离子。当大部分正离子被去除后，则 $HgCl_4^{2-}$ 离子便进一步解离并被除去。

② 汞的络合阴离子易被强碱性阴离子交换树脂所吸附。应用树脂交换法还能对废水起到脱色作用，处理的水清晰透明。因为处理过汞废水的离子交换树脂的再生需要大量过剩的盐酸，处理水的含汞浓度高且有机汞基本不能除去。所以失效后的树脂不再回收，作为汞废渣回收汞，防止了二次污染。应用离子交换法适宜处理低浓度含汞废水，有明显的社会效益和经济效益。

目前已能生产选择性吸附汞的树脂，而且还能吸附有机汞。

## 217 离子交换树脂是否可以用于镀铜/镉/锌及贵金属废水处理?

离子交换树脂可以用于镀铜/镉/锌及贵金属废水处理。

(1) 镀铜废水

镀铜工艺分为无氰镀铜和氰化镀铜两类。无氰镀铜主要采用硫酸铜镀铜、焦磷酸盐镀铜等。

① 硫酸铜废水可用弱酸或强酸阳树脂处理，以 $Na^+$ 型树脂交换，用 $H_2SO_4$ 再生然后用 NaOH 转型成 $Na^+$ 型。

② 焦磷酸盐镀铜废水主要以焦铜络合阴离子$[Cu(P_2O_7)_2]^{6-}$状态存在，可用阴树脂来吸附$[Cu(P_2O_7)_2]^{6-}$络阴离子，然后用硫酸盐再生，回收的焦磷酸铜可回槽再用。

③ 氰化镀铜废水中主要含$[Cu(CN)_3]^{2-}$络合阴离子及少量游离氰（$CN^-$）。处理方法采用除 $Cu^+$ 阳柱和除 $CN^-$ 阴柱串联系统。

吊版镀铜工艺流程见图 7-11。

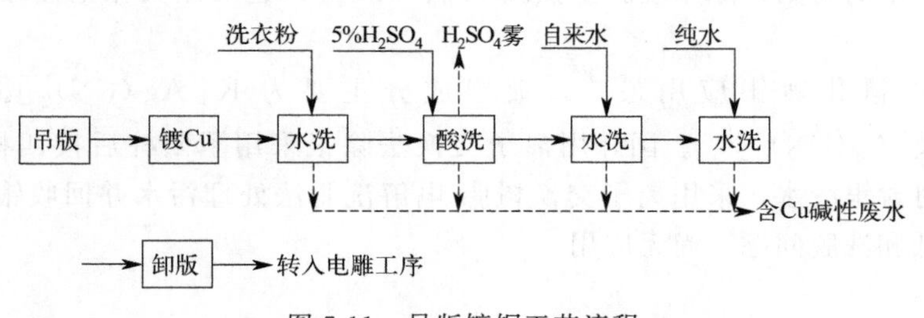


图 7-11 吊版镀铜工艺流程

(2) 镀镉废水

镀镉也分为无氰镀镉和氰化镀镉两类。无氰镀镉以氨-羧络合型为主，废水中主要含$[Cd(CH_2COO)_3N]^-$及与 EDTA 络合的 $[CdY]^{2-}$ 的阴离子。氰化镀镉废水中主要含

$[Cd(CN)_4]^{2-}$络阴离子及少量$[Cd(CN)_3]^-$，此外还有少量游离氰（$CN^-$）。

用离子交换法处理氰化镀镉废水，一般有三种方法：

① 直接采用阴离子交换树脂；

② 先用化学法破氰，使镉从络合物中游离出来，再用腐殖酸阳树脂交换吸附；

③ 在水中加入过量的$Cd^{2+}$金属离子，使水中游离氰形成镉氰络合阴离子，然后再用阴离子交换树脂除去。

无氰镀镉废水采用离子交换法处理时，一般先将废水酸化到pH＝2～3，破坏络阴离子，使$Cd^{2+}$解离出来，然后用阳树脂交换吸附，也可直接采用阴树脂交换吸附。

（3）镀锌废水

镀锌工艺也分为氰化镀锌和无氰镀锌两类。目前，生产中应用较多的是无氰镀锌，主要有锌酸盐和氯化物型两种。对于废液的主要成分，前者为氧化锌、氢氧化钠和络合剂，如三醇胺等，后者为氯化锌和氯化钾。

碱性锌酸盐镀锌废水可采用$H^+$-$Na^+$交换处理，而对酸性废水可采用$Na^+$-$H^+$型交换处理。对钾盐氯化型镀锌废水，宜采用$Na^+$-$Na^+$型双阳柱流程。

（4）贵稀金属废水

镀金工艺一般分为微酸性低氰镀金和强酸性高氰镀金，这两种镀金清洗废水中，金多以$[Au(CN)_2]^-$络合阴离子形式存在。金是贵金属，必须加以回收。由于树脂对$[Au(CN)_2]^-$络合阴离子交换势较高，用一般酸、碱难以从树脂上将其洗脱，因此常采用焚烧树脂法回收金，其工艺见图7-12。

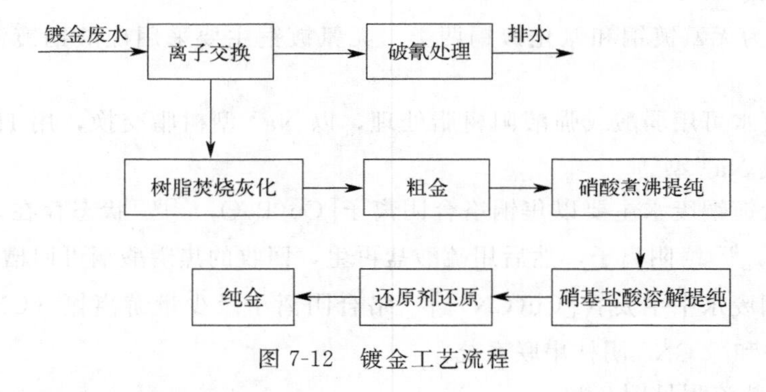

图7-12 镀金工艺流程

处理镀金废水的树脂，除用凝胶型强碱717、711外，也可用大孔型强碱D-291、D-231树脂。

镀银工艺以氰化镀银应用最广，镀银成分主要为$K[Ag(CN)_2]$。废水中含有$[Ag(CN)_2]^-$及$[Ag(CN)_3]^{2-}$。国外用离子交换法除银采用了阳柱后接四根阴柱的方法。国内有工厂针对含银废水，采用离子交换树脂-电解洗脱法处理污水并回收银，但目前树脂由于交换容量低和洗脱问题，尚无应用。

## 218 离子交换树脂对放射性废水的处理效果如何？

放射性废水是指核电厂、核燃料前处理和乏燃料后处理以及放射性同位素应用过程中排出的各种废水，不同废水所含放射性核素的种类和浓度、酸度、其他化学组分等差异很大。

核电站废水中，主要核素包括$^{58}Co$、$^{60}Co$、$^{134}Cs$、$^{137}Cs$、$^{90}Sr$、$^{3}H$等；核燃料循环前段的废水中，核素以铀、镭及其子体居多，如铀矿的开采和选矿产生的含铀、镭等天然放射性核素的矿坑废水或选矿废水；在核燃料元件制造中，各种金属的提纯和设备的清洗会产生含有少量铀的稀硝酸-氢氟酸废水，这种废水的污染水平相当低。乏燃料后处理废水中，主要核素包括$^{137}Cs$、$^{90}Sr$及铀、钚、超铀核素等。

在放射性废水处理流程中，离子交换是不可缺少的，离子交换法主要针对低放射性废水处理，其中包括高纯度、化学试剂含量低的废水及化学废水、实验室排水及洗衣房废水等。应用离子交换树脂处理放射性废水，其去污因数达$10^3$，最高可达$10^5$。放射性废水中，使用的交换剂有无机的和有机的，其床型也是多种多样的，而且大都采用远距离自动操作。无机离子交换剂处理放射性废水的基本工艺流程如图7-13所示。

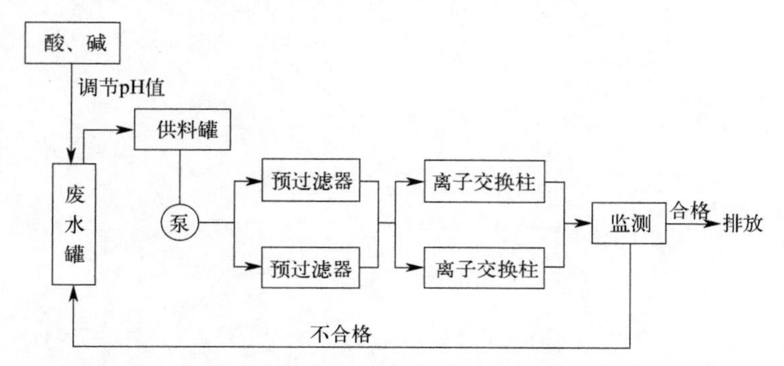


图7-13 无机离子交换剂处理放射性废水的基本工艺流程

## 219 如何进行固定床离子交换器的设计计算?

离子交换器的设计包括选择合适的离子交换树脂，确定合理的工艺系统，计算离子交换器的尺寸大小，再生计算和阻力核算等。其中，交换器的尺寸计算主要是直径和高度的确定。

交换器直径可由交换离子的物料衡算式计算：

$$Qc_0T=q_wHA$$

由此可推得：

$$D=\sqrt{\frac{4Qc_0T}{\pi nq_wH}}$$

式中，$Q$为废水流量，$m^3/h$；$c_0$为进水中交换离子浓度，$eq/m^3$；$T$为两次再生间隔时间，h；$n$为交换器个数，一般不应少于2个；$q_w$为交换剂的工作交换容量，$eq/m^3$；$H$为交换剂床层高，m；$A$为交换器截面积，$m^2$；$D$为交换器的直径，m，其值一般小于3m。

更简单地，可由要求的制水量和选定的水流空塔速度来计算塔径：

$$Q=Av$$

式中，$v$为空塔流速，m/h，一般为10～30m/h。

交换器筒体的高度包括树脂层高、底部排水区高和上部垫层高三部分。设计时应首先确定交换剂层高度。树脂层越高，树脂的交换容量利用率越高，出水水质好，但阻力损失大，投资增多。通常树脂层高可选用 1.5～2.5m。对于进水含盐量较高的场合，塔径和层高都应适当增加，以保证运行周期不低于 24h。树脂层上部水垫层的高度主要取决于反冲洗时的膨胀高度和配水的均匀性。逆流再生时膨胀率一般采用 40%～60%，顺流再生时这个高度可以适当减小。底部排水区高度与排水装置的形式有关，一般取 0.4m 左右。

离子交换树脂的重量可以由上述树脂层高、塔截面积和树脂密度计算得到。如果测定了离子交换的平衡线和操作线，也可以由传质速率方程式积分求解。

根据计算得出的塔径和塔高选择合适尺寸的离子交换器，然后进行水力核算。

# 膜分离技术

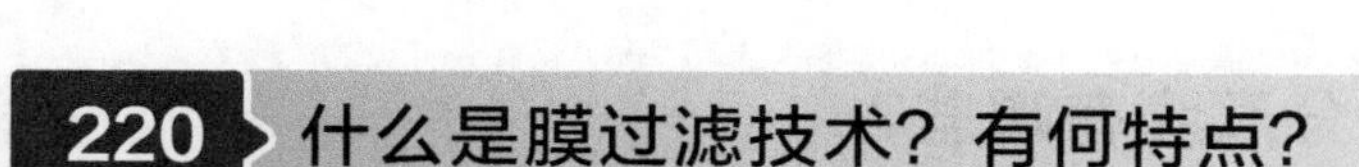

## 220 什么是膜过滤技术？有何特点？

膜过滤技术是指以压力差为驱动力，通过选择性透过膜将废水中的污染组分分离开来的技术。根据膜孔径的大小，可分为微滤技术、超滤技术、纳滤技术和反渗透技术。

膜过滤技术有如下特点：

① 系统应用过程中能耗可接受，通常情况下不会发生相变；

② 膜过滤效果好，可分离多种物质，效率较高；

③ 膜过滤适用的污染物范围较广；

④ 膜过滤设备体积小，节省占地；

⑤ 膜过滤操作简单，便于检修和维护，应用该技术的可靠性较高；

⑥ 过滤出水水质好，工艺的稳定性高；

⑦ 一次净化即可实现固液分离，不会造成二次污染；

⑧ 滤膜稳定性好，不易变形。

## 221 膜分离技术经历了怎样的发展历程？

膜分离现象广泛存在于自然界中，但人类对它的认识和研究却经过了漫长而曲折的道路。膜分离技术的工程应用是从20世纪60年代海水淡化开始的。1960年洛布和索里拉金教授制成了第一张高通量和高脱盐率的醋酸纤维素膜，这种膜具有对称结构，从此使反渗透从实验室走向工业应用。其后各种新型膜陆续问世，1967年美国杜邦公司首先研制出以尼龙-66为膜材料的中空纤维膜组件；1970年又研制出以芳香聚酰胺为膜材料的“Pemiasep B-9”中空纤维膜组件，并获得1971年美国柯克帕特里克化学工程最高奖。此后，反渗透技术在美国得到迅猛的发展，随后在世界各地相继应用。其间微滤和超滤技术也得到相应的发展。

我国膜科学技术的发展是从1958年研究离子交换膜开始的。1965年着手反渗透的探索，1967年开始的全国海水淡化会战，大大促进了我国膜科技的发展。微滤、电渗析、反渗透和超滤等各种膜和组器件都相继研究开发出来。20世纪80年代以后，膜分离技术逐渐走向成熟。膜分离技术的发展历史如表8-1所示。在膜技术发展的推动下，其他新型分离技术及膜分离与其他分离技术结合的集成过程也逐渐得到重视和发展。

表 8-1 膜分离技术发展历史

| 膜过程 | 国家 | 年份 | 应用 |
| --- | --- | --- | --- |
| 微滤 | 德国 | 1920 | 实验室用（细菌过滤器） |
| 超滤 | 德国 | 1930 | 实验室用 |
| 血液渗析 | 荷兰 | 1950 | 人工肾 |
| 电渗析 | 美国 | 1955 | 脱盐 |
| 反渗透 | 美国 | 1960 | 海水脱盐 |
| 超滤 | 美国 | 1960 | 大分子物质浓缩 |
| 气体分离 | 美国 | 1979 | 氢回收 |
| 膜蒸馏 | 美国 | 1981 | 水溶液浓缩 |
| 全蒸发 | 德国/荷兰 | 1982 | 有机溶液脱水 |

## 222 废水处理中常用的分离膜有哪些?

在废水处理中，常用的分离膜有微滤膜、超滤膜、纳滤膜、反渗透膜和电渗析膜，其基本特征见表 8-2。

表 8-2 膜滤分类及其基本特征

| 膜过程 | 推动力 | 分离原理 | 渗透物 | 截留物 | 膜结构 |
| --- | --- | --- | --- | --- | --- |
| 微滤（MF） | 压力差（0.01～0.2MPa） | 筛分 | 水、溶剂溶解物 | 悬浮物、颗粒、纤维和细菌（0.08～10μm） | 对称和不对称多孔膜（孔径为 0.05～10μm） |
| 超滤（UF） | 压力差（0.1～0.5MPa） | 筛分 | 水、溶剂、离子和小分子（分子量＜1000） | 生化制品、胶体和大分子（分子量为 1000～300000） | 不对称结构的多孔膜（孔径为 2～100μm） |
| 纳滤（NF） | 压力差（0.5～2.5MPa） | 筛分＋溶解/扩散 | 水和溶剂（分子量＜200） | 溶质、二价盐、糖和染料（分子量为 200～1000） | 致密不对称膜和复合膜 |
| 反渗透（RO） | 压力差（1.0～10.0MPa） | 溶解/扩散 | 水和溶剂 | 全部悬浮物、溶质和盐 | 致密不对称膜和复合膜 |
| 电渗析（ED） | 电位差 | 离子交换 | 电离离子 | 非解离和大分子物质 | 阴、阳离子交换膜 |

## 223 膜的常用制备方法有哪些?

依据膜的形式不同，可将废水处理中常用的分离膜分为平板膜、管式膜、中空纤维膜；依据膜材料不同，可分为有机膜和无机膜；依据膜结构的不同，可分为均相膜、非均相膜和复合膜。不同材料、形式与结构下，膜的常用制备方法如下。

（1）有机高分子膜的制备

① 平板膜

a. 流延法。将过滤和静置脱泡后的铸膜液直接倒在洁净的平板上，然后用刮刀在平板上从一端向另一端均匀地刮膜，并用刮刀上缠绕着的细金属丝的粗细来控制膜的厚度，最后将溶剂蒸发，即可得到均匀的聚合物薄膜。流延操作也可固定基板移动流延咀，或固定流延咀而移动基板，膜的流延厚度可通过固定在流延咀上的微调螺丝来调节。

b. 浸沉凝胶相转化法（L-S 法）。将一均匀的铸膜液倾倒在一个平板上，用刮刀把它刮成一均匀薄层，然后连铸膜液带板放入一个凝胶槽中，凝胶液要求对溶质不溶而与溶剂能互相溶解。在槽中，铸膜液中的溶剂不断扩散进入凝胶液中，而凝胶液也扩散进入铸膜液中，等到一定程度后铸膜液就转变成一张高聚物固体薄膜了。

② 管式膜

a. 内压式管膜。选择一根内径均匀的管子（玻璃管或不锈钢管），在管中放置一锥锤和一定量的制膜液，然后使锥锤匀速向上运动或管子匀速向下运动，这样在锥锤与管内径的间隙处就会留下一层制膜液，同时也决定了膜的厚度。将该管浸入凝胶槽中，则制膜液便可凝胶成内压式管膜。

b. 外压式管膜。选择合适尺寸的多孔管（PVC 或 PE 管等），使它通过定向环和底部有一锥孔的制膜液储筒，这样多孔管的外壁上就涂上了一层制膜液，将该管浸入凝胶槽，便可得到所需的外压式管膜。

③ 中空纤维膜

中空纤维膜可分为均相膜、非均相膜和复合膜。中空纤维的直径通常为 25～200μm，它的结构与纺丝液组成及温度、喷丝构件的结构、精度及喷丝速度等因素有关。中空纤维的制备有两种方法：溶（湿）纺和熔（干）纺，其中溶纺法使用较多。

a. 溶纺法。将聚合物的溶液过滤后从纺织头挤进去，同时中间通以空气或液体，这样溶液由喷丝头喷出后即可形成中空纤维，然后进入凝胶浴。凝胶后的纤维经漂洗、干燥后收集于滚筒上。制膜时如果通入的是水，则形成内表面致密的非对称中空纤维；如果通入的是稍加压的空气或惰性气体，稍蒸发后进入适当的凝胶浴，则纤维外形成致密的表皮层。

b. 熔纺法。将聚合物加热熔融后压入纺丝头的环形喷口，熔纺纤维离开喷丝头可拉伸成很细、薄的纤维，制成中空纤维膜。

（2）无机膜的制备

无机膜可分为致密膜、多孔膜和复合非对称修正膜。无机膜的制备方法主要有以下几种。

① 溶胶-凝胶法　利用高活性的化学物质作为前驱物，以水为反应物，同时加入一定量的分散剂（如无水乙醇）和抑制剂（如 $HNO_3$ 等），通过水解缩合等反应过程形成透明稳定的溶胶，无机膜的制备便是将相应的膜支撑体浸入到溶胶中，让溶胶粒子充满整个支撑体，过程中可以加入合适的增黏剂，将溶胶均匀涂膜在支撑体表面，因分子间作用力和溶胶胶团间形成的静电作用力，胶粒会自动形成具有一定结构的胶体网络，经过烘干后可将微纳米粒子固定在支撑体上，再通过一定的温度对支撑体焙烧，便可形成孔径均匀分布的无机膜。

② 固态粒子烧结法　常用于微滤陶瓷膜和金属膜的制备。其一般过程为：将一定粒径的粉体材料（100～1000nm）分散在适当的溶剂中，利用合适的添加剂形成稳定的悬浮液。通过一定的注塑工艺之后，再干燥和煅烧，得到多孔陶瓷膜和膜载体。

③ 薄膜沉积法　薄膜沉积法在微孔膜和致密膜的制备上有广泛的应用。它是将膜材料通过一定的方法与载体进行结合，从而制得薄膜。载体和膜材料沉积结合方式主要有溅射、金属镀、气相沉积和离子镀。薄膜沉积方法主要包括化学气相沉积法、喷射热分解法等。

（3）复合膜的制备

一般是先制造多孔支撑膜，然后在其表面形成一层非常薄的致密皮层，这两层材料一般是不同的高聚物。

① 浸涂法　常用不对称超滤膜作为底膜，将底膜浸入涂膜液中，把底膜从浸膜液中取出时，一薄层溶液附在其上，然后加热使溶剂挥发，溶质交联，从而形成复合膜。

② 界面聚合法　该方法是在基膜的表面上直接进行界面反应，形成超薄分离膜层。

③ 等离子体聚合法　在辉光放电的情况下，有机和无机小分子进行等离子聚合直接沉积在多孔的基膜上，形成以等离子聚合物为超薄层的复合膜。

## 224 如何进行膜材料保存?

膜的保存对其性能极为重要，主要为防止微生物、水解、冷冻对膜的破坏和收缩变形。

① 微生物的破坏主要发生在醋酸纤维素膜，而水解和冷冻破坏则对任何膜都可能发生。

② 温度、pH 值不适当和水中游离氧的存在均会造成膜的水解。

③ 冷冻会使膜膨胀而破坏膜的结构。

④ 膜的收缩主要发生在湿态保存时的失水，收缩变形使膜孔径大幅度下降，孔径分布不均匀，严重时还会造成膜的破裂。当膜与高浓度溶液接触时，由于膜中水分急剧地向溶液中扩散而失水，也会造成膜的变形收缩。

如果是短期存放（5～30d），膜元件的保存操作如下：

① 清洗膜元件，排除内部气体；

② 用 1%亚硫酸氢钠保护液冲洗膜元件，浓水出口处保护液浓度达标；

③ 全部充满保护液后，关闭所有阀门，使保护液留在压力容器中；

④ 每 5 天重复步骤②、③。

如果是长期存放，存放温度在 27℃以下时，每月重复步骤②、③一次；存放温度在 27℃以上时，每 5 天重复步骤②、③一次。恢复使用时，应先用低流量进水冲洗 1h，再用大流量进水（浓水管调节阀全开）冲洗 10min。

## 225 什么是膜的浓差极化现象？如何改善?

由于膜的选择透过性，在超滤、纳滤和反渗透等分离过程中，溶剂从高压侧透过膜到低压侧，大部分溶质被截留，溶质在膜表面附近积累，造成由膜表面到溶液主体之间形成具有浓度梯度的边界层。它将引起溶质从膜表面通过边界层向溶液主体扩散，这种现象称为浓差极化，如图 8-1 所示。

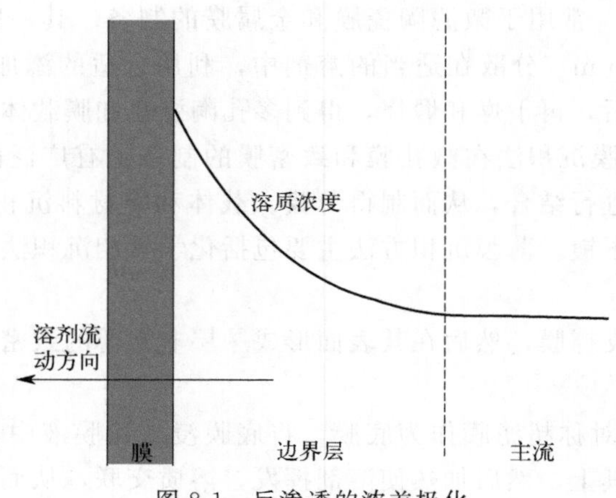


图 8-1　反渗透的浓差极化

减轻浓差极化的有效途径是提高传质系数，可采取的措施有：提高料液流速，增强料液湍动程度，提高操作温度，对膜面进行定期清洗和采用性能好的膜材料等。

## 226 造成膜污染的原因有哪些?

膜污染是指废水中的微粒、胶体粒子或溶质大分子由于与膜存在物理化学作用或机械作用而引起的在膜表面或膜孔内吸附、沉积造成膜孔径变小或堵塞，使膜产生透过流量与分离特性的不可逆变化现象。

影响膜污染的因素不仅与膜本身的特性有关，如膜的亲水性、荷电性、孔径大小及其分布宽窄、膜的结构、孔隙率及膜表面粗糙度，也与膜组件结构、操作条件有关，如温度、溶液 pH 值、盐浓度、溶质特性、料液流速、压力等，对于具体应用对象，要作综合考虑。

① 粒子或溶质尺寸与膜孔的关系　当粒子或溶质的尺寸与膜孔相近时，极易产生堵塞作用，而当膜孔小于粒子或溶质的尺寸时，由于横切流作用，它们在膜表面很难停留聚集，因而不易堵孔。另外，对于球形蛋白质、支链聚合物及直链线型聚合物，它们在溶液中的状态也直接影响膜污染；同时，膜孔径分布或分割分子量敏锐性，也对膜污染产生重大影响。

② 膜结构　膜结构的选择对膜污染而言也很重要。对于微滤膜，对称结构较不对称结构更易堵塞；对于中空纤维膜，单内皮层中空纤维膜比双皮层膜抗污染能力强。

③ 膜、溶质和溶剂之间的相互作用　膜-溶质、溶剂-溶质、溶剂-膜相互作用对膜污染的影响中，以膜与溶质的相互作用影响为主。相互作用力包括静电作用力、范德华力、溶剂化作用及空间立体作用。

④ 膜表面粗糙度、孔隙率等膜的物理性质　显然，膜表面光滑，则不易污染；膜面粗糙，则易吸留溶质污染。

⑤ 蛋白质浓度　即使溶液中蛋白质等大分子物质的浓度较低（0.001～0.01g/L），膜面也可形成足够的吸附，使通量有明显下降。

⑥ 溶液的 pH 值和离子强度　pH 值的改变不仅会改变蛋白质的带电状态，也改变膜的性质，从而影响吸附，故是膜污染的控制因素之一。溶液中离子强度的变化会改变蛋白质的构型和分散性，影响吸附。膜面会强烈吸附盐，从而影响膜的通量。

⑦ 温度　温度的影响比较复杂，温度上升，料液黏度下降，扩散系数增加，降低了浓差极化的影响；但温度上升会使料液中的某些组分的溶解度下降，使吸附污染增加。温度过高还会因蛋白质变性和破坏而加重膜的污染，故温度的影响需综合考虑。

⑧ 料液流速　膜面料液的流动状态，流速的大小都会影响膜污染。料液的流速或剪切力大，有利于降低浓差极化层和膜表面沉积层，使膜污染降低。

此外，膜污染程度还与膜材质，保留液中溶剂及大分子溶质的浓度、性质，膜与料液的表面张力，料液与膜接触的时间，料液中微生物的生长状况，膜的荷电性和操作压力等有关。

## 227 如何进行膜的清洗与维护?

膜的清洗分为物理清洗、化学清洗和生物清洗三种。

（1）物理清洗

利用高流速的水或空气和水的混合流体冲洗膜表面，这种方法具有不引入新污染物、清洗步骤简单等特点，但该法仅对污染初期的膜有效，清洗效果不能持久。通常有低压高流速清洗、反压清洗及这两者的联用。

低压高流速即在较低的操作压力下尽可能地加大膜面流速，该法一方面使得溶质分子在膜面停留的概率降低，另一方面减轻了料液与膜面之间的浓差极化。反压清洗即通过在膜的透过液一侧施加压力，使透过液反向透过膜。该法一方面可以冲掉堵塞在膜孔内的污染物，另一方面对料液侧膜表面的附着层也有着一定的冲洗作用。

（2）化学清洗

化学清洗是在水流中加入某种合适的化学药剂，连续循环清洗，该法能清除复合污垢，迅速恢复膜通量。

① 酸清洗　使用的酸有 $HNO_3$、$H_3PO_4$、柠檬酸等。可以单独使用，也可以联合使用。

② 碱清洗　常用碱（NaOH）和络合剂（EDTA）清洗。

③ 酶洗涤剂　酶洗涤剂对去除有机物，特别是蛋白质、多糖类、油脂等污染物有效。

（3）生物清洗

生物清洗是借助微生物、酶等生物活性剂的生物活动去除膜表面及膜内部的污染物。这类方法又可分为两类。一类类似于化学清洗方法，使用清洗剂清洗，所不同的是此类清洗剂具有生物活性。另一类则通过特殊的方法将生物剂固定在膜上，使膜具有抗污染的能力。对含蛋白体系的混合物膜分离过程，酶制剂清洗是一种非常有效的方法。

## 228 废水处理常见膜组件有哪些类型？

工业上常用的膜组件有板框式、管式、螺旋卷式和中空纤维式四种类型。

（1）板框式

板框式膜组件类似于板框压滤机，是由几块或几十块承压板、微孔支撑板和反渗透膜组成。在每一块微孔支撑板的两侧，贴着膜材料，通过承压板把膜与膜之间组装成相互重叠的形式。用长螺栓固定，“O”形圈密封。结构如图所示 8-2 所示。

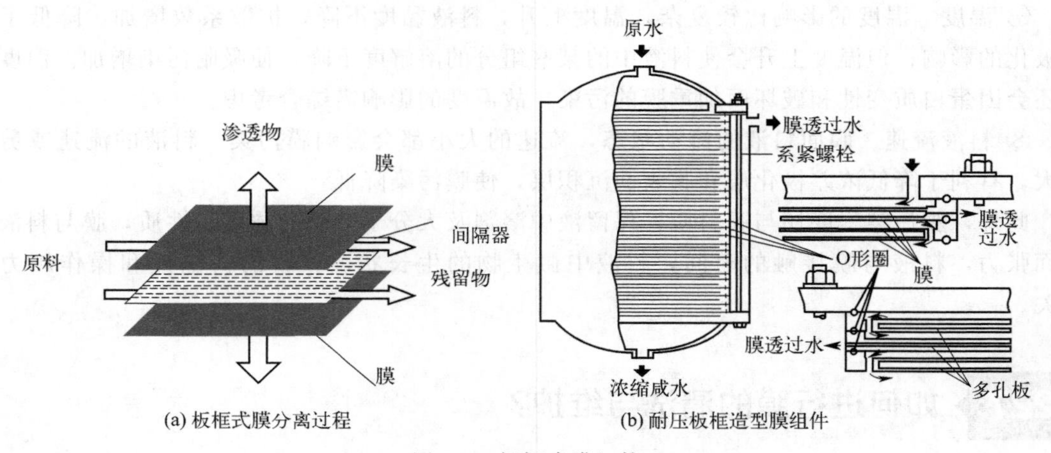


(a) 板框式膜分离过程　(b) 耐压板框造型膜组件

图 8-2　板框式膜组件

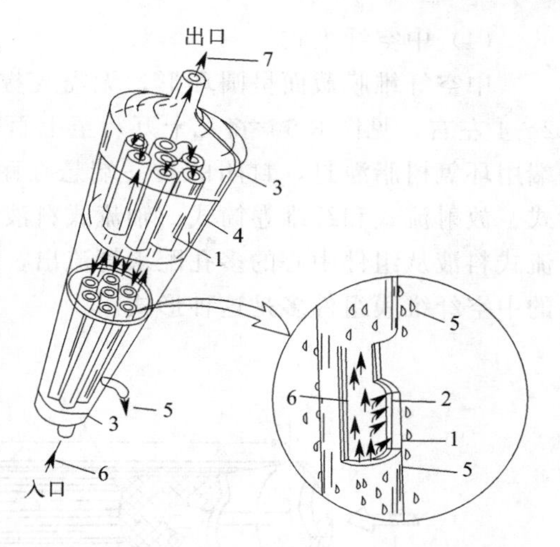


图 8-3 内压型管束式膜组件

1—玻璃纤维管；2—膜；3—末端配件；4—PVC 清水搜集外套；5—清水；6—供给水；7—浓缩水

优点：制造组装简单，操作方便，易于维护、清洗、更换。

缺点：密封较复杂，压力损失大，装填密度小。

(2) 管式

管式膜组件主要由圆管状及其多孔耐压支撑管构成。内压管式膜组件是将膜材料置于多孔耐压支撑管的内壁，原水在管内承压流动，清水通过膜由多孔支撑管渗出。结构见图 8-3。外压管式膜组件是直接将膜涂刮到多孔支撑管外壁，再将数根膜组装后置于一承压容器内。管式膜组件类型较多，除上述内压及外压管式膜组件外，还有套管式组件。

优点：料液可以控制湍流流动，不易堵塞，易清洗，压力损失小。

缺点：装填密度小。

(3) 螺旋卷式

螺旋卷式简称卷式，构造如图 8-4 所示。在两层膜中间有一层透水垫层，把两层半透膜的三个面用黏合剂密封，组成了卷式膜的一个膜叶。几片膜叶重叠，膜叶之间衬有作为原水流动通道的网状隔层，膜叶与网状隔层绕在中心管上形成螺旋卷筒，称为膜芯。几个膜芯放入一圆柱形承压容器中即为卷式组件。普通卷式组件从组件顶端进水，原水流动方向与中心管平行。

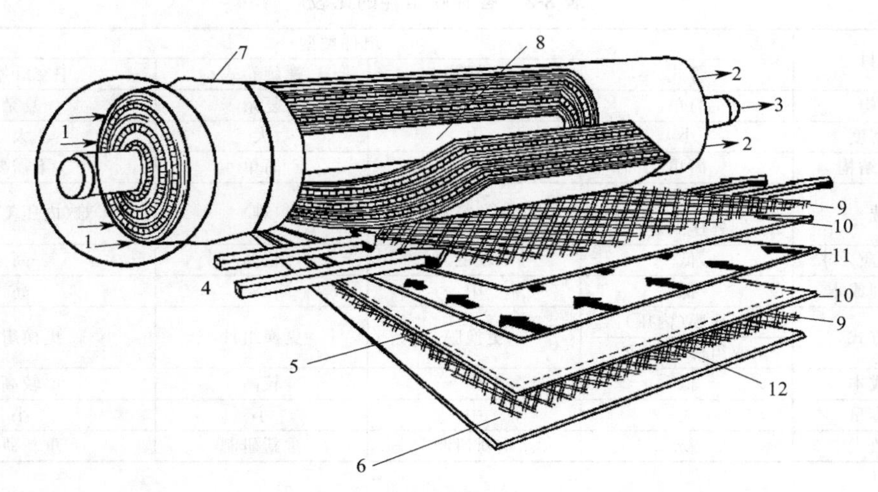


图 8-4 螺旋卷式膜组件

1—原水；2—废弃液；3—渗透水出口；4—原水流向；5—渗透水流向；6—保护层；7—组件与外壳间的密封；8—收集渗透水的多孔管；9—隔网；10—膜；11—渗透水的收集系统；12—连接两层膜的缝线

优点：膜的装填密度高；膜支撑结构简单；浓差极化小；容易调整膜面流态。

缺点：中心管处易泄漏；膜与支撑材料的黏结处，膜易破裂而泄漏；膜的安装和更换困难。

(4) 中空纤维式

中空纤维膜截面呈圆环形，无需支撑材料。外径一般为40～250μm，外径对内径比为2～4左右，见图8-5。将几十万乃至上百万根中空纤维弯成U形装入耐压容器，并将开口端用环氧树脂灌封，封闭的另一端悬在耐压容器中。根据料液流动方向，组件可分为轴流式、放射流式和纤维卷筒式。轴流式料液流动的方向与装在筒内的中空纤维方向平行。放射流式料液从组件中心的多孔配水管流出，沿半径的方向从中心向外呈放射流动。目前商品化的中空纤维膜组件多是这种形式。

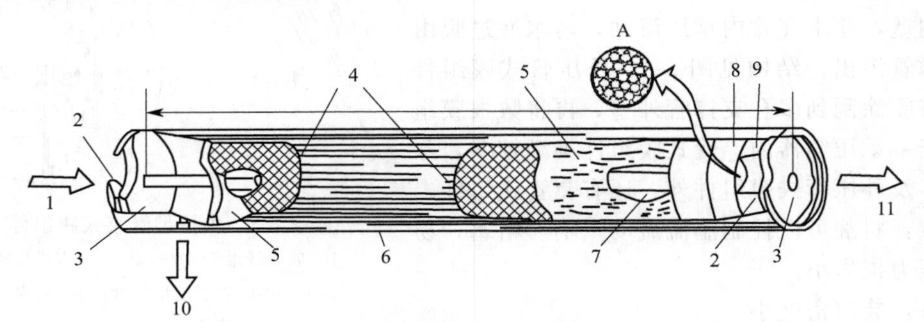


图8-5 中空纤维式膜组件

1—原水进口；2—O形环密封；3—端板；4—流动网格；5—中空纤维膜；6—壳；7—原水分布管；8—环氧树脂管板；9—支撑管；10—浓缩水出口；11—透过水出口；A—中空纤维膜放大断面图

以上四种膜组件类型各有其特点和相适宜的应用范围，表8-3列出了各种膜组件的特点。

表8-3 各种膜组件的比较

| 比较项目 | 组件类型 | | | |
|---|---|---|---|---|
| | 管式 | 板框式 | 螺旋卷式 | 中空纤维式 |
| 组件结构 | 简单 | 非常复杂 | 复杂 | 复杂 |
| 膜装填密度 | 小 | 中 | 大 | 大 |
| 膜支撑体结构 | 简单 | 复杂 | 简单 | 不需要 |
| 膜清洗 | 内压式易<br>外压式难 | 非常容易 | 难 | 难(内压UF易) |
| 对处理水水质要求 | 低 | 较低 | 较高 | 高 |
| 水质前处理成本 | 低 | 中 | 高 | 高 |
| 膜更换方式 | 更换膜(内压)<br>或组件(外压) | 更换膜 | 更换组件 | 更换组件 |
| 膜更换成本 | 低 | 中 | 较高 | 较高 |
| 要求泵容量 | 大 | 中 | 小 | 小 |
| 按比例放大 | 易 | 重新研制 | 重新研制 | 重新研制 |

## 229 什么是微孔过滤技术?

微孔过滤又称微滤，是以微孔滤膜为过滤介质，在0.1～0.3MPa的压力推动下，截留废水中的砂砾、淤泥、黏土等颗粒和藻类、细菌等，而几乎所有的水分子、小分子及少量大分子溶质都能透过膜的分离过程。对微滤技术的研究是从19世纪初开始的，它是膜分离技术中最早产业化的一种，以天然或人工合成的聚合物制成的微孔过滤膜最早出现于19世纪中叶。第二次世界大战后，美国和英国也对微孔滤膜的制造技术和应用进行了广泛的研究，这些研究对微滤技术的迅速发展起到了推动作用，全世界微孔滤膜的销售量，在所有合成膜中居第一位。据QYResearch调研显示，2022年我国微滤膜材料的需求额为20亿元人民币，预计2029年将达到30亿元。

微滤技术在中国的开发则较晚，基本上是20世纪80年代初期才起步，发展速度非常快。截止至2019年，中国微滤技术已形成191亿元的年产值，经济、社会效益也非常显著。通过国家“十五”和“十一五”科技攻关，中国的微滤技术改变了仅有醋酸-硝酸混合纤维素（CA-CN）膜片的局面，相继开发了醋酸纤维素（CA）、聚苯乙烯（PS）、聚四氟乙烯（PTFE）、尼龙等膜片和筒式滤芯，聚丙烯（PP）、聚乙烯（PE）、聚四氟乙烯（PTFE）等控制拉伸致孔的微孔膜和聚酯、聚碳酸酯等的核径迹微孔膜，无机微孔膜也有了自己的产品。近十几年来，中国在微滤膜、组件及相应的配套设备方面有了较大的进步，并在废水处理领域有较广泛的应用。

## 230 微滤技术的分离原理与去除对象是什么？

根据污染组分在微滤过程中的截留位置（图8-6），主要有三种分离机制：筛分、吸附和架桥。其有效分离范围为0.1～10μm的粒子，主要用于去除废水中的砂砾、淤泥、黏土等颗粒和藻类及部分细菌等，操作静压差一般在0.01～0.2MPa之间。

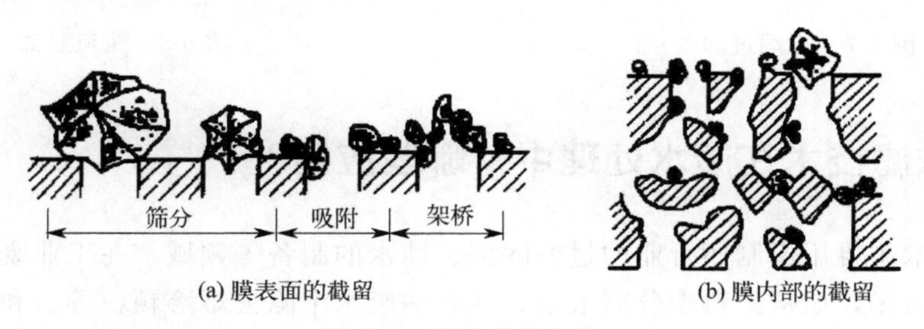

(a) 膜表面的截留　　(b) 膜内部的截留

图8-6　微滤截留位置

① 筛分　微孔滤膜拦截比膜孔径大或与膜孔径相当的微粒，又称机械截留。

② 吸附　微粒通过物理化学吸附作用而被滤膜截留。在吸附作用下，尺寸小于膜孔的微粒也可被截留。

③ 架桥　微粒间相互堆积推挤，导致许多微粒无法进入膜孔或卡在孔中，进而被去除。

## 231 何为死端过滤？

死端过滤是膜通道一端封闭，废水在静止受压状态下向膜外渗透的一种过滤方式，见图8-7。死端过滤出水回收率可达95%，但在过滤过程中，膜内表面上不断有悬浊粒子被截流，不断被截流的固形悬浮粒子增厚形成滤饼层，使过滤膜阻力增大，过滤速度减小。为了减少过滤阻力，恢复膜过滤状态，需要对过滤膜洗涤，操作较烦琐。死端过滤是间歇式的，必须周期性地停下来清洗膜表面的污染层或更换膜。

死端过滤操作简便易行，适于实验室等小规模的场合。固含量低于0.1%的废水通常采用死端过滤；固含量为0.1%～0.5%的废水则需要进行预处理；而对于固含量高于0.5%的废水，通常采用错流过滤操作。

## 232 何为错流过滤?

错流过滤是废水从一端进入膜通道，从另外一端流出，见图8-8。因为膜通道内流体的流速很高，在过滤的同时，浓缩液体可以扫流一部分附着在膜表面的附着物一同流出，膜通道内表面附着的截留物较少。因此，错流过滤反冲洗频率较低，但是由于错流过滤液体从一端进入膜通道内，从另外一端流出，流体在膜通道内基本上是水平方向的推动力，垂直作用于膜表面的推动力（压力）很小，废水向膜外渗透力较弱，单位时间获得的水量较少，回收率较低（30%～40%）。与死端过滤相比，错流过滤反冲洗频率较低，操作简单，特别适合需长期运行的大型过滤设备，国内普遍采用这种过滤技术。

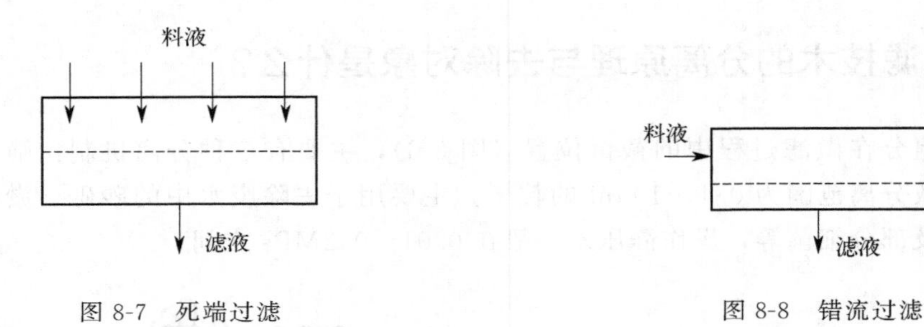


图8-7 死端过滤　　图8-8 错流过滤

## 233 微滤技术在废水处理中有哪些应用?

微滤膜技术主要用于制药行业的过滤除菌、纯水的制备等领域，在工业废水处理等方面也具有潜在的市场，如从染料中分离溶剂，从含油废水中除去难溶颗粒等。和澄清、过滤预处理系统相比较，作为预处理装置的微滤的产水量提高了15%～25%。

微滤技术在中药提取中的应用较多，主要涉及对中药有效成分的提取，对中药浸膏进行制备，对中药口服液进行制备，对中药注射剂进行制备。

在发酵行业，微滤技术也得到了非常广泛的应用。利用微滤技术能够在常温下将啤酒中残留的细菌去除，从而使啤酒的原始风味得到有效的保持，同时将包括酒花树脂、单宁、蛋白质等混合发酵液中的悬浊物去除，使啤酒的口味和透明度得到改善。

在乳品工业中，微滤能够将脱脂乳中99.99%的细菌、孢子和体细胞截留掉。一方面微滤能够作为巴氏杀菌的预处理工艺来使液态奶的货架期得以延长，另一方面采用了微滤技术的延长保质期牛奶（ESL奶），使牛奶的原汁原味和较高营养价值得以保持。

微滤技术在废水处理中的应用范围举例如表8-4所示。

**表8-4 微滤技术的应用范围举例**

| 孔径/μm | 用途 |
| --- | --- |
| 12 | 微生物学研究中分离细菌液中的悬浮物 |
| 3～8 | 有机液体中分离水滴(憎水膜)，药液灌封前过滤 |

续表

| 孔径/μm | 用途 |
|---|---|
| 0.6～0.8 | 大剂量注射液、油类澄清过滤、液体中残渣的测定 |
| 0.45 | 水、饮料食品中大肠杆菌检测，饮用水中磷酸根的测定，培养基除菌过滤，血球计数用电解质溶液的净化，去离子水的超净化，液体中微生物的部分滤除，反渗透进水水质控制 |
| 0.2 | 药液、生物制剂和热敏性液体的除菌过滤，液体中细菌计数，泌尿液镜检用水的除菌，电子工业中用于超净化 |
| 0.1 | 沉淀物的分离 |
| 0.01～0.03 | 较粗金溶胶的分离，噬菌体和较大病毒（100～250nm）的分离 |

## 234 什么是超滤技术？

超滤技术是膜分离技术的一种，是以 0.1～0.5MPa 的压力差为推动力，利用多孔膜的拦截能力，以物理截留的方式，将溶液中大小不同的物质颗粒分开，从而达到纯化和浓缩、筛分溶液中不同组分的目的。超滤起源于 1748 年，Schmidt 用棉花胶膜过滤溶液，当施加一定压力时，溶液（水）透过膜，而蛋白质、胶体等物质则被截留下来，其过滤精度远远超过滤纸，于是他提出“超滤”一词。1896 年，Martin 制出了第一张人工超滤膜。20 世纪 60 年代，分子量级概念的提出，是现代超滤的开始。70 年代和 80 年代是超滤技术的高速发展期，90 年代以后开始趋于成熟。我国对超滤技术研究较晚，70 年代尚处于研究期间，80 年代末才进入工业化生产和应用阶段。

## 235 超滤技术的分离原理和去除对象是什么？

一般认为，超滤属于筛分过程，在静压差为推动力的作用下，废水中的水分子和小溶质粒子从高压侧透过膜到低压侧，称为滤出液或透过液，而大粒子组分被膜所阻拦。按照上述分离机理，超滤膜具有选择性表面层的主要作用是形成具有一定大小和形状的孔，聚合物的化学性质对膜的分离特性影响不大。超滤原理示意图见图 8-9。

超滤膜一般为非对称膜，由一层极薄（通常为 0.1～1μm）、具有一定孔径的表皮层和一层较厚（通常为 125μm）、具有海绵状或指状结构的多孔层组成，前者起筛分作用，后者起支撑作用。主要用于从液相物质中分离大分子化合物（蛋白质、核酸聚合物、淀粉、病毒、天然胶、酶等）、胶体分散液（黏土、颜料、矿物料、乳液粒子、微生物）以及乳液（润滑脂、洗涤剂、油水乳液）。

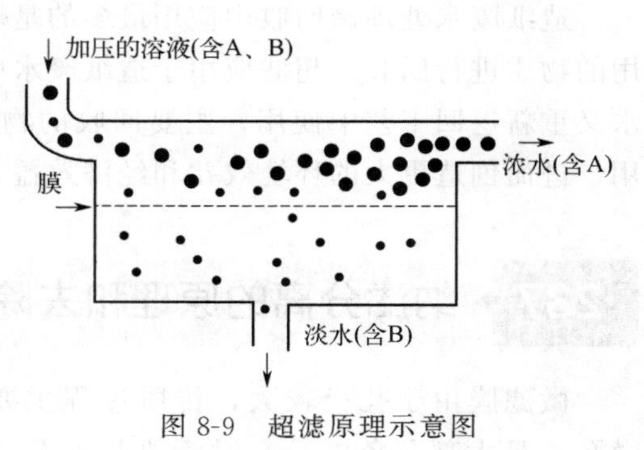

图 8-9 超滤原理示意图

## 236 超滤技术在废水处理中有哪些应用？

滤膜技术无论在生活污水还是在工业废水中都得到了广泛应用。

（1）生活污水处理

生活污水可采用超滤技术进行处理，处理后水质较好，可作为中水回用，且反应器占地面积小，设备投资低。广泛应用于小区中水回用和农村污水处理。实际应用中，超滤技术常与悬浮生长的活性污泥技术配合使用。

（2）含油废水处理

油分在水中主要以浮油、分散油和乳化油的形式存在。前两种可采用机械分离、凝聚沉淀、活性炭吸附等技术回收。但乳化油由于在水中分散的粒度小，常采用超滤膜进行分离。如，油田含油废水中通常油量为100～1000mg/L，排放前常采用中空纤维超滤技术，在操作压力为0.1MPa、水温40℃条件下，膜通量可达60～120L/($m^2$·h)，废水中的油分经处理后可达到环境排放标准。

（3）食品工业废水处理

食品加工过程中形成的废水，含有大量的蛋白质、淀粉、酵母、乳糖及脂肪等，都有一定的回收价值，而这类废水中的BOD和COD又较高，会对环境造成污染。用一般生化法较难处理，且无法回收其中有用的物质，用超滤法可以实现回收利用又达到净化废水的目的。如，采用中空纤维和管式超滤装置处理蟹加工废水时，入口压力采用0.18MPa，出口压力采用0.12MPa，浓缩倍数可达十倍，20L废水浓缩液经离心干燥可获得180g的干燥固体、含40%的蛋白质和23%～45%的脂肪。

（4）电镀废水处理

电镀废水的用水量高，其中的氰化物、六价铬、镍、铜、锌、镉等重金属离子具有很强的毒性，对人、动物和农作物等都会造成严重的危害。电镀废水的特点是可生化性小，且里面的金属离子难以被微生物吸收。目前，国内外治理电镀废水使用技术中，利用铁氧化法处理电镀废水，虽然原料方便和价廉，但是出水色感差、污泥量大。采用超滤膜和反渗透膜联用可以使镀镍废水中的电导率、镍、硝酸盐和总有机碳的去除率分别为97%、99.8%、95%和87%。利用超滤膜作为预处理，反渗透膜的污染明显减少，并且反渗透膜的通量能提高30%～50%。

（5）造纸废水的处理

造纸废水处理碱回收中应用最多的是燃烧法碱回收，此种方法不仅不经济，还没有对有用的物质进行回收。超滤应用于造纸废水中，主要是对某些成分进行浓缩并回收，而透过的水又重新返回工艺中使用，主要回收的物质是磺化木质素，它可以再返回纸浆中被再次利用，进而创造更大的环境效益和经济效益。

## 237 纳滤分离的原理和去除对象是什么？

微滤膜由于孔径较大，传质过程主要为孔流形式，即筛分效应。纳滤膜存在纳米级微孔，且大部分负电荷，对无机盐的分离行为不仅受化学势控制，同时也受电势梯度的影响。对于纯电解质溶液，因Donnan平衡，同性离子会被带电的膜活性层所排斥，如果同性离子为多价，截留率会更高，同时为了保持电荷平衡，反离子也会被截留，导致电子迁移流动与对流方向相反。但是，带多价反离子的共离子较带单价反离子的共离子其截留率要低，这可能是因为多价反离子对膜电荷的吸附和屏蔽作用。由于纳滤膜的分离区间介于超滤和反渗透之间，故可截留硫酸根离子，对钠离子和氯离子有高通量。图 8-10 是纳滤膜的分离原理图。

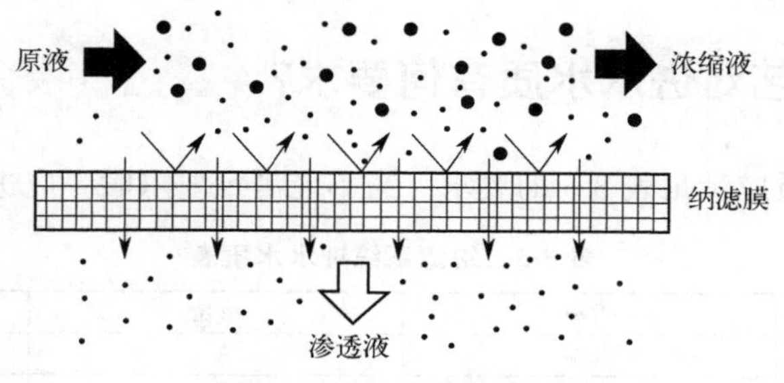


图 8-10　纳滤膜分离原理图

纳滤膜的表面分离层由聚电解质构成，孔径处于纳米级。主要去除直径为 1nm 左右的溶质粒子，截留分子量为 100～1000，在饮用水领域主要用于脱除三卤甲烷中间体，异味，色度，农药，合成洗涤剂，可溶性有机物，Ca、Mg 等硬度成分及蒸发残留物质。

## 238 纳滤技术对一价盐和高价盐的分离效果如何?

纳滤分离对分子量小于 200 的有机物以及一价离子的脱除效果较差，对二价以上离子以及分子量在 200～1000 范围内的有机物截留率较高。纳滤分离工艺主要利用纳滤膜对二价盐的选择性截留特性，实现一价盐氯化钠和二价盐硫酸钠在液相中的分离，氯化钠主要进入纳滤透过液，硫酸钠则在纳滤浓水中被浓缩。通过对纳滤透过液和浓缩液分别进行结晶处理，最终实现氯化钠和硫酸钠结晶盐的回收。主要含氯化钠的纳滤透过液一般先通过膜过程或蒸发工艺进行浓缩，之后进入蒸发结晶器，得到高纯度的氯化钠，极少量母液干化得到杂盐。由于二价盐被纳滤膜截留，纳滤透过液中氯化钠相对含量通常高于 95%。因此，这部分氯化钠结晶盐的回收率较高。纳滤浓水为氯化钠和硫酸钠的混合溶液，各组分的占比与原水组成以及纳滤单元水回收率有关，可据此进一步选择合适的热法分盐工艺对浓水中富集的硫酸钠进行回收。

## 239 纳滤分盐效果的主要影响因素有哪些?

不同性能纳滤膜元件的分盐效果受给水盐浓度、给水 pH、给水温度、产水通量及产水收率等运行工况的影响。其 pH 值、盐组分浓度及 COD 浓度影响效果如下。

① pH 值　水质为中性时，膜对煤化工废水两级膜脱盐浓水中 $SO_4^{2-}$ 的截留率均大于 98.5%，对 $Cl^-$ 的截留率较低，分盐效果最佳。

② 盐组分浓度　当调节纳滤进水中 $n(Cl^-):n(SO_4^{2-})=2:1$ 时，纳滤膜对 $SO_4^{2-}$ 的截留率最大，对 $Cl^-$ 截留率均在 5%以下，分盐效果较好。

③ COD 浓度　纳滤膜对 $Cl^-$ 的截留率随着 COD 浓度的降低而增加，在 COD 为 800mg/L 时，截留率均在 90%以下，道南效应明显；对 $SO_4^{2-}$ 的截留率随着 COD 浓度的降低而增加，COD 浓度对 $Ca^{2+}$ 和 $Mg^{2+}$ 的截留率影响不大。道南离子效应是溶质截留的主要

机理之一，对于处理不同自由离子的离子选择性膜，离子的分布平衡会导致离子穿过膜，甚至形成膜对盐的截留率为负值。

## 240 纳滤工艺对进水水质有何要求？

纳滤系统进水水质应满足表8-5的要求。当不能满足要求时，应进行前处理。

表8-5 纳滤系统进水水质表

| 序号 | 指标 | 单位 | 限值 |
| --- | --- | --- | --- |
| 1 | 水温 | ℃ | 4～35 |
| 2 | pH | | 6～9 |
| 3 | 浊度 | NTU | ≤0.5 |
| 4 | 铁 | mg/L | ≤0.3 |
| 5 | 锰 | mg/L | ≤0.1 |
| 6 | 余氯 | mg/L | ≤0.1 |
| 7 | 淤泥密度指数 $SDI_{15}$ | | ≤3.0 |

前处理系统的工艺通常包括混凝、沉淀（或气浮）和多级过滤单元，应根据不同原水特征进行选择：

① 当进水水源为地表水时，宜采用混凝→沉淀→（砂滤→）超滤→保安过滤；

② 当进水水源为深井地下水时，宜采用混凝→沉淀→锰砂过滤→超滤→保安过滤；

③ 当进水水源为高藻湖库水时，宜采用混凝→气浮→砂滤→超滤→保安过滤；

④ 当进水水源含有机物较高时，宜采用混凝→沉淀→（臭氧）活性炭过滤→超滤→保安过滤。

## 241 纳滤技术在废水处理中的应用现状与前景如何？

纳滤膜对废水中分子量为几百的有机小分子具有截留作用，对色度、硬度和异味有很好的去除能力，并且操作压力低，水通量大，因而在生活废水、食品废水、印染废水、重金属废水、造纸废水、石油废水、垃圾渗滤液等废水处理领域逐步得到应用。

(1) 生活废水

一般用生物降解/化学氧化法结合处理，但氧化剂的用量太大，残留物多。若在它们之间加上纳滤环节，使能被微生物降解的小分子（分子量＜100）透过，而截留住不能生物降解的大分子（分子量＞100）。大分子物质经过化学氧化器后再去生物降解，可以充分利用生物降解性，节约氧化剂和活性炭用量，降低最终残留物含量。

(2) 食品废水

食品工业废水属于高浓度重污染的工业废水，纳滤技术主要是用于对废水溶液进行浓缩、脱盐、脱色、调味和脱除杂质。如在植物油废水加工中，质量分数为20%固含量、2%自由脂肪酸的大豆油可以被直接浓缩到45%，同时处理废水时可以利用正己烷溶液回收部分酸，节能50%。在食品工业中，已可以利用纳滤技术较成功地处理乳清。

(3) 印染废水

染料行业的废水不仅污染物含量多、含盐率高、色度高，而且极难处理，其处理过程相当一部分反应物和副产品需要二次处理。纳滤技术不仅提高了染料的强度，而且提高了染料的色光，使其更加光彩夺目。刘梅红等人采用纳滤技术对上海某染料厂提供的蓝色染料废水进行处理，废水色度为13500倍、COD为10300mg/L、盐的质量分数＞5%，结果表明纳滤膜对染料的截留率和色度的去除率保持在100%左右，即使过程回收率达到80%（浓缩5倍）情况下，膜对废水中色度和COD的去除率仍高达99%以上。

（4）重金属废水

纳滤技术可以对重金属污染进行处理，保护环境的同时回收重金属，也节约了人力与物力。有关学者的研究表明，利用纳滤膜的孔径大小将大分子金属截留，在含Ni的污染溶液中，Ni可以达到93%的去除率。而纳滤膜对电镀含Ni废水的处理，去除率达到97%。

（5）造纸废水

纸浆厂冲洗水中含大量的污染物，采用纳滤膜替代传统的吸收和电化学处理法，能更为有效地除去深色木质素和木浆漂白过程产生的氯化木质素。与反渗透膜相比，纳滤膜的处理结果还在稳定上升中，如加以其他更有效技术的辅助，纳滤膜会发挥更大的作用。

（6）石油废水

用纳滤膜将原油废水分离成富油的水相和无油的盐水相，然后把富油相加入新鲜的供水中再进入洗油工序，这样既回收了原油又节约了用水。采用纳滤技术，不仅酚的脱除率可达95%以上，而且在较低压力下就能高效地将废水产生的镍、汞等重金属高价离子脱除，其费用比反渗透等方法低得多。

（7）垃圾渗滤液

采用垃圾渗透液＋填埋场的方式可以将大颗粒物溶解后再处理利用。然而，溶解后的溶液中重金属含量超标严重，进行锅炉高温加热产生的烟气又会污染空气，而且产生的杂质物会堵塞锅炉管道，影响均匀发热。相比之下，将溶解后的溶液利用纳滤膜处理，酸性物质的去除率达93%左右。

纳滤技术在废水处理中虽然已经得到了一定的应用，但在纳滤膜的制备、表征和分离机理方面，还有大量的技术问题需要解决，尚需要开发廉价而性能优良的膜，并能提供给用户各种准确的膜性能参数，这些都是纳滤分离技术在废水处理应用中的关键。随着材料科学、分析检测手段和制备工艺等的发展和改进，这些关键技术得到很好的解决，纳滤膜分离技术也将在废水处理中发挥更大的作用。

## 242 反渗透技术的原理是什么？

图8-11为反渗透水处理技术的基本原理。把相同体积的稀溶液（如淡水）和浓液（如海水或盐水）分别置于一容器的两侧，中间用半透膜阻隔，稀溶液中的溶剂将自然地穿过半透膜，向浓溶液侧流动，浓溶液侧的液面会比稀溶液的液面高出一定高度，形成一个压力差，达到渗透平衡状态，此种压力差即为渗透压。渗透压的大小决定于浓液的种类、浓度和温度，与半透膜的性质无关。若在浓溶液侧施加一个大于渗透压的压力时，浓溶液中的溶剂会向稀溶液流动，此种溶剂的流动方向与原来渗透的方向相反，这一过程称为反渗透。反渗透膜表面微孔孔径一般小于1nm，对绝大部分无机盐、溶解性有机物、溶解性固体、生物和胶体都有很高的去除率。

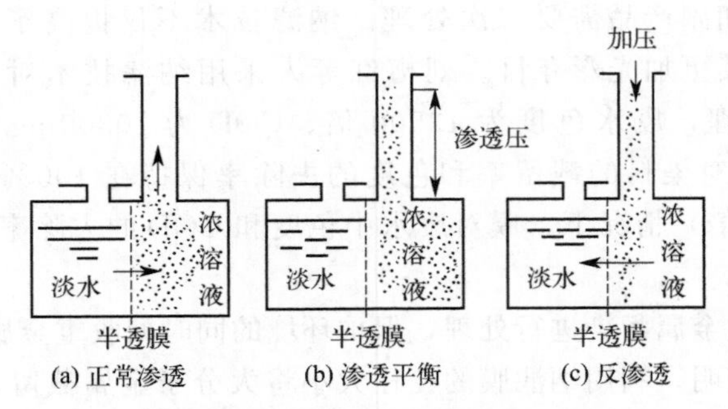


图 8-11 反渗透水处理技术基本原理

## 243 何为超低压反渗透膜、低压反渗透膜和高压反渗透膜?

按照操作压力，可将反渗透膜分为超低压反渗透膜、低压反渗透膜和高压反渗透膜三种类型。

① 超低压反渗透膜　又称为疏松型反渗透膜或纳滤膜，其操作压力通常在 1.0MPa 以下。它对单价离子和分子量小于 300 的小分子截留率较低，对于二价离子和分子量大于 300 的有机小分子截留率较高。目前商品纳滤膜多为薄层复合膜和不对称合金膜。

② 低压反渗透膜　通常在 1.4～2.0MPa 压力下进行操作，主要用于苦咸水脱盐。与高压反渗透膜相比，设备费和操作费较少，对某些有机和无机溶质有较高的选择分离能力。低压反渗透膜多为复合膜，其皮层材质为芳香聚酰胺、聚乙烯醇等。

③ 高压反渗透膜　主要用途之一是海水淡化。目前高压反渗透膜主要有 5 种：三醋酸纤维中空纤维膜、直链全芳烃聚酰胺中空纤维膜、交联全芳烃聚酰胺型薄层复合膜（卷式）、芳基-烷基聚醚脲型薄层复合膜（卷式）及交联聚醚薄层复合膜。

## 244 反渗透工艺形式有哪些? 有什么特点?

反渗透工艺的常用形式有一级一段、一级多段和两级一段等，各工艺的特点如下。

(1) 一级一段法

有单程式和循环式两种工艺流程。在单程式工艺中，原水只经过一次反渗透装置的处理，浓水和淡水连续排出，水的回收率较低，工业应用较少。另一种形式是循环式工艺，它是将部分浓水回流到原水池重新进行处理，可提高水的回收率，但由于浓水的浓度不断提高，淡水水质有所降低。一级一段法工艺的两种形式分别见图 8-12 和图 8-13。

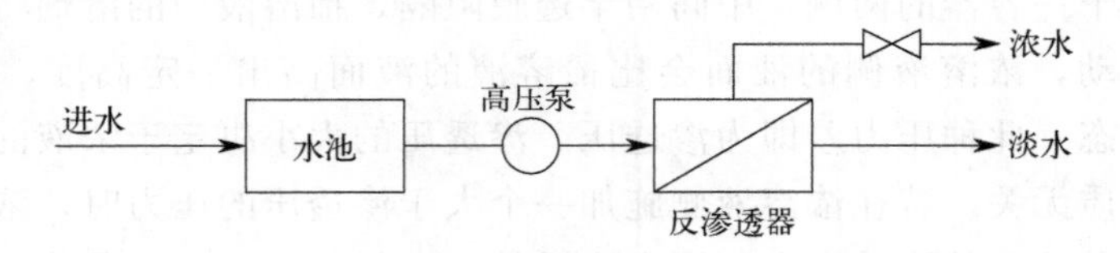


图 8-12 一级一段单程式工艺流程

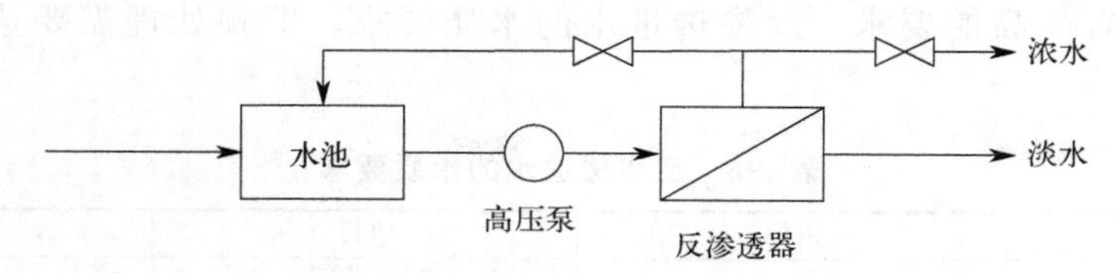

图 8-13 一级一段循环式工艺流程

(2) 一级多段法

一级多段反渗透工艺流程如图 8-14 所示。前一段的浓水进入下一段反渗透进行再次浓缩。当用反渗透作为浓缩过程时，一次浓缩达不到要求，可以采用这种多段式方式。这种方式对应的浓缩液体体积可减少而浓度提高，产水量相应加大，每段的有效横截面积递减。膜组件逐渐减少是为了保持一定流速，以减轻膜表面浓差极化现象。

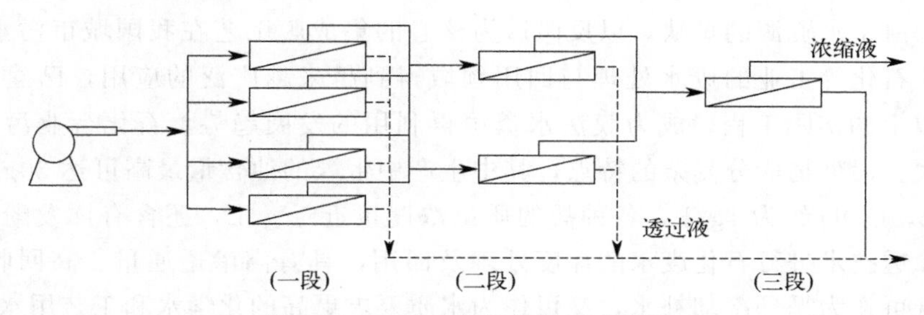

图 8-14 一级多段反渗透工艺流程

(3) 两级一段法

图 8-15 为两级一段式反渗透工艺流程。当海水除盐要求把 NaCl 从 35000mg/L 降至 500mg/L 时，要求除盐率高达 98.6%。如一级反渗透法达不到要求时，可分为两步进行。即第一步先除去 90%的 NaCl，而第二步再从第一步出水中去除 89%的 NaCl，即可达到要求。

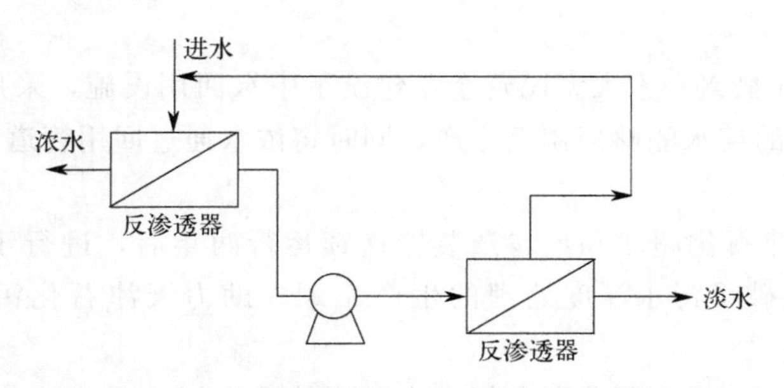

图 8-15 两级一段式反渗透工艺流程

## 245 反渗透工艺对进水水质有何要求?

反渗透作为一种纯物理脱盐工艺，运行效率受水质条件的影响巨大。原水中悬浮物、胶体物质和可溶性有机高分子聚集在膜的表面将造成反渗透膜污染；水温、pH 值、余氯含量、微生物参数的劣化会引起膜材料的老化，影响反渗透膜使用寿命；由溶质引起的膜结构变化还将导致膜的透水率下降。受反渗透膜元件的结构、材质、脱盐机理等条件的限制，反渗透设备对进水有较高的要求。反渗透进水的水质要求，即预处理需要达到的目标见表8-6。

表 8-6 反渗透进水的水质要求

| 项目 | 指标 | 项目 | 指标 |
|---|---|---|---|
| 水温/℃ | 20～35 | 污染指数 | <4 |
| pH 值 | 3～11 | 余氯/(mg/L) | <0.1 |
| 浊度/NTU | <0.3 | $COD_{Mn}$/(mg/L) | <2 |
| 色度/倍 | 清 | Fe/(mg/L) | <0.1 |

注：所有指标均是针对聚酰胺膜的。

## 246 反渗透技术在石化行业的应用情况如何?

近年来，由于水资源的短缺，以反渗透为核心的集成膜工艺在我国城市污水以及电力、钢铁、印染、石化等工业的废水处理与回用领域得到越来越广泛的应用，已建成多项规模10000$m^3$/d以上的实际工程，成为膜法水资源再利用的发展趋势。石化行业污水具有水量和水质波动大、污染物成分复杂的特点，其中生产中带入的油含量最高可达30g/L、硫化物接近50mg/L，COD约为1g/L，各种盐的质量浓度接近12g/L，还含有挥发酚等有毒有害物。采用反渗透技术进行石化废水的深度处理及回用，具有高渗透通量、高回收率等优点。渗透回用水既可作为循环冷却补水，又可作为水质要求更高的化学水和工艺用水。已建成的反渗透废水回用工程有：

① 2015年，保定天威英利新能源有限公司含氟废水回用处理的工程实例中，将废水通过调节pH，活性炭过滤预处理后，采用二级反渗透工艺对含氟废水进行处理，产水代替自来水回用于纯水站制备纯净水。

② 2022年，燕山石化4万支纳滤/反渗透膜装置生产的高通量高截留率纳滤膜片，通过权威检测认证，产品性能达到国际先进水平，并已在天津石化、沧州炼化、洛阳石化及北京环卫集团成功应用。

③ 2022年，浙江嘉兴一家大型民营企业建设了中水回用设施，采用RO膜反渗透废水回用技术，经处理后的纯水能够回用至生产，同时将浓水通过回用管道至基地水站，作为循环冷却水补充。

④ 2023年，天津石化超滤和反渗透装置连续运行两年后，进行了系统优化，采用了双膜法工艺，有效突破了污水深度处理的生产瓶颈，助力天津石化污水回用率保持全国领先。

以保定天威英利新能源有限公司含氟废水回用处理为例（图8-16），反渗透系统是该回用工程的核心，可去除水中绝大部分可溶性盐、胶体和微生物。反渗透系统主要包括保安过滤器、高压泵、两级反渗透膜、清洗系统及阻垢剂、还原剂加药系统等，此外，还配套了反渗透清洗和自控、监测等设施。该项目总投资约670万元，日处理废水4320$m^3$，产生可回用水2880$m^3$。吨水处理费用约为3.53元，以年运行330d计，年直接运行费用335.5万元；按节省自来水4.25元/$m^3$计，年节省水费403.9万元；该项目实施后，可减少含氟废水除氟系统处理水量，每年废水处理费用降低237.6万元，项目年净收益306万元，静态投资回报期约为2.2年，经济效益可观。

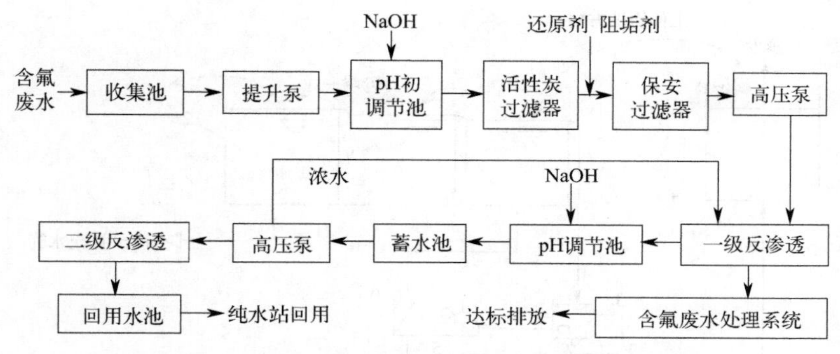


图 8-16 保定天威英利含氟废水回用处理工艺流程图

## 247 反渗透技术对重金属组分的回收效果如何?

重金属废水主要来源于矿山开采业、机械加工业、有色金属冶炼业、石油化工企业和电镀行业等，比如选矿尾矿排水、机械加工用水、有色金属冶炼厂除尘排水、有色金属加工厂酸洗水、废旧电池垃圾处理用水、废石场浸淋水等。除此之外，在医药、农药、油漆、涂料等行业也会产生重金属废水。重金属废水中的重金属种类和含量跟从事的行业密切相关。

重金属废水污染具有独特的性质。一方面是其生物不可降解性，另一方面其还具备毒性持久性。重金属废水进入江河湖泊，污染土壤，其中的金属可以被农作物吸收，影响农作物的生长，造成减产或者更大的损失。重金属也可通过植物进入食物链，其副作用会被放大，在人体内聚集，导致新陈代谢紊乱，生物机能下降，对人体造成极大伤害。

重金属废水处理的传统工艺方法主要有化学沉淀法、电化学法、膜分离法、吸附法、电解法等。

反渗透膜可用于含工业废水中重金属的处理，主要用于贵重金属的浓缩和回收，渗透水也可以重复使用。如，Petrinic 等人研究了金属精饰工业废水的处理，采用 UF 和 RO 等组合膜技术去除悬浮固体和废水中的重金属，用超滤作为预处理来消除反渗透膜中的堵塞问题，他们发现该种组合膜工艺去除了污水中 91.3%的悬浮固体和 99.8%的重金属，如金属元素、有机物和无机化合物，也表明 UF 过程减少了 RO 膜的污染。徐艳用 UF-RO 双膜法对武汉某钢厂冶金综合废水回用进行试验，处理后的废水水质达到排放标准，且脱盐率达 98.5%以上，并证明预处理保护了膜不受污染。田博对冶金废水进行超滤-反渗透深度处理后，水质发生了明显的改善，其一级反渗透出水可满足轧机循环用水水质指标。田晓媛利用 NF-RO 二级膜串级联用处理含铬、铅、铜、锌的高浓度酸性重金属废水，结果表明：在 NF 膜处理过后，RO 膜对低浓度的 $Cr^{3+}$、$Pb^{2+}$、$Cu^{2+}$、$Zn^{2+}$ 的截留率仍有很好的效果，分别为 99.8%、97.0%、97.8%和 97.9%。

图 8-17 所示为某厂利用反渗透进行镀镍废水处理的工艺流程。反渗透操作压力为 3.0MPa，进料镍浓度为 2000～6000mg/L，反渗透膜对 $Ni^{2+}$ 的去除率为 97.7%，系统对镍回收率在 99.9%以上。反渗透浓缩液可以达到进入镀槽的计算浓度（10g/L）。反渗透出水可用于漂洗，废水不外排，实现了闭路循环。

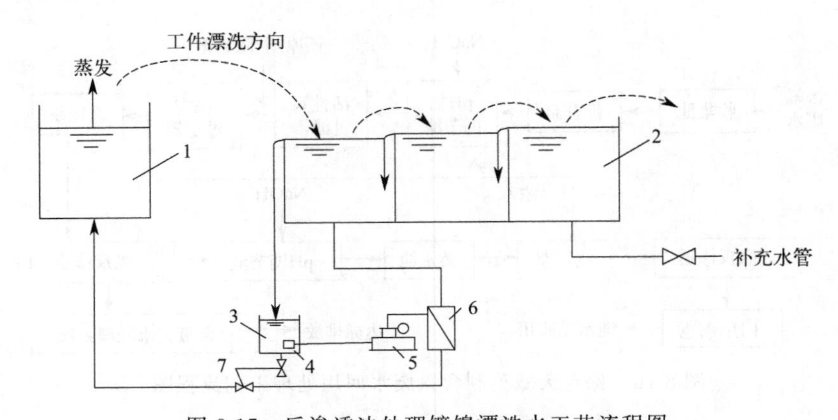


图 8-17 反渗透法处理镀镍漂洗水工艺流程图

1—镀镍槽；2—三个逆流漂洗槽；3—储存槽；4—过滤器；5—高压泵；6—反渗透装置；7—控制阀

## 248 电渗析技术的原理是什么？

利用半透膜的选择透过性来分离不同的溶质粒子（如离子）的方法为渗析。电渗析技术是电化学过程和渗析扩散过程的有机结合，具体的工作原理是：阴膜与阳膜交替排列在电极之间，在直流电场的作用下，以电位差为动力，离子透过选择性离子交换膜而迁移，阳离子交换膜带负电荷，选择性透过阳离子，而阴离子因为同性排斥而被截留，阴离子交换膜则正好相反，从而使电解质离子自溶液中部分分离出来，实现废水的淡化、浓缩或拟回收组分提纯、精制等目的（图 8-18）。

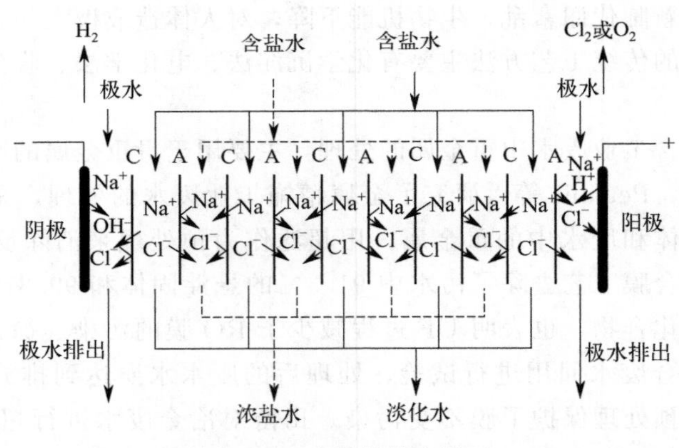


图 8-18 电渗析基本原理

C—阳膜；A—阴膜

## 249 电渗析离子交换膜有哪些类型？

电渗析器所用离子交换膜是一种人工合成的半透膜材料，与天然膜材料不同，工业上广泛应用的电渗析膜均为选择性透过膜。按照膜材料的结构、性能及其对离子的选择透过性能，常见的电渗析离子交换膜有如下类型。

（1）按膜体结构分类

根据膜体结构或制造工艺的不同，离子交换膜分为异相膜、均相膜和半均相膜三种。

均相膜的离子交换树脂与成膜相合为一体，膜结构中只存在一种相态，不存在相界面。异相膜的制备需要使用黏合剂，使其具有分相结构，含有离子交换活性基团的部分与黏合剂部分具有不同的化学组成，离子交换基团在膜内的分布是不均匀和不连续的。

均相膜是将离子交换树脂的母体材料作为膜高分子材料，制成连续的膜状物，然后在其上嵌接活性基团而制成。从膜的微观角度看，均相膜的膜孔径均匀程度以及离子交换基团分布的均匀程度均高于异相膜，但是均相膜厚度和膜内孔道长度均小于异相膜。另一方面，膜体结构的不同对水解离过程也产生影响。对于同样高度的树脂床层，采用均相膜时其离子传递速率较大。由于水中较低的离子浓度和淡化室内不同位置离子浓度的差异，导致产生较大的离子浓度梯度，从而促使了水解离反应的发生和床层树脂的电再生。

半均相膜是将膜高分子材料与离子交换活性基团均匀混合而成的，但它们之间并没有形成化学键合。半均相膜的外观、结构和性能都介于异相膜和均相膜之间。

（2）按选择透过性能分类

分为阳离子交换膜与阴离子交换膜，即阳膜和阴膜。阳膜中含有带负电的酸性活性基团，这些活性基团主要有磺酸基（$—SO_3H$）、磷酸基（$—PO_3H_2$）、膦酸基（$—OPO_3H$）、羧酸基（—COOH）、酚基（$—C_6H_4OH$）等，在水中电离后，呈负电性。阴膜中含有带正电荷的碱性活性基团。这些基团主要有季铵基[$—N(CH_3)_3OH$]、伯胺基（$—NH_2$）、仲胺基（—NHR）、叔胺基（$—NR_2$）等，电离后呈正电性。

（3）按材料性质分类

分为有机离子交换膜和无机离子交换膜。目前使用最多的磺酸型阳离子交换膜和季铵型阴离子交换膜都属于有机离子交换膜。无机离子交换膜是用无机材料制成的，如磷酸锆和钒酸铝，是在特殊场合使用的新型膜。

## 250 电渗析离子交换膜具有选择通过性的原因是什么？

关于离子交换膜的选择透过性，通常用双电层理论或 Donnan 膜平衡理论来加以解释。

（1）双电层理论

以阳膜为例，双电层理论认为膜中的活性基团在电离之后带有电荷，在固定基团附近与电解质溶液中带相反电荷的离子形成双电层。此时，固定基团构成足够强的负电场，使膜外溶液中带正电荷的离子容易被吸入孔隙中透过阳膜，而排斥带负电荷的离子使之不能进入阳膜；阴膜的情况正好相反，从而使离子交换膜具有选择透过性。

（2）Donnan 膜平衡理论

Donnan 膜平衡理论认为，当离子交换膜浸入电解质溶液时，电解质溶液中的离子与膜内离子发生交换作用，最后达到平衡，构成平衡体系。以磺酸钠型阳膜浸入氯化钠溶液为例，平衡时，各离子浓度之间的关系为：

$$\overline{C}_{Na^+}\overline{C}_{Cl^-}=C_{Na^+}C_{Cl^-} \tag{8-1}$$

式中，$\overline{C}_{Na^+}$ 和 $\overline{C}_{Cl^-}$ 分别为膜内 $Na^+$ 和 $Cl^-$ 浓度，$C_{Na^+}$ 和 $C_{Cl^-}$ 分别为溶液中 $Na^+$ 和 $Cl^-$ 浓度。

由于溶液及膜内均应保持电中性，故

$$C_{Na^+}=C_{Cl^-} \tag{8-2}$$

$$\overline{C}_{Na^+}=\overline{C}_{Cl^-}+\overline{C}_{RSO_3^-} \tag{8-3}$$

由式(8-3) 知$\overline{C}_{Na^+}>\overline{C}_{Cl^-}$，将式(8-2) 和 (8-3) 代入式(8-1) 得：

$$(\overline{C}_{Cl^-}+\overline{C}_{RSO_3^-})\overline{C}_{Cl^-}=C^2_{Cl^-} \tag{8-4}$$

$$\overline{C}_{Na^+}(\overline{C}_{Na^+}-\overline{C}_{RSO_3^-})=C^2_{Na^+} \tag{8-5}$$

由式(8-4) 和式(8-5) 可见：

$$\overline{C}_{Cl^-}<C_{Cl^-} \tag{8-6}$$

$$\overline{C}_{Na^+}>C_{Na^+} \tag{8-7}$$

式(8-6) 和式(8-7) 表明，平衡时阳膜内阳离子浓度大于溶液中阳离子浓度，阳膜内阴离子浓度小于溶液中阴离子浓度。这就说明溶液中与膜内固定离子符号相反的反离子容易进入膜内，而同性离子不容易进入膜内，所以离子交换膜对反离子具有选择透过性。

若膜内活性基团的浓度远大于膜外溶液浓度，即$\overline{C}_{RSO_3^-}\gg C_{Cl^-}$时，根据式(8-4)，$\overline{C}_{Cl^-}$将减小，$\overline{C}_{RSO_3^-}$相对于$C_{Cl^-}$越高，$\overline{C}_{Cl^-}$越小。这说明当膜内的活性基团浓度与膜外溶液浓度相比足够大时，膜内同性离子浓度很低，即膜的选择透过性好。但从式(8-4) 也可以看出，只要溶液中$C_{Cl^-}$不为 0，$\overline{C}_{Cl^-}$也不为 0，故膜的选择透过性不可能达到 100%。

## 251 如何评价离子交换膜的选择通过性?

离子选择透过性是离子交换膜的主要特征，即阳膜只允许阳离子通过，阴膜只允许阴离子通过。而实际上离子交换膜的选择透过性并不是那么理想，因为总是有少量的同号离子(即与膜上的固定活性基团电荷符号相同的离子) 同时透过。

以阳膜为例，阳膜对阳离子的选择透过性可由下式表示：

$$P_+=\frac{\overline{t}_+-t_+}{1-t_+}\times 100\% \tag{8-8}$$

式中，$P_+$为阳膜对阳离子的选择透过率，%；$t_+$为阳离子在溶液中的迁移数，指通电时阳离子所迁移的电量与所有离子迁移的总电量的比值；$\overline{t}_+$为阳离子在阳膜内的迁移数，理想膜的$\overline{t}_+$值应等于 1。

式(8-8) 分子部分表示在实际条件下，阳离子在阳膜内和在溶液中的迁移数之差，分母表示在理想情况下，阳离子在阳膜内和溶液中的迁移数之差，其比值即为实际阳膜对阳离子的选择透过率。阳膜应对阳离子具有较高的选择透过性，即对阳离子的选择透过率应大于 0.9，对阴离子的迁移透过率应小于 0.1。$P_+$值越接近 100%，阳膜的选择透过性越好。

## 252 电渗析装置主要由哪些部分组成?

电渗析器包括压板、电极托板、电极、极框、阳膜、阴膜、隔板等部件。将这些部件按一定顺序组装并压紧，其组成如图 8-19 所示。整个结构本体可分为膜堆、极区、紧固装置三部分，附属设备包括各种料液槽、直流电源、水泵和进水预处理设备等。

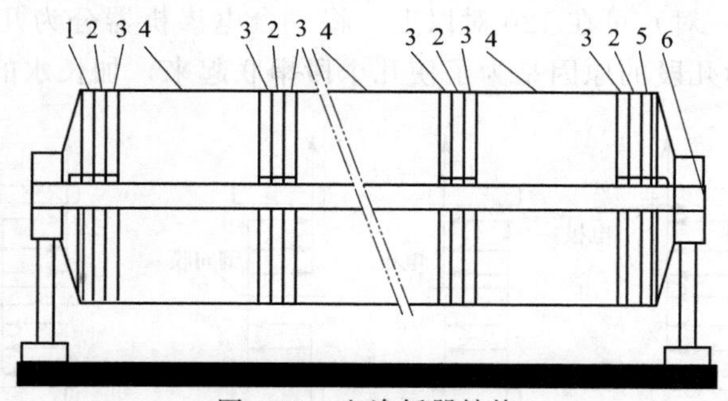


图 8-19　电渗析器结构

1—阳极室；2—导水板；3—压紧框；4—膜堆；5—阴极室；6—压滤机式压紧装置

（1）膜堆

膜堆主要由交替排列的阴、阳离子交换膜和交替排列的浓、淡室隔板组成。一对阴、阳膜和一对浓、淡水隔板交替排列，称为膜对，即最基本的脱盐单元。电极（包括中间电极）之间有若干组膜对堆叠在一起，即为膜堆。

隔板用于隔开阴、阳膜，上有配水孔、布水槽、流水道以及搅动水流用的隔网。两层膜间形成水室，构成流水通道，并起配水和集水的作用。常用的隔板材料有聚乙烯、聚氯乙烯、聚丙烯、天然橡胶等。常见的隔网有鱼鳞网、编织网、冲模式网等。

隔板流水道分为有回路式和无回路式两种。有回路式隔板流程长、流速高、电流效率高、一次除盐效果好，适用于流量较小而除盐要求较高的场合；无回路式隔板流程短、流速低，要求隔网搅动作用强，水流分布均匀，适用于流量较大而除盐率较低的除盐系统。

（2）极区

极区位于膜堆两侧，极区的主要作用是给电渗析器供给直流电，将原水导入膜堆的配水孔，将淡水和浓水排出电渗析器，并通入和排出极水。极区由电极托板、电极、极框和橡胶垫板组成。电极托板的作用是加固极板和安装进出水接管。

电极的形状有板状、网状、棒状、丝状。阴极可用不锈钢等材料制成，阳极常用石墨、铅、二氧化钌等材料。

极框用来在极板和膜堆之间保持一定的距离，构成极室，也是极水的通道。极框采用塑料板，厚 5～7mm，多水道式网装形式。极水隔板供传导电流和排除废气、废液用，较厚。垫板起防漏水和调整厚度不均的作用，常用橡胶或软聚氯乙烯板制成。

（3）紧固装置

紧固装置用来把整个极区与膜堆均匀夹紧，使电渗析器在压力下运行时不致漏水。压板由槽钢加强的钢板制成，紧固时四周用螺杆拧紧。

（4）配套设备

电渗析的配套设备还包括整流器、水泵、转子流量计等。

## 253 电渗析器的工艺形式有哪些？有什么特点？

电渗析器的组装方式有串联、并联和串联-并联相结合几种方式，如图 8-20 所示。一对正、负电极之间称一级，具有同一水流方向的并联膜称一段。在一台装置中，膜的对数（阴、阳膜各 1 张称为一对）可在 120 对以上。将一台电渗析器分为几级的原因在于降低两个电极间的电压，分为几段的原因是为了使几个段串联起来，加长水的流程长度。

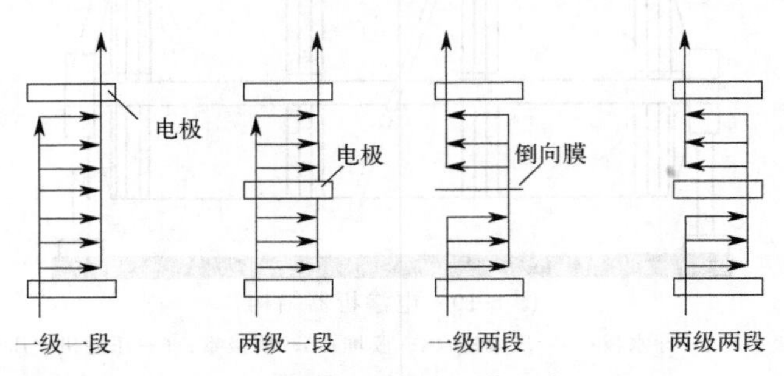


图 8-20　电渗析的组装方式

一级一段的特点是产水量与膜对数成正比，脱盐率取决于一块隔板的流程长度，常用于大、中制水厂，可含 200～360 个膜对。

二级一段（多级一段）可使操作电压降低，便于低操作电压下获得高产水量。

一级两段可增加脱盐流程长度，提高脱盐率，适用于单台电渗析器一次脱盐和中、小型制水厂。

多级多段发挥上述优点，同时满足对产量和质量的要求。

## 254 电渗析膜出现浓差极化的原因和防治措施有哪些？

浓差极化是指因电解质离子在离子交换膜和水中的迁移数不同，当电流超过某一值后，在水溶液和膜之间的界面层形成浓度差，迫使界面层中的水解离成 $H^+$ 和 $OH^-$。以 NaCl 溶液在电渗析中的迁移过程为例（图 8-21），淡水室中的 $Na^+$ 和 $Cl^-$ 在直流电场中分别向阴极和阳极做定向运动，透过阳膜和阴膜，并各自传递一定的电荷。电渗析器中电流的传导是靠正负离子的运动来完成的。$Na^+$ 和 $Cl^-$ 在溶液中的迁移数可近似认为 0.5。如，阴膜只允许 $Cl^-$ 透过，因此 $Cl^-$ 在阴膜内的迁移数要大于其在溶液中的迁移数。为维持正常的电流传导，必然要动用膜边界层的 $Cl^-$ 以补充此差数。这样就造成边界层和主流层之间出现浓度差

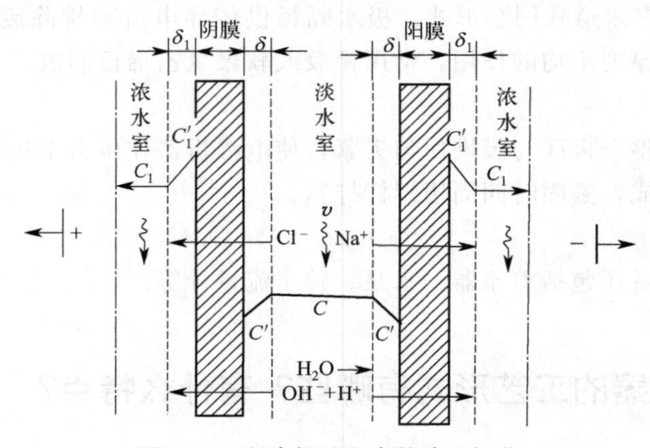


图 8-21　电渗析过程中的浓差极化

$(C-C')$。当电流密度增大到一定程度时，离子迁移被强化，使膜边界层内 $Cl^-$ 浓度 $C'$ 趋近于零时，边界层内的水分子就会被电解成 $H^+$ 和 $OH^-$，$OH^-$ 将参与迁移，以补充 $Cl^-$ 的不足。这种现象即为浓差极化现象，使 $C'$ 趋于零时的电流密度称为极限电流密度。

目前，防止或消除浓差极化的主要措施有：

① 控制操作电流在极限电流密度的 70%～90%下运行，以避免浓差极化现象发生；

② 定时倒换电极，使浓、淡室亦随之相应变换；

③ 定期酸洗，用浓度为 1%～1.5%的盐酸溶液在电渗析器内循环清洗以消除结垢，酸洗周期从每周一次到每月一次，视实际情况而定。

## 255 如何确定电渗析器的极限电流密度？

电渗析的极限电流密度 $i_{\lim}$ 与电渗析隔板流水道中的流速、离子的平均浓度有关，其关系式可以用下式表示：

$$i_{\lim}=K_{p}Cv^{n}$$

$$K_{p}=\frac{FD}{1000(\bar{t}_{+}-t_{+})k}$$

式中，$v$ 为淡水隔板流水道中的水流速度，cm/s；$C$ 为淡水中水的对数平均离子浓度，mmol/L；$n$ 为流速系数，数值大小受网格形式的影响；$K_{p}$ 为水力特性系数；$D$ 为膜扩散系数，$cm^2/s$；$F$ 为法拉第常数，等于 96500C/mol；$k$ 为系数，与隔板形式及厚度等因素有关；$t_{+}$ 为阳离子在溶液中的迁移数，指通电时阳离子所迁移的电量与所有离子迁移的总电量的比值；$\bar{t}_{+}$ 为阳离子在阳膜内的迁移数，理想膜的 $\bar{t}_{+}$ 值应等于 1。

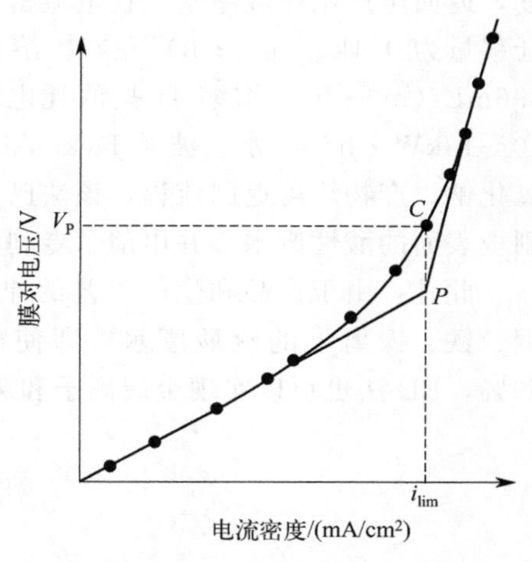

图 8-22 极限电流密度的确定

极限电流密度的测定，通常采用电压-电流法，步骤如下：

① 在进水浓度稳定的条件下，固定浓、淡水和极室的流量与进口压力；

② 逐次提高操作压力，待工作稳定后，测定与其相应的电流值；

③ 以膜对电压对电流密度作图，并从曲线两端分别通过各试验点作直线，如图 8-22 所示，从两直线交点 $P$ 引垂线交曲线于 $C$，点 $C$ 的电流密度和膜对电压即为极限电流密度和与其相对应的膜对电压。

在每一个流速 $v$ 下，可得出相应的 $i_{\lim}$ 和淡室中水的对数平均离子浓度 $C$ 值。再用图解法即可确定 $K_{p}$ 和 $n$ 值。

## 256 电渗析技术在废水处理中的应用情况如何？

电渗析技术自 20 世纪 50 年代问世以来，已有近 70 年历史。目前电渗析技术已广泛应用于海水淡化、苦咸水淡化、超纯水制备、工业废水回收再利用，以及化工过程中的物质分离、浓缩、提纯、精制等，例如用电渗析法处理若干电镀液，在氧化铝生产中回收碱、铝与工业水回用，从废酸水中回收酸，处理含剧毒氰化物废水，自来水脱氯等。

电渗析可以用于废酸废碱及含盐废水的处理。南京大学污染控制与资源化研究国家重点实验室对采用离子膜电解法处理环氧丙烷氯醇化尾气碱洗废水进行了研究。在电解电压为5.0V时，循环处理3h，废水COD去除率可达78%，废水中碱回收率可达73.55%，为后续生化单元起到良好的预处理作用。齐鲁石油化工公司利用电渗析法处理高浓度复合有机酸废水，浓度为3%～15%，无废渣及二次污染，得到的浓溶液含酸20%～40%，可以回收处理，出水中含酸量可降至0.05%～0.3%。川化股份有限公司采用特殊电渗析装置处理冷凝废水，最大处理量为36t/h，浓水中硝酸铵体积百分比含量为20%，回收率达96%以上，合格淡水排放水中氨氮含量≤40mg/L。工业排放的稀乙酸废水中乙酸的含量在1%以下，回收废水中稀乙酸的方法有萃取分离法、生化处理法、吸附法以及电膜分离法。ED法可以将废水中乙酸浓度从2.5%浓缩到20%。双极膜ED法可以将含质量分数为0.2%乙酸废水中的乙酸有效清除，废水中乙酸浓度可以被浓缩到36%以上。用改性异相膜ED处理化纤厂去酸水，可把酸和盐浓缩到200g/L，再进行多效蒸发可回收多余的$Na_2SO_4$，经ED浓缩的$H_2SO_4$和$ZnSO_4$溶液可返回凝固浴再用。废水淡化后，溶解固体降到0.7g/L以下，无硬度，返回生产用作洗涤水。在电流密度为$24mA/cm^2$，浓淡水浓度比在10左右时，膜的盐迁移量为0.4kg/($m^2$·h)左右。溶液迁移量浓缩时为1770mL/($m^2$·h)，脱盐时平均为396mL/($m^2$·h)。浓缩1t盐的耗电量在300kWh，回收水温在(35±2)℃的软化水耗电10～13kW·h/$m^3$水。波兰Dykuskikafal利用电渗析将硫酸钠废水电化学分解成硫酸和氢氧化钠，产物均可返回流程，该法已工业化。日本KimuraToru等用电渗析回收了处理铝印刷板表面的酸性废水，并申请了专利。

此外，由于产品和生产工艺的原因，排放的工业废酸中常含有各种金属离子。对于含铜、铁、镍离子的硫酸废水，即使硫酸质量浓度高达200g/L，金属离子质量浓度高达59%，ED法也可以实现金属离子和废酸的回收。

# 九、萃取/吹脱/汽提技术

## 257 萃取法的原理和适用范围是什么？

萃取是利用溶质在互不相溶的溶剂里溶解度的不同，用一种溶剂把溶质从另一溶剂所组成的溶液里提取出来的操作方法。在废水处理中，萃取技术的实现原理为，向废水中投加一种与水互不相溶，但能溶解特定污染组分的溶剂，使其与废水充分混合。由于污染物在该溶剂中的溶解度远大于其在水中的溶解度，因而大部分转移至溶剂相。然后，分离废水和溶剂，可使废水得到净化。而后，再将溶剂与其中的污染组分分离，即可实现溶剂的再生和特定污染组分的回收利用。

萃取法适用于：①能形成共沸点的恒沸化合物，不能用蒸馏、蒸发方法分离回收的废水组分；②热敏性物质，在蒸发和蒸馏的高温条件下，易发生化学变化或易燃易爆的物质；③沸点非常接近，难以用蒸馏方法分离的废水组分；④难挥发性物质，用蒸发法需要消耗大量热能或需用高真空蒸馏，例如含乙酸、苯甲酸和多元酚的废水；⑤对某些含金属离子的废水，如含铀和钒的洗矿水和含铜冶炼废水，可采用有机溶剂萃取、分离和回收。

## 258 常用的萃取剂有哪些，有何特点？

废水处理中常用的萃取剂有 N,N-二甲基庚基乙酰胺（$N_5O_3$）和液体树脂，其理化性质、适宜萃取的污染组分以及应用的优势和不足如下。

（1）N,N-二甲基庚基乙酰胺（$N_5O_3$）

$N_5O_3$ 对酚的萃取效果较好，经反复蒸馏，较少分解，对酸、碱亦较稳定。除了对酚有较高的萃取效率以外，$N_5O_3$ 对苯乙酮、苯甲醛也有显著的萃取效果，还可用于冶金工业萃取铀等金属。

与其他脱酚萃取剂相比，$N_5O_3$ 具有效率高，水溶性小，无二次污染，不易乳化，性能稳定，易于再生等优点。

（2）液体树脂

该萃取剂是沈阳化工综合利用研究所于 1980 年开发的产品，以高分子胺类为主要原料配制而成。其外观为浅黄色油状液体，略带氨味，相对密度在 0.8 左右，常温下在水中的溶解度为 10mg/L 以下。沸点为 320℃以上，受热不分解，不易挥发，毒性较低，安全可靠。

液体树脂在水溶液中呈碱性，能和酸作用生成胺盐。成盐后对水中酚类等有机物具有选择性萃取能力，分配系数高。

实验发现，803♯液体树脂分配系数值受油水比、萃取温度和进水酚浓度的影响较大。通常油水比有临界值现象，分配系数随温度和进水浓度提高而下降。

一般用碱液反萃，条件简单，回收率高；反萃后树脂中几乎不含萃取物，可多次重复使用，且耐玷污性好。

液体树脂的价格比 $N_5O_3$ 便宜，生产、配制都比较容易。但 803♯液体树脂在脱酚过程中耗酸、碱量大，脱酚后的萃余相中，有乳化现象。

## 259 如何选取合适的萃取剂?

废水处理中萃取单元的净化效果和所需的费用主要取决于萃取剂。工艺设计过程中，选择萃取剂需考虑以下内容：

① 萃取能力强，即分配系数要高。

② 分离性能好，萃取过程中不乳化、不随水流失，要求萃取剂黏度小，与废水的密度差大，表面张力适中。

③ 化学稳定性好，难燃爆、毒性小、腐蚀性低、闪点高、凝固点低、蒸气压小，便于室温下储存和使用。

④ 来源较广，价格便宜。

⑤ 容易再生和回收溶质。将萃取相分离，可同时回收溶剂和溶质，具有重大的经济意义。萃取剂的用量往往很大，有时几乎与废水量相等，如不能将其再生回用，有可能完全丧失其处理废水的经济合理性；另一方面，萃取相中溶质的含量也很大，如不回收，则造成极大浪费和二次污染。

## 260 萃取操作包括哪些过程?

萃取处理一般用于处理浓度较高的含酚或含苯胺、苯、醋酸等工业废水，主要操作流程包括废水与萃取剂的混合、废水与萃取剂的分离以及萃取剂和污染组分的回收三个过程（图 9-1）。

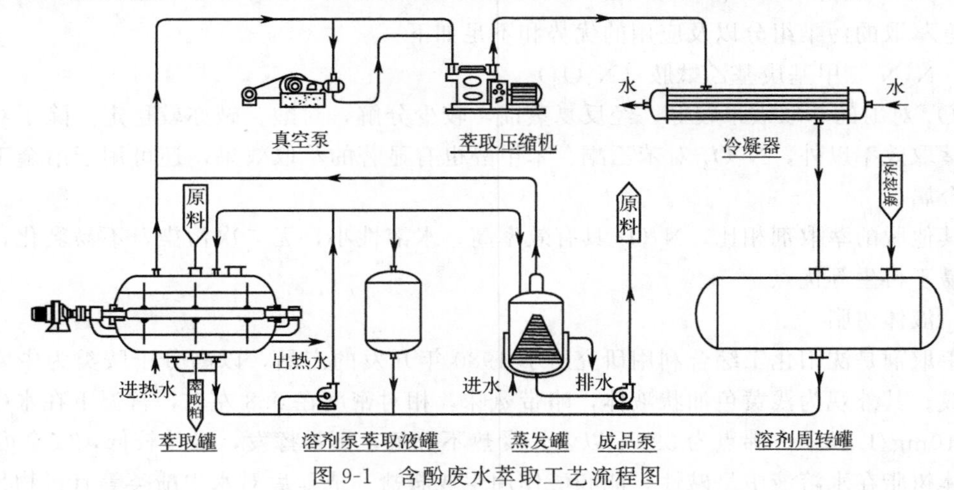


图 9-1 含酚废水萃取工艺流程图

① 混合　把萃取剂与水进行充分接触，使溶质从水中转移到萃取剂中去。

② 分离　使含有萃取物（即水中溶质）的溶剂（称为萃取相）与经过萃取的水分层分离。

③ 回收　萃取后的萃取相需再生，分离出萃取物，才能继续使用；与此同时，把萃取物回收。

## 261 萃取的方式有哪几种？有何特点？

根据萃取剂与废水接触方式的不同，萃取操作可分为间歇式和连续式。按照萃取剂与废水接触次数的不同，萃取过程可分为单级萃取和多级萃取。多级萃取又可分为“错流”与“逆流”两种运行方式。

(1) 单级萃取

萃取剂与废水经一次充分混合接触，达到平衡后即进行分相，称为单级萃取（图 9-2）。这种萃取流程的操作是间歇的，在一个设备或装置中即可完成。单级萃取一般在萃取罐内进行，设备简单，灵活易行。但消耗的萃取剂量大，若大量水需进行萃取时，则操作麻烦。因此，这种萃取方式主要用于实验室或者少量水的萃取过程。

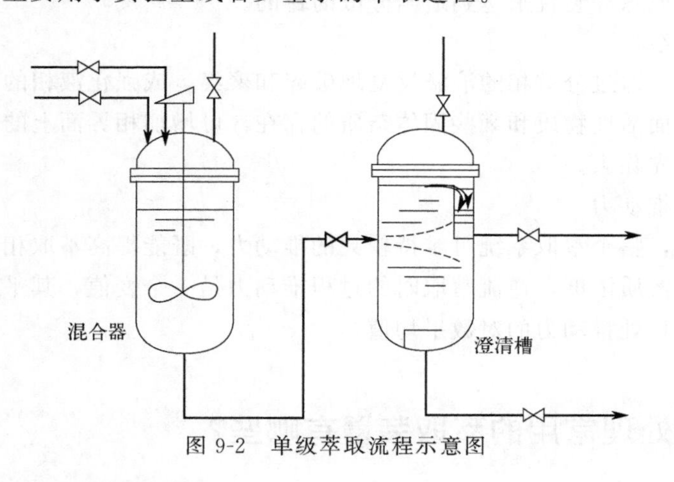


图 9-2　单级萃取流程示意图

(2) 多级逆流萃取（连续逆流萃取）

多级逆流萃取是把多次单级萃取操作串联起来，实现水与萃取剂的逆流操作（图 9-3）。

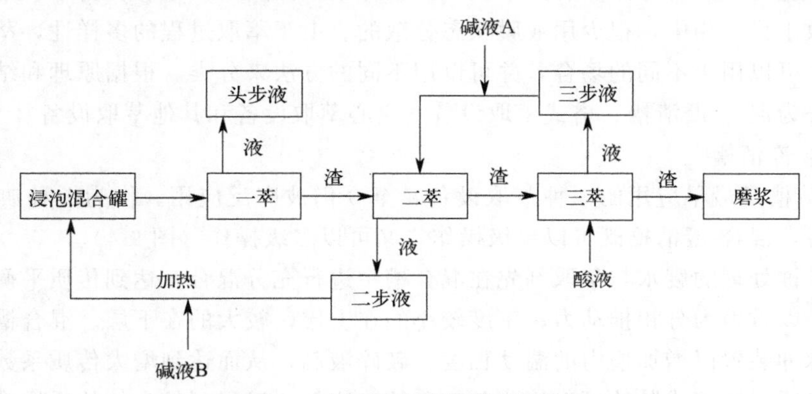


图 9-3　多级逆流萃取流程示意图

在萃取过程中，废水和萃取剂分别由第一级和最后一级加入，萃取相和萃余相逆向流动，逐级接触传质，最终萃取相由进入端排出，萃余相从萃取剂加入端排出。这一过程可在混合沉降器中进行，也可在各种塔式装置或设备中进行。多级逆流萃取只在最后一级使用新鲜的萃取剂，其余各级都是与后一级萃取过的萃取剂接触，以充分利用萃取剂的能力。这种流程体现了逆流萃取传质推动力大、分离程度高、萃取剂用量少的特点。因此，这种方法也称为多级多效萃取，简称多效萃取。

## 262 如何改善萃取速率?

在废水液液萃取工艺中，可采用增大两相接触面积、提高传质系数和增加传质推动力等措施改善污染组分的去除或回收效率。

(1) 增大两相接触面积

通常使萃取剂以小液滴的形式分散到水中去，分散相液滴越小，传质表面积越大。但要防止溶剂分散过度而出现乳化现象，给后续分离萃取剂带来困难。对于界面张力不太大的物系，仅以密度差推动液相通过筛板或填料，即可获得适当的分散度；但对于界面张力较大的物系，需通过搅拌或脉冲装置来达到适当分散的目的。

(2) 提高传质系数

在萃取设备中，通过分散相的液滴反复地破碎和聚集，或强化液相的湍动程度，使传质系数增大。但是表面活性物质和某些固体杂质的存在，可增加相界面上的传质阻力，降低传质系数，因而应预先除去。

(3) 增加传质推动力

采用逆流操作，整个萃取系统可维持较大的推动力，既能提高萃取相中的溶质浓度，又可降低萃余相中的溶质浓度。逆流萃取时的过程推动力是一个变值，其平均推动力可取废水进口处推动力和出口处推动力的对数平均值。

## 263 废水处理常用的萃取装置有哪些?

萃取装置又称萃取器，用于萃取操作的传质设备，能够使萃取剂与废水良好接触，实现废水所含污染组分的完善分离，有分级接触和微分接触两类。在萃取设备中，通常是一相呈液滴状态分散于另一相中，很少用液膜状态分散的。由于萃取过程的多样性，萃取设备具有不同的特点，可以用于不同的场合，并可以用不同的方法来分类。根据原理和结构不同，萃取设备可以分为混合-澄清槽、塔式萃取设备、离心萃取设备和其他萃取设备。

(1) 混合-澄清槽

混合-澄清槽是最早应用的一种萃取设备，至今仍被广泛应用。作为一种典型的逐级接触式萃取设备，混合-澄清槽既可以单级操作，又可以多级操作（图 9-4）。

操作时，被处理的废水与萃取剂先在混合槽中进行充分混合，达到传质平衡后进入澄清器澄清分层，以重力为分相推动力，密度较小的在上层，较大的在下层。混合槽中通常安装搅拌装置或脉冲装置以增加槽内的湍动程度、破碎液滴，从而达到增大传质系数和传质接触表面的目的，同时搅拌或脉冲可以均化各部分的浓度差，以得到较高的传质推动力。

澄清器可以是重力式的，也可以是离心式的。对于易于澄清的混合液，可以依靠两相间的密度差在储槽内进行重力沉降，对于难分离的混合液，可采用离心式澄清器加速两相的分离过程。也有的通过在槽内加多层水平或倾斜隔板，以缩短沉降距离并减小液流波动，从而达到缩短沉降时间的目的。

混合-澄清槽的优点是板效率高、操作可靠、放大可靠以及处理量大等。其缺点是设备尺寸大、占地面积大、每级内都设有搅拌装置、液体在级间流动需泵输送、能耗较大、设备费用及操作费用都较高。

(2) 塔式萃取设备

为达到萃取的工艺要求，塔设备首先应具有分散装置，如喷嘴、筛孔板、填料或机械搅拌装置。此外，塔顶塔底均应有足够的分离段，以保证两相能够很好地分层。下面重点介绍几种工业上常用的萃取塔。

① 填料萃取塔　重相由塔顶进入，轻相由塔底进入。进行萃取操作时，连续相充满整个塔，分散相以液滴或薄膜的形式分散在连续相中（图 9-5）。

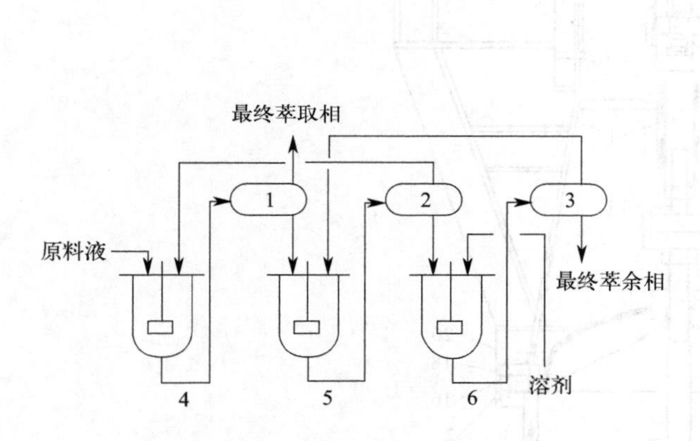


图 9-4　三级逆流混合—澄清萃取设备

1，2，3—澄清槽；4，5，6—混合槽

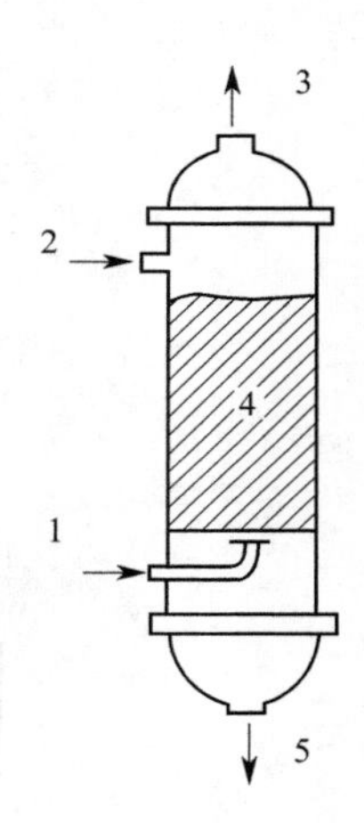


图 9-5　填料萃取塔

1—轻液进口；2—重液进口；3—轻液出口；4—填料；5—重液出口

塔中填料的作用除可以使分散相的液滴不断破裂与再生，促进液滴的表面不断更新外，还可以减少连续相的纵向返混。在选择填料时，除应考虑料液的腐蚀性外，还应考虑表面张力，使其只能被连续相润湿而不被分散相润湿，以利于液滴的生成和稳定。

在普通填料塔内，两相通过密度差而逆向流动，相对速率较小，界面湍动程度较低，限制了传质速率的进一步提高。为了强化生产，可以在填料塔外装脉动装置，使液体在塔内产生脉动运动，这样可以扩大湍流，有利于传质。

② 筛板塔　筛板塔内装有若干筛板。若以轻相为分散相，操作时轻相通过筛板上的筛孔而被分散成细小的液滴，与塔板上的连续相充分接触后分层凝聚，并聚结于上层筛板的下部，然后以压强差为推动力，再经筛孔而分散。重相经降液管流至下层塔板，横向流过筛板并与分散相接触完成传质。若以重相为分散相，则重相的液滴聚结于筛板上面，然后穿过板上小孔分散成液滴。

在筛板塔内一般应选取不易润湿塔板的相为分散相。筛板萃取塔结构简单，生产能力大，对于界面张力较低的物料分离效率较高，在石油工业中获得了较为广泛的应用。

振动筛板塔最早由 Karr 等人于 1959 年发明，由于其除具有塔式萃取设备的一些优点外，还具有处理含固体颗粒和易乳化体系的特点，目前已广泛应用于生物制药、石油化工以及废水处理等领域。为了解决在振动筛板萃取塔体系中运用功率更大、转速更高但质量更大的驱动装置的局限性，住友重机械工业株式会社的研究人员 Koichiro 等将用于支撑驱动装置的支架制作成喇叭形状（图 9-6），从而使其底部面积扩大至与萃取塔横截面积相同，这样其底端边缘正好与萃取塔的侧壁重合；同时，通过法兰将支撑架固定在萃取塔顶端，这样驱动装置的载荷就能通过顶盖法兰转移到萃取塔的侧壁上，从而能够降低顶盖的振动能耗以及提高驱动装置的能量输出效率。

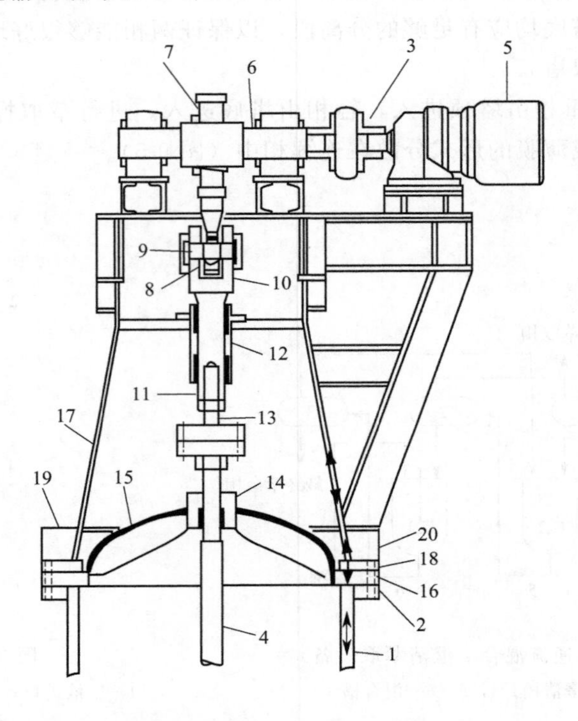


图 9-6 Koichiro 振动筛板塔

1—萃取室；2、18—垫圈；3—驱动装置；4—传动轴；5—电机；6—偏心轴；7、13—连杆；8—球面轴承；9—轭销；10—承重架；11—圆柱轴；12、14—导入件；15—桨叶；16—法兰；17—支架；19—齿环板；20—支撑肋

③ 往复筛板萃取塔 往复筛板萃取塔结构是将若干筛板按一定间距固定在中心轴上，由塔顶的转动机构驱动做往复运动。当筛板向下运动时，筛板下侧的液体经孔向上喷射；反之，筛板上侧的液体向下喷射。如此，随着筛板的上下往复运动，使塔内液体做类似于脉冲筛板塔的往复运动（图 9-7）。

往复筛板塔的传质效率主要与往复频率和振幅有关。当振幅一定时，频率增大，传质效率提高，但流体的通量变小，因此需综合考虑效率和通量两个因素。往复筛板塔具有结构简单、通量大、传质效率高、流体阻力小、操作方便等优点。目前，已广泛应用于石油化工、食品、制药和湿法冶金工业。

④ 转盘萃取塔 转盘萃取塔内从上而下安装一组等距离的固定环，塔的轴线上装设中心转轴，轴上固定着一组水平圆盘，每个转盘都位于两相邻固定环的正中间。操作时，转轴

由电机驱动，连带转盘旋转，使两液相也随着转动。在两相液流中产生相当大的速度梯度和剪切应力，一方面使连续相产生漩涡运动，另一方面也促使分散相的液滴变形、破裂及合并，故能提高传质系数，更新及增大两相界面面积。固定环则起到抑制轴向返混的作用，因而转盘塔的传质效率较高。转盘塔结构简单、生产能力强、传质效率高、操作弹性大，在石油和化工生产中应用比较广泛（图 9-8）。

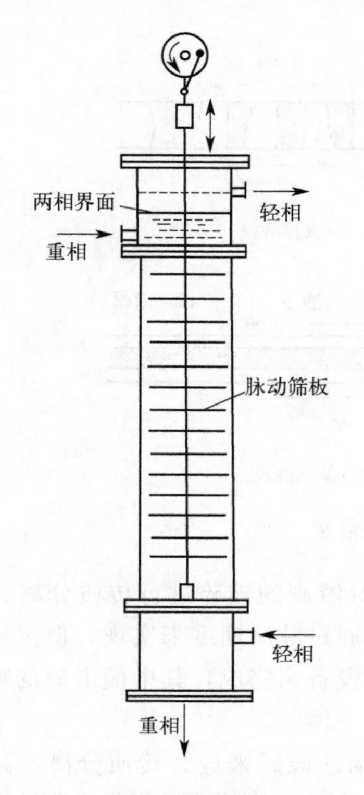


图 9-7 往复筛板塔示意图

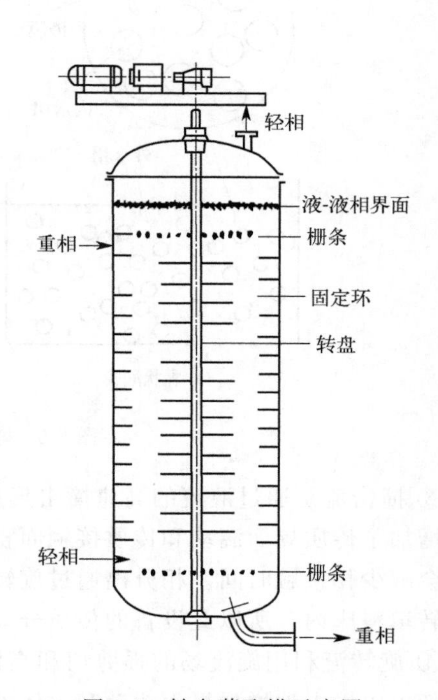


图 9-8 转盘萃取塔示意图

(3) 离心萃取设备

离心萃取器的种类很多，有波德式、环隙式和搅拌桨式。离心萃取器内两相液体的混合是依靠其转筒的旋转所引起的“泰勒效应”来实现的，而混合液的分相是在离心力场中完成的。

离心萃取器的特点在于高速旋转时，能产生数百乃至数千倍于重力的离心力来完成两相的分离，所以即使密度差很小，容易乳化的液体都可以在离心萃取器内进行高效萃取。此外，离心萃取器的结构紧凑，可以节省空间、降低机内储液量，再加上流速高，液体在机内的停留时间短，特别适用于要求接触时间短、物理存留量少以及难分相的体系。但离心萃取器的结构复杂、制造困难、操作费用和维修费用高，使其应用范围受到了一定的限制。

(4) 其他萃取设备

近年来，对萃取设备有影响的新型技术主要有超声波、液膜、撞击流和旋转流技术。

① 超声波是一种强化萃取的手段，一般在原有的设备上加上超声波发生设备就可以强化萃取过程。液滴在超声空化的作用下短时间内完成振荡、生长、收缩、崩溃等一系列的动力学过程，此过程可引起湍动效应、微扰效应、界面效应、聚能效应，能强化萃取分离过程的传质速率和效果。除了超声波，微波、电场和磁场等物理场也可以强化萃取过程。

② 液膜主要分为乳状液膜、支撑液膜和流动液膜（图 9-9）。原液相中待分离的液液混合物中的溶质首先溶解于液膜相（主要组成为萃取剂），经过液膜相又传递至回收相，并溶解于其中。膜萃取是集萃取和反萃取于一体的过程。由于膜的微尺度可以提供极大的传质接触表面，所以传质速率很高。

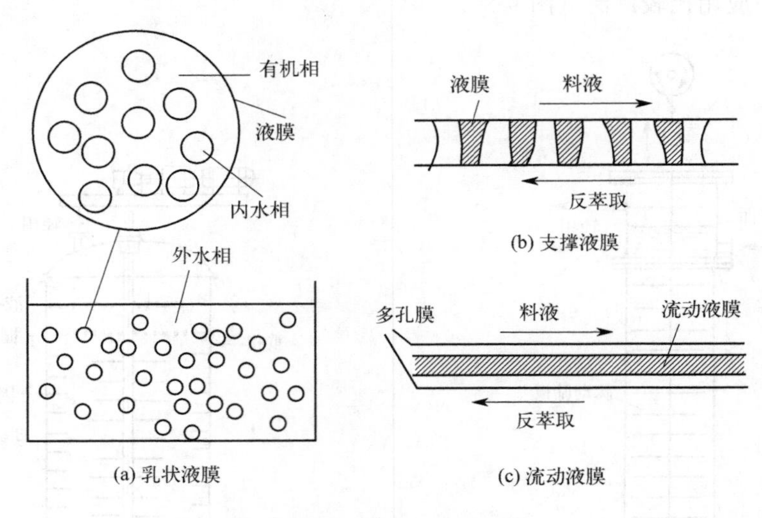


图 9-9 萃取中常用的几种液膜

③ 撞击流是通过液流的高速撞击形成的强烈对流对液滴的破碎进行传质分离。强对流极大增加了传质界面湍动和传质接触面积。强对流一般通过液流速度来实现，但过快的相对速度会减少相接触时间。相分离通过旋转填料床或其他设备来完成，其中撞击流的喷头内置于旋转填料床内，所以此设备的传质分离和相分离也是一体的。

④ 旋转流利用旋流场的强剪切和高湍流及其对液滴的破碎来进行传质分离，高湍流和强剪切可以极大地增加界面扰动和主体液相及液滴的内循环，并且液滴不断的聚结破碎也增加了液滴的表面更新率，从而达到增加传质系数的目的。

## 264 萃取技术在含酚废水处理中的应用效果如何？

液液萃取处理高含量的酚废水具有回收率高、溶剂可重复利用、成本低等优点，是工业应用中常见的一种含酚废水回收处理工艺（图 9-10）。含酚气化废水进行脱酸脱氨处理后，送至填料萃取塔与萃取剂进行逆流萃取，将萃取塔下部采出的萃余相送至溶剂汽提塔即水塔，塔顶回收溶剂，塔底采出釜液送后续生化处理。含酚富溶剂从萃取塔顶部送到酚塔，对萃取物进行蒸馏以回收溶剂和产品粗酚。处理后的废水总酚质量浓度由 4.5～6.5g/L 降至 0.4g/L 以下，COD 由 20g/L 降至 1.8g/L。

液液萃取过程两相间掺混，容易造成乳化、溶剂夹带损失，导致二次污染等问题，且容易受到液泛（液相堆积超过其所处空间范围）和返混条件的限制。为改善萃取效果，现有研究主要集中于不同萃取剂的萃取特性，以及操作参数（如 pH、温度、相比、反萃液含量等）对萃取性能的影响方面。根据萃取剂种类的不同，研究较多的主要有物理萃取和络合萃取技术。

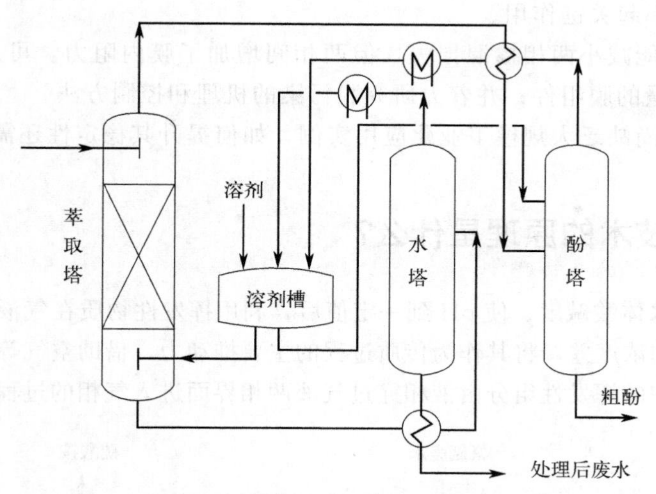


图 9-10 煤气化废水脱酚工艺流程

(1) 物理萃取法

物理萃取利用酚在废水和有机溶剂中溶解度的不同，使酚从废水中转移至有机相。通过分离有机相和水相，使废水得到初步净化。常见的物理萃取剂包括甲基异丁基甲酮（MIBK）和二异丁基甲酮（DIBK）等酮类、辛醇和癸醇等醇类、乙酸乙酯和醋酸丁酯等酯类、苯、甲苯以及二异丙醚等。衡量萃取剂性能的主要参数是其对酚类的分配系数和在水中的溶解度。以苯酚为例，常见萃取剂分配系数 $k$ 和水中溶解度 $\omega$ 如表 9-1 所示。

**表 9-1 不同萃取剂在水中的溶解度和对苯酚的分配系数（20℃）**

| 萃取剂 | $\omega$/% | $k$ |
|---|---|---|
| MIBK | 2 | 77.2 |
| 乙酸乙酯 | 0.78 | 71.0 |
| 二异丙醚 | 0.9 | 24.8 |
| 苯 | 0.178 | 2.3 |
| 甲苯 | 0.05 | 1.97 |
| 正癸醇 | 3.7 | 25.4 |

(2) 络合萃取法

络合萃取法是基于可逆络合反应萃取分离极性有机物的新方法，是近年来研究的热点。络合剂通过与酚类的 Lewis 酸性官能团相结合形成络合物，使酚转移至萃取相内。然后，通过逆向反应使酚类得到回收，萃取剂循环使用。它具有高效、高选择性的特点。相间发生的络合反应可用下述简单的平衡式加以描述：

$$酚+n\cdot络合剂\rightleftharpoons络合物$$

其萃取平衡常数 $k_c$ 为：

$$k_c=\frac{[络合物]}{[酚]\cdot[络合物]^n}$$

含酚废水毒性大、难降解，采用其他诸如高级氧化、吸附法等，存在能耗大、二次污染或不稳定的问题。萃取技术成熟、高效环保，将仍是处理含酚废水的主要方法。对于不同的萃取方式，未来应积极研究以下问题：

① 高效、低毒、溶解度小、廉价萃取剂的开发，多种萃取剂混合协同作用的机理研究

对提升整个萃取效率起关键作用。

② 虽然膜萃取能减小两相掺混损失，但两相间增加了膜内阻力。可从膜材料着手，加强制备廉价、高通量的膜组件；并着力研究膜污染的机理和控制方法。

③ 液膜法目前尚缺乏大规模工业化应用实例，如何提升其稳定性还需进一步的研究。

## 265 吹脱技术的原理是什么?

吹脱是在调节水体酸碱度、使 pH 到一定值后，利用挥发性物质在气液两相传质体系实际浓度与平衡浓度间的浓度差，将其作为传质过程的主要推动力，借助空气等惰性气体的携带作用，使溶解于废水中的挥发性组分由液相穿过气液两相界面进入气相的过程（图 9-11）。

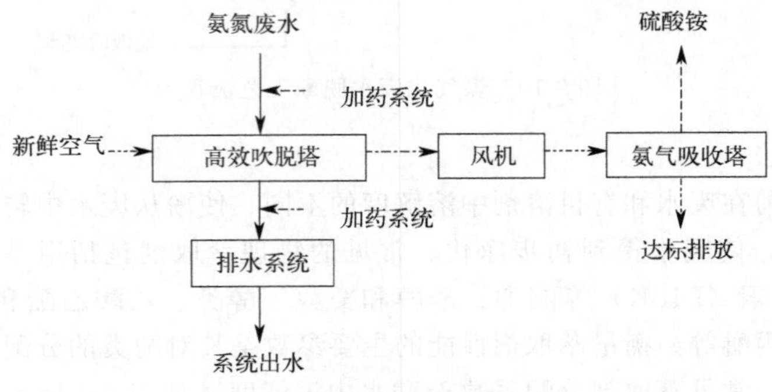


图 9-11 吹脱工艺示意图

吹脱法的基本原理是气液相平衡和传质速度理论。在气液两相系统中，溶质气体在气相中的分压与该气体在液相中的浓度成正比。当该组分的气相分压低于其溶液中该组分浓度对应的气相平衡分压时，就会发生溶质组分从液相向气相的传质。传质速度受到组分的平衡分压和气相分压的相平衡关系的影响，并会随着物系的特性、温度以及两相接触状况的不同而变化。

## 266 吹脱技术的处理对象主要有哪些?

废水中常常含有大量有毒有害的溶解气体，如 $CO_2$、$H_2S$、HCN、$CS_2$ 等，其中有的损害人体健康，有的腐蚀管道、设备。为了除去上述气体，常使用吹脱法。通过将空气通入废水中，改变有毒有害气体溶解于水中所建立的气液平衡关系，使这些易挥发物质由液相转为气相，然后予以收集或者扩散到大气中去。吹脱过程属于传质过程，其推动力为废水中挥发物质的浓度与大气中该物质的浓度差。

吹脱法既可以脱除原来就存在于水中的溶解气体，也可以脱除化学转化而形成的溶解气体。如废水中的硫化钠和氰化钠是固态盐在水中的溶解物，在酸性条件下，它们会转化为 $H_2S$ 和 HCN，经过曝气吹脱，就可以将它们以气体形式脱除。这种吹脱曝气称为转化吹脱法。

## 267 增大气体解吸量的途径有哪些?

对于特定的废水，可以通过以下操作增大气体的解吸量：①提高水温，使用新鲜空气或负压操作；②增加气液接触面积和时间；③减少传质阻力；④可降低水中溶质浓度，增大传质速度。

## 268 吹脱设备有哪些? 各有什么特点?

吹脱设备是指进行吹脱的装置或构筑物，有吹脱池、吹脱塔等。

（1）吹脱池

依靠池面水流与空气自然接触而脱除气体的吹脱池称为自然吹脱池，它适用于溶解气体极易挥发、水温较高、风速较大、有开阔地段和不产生二次污染的场合。此类吹脱池也兼作储水池。

在吹脱池中，较常使用的是强化式吹脱池。强化式吹脱池，通常是在池内鼓入压缩空气或在池面上安设喷水管，以强化吹脱过程。鼓气式吹脱池（鼓泡池）一般是在池底安设曝气管，使水中溶解气体（如 $CO_2$ 等）向气相转移，从而得以脱除。

（2）吹脱塔

为提高吹脱效率，回收有用气体，防止二次污染，常采用填料塔、板式塔等高效气液分离设备。填料塔的主要特征是在塔内装置一定高度的填料层，废水从塔顶喷下，沿填料表面呈薄膜状向下流动。空气由塔底鼓入，呈连续相由下而上同废水逆流接触。塔内气相和水相组成沿塔高连续变化（图 9-12）。

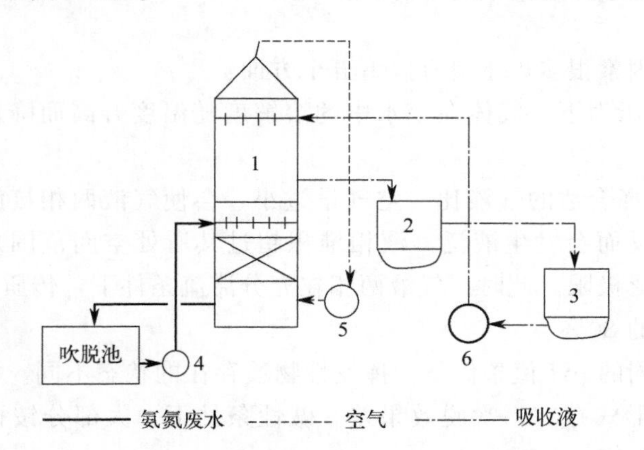


图 9-12 氨氮吹脱-吸收工艺系统图

1—氨氮吹脱塔；2—结晶槽；3—吸收液槽；4—氨氮废水循环泵；5—风机；6—吸收液循环泵

填料塔的优点是结构简单，空气阻力小。缺点是传质效率不够高，设备比较庞大，填料容易堵塞填料塔结构见图 9-13。

筛板塔是在塔内设一定数量的带有孔眼的筛板，水从上往下喷淋，穿过筛孔往下，空气则从下往上流动，气体以鼓泡方式穿过筛板上液层时，互相接触而进行传质。通常筛孔孔径为 6～8mm，筛板间距为 200～300mm。其优点是构造简单、制造方便、传质效率高、塔体

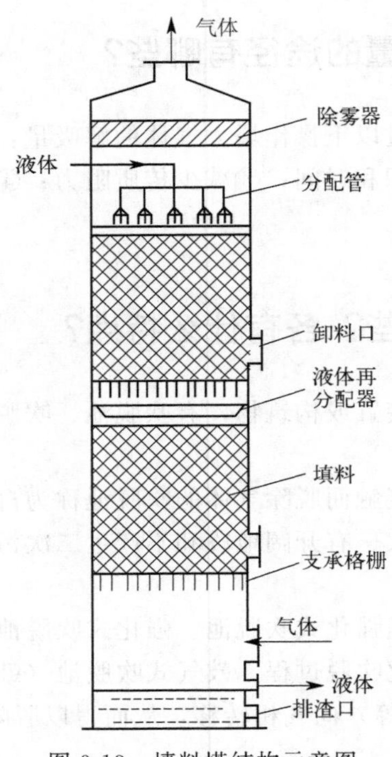


图 9-13 填料塔结构示意图

比填料塔小。但操作管理要求高、筛孔容易堵塞。

## 269 影响吹脱的主要因素有哪些?

影响吹脱效果的因素很多，主要有以下五个方面：

① 温度 在一定压力下，气体在废水中的溶解度随温度升高而降低。因此，升高温度有利于吹脱。

② 气液比 应选择合适的气液比。空气量过小，会使气液两相接触不好，反之空气量过大，不仅不经济，反而会发生液泛（液相堆积超过其所处空间范围），破坏操作。所以，最好使气液比接近液泛极限。此时，气液两相在充分湍流条件下，传质效率很高。工作设计常用液泛极限气液比的 80%。

③ pH 值 在不同的 pH 值条件下，挥发性物质存在的状态不同。如，酸性状态下，氨主要以正一价离子的形式存在，吹脱效果差。碱性条件下，大部分铵根离子将转化为游离氨，可大幅改善吹脱效率。

④ 油类物质 废水中如含有油类物质，会阻碍挥发性物质向大气中扩散，而且会堵塞填料、影响吹脱。因此，应在预处理环节去除油类物质等杂质。

⑤ 表面活性剂 当废水中含有表面活性物质时，在吹脱过程中会产生大量泡沫，给吹脱池的操作运转和环境卫生带来不良影响，同时也影响吹脱效率。因此，在吹脱前应采取措施消除泡沫。

## 270 如何处置解吸气体？

吹脱尾气中含有解吸的气体，尾气的最终处置方法有三种：①向大气排放，注意，只有对环境无害的气体才允许向大气排放；②送至锅炉内燃烧热分解；③回收利用。

回收尾气中解吸气体的基本方法如下：

①用碱溶液吸收酸性气体，或是用酸溶液吸收碱性气体。例如，用 NaOH 溶液喷淋，吸收尾气中的 HCN，产生 NaCN；吸收 $H_2S$，产生 $Na_2S$。用硫酸溶液喷淋，吸收尾气中的 $NH_3$，产生 $(NH_4)_2SO_4$。然后再把吸收液蒸发结晶，进行回收。

② 用活性炭吸附有机挥发性气体，活性炭饱和后用溶剂解吸再生。

## 271 吹脱技术对二氧化碳的脱除效果如何？

吹脱技术脱除二氧化碳的方法主要包括物理法和化学法。

（1）物理法

根据二氧化碳与其他气体的物理性质不同，将其分离出来的方法称为物理法。物理法具体可以分为以下几种。

① 低温液化蒸馏法　二氧化碳是一种比较容易液化的气体，在 1.6MPa 气压条件下，零下 30℃就可以使二氧化碳液化。低温液化蒸馏法的技术原理是根据二氧化碳与其他气体的沸点不同，通过蒸馏将二氧化碳分离出来。其工艺过程是将混合气体干燥后通入冷却塔液化，然后保持温度在二氧化碳沸点以下，逐渐升高温度进行蒸馏，二氧化碳保持液态，而其他气体气化从而与液态的二氧化碳分离。

② 物理溶剂吸收法　物理溶剂吸收法的技术原理是根据二氧化碳与其他气体在溶剂里的溶解度不同，将二氧化碳溶解在溶剂里，从而去除混合气体中的二氧化碳。其工艺流程是将混合气体通入二氧化碳的优良溶剂中，二氧化碳被溶剂吸收，其他气体由于不溶于该种溶剂，从而与二氧化碳分离。常用的溶剂有水、甲醇、碳酸丙烯酯等。水洗法应用最早，流程简单、运行可靠、溶剂水廉价易得，但其设备庞大、电耗高、产品纯度低，一般不采用。低温甲醇法应用较早，流程简单、运行可靠，能耗比水洗法低，产品纯度较高，但是为获得吸收操作所需低温条件，需设置制冷系统，设备材料需用低温钢材，因此装置投资较高。现在广泛应用的是碳酸丙烯酯法。碳酸丙烯酯对二氧化碳具有很大的溶解力，而 $N_2$、$H_2S$、NO 等气体在其中的溶解度却极低。除此之外，该溶剂还具有溶解热低、黏度低、蒸气压极低等特点，且在通常的操作压力下，具有良好的化学稳定性，无毒害。因此对碳钢及其他大多数结构材料无腐蚀作用。碳酸丙烯酯的吸水性较强，溶剂中的含水量对二氧化碳的吸收能力有一定影响。但在实际生产中，很容易维持系统的水平衡，不需对溶液进行特殊处理，工艺流程简单，投资省，操作容易，工艺流程图如图 9-14 所示。

③ 膜分离法　膜分离法的技术原理是利用各种气体在薄膜材料中的渗透率不同来实现分离，二氧化碳气体与膜之间产生一种物理或化学作用使得二氧化碳可以通过该种膜材料，而其他气体则无法透过，从而使二氧化碳与其他气体分离。根据膜的组成，用于分离二氧化碳的膜可以分为有机膜和无机膜。有机膜分离系数高，但是气体的透过量小，工作温度为

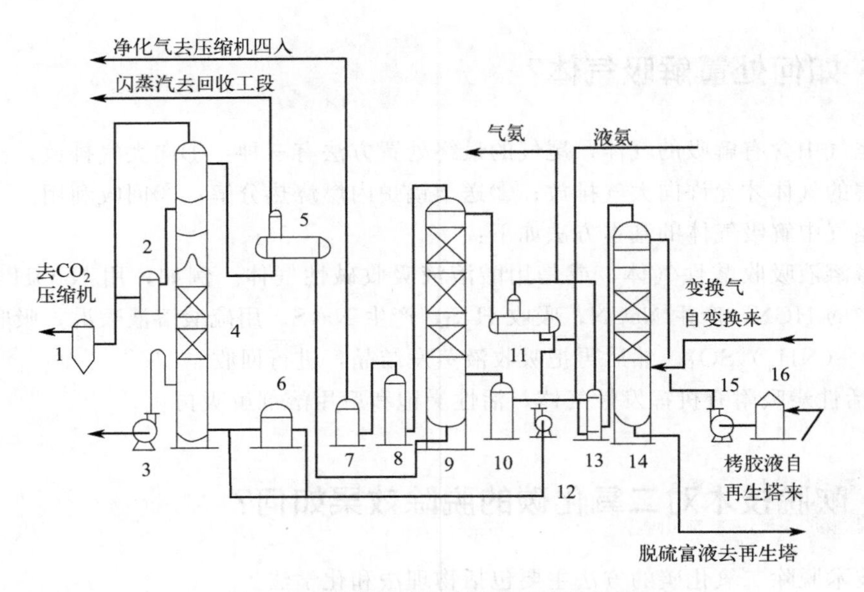


图 9-14 碳酸丙烯酯法脱碳工艺流程图

1—碳丙回收塔；2—抽气机；3—汽提风机；4—常压汽提塔；5—闪蒸槽；6—碳丙循环槽；7—净化气分离器；8—净化气分离洗涤塔；9—脱碳塔；10—变脱过滤器；11—碳丙氨冷器；12—脱碳泵；13—变脱氨冷器；14—脱硫塔；15—脱硫泵；16—脱硫液循环槽

30～60℃，有较大的局限性。膜分离法还可以进一步分为分离膜技术和吸收膜技术（其原理如图 9-15 所示）。在应用中应注意对膜材料的保护，防止高温混合气体或有毒气体对膜材料产生不可逆的损害。

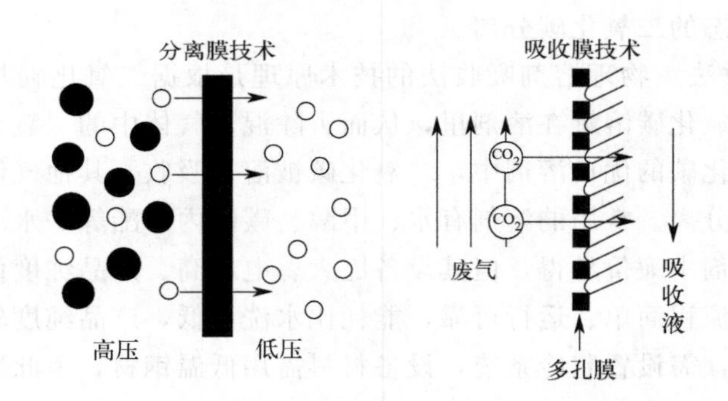


图 9-15 膜分离技术原理示意图

④ 吸附法 吸附技术的原理是利用一类特殊材料对二氧化碳的可逆性吸收的特性，将二氧化碳从混合气体中分离出来。吸附法又分为变压吸附法和变温吸附法。变压吸附法就是利用吸附剂对气体中各组分的吸附量随着压力变化而呈现差异的特性，由选择吸附和解吸两个过程组成的交替切换循环工艺。此工艺具有自动化程度较高，生产稳定，能耗低，无污染，工艺流程简单等优点，但是对设备要求较高，投资较大，吸附剂用量较大。变温吸附法主要是利用吸附剂在不同温度下对某一气体吸附量的差异进行化工生产的。此工艺可以通过压缩、冷凝、提纯来获得液体 $CO_2$ 产品，具有较好的分离效果。目前常用的吸附剂有天然沸石、分子筛、活性氧化铝、硅胶和活性炭等。

（2）化学法

根据二氧化碳的化学性质，通过一系列化学反应将二氧化碳分离出来的方法被称为化学法。

① 有机胺吸收法　在二氧化碳的吸收法中，具有重要地位的是有机胺脱碳法。有机胺脱碳法包括一乙醇胺法（MEA）、二乙醇胺法、活化 MDEA 法和烯胺法四种方法。下面以一乙醇胺法为例进行说明。一乙醇胺水溶液在低温下与酸性气体和二氧化碳反应，生成的盐一经加热容易分解，吸收过程通常在 27～60℃温度范围内进行，将溶液加热到 100～138℃时，溶液里的二氧化碳气体分离出去，溶液冷却后可以循环使用。其工艺流程图如图 9-16 所示。

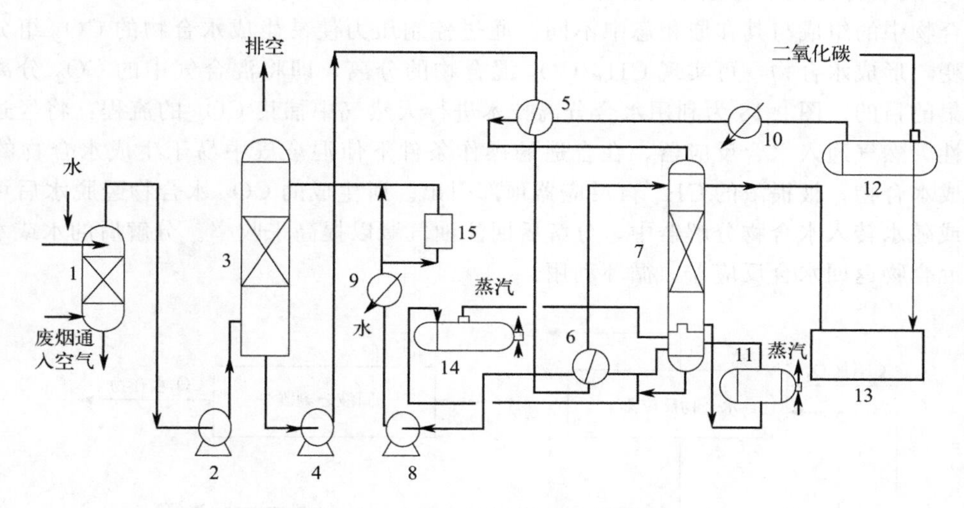


图 9-16　MEA 法回收 $CO_2$ 流程图

1—冷却塔；2—风机；3—吸收塔；4—富液泵；5—冷凝器；6—换热器；7—再生塔；8—贫液泵；9，10—水冷器；11—再沸器；12—分离器；13—地下槽-回流泵；14—胺回收加热器；15—过滤器

② 化学循环燃烧法（CLC）　化学循环燃烧法不直接使用空气中的氧分子，而是采用载氧剂（金属氧化物）来促进燃烧过程。最基本的 CLC 系统包括串联的空气反应器和燃料反应器，如图 9-17 所示。

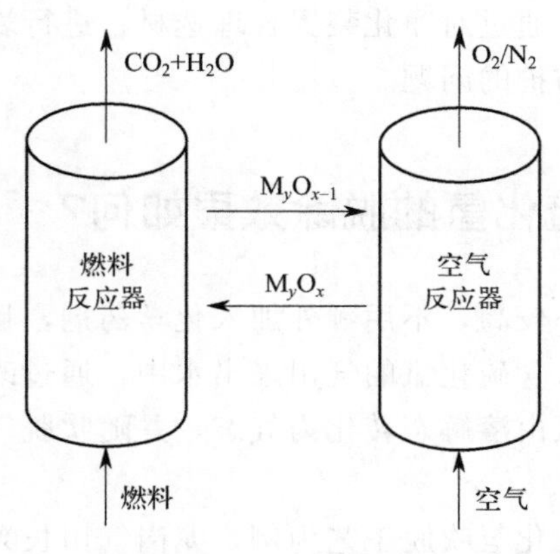


图 9-17　CLC 系统示意图

金属在空气反应器中与空气中的氧气发生氧化反应，成为金属氧化物形式的携氧状态，接着燃料和金属氧化物在燃料反应器中发生还原反应，生成 $CO_2$、$H_2O$，以此循环使用。该系统具有更高的能量利用效率，不污染空气，只需要将燃料反应器排放的气体经过冷凝，就可以分离出高纯度的二氧化碳。

③ 喷氨法　利用二氧化碳是酸性气体这一化学性质，用氨水进行吸收，可以较为完全地将二氧化碳分离出去。该反应在常温常压下进行，对设备的要求不高，而且生成的碳酸铵可以作为肥料，实现资源回收利用。

④ 二氧化碳水合物法　该方法主要用于天然气中二氧化碳的去除，其技术原理是 $CH_4$ 和 $CO_2$ 生成水合物的条件存在显著差异，0℃时，其生成压力分别为 2.56MPa、1.26MPa。基于水合物中的组成与其在原相态中不同，通过控制压力使易生成水合物的 $CO_2$ 组分发生相态转变，形成水合物，可实现 $CH_4/CO_2$ 混合物的分离，即将混合气中的 $CO_2$ 分离出来达到捕集的目的。图 9-18 为利用水合分离技术进行天然气中捕集 $CO_2$ 的流程：将经过预处理的酸性天然气通入水合反应器，在合适的操作条件下使混合气中易于生成水合物的 $CO_2$ 组分生成水合物，被提浓的 $CH_4$ 自反应器顶部引出。所生成的 $CO_2$ 水合物经脱水后可直接利用，或随水转入水合物分解器中，分解后回注油气藏以提高采收率。分解后的水或水与添加剂的混合物返回水合反应器，循环利用。

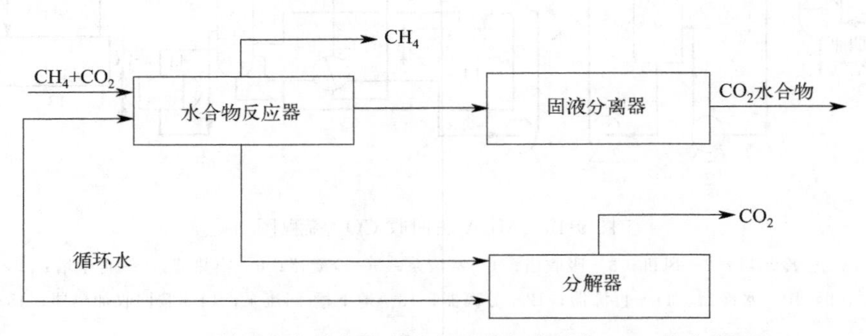


图 9-18　利用水合分离技术进行天然气中捕集 $CO_2$ 的流程图

水合分离与其他分离相比，有压力损失小，分离效率高，工艺流程简单，节省设备投资，连续化生产等优点，因此具有明显的技术经济优势。水合分离在液相环境中进行，$CO_2$ 会对净化过程产生一定影响。通过对净化装置合理选材、进行表面处理、采用阴极保护、添加缓蚀剂，可有效解决腐蚀防护的问题。

## 272 吹脱技术对硫化氢的脱除效果如何?

吹脱法处理硫化氢去除率较高，不用额外加入化学药剂，且收集脱出硫化氢还可进一步资源化利用。将吹脱气体通入含硫化氢的气田采出水中，通过改变其在水中建立的气液平衡关系，使溶解于水中的硫化氢由溶解态转化为气态，并随吹脱气体从水中逸出而被处理，吹脱气体可用空气或天然气。

以四川龙岗气田采出水硫化氢吹脱工艺为例，龙岗气田长兴组采出水外观呈淡黄色、半透明状，具有刺鼻性硫化氢气味，主要污染物不仅包含硫化氢、无机盐、有机物，还含氨氮等组分，是一种比较典型的高含硫含盐难生物降解的工业废水。在酸性条件下，吹脱法对含硫化氢的气田采出水有较好的处理效果，其中吹脱处理工艺的 pH 值控制在 3，温度为 25℃，气水比为 35∶1，对硫化氢的吹脱去除率可以维持在较高水平，达到 95%左右，该方法可作为含硫化氢的气田采出水的一种处理方法。

## 273 吹脱技术对氰化氢的脱除效果如何？

在工业生产过程中，氰化物来源非常广泛，冶金、化工、有色金属、选矿、电镀、农药、化肥、热处理及有机玻璃等生产工艺过程中，都有排放数量和浓度不等的含氰废水排出，并且有些工艺排出大量含氰废渣。无论含氰废水、废渣，其共同特点在于氰化物的剧毒性。其污染影响人体健康，造成水生生物死亡及水污染，使农业遭受破坏，带来的直接或间接经济损失是严重的。因此，对含氰废水的治理一直被人们重视。

含氰废水中存在的 $CN^-$，必须先转化为 HCN，然后使 HCN 与水溶液分离而得以回收。这一过程属于气液传质过程。为增强气液分离效果，采用吹脱法去除 HCN，将空气通入含氰废水中，使水中溶解状挥发物由液相转变为气相，扩散到密闭容器内加以吸收，其推动力为废水中挥发物质的浓度与密闭容器中该物质的浓度差。

针对企业含氰废水处理成本高的问题，北京矿冶研究总院设计了新型吹脱装置并进行了大量试验。最佳工艺条件为：pH 值为 2.5，时间为 30min，温度为 30℃以上，废水循环流量为 $1m^3/h$，风机循环风量为 $900m^3/h$，吸收液 NaOH 浓度为 20%以上，温度为 10℃。HCN 吹脱率达 99%以上，吸收率达 96%以上，酸化残液 $CN^- < 3.5mg/L$，浓度大幅降低，运行时间大大缩短。酸化残液采用 $SO_2$/Air 法深度氧化后，废液中 $CN^- < 0.1mg/L$，达到排放和循环使用标准。成套设备投资较少，运行效率高，生产成本低，操作简便，可为黄金生产企业提供较大便利。

## 274 吹脱技术在废水处理中的应用现状与前景如何？

吹脱法用于脱除水中溶解气体和某些挥发性物质。即将气体通入水中，使气水相互充分接触，使水中溶解气体和挥发性溶质穿过气液界面，向气相转移，从而达到脱除污染物的目的。常用空气或水蒸气作载体，前者称为吹脱，后者称为汽提。

空气吹脱法在碱性条件下，大量空气与废水接触，使废水中氨氮转换成游离氨被吹出，以达到去除废水中氨氮的目的。此法也叫氨解吸法，解吸速率与温度、气液比有关。气体组分在液面的分压和液体内的浓度成正比。当投加石灰至 pH>11，气液比为 3000∶1 时，经逆流塔吹脱率可达 90%以上。适合于高氨氮废水的预处理，脱氮率高，操作灵活，占地小，但 $NH_3$-N 仅从溶解状态转化为气态，并没有彻底除去。当温度降低时，脱氮率急剧下降，同时也受吹脱装置大小及长径比、气液接触效率的影响。随着使用时间的延长，装置及管道易产生 $CaCO_3$ 沉淀。该法需不断鼓气、加碱，出水需再加酸调低 pH，以至处理费用相对较高。且该方法还存在一个很大的缺点：吹脱后的空气成为了二次污染源，携带着大量的氨气直接进入了大气。有研究利用吹脱法处理含氨氮的废水，经过试验得到吹脱的较佳条件：pH 为 11，温度为 70℃，气液比为 7000，吹脱时间为 2h。在此条件下氨氮去除率为 97%以上，可以将废水从氨氮含量 10000～19000mg/L 处理到 570mgL 以下，再使用常规生化进一步处理，可极大地减轻生物脱氮压力。

吹脱技术在处理工业废水领域已有成熟的工程应用范例，如处理含乙苯、萘等多种挥发性有机物的焦化废水，处理含四氯化碳的氯化橡胶废水和含氯仿的废水，含氨氮的垃圾渗滤液废水和含氨氮的抗生素废水等。比较常用的设备为填料吹脱塔，以便于废气中有害气体的回收利用。

虽然吹脱法具有脱氮效率高、操作简单、易于控制等优点，但能耗也大。此外，用吹脱法处理后的出水中氨氮浓度仍较大，常常不能满足水质排放的要求。因此，吹脱法适合于高浓度氨氮废水的预处理。在工程实际中，吹脱法常常与其他技术联合处理高浓度氨氮废水。“物化处理—萃取分离—再生回收—二级提馏—双膜回用”的废水联合处理工艺用于高浓度氨氮、含酚废水的处理，效果很好，实现了废物资源化。

## 275 何为汽提法？与吹脱法有何区别？

汽提法用以脱除废水中的挥发性溶解物质，如挥发酚、甲醛、苯胺、硫化氢、氨等。其实质是废水与水蒸气的直接接触，使其中的挥发性物质按一定比例扩散到气相中去，从而达到从废水中分离污染物的目的。

与吹脱法相同，只是所使用的介质不同，汽提是借助于蒸气介质来实现的。将空气或蒸气等载气通入水中，使载气与废水充分接触，导致废水中的溶解性气体和某些挥发性物质向气相转移，从而达到脱除水中污染物的目的。根据相平衡原理，一定温度下的液体混合物中，每一组分都有一个平衡分压，当与液相接触的气相中该组分的平衡分压趋于零时，气相平衡分压远远小于液相平衡分压，则组分将由液相转入气相，即为汽提原理。一般使用空气为载气时称为吹脱；使用蒸汽为载气时称为汽提。

汽提法分离污染物的工艺视污染物的性质而异，一般可归纳为以下两种。

① 简单蒸馏　对于与水互溶的挥发性物质，利用其在气-液平衡条件下，在气相中的浓度大于在液相中的浓度这一特性，通过蒸汽直接加热，使其在沸点（水与挥发物两沸点之间的某一温度）下，按一定比例富集于气相。

② 蒸汽蒸馏　对于与水互不相溶或几乎不溶的挥发性污染物。利用混合液的沸点低于两组分沸点这一特性，可将高沸点挥发物在较低温度下加以分离脱除。例如：废水中的松节油、苯胺、酚、硝基苯等物质在低于100℃条件下，应用蒸馏法可将其分离。

## 276 汽提装置有哪些？有什么特点？

常用的汽提设备有填料塔、筛板塔、泡罩塔、浮阀塔等。

(1) 填料塔

填料塔流体阻力小，适用于气体处理量大而液体量小的环境。液体沿填料表面自上向下流动，气体与液体成逆流或并流，视具体反应而定。填料塔内存液量较小。无论气相或液相，其在塔内的流动形式均接近于活塞流。若反应过程中有固相生成，不宜采用填料塔。填料塔在塔内充填各种形状的填充物（填料），使液体沿填料表面流动形成液膜，分散在连续流动的气体之中，气液两相接触面在填料的液膜表面上。它属于膜状接触设备。

填料塔是以塔内的填料作为气液两相间接触构件的传质设备。塔身是一直立式圆筒，底部装有填料支承板，填料以乱堆或整砌的方式放置在支承板上。填料的上方安装填料压板，以防被上升气流吹动。液体从塔顶经液体分布器喷淋到填料上，并沿填料表面流下。气体从塔底送入，经气体分布装置（小直径塔一般不设气体分布装置）分布后，与液体呈逆流连续通过填料层的空隙，在填料表面上，气液两相密切接触进行传质。

图 9-19 为常见汽提填料塔示意图。

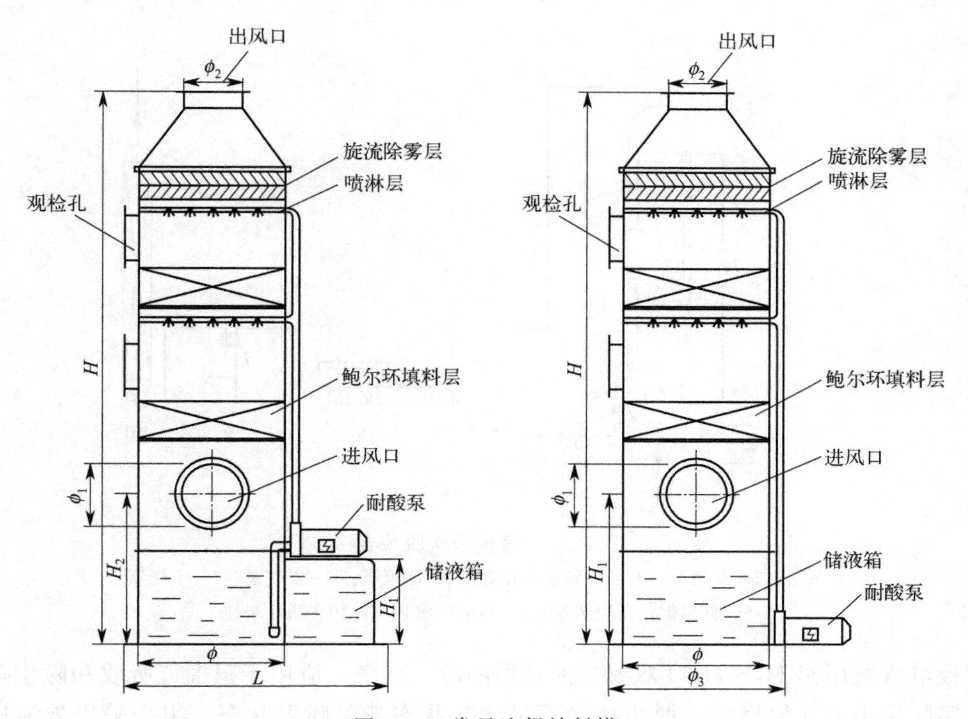


图 9-19 常见汽提填料塔

填料塔属于连续接触式气液传质设备，两相组成沿塔高连续变化，在正常操作状态下，气相为连续相，液相为分散相。当液体沿填料层向下流动时，有逐渐向塔壁集中的趋势，使得塔壁附近的液流量逐渐增大，这种现象称为壁流。壁流效应造成气液两相在填料层中分布不均，从而使传质效率下降。因此，当填料层较高时，需要进行分段，中间设置再分布装置。液体再分布装置包括液体收集器和液体再分布器两部分，上层填料流下的液体经液体收集器收集后，送到液体再分布器，经重新分布后喷淋到下层填料上。

填料塔具有生产能力大、分离效率高、压降小、持液量小、操作弹性大等优点。填料塔也有一些不足之处，如填料造价高；当液体负荷较小时不能有效地润湿填料表面，使传质效率降低；不能直接用于有悬浮物或容易聚合的物料；对侧线进料和出料等复杂精馏不太适合。

（2）筛板塔

筛板塔简称筛板，内装若干层水平塔板，板上有许多小孔，形状如筛；部分情况装有溢流管。结构特点为塔板上开有许多均匀的小孔，根据孔径的大小分为小孔径筛板（孔径为3～8mm）和大孔径筛板（孔径为10～25mm）两类，工业应用中以小孔径筛板为主，大孔径多用于某些特殊场合。

图 9-20 为一典型的筛板塔装置。设备为有机玻璃材质，尺寸为 $\phi$80mm，共 4 层塔板，板间距 100mm，出口堰高 10mm，筛孔孔径 3mm，孔间距 7.5mm，开孔率 14.5%，为垂直弓形降液管的单流型塔板。在第 2 块塔板出水的降液管处设 2＃取样口，塔底设 4＃取样口。废水和空气分别通过蠕动泵和空气泵控制，流量则靠带有阀门的转子流量计测量。2 个取样口每隔 2min 取样，连续采集 6 个水样后送 GC 检测。吹脱尾气干燥后进入低温催化燃烧装置，产生的氯化氢经碱液吸收，再接入活性炭柱。吹脱后低浓度出水进入后续生化处理单元。

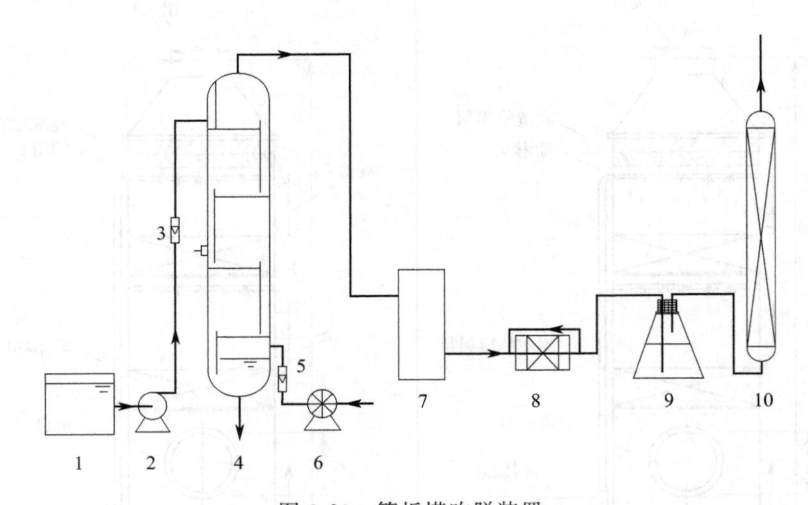


图 9-20 筛板塔吹脱装置

1—水箱；2—蠕动泵；3，5—转子流量计；4—筛板塔；6—空气泵；7—干燥器；8—低温催化燃烧装置；9—碱液吸收装置；10—活性炭柱

筛板塔普遍用作 $H_2S$-$H_2O$ 双温交换过程的冷、热塔，应用于蒸馏、吸收和除尘等。在工业上实际应用的筛板塔中，两相接触不是泡沫状态就是喷射状态，很少采用鼓泡接触状态的。

筛板塔的优点是：结构简单、造价低；气流压降小、板上液面落差小；生产能力较大；气体分散均匀；传质效率高。缺点为操作弹性小、筛孔小易堵塞。

(3) 泡罩塔

泡罩塔是指以泡罩作为塔盘上气液接触元件的一种板式塔。塔盘主要由带有若干个泡罩和升气管的塔板、溢流堰、受液盘及降液管组成（图 9-21）。液体由上层塔盘通过降液管，经泡罩横流过塔盘，由溢流堰进入降液管。蒸汽自下而上进入泡罩的升气管中，经泡罩的齿缝分散到泡罩间的液层中去，与液体充分接触。优点是生产能力大，不易堵塞，操作弹性大。缺点是结构复杂，气相扭力降较大。

泡罩塔通常用来使蒸汽（或气体）与液体密切接触以促进其相互间的传质作用。塔内装有多层水平塔板，板上有若干个供蒸汽（或气体）通过的短管，其上各覆盖底缘有齿缝或小槽的泡罩，并装有溢流管。操作时，液体由塔的上部连续进入，经溢流管逐板下降，并在各板上积存液层，形成液封；蒸汽（或气体）则由塔底进入，经由泡罩底缘上的齿缝或小槽分散成为小气泡，与液体充分接触，并穿过液层而达液面，然后升入上一层塔板。短管装在塔内的，称内溢流式；也有装在塔外的，称外溢流式。泡罩塔广泛用于精馏和气体吸收。

泡罩塔板是工业上应用最早的塔板，它主要由升气管及泡罩构成。泡罩安装在升气管的

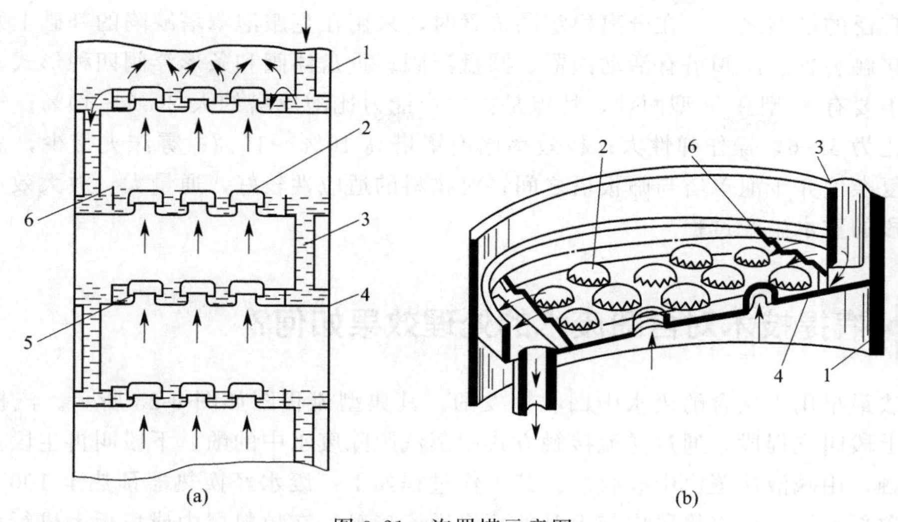


图 9-21　泡罩塔示意图

1—塔体；2—泡罩；3—溢流管；4—塔板；5—升气管；6—挡板

顶部，分圆形和条形两种，以前者使用较广。泡罩有 $f$80mm、$f$100mm、$f$150mm 三种尺寸，可根据塔径的大小选择。泡罩的下部周边开有很多齿缝，齿缝一般为三角形、矩形或梯形。泡罩在塔板上为正三角形排列。操作时，液体横向流过塔板，靠溢流堰保持板上有一定厚度的液层，齿缝浸没于液层之中而形成液封。升气管的顶部应高于泡罩齿缝的上沿，以防止液体从中漏下。上升气体通过齿缝进入液层时，被分散成许多细小的气泡或流股，在板上形成鼓泡层，为气液两相的传热和传质提供大量的界面。

泡罩塔板的优点是操作弹性较大，塔板不易堵塞；缺点是结构复杂、造价高，板上液层厚，塔板压降大，生产能力及板效率较低。泡罩塔板已逐渐被筛板、浮阀塔板所取代，在新建设备中已很少采用。

（4）浮阀塔

浮阀塔是 20 世纪 50 年代开发的一种新塔型，其特点是在筛板塔基础上，在每个筛孔处安装一个可上下移动的阀片。当筛孔气速高时，阀片被顶起上升，气速低时，阀片因自身重而下降。阀片升降位置随气流量大小自动调节，从而使进入液层的气速基本稳定。又因气体在阀片下侧水平方向进入液层，既减少液沫夹带量，又延长气液接触时间，故具有很好的传质效果。

浮阀塔为一种板式塔（图 9-22）。浮阀的阀片可以浮动，随着气体负荷的变化而调节其开启度，因此，浮阀塔的操作弹性大，特别是在低负荷时，仍能保持正常操作。浮阀塔由于气液接触状态良好，雾沫夹带量小（因气体水平吹出之故），塔板效率较高，生产能力较大。塔结构简单，制造费用低，并能适应常用的物料状况，是化工、炼油行业

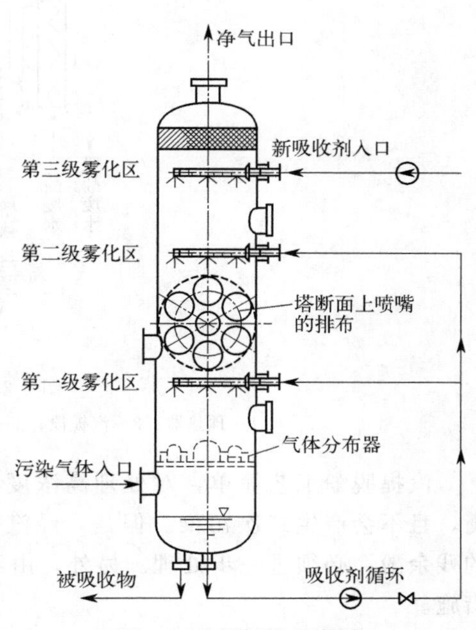


图 9-22　浮阀塔示意图

中使用最广泛的塔型之一。在分离稳定同位素时，采用在克服泡罩塔缺陷的基础上发展起来的鼓泡式接触装置。浮阀塔有活动泡罩、圆盘浮阀、重盘浮阀和条形浮阀四种形式。

浮阀主要有 V 型和 T 型两种，特点是：生产能力比泡罩塔约大 20%～40%；气体两个极限负荷比为 5～6，操作弹性大；板效率比泡罩塔高 10%～15%；雾沫夹带少，液面梯度小；结构复杂度介于泡罩塔与筛板塔之间；对物料的适应性较好，通量大、放大效应小，常用于初浓段的重水生产过程。

## 277 汽提技术对含酚废水的处理效果如何?

汽提法最早用于从含酚废水中回收挥发酚。其典型流程图如图 9-23 所示。汽提塔分上下两段，上段叫汽提段，通过逆流接触方式用蒸汽脱除废水中的酚；下段叫再生段，同样通过逆流接触，用碱液从蒸汽中吸收酚。其工作过程如下：废水经换热器预热至 100℃后，由汽提塔的顶部淋下，在汽提段内与上升的蒸汽逆流接触，在填料层中或塔板上进行传质。净化的废水通过预热器排走。含酚蒸汽用鼓风机送到再生段，相继与循环碱液和新碱液（含 10%的 NaOH）接触，经化学吸收生成酚钠盐回收其中的酚，净化后的蒸汽进入汽提段循环使用。碱液循环在于提高酚钠盐的浓度，待饱和后排出，用离心法分离酚钠盐晶体，加以回收。

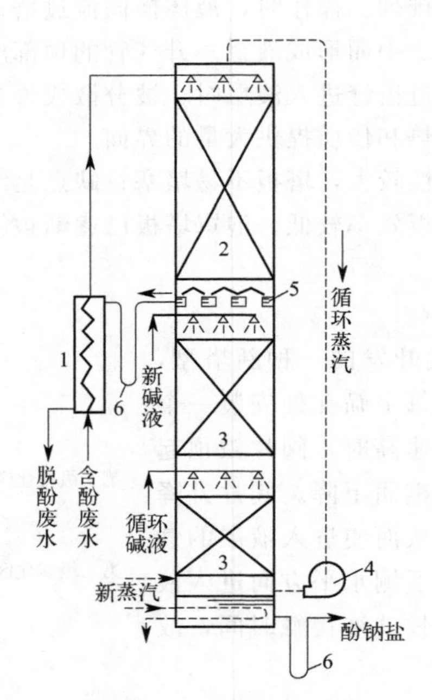


图 9-23 汽提法脱酚装置

1—预热器；2—汽提段；3—再生段；4—鼓风机；5—集水槽；6—水封

汽提脱酚工艺简单，对处理高浓度（含酚 1g/L 以上）废水，可以达到经济上收支平衡，且不会产生二次污染。但是，经汽提后的废水中一般仍含有较高浓度（约 400mg/L）的残余酚，必须进一步处理。另外，由于再生段内喷淋碱液的腐蚀性很强，必须采取防腐措施。

## 278 汽提技术对含硫废水的处理效果如何?

石油炼厂的含硫废水（又称酸性水）中含有大量$H_2S$（10g/L）、$NH_3$（5g/L），还含有酚类、氰化物、氯化铵等。一般先用汽提回收处理，然后再用其他方法进行处理。处理流程如图9-24所示。

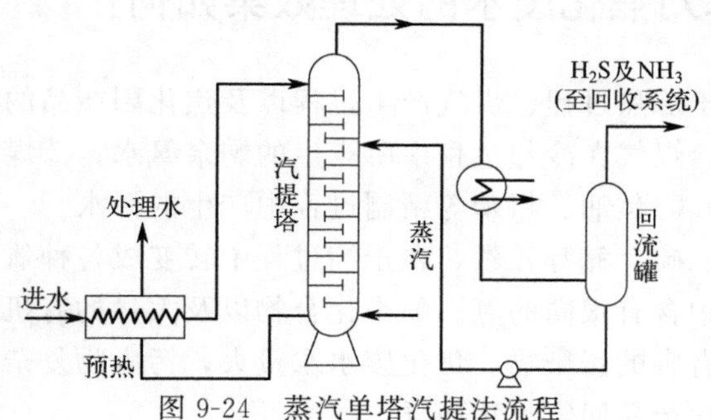


图9-24 蒸汽单塔汽提法流程

含硫废水经隔油、预热后从顶部进入汽提塔，蒸汽则从底部进入。在蒸汽上升过程中，不断带走$H_2S$和$NH_3$。脱硫后的废水，利用其余热预热进水，然后送出进行后续处理。从塔顶排出的含$H_2S$和$NH_3$的蒸汽，经冷凝后回流至汽提塔中，不冷凝的$H_2S$和$NH_3$进入回收系统，制取硫黄或硫化钠，并可副产氨水。

国外某公司采用两段汽提法处理含硫废水，工艺流程如图9-25所示。酸性废水经脱气（除去溶解的氢、甲烷及其他轻质烃）后进行预热，送入$H_2S$汽提塔，塔内温度约为38℃，压力为0.68MPa（表）。$H_2S$从塔顶汽提出来，水和氨从塔底排出。塔顶气相仅含$NH_3$ 50mg/L，可直接作为生产硫或硫酸的原料。水和氨进入氨汽提塔，塔内温度为94℃，压力为0.34MPa（表）。氨从塔顶蒸出，进入氨精制段，除去少量的$H_2S$和水，在38℃、1.36MPa下压缩，冷凝下来的$NH_3$含$H_2O<1g/L$，含$H_2S<5mg/L$，可作为液氨出售。氨汽提塔底排出的水可重复利用。

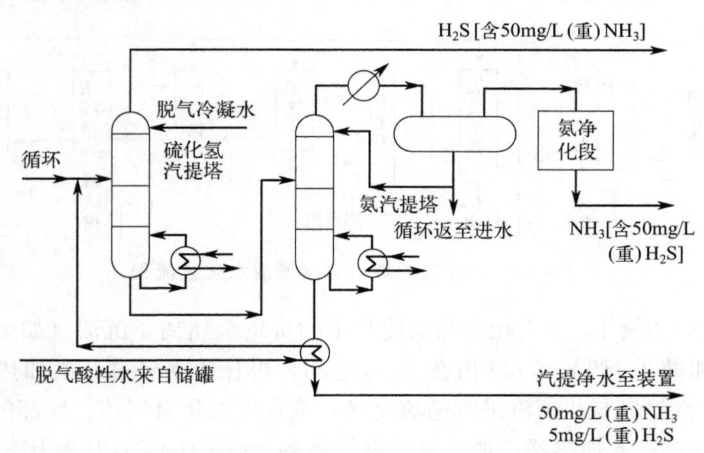


图9-25 双塔汽提废水处理（WWT法）流程

据报道，该公司用此流程处理含硫废水，流量为45.6$m^3/h$，每天可回收$H_2S$ 72.6t、$NH_3$ 36.3t，2年多即可回收全部投资。

国内也有多家炼油厂采用类似的双塔汽提流程处理含硫废水，将含 $H_2S$ 290～2170mg/L、含 $NH_3$ 365～1300mg/L 的原废水净化至含 $H_2S$ 0.95～12mg/L。运转表明，该系统操作方便，能耗低。

除了用水蒸气汽提以外，也可用烟气汽提处理炼油酸性含硫废水。

## 279 汽提技术对焦化废水的处理效果如何?

焦化废水主要产生于炼焦过程、煤气产生过程以及焦化副产品的精制过程，其主要来源是：①煤干馏产生煤气，煤气在冷却过程中所产生的剩余氨水；②煤气净化过程中产生的煤气终冷水及粗苯分离水；③焦油、粗苯等精制过程中产生的污水。

煤中的碳、氧、氢、硫、氮等元素，在干馏过程中转变成各种氧、氮、硫的有机化合物和无机化合物，使废水中含有很高的氮、酚类化合物以及大量的有机氮、$CN^-$、$SCN^-$、硫化物及多环芳烃等有毒有害的污染物。焦化废水水量大，污染物复杂，浓度高，其水质随原煤质量、炭化温度及焦化产品回收方法而异。

采用蒸汽汽提脱氨、硫酸吸收脱氨、蒸汽循环及多效蒸发复合工艺流程，对焦化废水进行汽提，得到硫酸铵溶液或者固体硫酸铵。不仅可以实现焦化废水氨氮含量达标排放（$<$15mg/L），而且可以实现其中氨氮的资源化回收利用。

## 280 汽提技术在含氰废水处理中的应用效果如何?

汽提法常被用于含有 $H_2S$、HCN、$NH_3$、$CS_2$ 等气体和甲醛、苯胺、挥发酚等其他挥发性有机物的工业废水的处理。以含氰废水为例，汽提吸收法处理电镀含氰废水，处理废水量较大、效果较好、能量利用合理、费用较低，且能够充分利用废热蒸汽，使废水中的 $CN^-$ 得以回收生产亚铁氰化钠（黄血钠盐）产品，降低企业生产成本。结合某企业汽提吸收法处理含氰废水的中试情况，介绍其处理原理、流程及主要设备，工艺如图 9-26 所示。

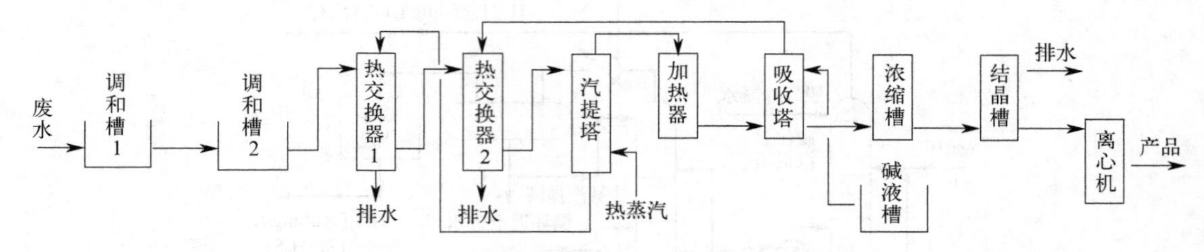


图 9-26 汽提法处理电镀含氰废水工艺流程

废水首先经过调和槽 1，加入化学药品使其中的贵重金属离子沉淀（如无贵重金属，可省去此槽）。经过调和槽 2，调节其 pH 值在 2～3 之间，再让废水经过 2 次加热使废水温度预热到 85～90℃，进入汽提塔与热蒸汽进行逆流交换，蒸发出氰化氢气体。底部的热水去热交换器 1，顶部的氰化氢气体进入加热器，加热氰化氢气体到 130～150℃，让氰化氢气体进入装有铁屑填料的吸收塔，同时把温度约 110℃的碳酸钠溶液从塔顶淋下，使碳酸钠溶液接触氰化氢和铁屑进行反应，生成黄血钠盐。塔顶排放出的气体返回到热交换器 2，用碱液循环吸收氰化氢，直到黄血钠盐的质量浓度达到 400～450g/L 后，进行浓缩、结晶、离心、烘干。

# 冷却/蒸发/结晶技术

## 281 热污染废水的冷却原理有哪些?

当热水水面和空气直接接触时，如水的温度与空气的温度不一致，将会产生传热过程，水温高于空气温度时，水将热量传给空气，并使水得到冷却，这种现象称为接触传热，水面温度与远离水面的空气温度之间的温度差是水和空气间接触传热的推动力。接触传热量可以从水流向空气，也可以由空气流向水，其流向取决于两者温度的高低。

对于湿式冷却，水与空气接触，在接触传热的同时，还会因水的蒸发产生蒸发传热。即当热水表面直接与未被水蒸气所饱和的空气接触时，水分子的热运动将引起水的表面蒸发，热水表面的水分子不断化为水蒸气。在此过程中，将从热水中吸收热量，使水得到冷却，这种现象称为蒸发传热。

蒸发传热量可以用空气中水蒸气的分压来计算。在水与空气交界面附近，空气边界层中的空气温度与水温相同，由于水分子在水与空气边界层之间的热运动，使这薄层空气的含湿量呈饱和状态。因此，其水蒸气压为对应于水温的饱和蒸汽压 $P''_q$。周围环境空气的水蒸气分压为 $P_q$，蒸发传热的推动力是 $P''_q$ 与 $P_q$ 之间的分压差 $\Delta P$。只要 $P''_q > P_q$，水的表面就会蒸发，而且蒸发传热量总是由水流向空气的，与水面温度高于还是低于水面上空气温度 $\theta$ 无直接关系。

综上所述，水的冷却过程是通过接触传热和蒸发传热实现的，其总传热量为接触传热量与蒸发传热量之和，而水温变化则是两者共同作用的结果。

## 282 何为水面冷却池?

利用水体的自然水面，借自然对流蒸发作用进行冷却。它可与其他用途的水源综合利用，其结构简单、效率高、较经济。水体根据水面大小分为两种形式：

(1) 水面面积有限的水体

包括浅水和深水冷却池。浅水池含浅湖泊、浅水库、浅池塘等，水深小于 3m，以平面流为主，无明显的温差异重流；深水池指水深大于 4m 的水库、湖泊等，有明显和稳定的温差异重。

(2) 水面面积大的水体

包括大型湖泊、河道、海湾，其水面面积相对冷却水量是很大的水体。在此种水体中，热水从排水口缓慢流向取水口的过程，一般分为主流、回水、死水三个区。

主流区冷效最佳，湖内设导流构筑物，形成良好的异重流，热水上浮，冷水下沉，从下层取水。水深越大分层越好，排水口出流高程与自由水吻合越好，水体的边界地形越平顺，内部地形越平缓，越有利于散热。

排入冷却池热水的排水口高程上应接近自由水面，出流平顺，保证水面平静，有利于散热。取水口应在池底淤积层以上、热水层以下的冷水层，保证水质水温满足要求。为了充分地利用池面与大气的热交换，应尽量使水流分布均匀，减少死水区。设计时，可根据原池实测地形进行模型试验。近似计算时，水力负荷采用 0.01～0.1$m^3/(m^2 \cdot h)$。

## 283 何为喷水冷却池？

喷水冷却池是利用喷嘴喷水进行冷却的敞开式水池（图 10-1）。在池上布置配水管系统，管上装有喷嘴，压力水经喷嘴（喷嘴前压力为 49～69kPa）向上喷出，喷散成均匀散开的小水滴，使水和空气的接触面积增大；同时使小水滴在以高速（流速为 6～12m/s）向上喷射而又降落的过程中，有足够的时间与周围空气接触，改善了蒸发与传导的散热条件。

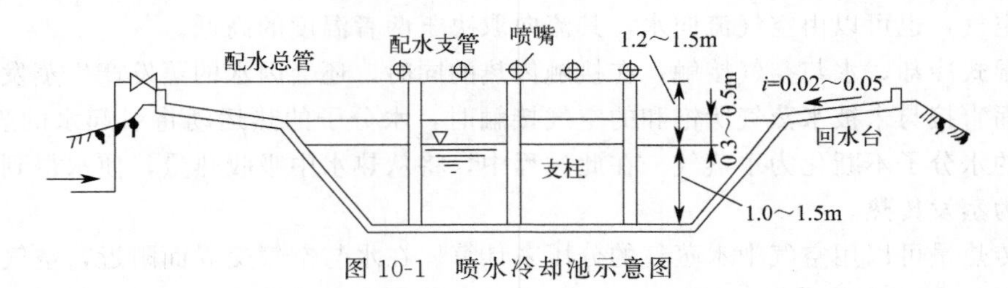


图 10-1 喷水冷却池示意图

影响喷水池冷却效果的因素是：喷嘴形式和布置方式、水压、风速、风向、气象条件等。

喷水池由两部分组成。一部分是配水管及喷嘴，配水管间距为 3～3.5m，同一支管上喷嘴间距为 1.5～2.2m，最外侧喷嘴距池边不宜小于 7m。另一部分是集水池和溢流井，池宽不宜大于 60m；池中水深宜为 1～2m，保护高度不应小于 0.25m。喷水池的淋水密度应根据当地气象条件和工艺要求的冷却水温确定，一般可采用 0.7～1.2$m^3/(m^2 \cdot h)$。

## 284 何为湿式冷却塔？主要类型有哪些？

由冷却液体将热量带出并通过传导和蒸发消散在空气中的方式称为湿式冷却。完成湿式冷却方式的冷却塔为湿式冷却塔（图 10-2）。

（1）按照通风方式分类

按照通风方式，湿式冷却塔可分为自然通风、机械通风和混合通风三种形式。

① 自然通风　包括开放式通风（喷水式、点滴式）、风筒式通风（点滴式、薄膜式、点滴薄膜式）。

② 机械通风　包括鼓风式通风（点滴式、薄膜式、点滴薄膜式）、抽风式通风（点滴

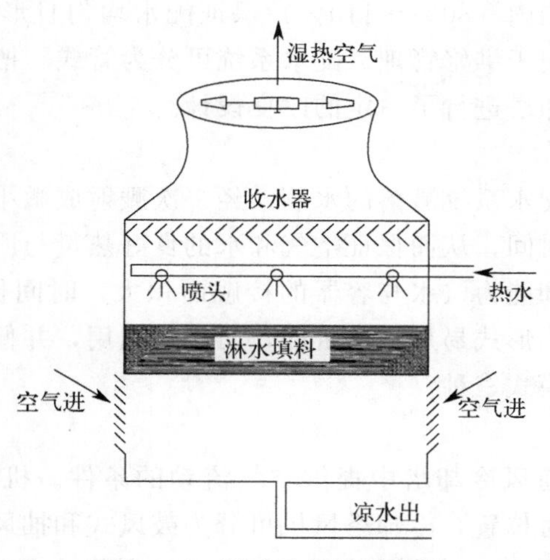


图 10-2 湿式冷却塔示意图

式、薄膜式、点滴薄膜式)。

③ 混合通风 塔式加鼓风(点滴式、薄膜式、点滴薄膜式)。

(2) 按照水在淋水填料中被淋洒成的冷却表面形式分类

按照水在淋水填料中被淋洒成的冷却表面形式,可分为点滴式、薄膜式和点滴薄膜式。

## 285 湿式冷却塔的主要构造有哪些?

湿式冷却塔的主要构造包括:配水系统、淋水填料、风机、通风筒、空气分配装置、除水器、集水池和塔体(图 10-3)。

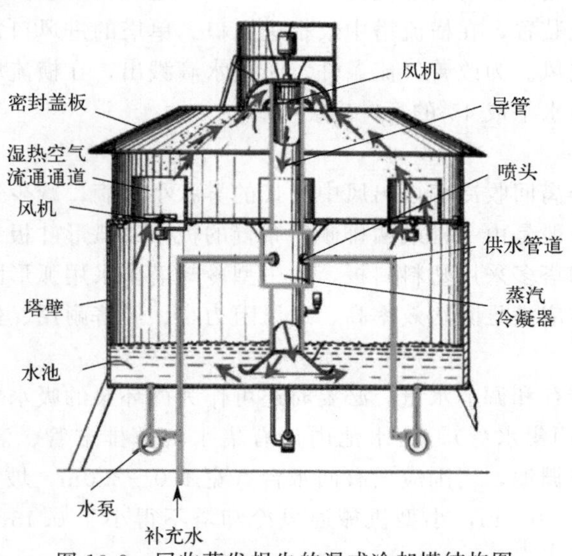


图 10-3 回收蒸发损失的湿式冷却塔结构图

(1) 配水系统

配水系统的作用是将热水均匀地分配到冷却塔的整个淋水面积上。应满足的基本要求是：在一定的水量变化范围内（80%～110%）保证配水均匀且形成微细水滴，系统本身的水流阻力和通风阻力小，便于维修管理。配水系统可分为管式、槽式和池（盘）式三种。现阶段针对蒸发损失，对冷却塔进行了一定的改良设计。

（2）淋水填料

淋水填料的作用是将配水系统溅落的水滴，经多次溅射成微小水滴或水膜，增大水和空气的接触面积，延长接触时间，从而保证空气和水的良好热量与质量交换作用。应满足的基本要求是：具有较高的冷却能力（水与容器的接触面积大，时间长）；填料的亲水性强，通风阻力小，材料易得，结构形式易加工；价廉，质轻，耐用，并便于维修。淋水填料可分为点滴式、薄膜式和点滴薄膜式三种。

（3）风机

风机的作用是在机械通风冷却塔中提供空气流动的条件。机械通风冷却塔设有轴流风机，根据风机与填料的相对位置，冷却塔风机可分为鼓风式和抽风式两种。当冷却水有较大腐蚀性时，为了避免风机腐蚀，可采用鼓风式。一般冷却塔多采用抽风式，风机水平设置，与鼓风式相比可降低塔高度，对周边环境的不利影响也较小。风机一般由叶轮、传动装置和电机三部分组成。

（4）通风筒

通风筒的作用是进行空气导流，并消除出风口处的涡流区。自然通风冷却塔，通风筒很高，利用冷却换热后热空气与环境空气的密度差，产生抽力，使冷却塔获得良好的自然通风，如双曲线自然通风冷却塔，具体结构要求与计算详见有关设计手册。

机械抽风冷却塔的通风筒包括进风收缩段、风筒和出风口（上部扩散筒），为了保证进风平缓和消除风筒出口的涡流区，风筒进口一般做成流线形喇叭口。

（5）空气分配装置

空气分配装置的作用是使塔内空气分布均匀，减少进风口的涡流。在逆流塔中空气分配装置包括进风口和导流装置，在横流塔中仅指进风口。单塔的进风口常采用四面进风，多塔排列时采用相对两面进风。为改善气流条件，防止水滴溅出，在横流塔及小型逆流塔进风口常设置向塔内倾斜、与水平成45°的百叶窗。

（6）除水器

除水器的作用是分离回收冷却塔出风中夹带的雾状小水滴，减少逸出水量损失和对周围环境的影响。除水器一般是由一排或两排倾斜布置的板条或弧形叶板组成，一般采用塑料和玻璃钢材质，小型冷却塔多采用塑料斜板，大中型冷却塔多采用弧形除水片，安装在塔内配水系统的上面。除水器应满足除水效率高、通风阻力小、经济耐用、便于安装的基本要求。

（7）集水池

集水池的作用是储存和调节水量，必要时还可作为循环泵的吸水井。集水池深度一般不大于2m（小型塔常采用集水盘），集水池内设有集水坑及排空管、溢流管、补水管、出水管等，出水管前设有格栅池，周围应设有回水台（宽1.0～3.0m，坡度为3%～5%），池壁的保护高度不小于0.2～0.3m，小型机械通风冷却塔不得小于0.15m，集水池容积应根据需要确定。

（8）塔体

塔体的作用是对整个塔的支撑和封闭围护。对于塔体的主体结构和填料的支架，大中型塔可用钢筋混凝土或防腐钢结构，小型塔一般采用防腐钢结构，也有全玻璃钢结构。塔体外围一般采用混凝土砌块或玻璃钢轻型装配结构。塔体平面形状可有圆形、方形、矩形等。

## 286 冷却塔淋水填料的性能要求有哪些?

冷却塔淋水填料的作用是使配水系统溅落下来的水滴形成微细小水滴或水膜，以增大水和空气接触面并延长接触时间，从而确保热交换充分进行，它是冷却塔关键装置。填料应满足下列基本要求：①具有较高冷却能力；②通风阻力小；③材料易得，亲水性强，价廉，施工维修方便，质轻，耐久，抗腐蚀。

根据水被洒成的冷却表面形式分为点滴式、薄膜式以及点滴薄膜式三种类型。

(1) 点滴式

点滴式填料是最早用于冷却塔的填料。填料按一定规则布置在塔内，当淋水下落时，碰到这种溅水条就会被溅碎成无数小水滴，通过层层溅落，水滴越来越细，分布也越来越均匀。淋水分成的水滴越小，形成的比表面积也就越大。淋水就是通过小水滴的巨大比表面积，利用水的蒸发以及空气和水的热传导带走水中热量，达到冷却降温的目的。

现在，大多的点滴式填料用在横流塔中。这种填料包括木条、侧板、管状垂直栅格和水平栅格板。特点是具有好的反污染特性。但是与薄膜式填料相比，其单位体积的冷却效率要低很多。低的冷却能力，决定了点滴式填料塔占地面积的增多和耗能的增加。

点滴式填料的劣势在于，这种填料大多是悬挂在塔内的，这就加大了安装的难度，而且悬挂系统并不如底部支撑系统耐用。还有，悬挂系统使塔内维护更加困难，它限制了塔的入口，即使把填料移走也很难进入塔内。

但在大型横流塔中，点滴式填料仍在广泛使用。原因是这种填料对横向气流的阻力小，单位体积的耗材较小，允许淋水密度大。常见的形式有弧形板条、M 形板、蜂窝形板等。

(2) 薄膜式

薄膜式填料的出现，是冷却塔填料的一大进步。这种填料是目前冷却塔应用最多最广的填料，它是一种被热压成各种波纹形状的 PVC 材质的薄片，使用时按一定片距粘接成一块块立方体放入塔内。当淋水下落时，淋水就会在这种填料片两个侧面形成两层薄薄的水膜。复杂波纹的填料片既有较大的比表面积，又能使淋水下流时不断再分布，增加淋水在填料片上的停留时间和分布的均匀性，淋水就是通过这种填料具有的巨大比表面积，利用水的蒸发以及空气和水的热传导带走水中热量，达到冷却降温的目的（图 10-4）。

塑料薄膜式填料出现于 20 世纪 70 年代，先用于采暖通风空调工业，后来又发展到化工与电厂。当时斜纹薄膜式填料在美国市场占主要地位。薄膜式填料的换热性能很好，大约是点滴式填料的 3 倍多。其缺点是，由于薄膜式填料内的水速相对较慢，容易形成污染，造成冷却塔效率降低。

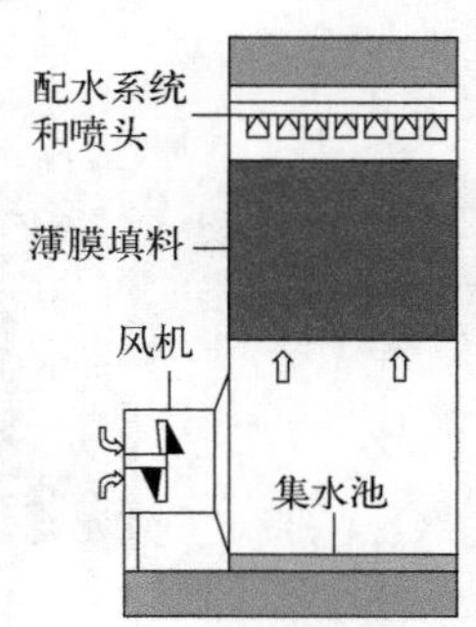

图 10-4 薄膜式冷却塔结构

薄膜式填料的设计目的是在最小的阻力损失条件下达到最大的传热和传质性能，基于这点，在减小能量损失的前提下增加填料的性能（提供更冷的水或冷却更多水的能力）是追求的目标。

(3) 点滴薄膜式

现在有许多点滴式和薄膜式填料混合安装的冷却塔，设计者之所以这样考虑，主要源于以下几点：

① 增强热力性能　逆流塔中，上部装薄膜式填料，下部为点滴式填料，这样可以降低填料对气流的阻力，并减少污染，所以可增加热力性能。横流塔中，设计者让两种填料交错排列，加强了冷却水与空气间的热、质传递过程，比单一的点滴式填料热力性能高。

② 高温工况　在逆流塔中，PVC 薄膜填料和高温 PVC 薄膜填料所允许的最高冷却水温度为 52℃和 57℃。更高温度时，顶部的填料就应该更换。在顶部安装点滴式填料可以很好地解决这个问题。该方法可使最高工况提高到 82℃。

③ 加快检修速度　冷却塔运行过程中填料总会发生某些破坏，而破坏会经常发生在冷却水量最大的时间段，一般顶部填料层最先遭到破坏。这种加速维修可以用水平栅格或涡轮喷溅填料代替膜式填料。而且涡轮填料的体积是膜式填料的 1/7，所以更换起来会比较迅速。

常用的有水泥格网淋水填料，它是由 50mm×50mm×50mm 方格肋板、厚 5mm 的矩形用铅丝水泥砂浆浇灌而成的板块，每块网板尺寸 1280mm×490mm，上下两块间距 50mm。表示方法为层数×网孔-层距，如 G16×50-50。该填料也可由塑料制成。

淋水填料应根据热力、阻力特性、塔型、负荷、材料性能、水质、造价以及施工检修等因素综合评价选择。

## 287 何为干式冷却塔？主要类型有哪些？

干式冷却塔是凝汽器的冷却水不直接同空气接触的冷却塔（图 10-5）。干式冷却塔是干式冷却系统中最主要的设备。在严重缺水地区，可采用干式冷却系统。干式冷却塔可以采用自然通风，也可采用机械通风。按其是否直接冷却工艺流体又可分为直接冷却和间接冷却两类。

图 10-5　干式冷却塔

直接冷却是将需要冷却的工艺流体用管道引入冷却塔进行冷却；间接冷却是指先用冷却塔冷却工艺设备所需的冷却水，然后再用已被冷却了的水去冷却工艺流体。

（1）直接干式冷却系统

一般以鼓风方式供给冷凝排汽用的空气。凝汽器由许多翅片管束组成。大型空气冷却的凝汽器及风机布置在汽轮机外侧高度为20～45m的上方，不影响变压器及出线的布置。这种系统的优点是只有一个凝汽冷却设备，通过翅片管束空气流速可较大，使管束的数量减少；系统防冻性能可靠。但这种系统要用巨大的排汽管在真空条件下把排汽引到厂房外的凝汽器，空气容易漏入；风机的耗电较大，约占汽轮机出力的2.5%～3.0%，机械的维修量亦较大。

（2）间接干式冷却系统

这种系统的凝汽器仍布置在汽轮机下面。升温后的冷却水送入布置在自然通风冷却塔进风口外侧四周或塔内的密闭冷却器，被冷却后，再流回凝汽器重复使用。根据凝汽器型式的不同，系统可分为带混合式凝汽器的间接干式冷却系统和带表面式凝汽器的间接干式冷却系统。

① 带混合式凝汽器的间接干式冷却系统　冷却后的水在混合式凝汽器内经喷嘴射成薄的水膜，排汽与水膜混合而凝结。升温后的冷却水用循环水泵将其大部分送到冷却塔，小部分仍作为凝结水返回到主凝结水系统。

这种系统的优点是混合式凝汽器结构简单、造价较低；凝汽器的出力与排汽理论上没有温度端差，而有较高的热效率。但也存在着系统及设备比较复杂的缺点，主要是循环水泵要在高真空的凝汽器热井中吸水，水泵技术要求等同于凝结水泵；冷却水与凝结水是同一水质，水处理要求高；为预防空气漏入，冷却水在高约15m的冷却器顶部仍要保持正压，会使回水系统有过高的剩余压头，这不但要用水轮机回收能量，而且回水的调节系统亦较复杂。

② 带表面式凝汽器的间接干式冷却系统　这种系统的凝汽器型式和汽轮机房布置都和常规的湿式冷却系统相同。冷却水在凝汽器和冷却器之间密闭循环，与凝结水系统完全分开。循环水泵一般设在冷却塔的回水管路上，其水头只需克服系统阻力，其功率为汽轮机出力的1.5%～2.0%。在冬季运行时，冷却水中可加入适量的防冻剂，以提高系统的防冻性能。

## 288 干式冷却塔有哪些特点？

干式冷却塔的热水在散热器管内流动，靠与管外空气的温差，形成接触传热而冷却。所以，采用该塔型进行冷却时具有以下特点：

① 没有水的蒸发损失，也无风吹和排污损失，适合于缺水地区，如我国的北方地区。因为没有蒸发，所以也没有因空气从冷却塔出口排出所造成的污染。

② 水的冷却靠接触传热，冷却极限为空气的干球温度，效率低，冷却水温高。

③ 需要大量的金属管（铝管或钢管），因此造价为同容量湿式塔的4～6倍。

因干式冷却塔有后两点不利因素，所以在有条件的地区，应尽量采用湿塔。

## 289 影响冷却塔冷却能力的因素有哪些？

影响冷却塔冷却能力的主要因素其实是空气质量参数。原则上，冷却塔中水与空气之间的热交换是循环水被空气冷却。由于存在传质过程，循环冷却水由于自身冷却蒸发过程，随着水冷却过程中温度的升高，自蒸发冷却的比例持续增加。因此，影响冷却塔冷却能力的因素主要有以下几项。

（1）室外空气（湿球）温度

冷却塔出口水温度的理论极限值为室外空气的湿球温度。因此当入口水温一定时，室外空气的湿球温度越低，入口水温之差越大，冷却塔冷却能力就越强。但是我们必须注意的是冷却水温度太低的话，制冷机组的冷凝压力会大幅度降低，因为对于制冷机组冷凝器，冷凝压力有一个低限，冷凝温度也有一个低温限值，所以冷凝温度过低，将导致制冷机组运行容易出现故障。

（2）入水口温差

当冷却水量一定，室外空气湿球温度一定时，随着冷却塔入口水温的增加，入口水温及出口水温与空气湿球温度之差都将增加，促进了冷却，因此冷却能力会增加。但是对于某一结构形式已确定的冷却塔而言，由于冷却能力的限制，可能使出口水温有较大的升高，这样可能导致制冷机组的冷凝压力过高，使机组制冷量不足。

（3）冷却水量

当冷却水入口水温、空气湿球温度一定时，冷却水量增加，冷却塔的总容积传热系数也会增加，虽然冷却水温降有所减少，但总的效果还会使制冷能力增加。此外也要注意的是，由于水量的增加，将使配管内的腐蚀、管内压力损失增加。因此必须在检验循环水泵、制冷机组及冷却塔等设备的使用条件后才能确定。

## 290 除塔体结构外，冷却塔设计还需注意哪些内容？

除冷却塔主体结构外，进行冷却塔设计时还应综合考虑项目所在地的空气环境、管道的布置工艺、流体和管道设备材料的相容性、冷却水水质的调控、集水池防冻以及降噪等因素。

（1）空气环境

冷却塔必须在进风口处供给充足的新鲜空气。在设备的位置靠近墙壁或位于密闭空间时，必须采取相应措施以确保排出的高温、饱和气体不会发生转向而直接流到进风口。冷却塔与墙壁间距大于3m。

（2）管道布置工艺

冷却塔管道设计和安装应符合一般的工程实践经验。在多组机的系统中，管道布置应对称，管道尺寸按低流速和低压力降考虑。标准的闭式冷却塔应设膨胀水箱，使得液体可以膨胀，并放出系统中的空气。所有连接管都应采用恰当设计的管道吊钩和支架，须避免在冷却塔的连接处外加任何负载。也不可将管道支架固定在冷却塔的框架上。

在室内的辅助远程水槽，或者通过侵入式电加热器、蒸汽加热盘管或热水盘管来为配水盘中的水提供辅助加热，所有在停止运行期间不排水的外露水管和补水管线应该采用电加热带以保温。

（3）流体兼容

冷却塔所要冷却的流体必须与盘管材质具有兼容性。与盘管材质不兼容的流体会导致盘管腐蚀和管子破坏。某些特定的流体可能要求对盘管内侧不定期地采用有压清洗或机械清洗。在这种情况下，所提供的盘管必需在设计中具备这方面的能力。

(4) 水处理

冷却塔水系统在循环冷却系统中不断地循环使用，由于水温、流速的变化，水不断蒸发，各种无机离子和有机物的浓缩，阳光照射，风吹雨打，尘埃杂物的进入等综合因素的影响，系统管道及设备会产生大量的水垢及污垢，从而引起热交换效率下降、管道堵塞、设备腐蚀、运行及维修费用的增加等问题。

水质差的区域应特别注意水循环系统的水处理，建议使用碱性控制法——采用将循环冷却水系统水质pH值控制在8.0～9.5之间的碱性水处理方式。该区域为钢、铜的化学钝化区，腐蚀速度相对最为缓慢，从设备材料的化学特性上将水系统设备处于保护性介质中。对于防结垢，可增加电子水处理仪。

(5) 集水池的冻结防护

当环境温度低于冰点，冷却设备在停机情况下，水池内的水就必须采取防冻措施。应该提供进一步的防结冰保护，将集水槽中的水排至在室内的辅助远程水槽，或者通过浸入式电加热器、蒸汽加热盘管或热水盘管来为配水盘中的水提供辅助加热。所有在停止运行期间不排水的外露水管和补水管线，应该采用电加热带以保温。

(6) 噪声要求

所有冷却塔都提供可据以计算冷却塔的声压级的声学额定值资料。在进行此类计算时，设计人员必须考虑到安装具体几何尺寸的影响，以及冷却塔与对噪声敏感区域之间的距离和方位。

## 291 何为循环冷却水和循环冷却水系统?

循环冷却水是指通过换热器交换热量或直接接触换热方式来交换介质热量并经冷却塔凉水后循环使用的生产工艺水。一般情况下，循环冷却水是中性和弱碱性的，pH值控制在7.0～9.5之间；在与介质直接接触的循环冷却水呈酸性或碱性（pH值大于10.0）的情况较少。

循环冷却水系统是以水作为冷却介质，冷却水换热升温并经降温，再循环使用的给水系统。包括敞开式和密闭式两种类型，由冷却设备、水泵和管道组成。常应用于各种水处理的水温控制、水产养殖、海鲜暂养系统等。冷水流过需要降温的生产设备（常称换热设备，如换热器、冷凝器、反应器）后，温度上升，如果即行排放，冷水只用一次（称直流冷却水系统）。使升温冷水流过冷却设备则水温回降，可用泵送回生产设备再次使用，冷水的用量大大降低，常可节约95%以上。冷却水占工业用水量的70%左右，因此，循环冷却水系统起了节约大量工业用水的作用。

## 292 冷却塔蒸发损失如何计算?

循环冷却水系统的蒸发损失在运行过程中不仅随发电负荷而变，同时还随环境气温的变化而变化。

《石油化工循环水场设计规范》（GB/T 50746—2012）规定：冷却塔蒸发损失水量应对进入和排出冷却塔的气态进行计算确定。当不具备条件进行冷却塔进、出气态计算时，蒸发损失水量按与进塔空气温度相对应的蒸发损失系数进行计算。《化学工业循环冷却水系统设计规范》（GB 50648—2011）规定：冷却塔蒸发损失水量按与进塔空气温度相对应的蒸发损失系数进行计算。《工业循环冷却水处理设计规范》（GB/T 50050—2017）规定：冷却塔蒸发损失水量按与进塔空气温度相对应的蒸发损失系数进行计算。

在工程的可行性研究阶段，为了初步确定循环水场的补充水量和初步考虑循环冷却水的水处理方案，其蒸发损失水量可采用与进塔空气温度相对应的蒸发系数，按照下式计算：

$$Q_e = k\Delta t Q_r$$

式中，$Q_e$ 为蒸发损失水量，$m^3/h$；$k$ 为蒸发损失系数，$℃^{-1}$，可按表10-1取值，气温为中间值时采用内插法计算；$\Delta t$ 为冷却塔进、出水的温度差，℃；$Q_r$ 为循环水量，$m^3/h$。

表10-1 蒸发损失系数 $k$ 值

| 进塔空气温度/℃ | −10 | 0 | 10 | 20 | 30 | 40 |
|---|---|---|---|---|---|---|
| $k$/℃$^{-1}$ | 0.0008 | 0.0010 | 0.0012 | 0.0014 | 0.0015 | 0.0016 |

注：表中进塔空气温度指冷却塔设计干球温度。

## 293 蒸发工艺的技术原理是什么？

由于分子运动，水体表面的水分子会由液态逸入大气而成气态，转变为蒸汽，称为水的汽化。为尽可能提高生产效率，生产上均采用沸腾汽化。水变成蒸汽后所产生的压力称蒸汽压。在大气中，100℃时水的蒸汽压力为760mm Hg，约为1atm。水在不同温度条件下有不同的蒸汽压力，在100℃以下沸腾时，蒸汽压力都小于1atm，此时称减压或真空蒸发。在100℃以上沸腾时，蒸汽压力都大于1atm，称加压蒸发，而在大气压下的蒸发称常压蒸发。

蒸发法处理废水就是利用水加热蒸发的性质，使废水中的水分蒸发或蒸汽再凝结为水，而使残留废水中的非挥发性物质浓度增高以实现浓缩。在某一确定温度条件下，只要保持水面上的压力小于或等于该水温的蒸汽压，水就会连续不断汽化，直至全部水分子汽化为止。这样，蒸发的必备条件是要不断供给热能，以维持沸腾湿度和水汽化所需潜能，并不断排除蒸发产生的蒸汽，以维持容器内蒸汽压不变。

蒸发过程的热源通常采用饱和水蒸气，加热方法一般是间壁加热。水在蒸发过程中汽化也生成水蒸气，为与加热的蒸汽相区别，热源蒸汽称一次蒸汽，水加热后汽化生成的蒸汽称二次蒸汽。为利用二次蒸汽，可使之经冷凝器冷凝成水。

## 294 常用的蒸发设备有哪些？

常用蒸发设备主要由加热室和分离室两部分组成。加热室的型式有多种，最初采用夹套式或蛇管式加热装置，其后则有横卧式短管加热室及竖式短管加热室。继而又发明了竖式长管液膜蒸发器以及刮板式薄膜蒸发器等。根据溶液在蒸发器中流动的情况，大致可将工业上常用的间接加热蒸发器分为循环型与单程型两类。

（1）循环型蒸发器

这类蒸发器的特点是溶液在蒸发器内作循环流动。根据造成液体循环的原理的不同，又可将其分为自然循环和强制循环两种类型。前者是借助在加热室不同位置上溶液的受热程度不同，使溶液产生密度差而引起的自然循环；后者是依靠外加动力使溶液进行强制循环。目前常用的循环型蒸发器有以下几种。

① 中央循环管式蒸发器　其结构如图 10-6 所示，其加热室由一垂直的加热管束（沸腾管束）构成，在管束中央有一根直径较大的管子，称为中央循环管，其截面积一般为加热管束总截面积的 40%～100%。

中央循环管蒸发器具有结构紧凑、制造方便、操作可靠等优点，故在工业上的应用十分广泛，有所谓“标准蒸发器”之称。但实际上，由于结构上的限制，其循环速度较低（一般在 0.5m/s 以下）；而且由于溶液在加热管内不断循环，使其浓度始终接近完成液的浓度，因而溶液的沸点高、有效温度差减小。此外，设备的清洗和检修也不够方便。

② 悬筐式蒸发器　由于与蒸发器外壳接触的是温度较低的沸腾液体，故其热损失较小。悬筐式蒸发器适用于蒸发易结垢或有晶体析出的溶液。它的缺点是结构复杂，单位传热面需要的设备材料量较大（图 10-7）。

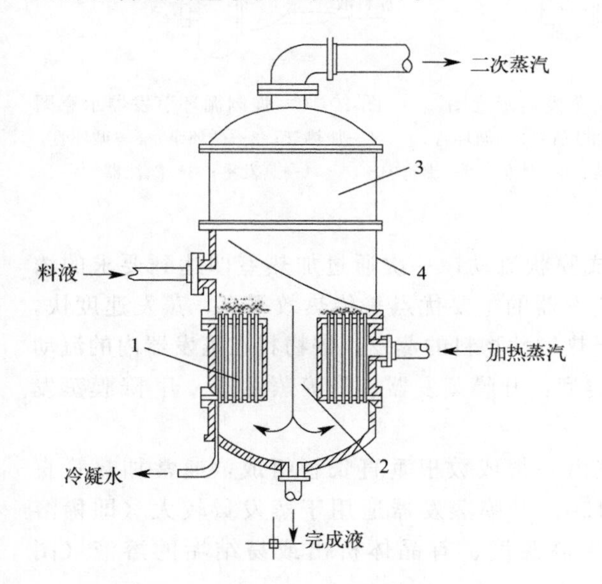


图 10-6　中央循环管式蒸发器示意图

1—加热室；2—中央循环管；3—蒸发室；4—外壳

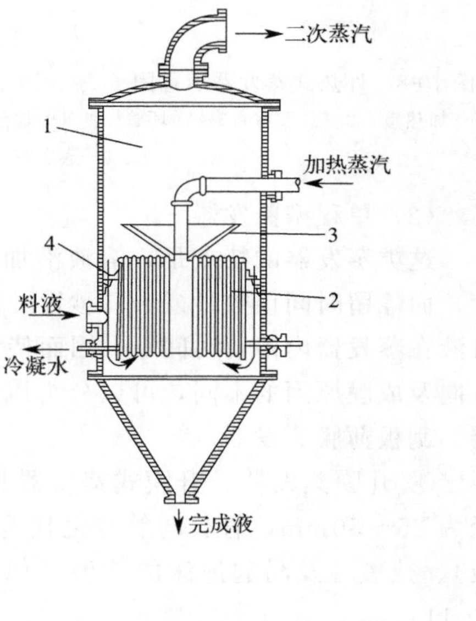

图 10-7　悬筐式蒸发器示意图

1—蒸发室；2—加热室；3—除沫器；4—液沫回流管

③ 外热式蒸发器　外热式蒸发器的特点是加热室与分离室分开，这样不仅便于清洗与更换，而且可以降低蒸发器的总高度（图 10-8）。因其加热管较长（管长与管径之比为 50～100），同时由于循环管内的溶液不被加热，故溶液的循环速度大，可达 1.5m/s。

④ 列文蒸发器　列文蒸发器的优点是循环速度大，传热效果好，由于溶液在加热管中不沸腾，可以避免在加热管中析出晶体，故适用于处理有晶体析出或易结垢的溶液（图 10-9）。其缺点是设备庞大，需要的厂房高。此外，由于液层静压力大，故要求加热蒸汽的压力较高。

⑤ 强制循环蒸发器　这种蒸发器的优点是传热系数大，对于黏度较大或易结晶、结垢的物料，适应性较好，但其动力消耗较大（图 10-10）。

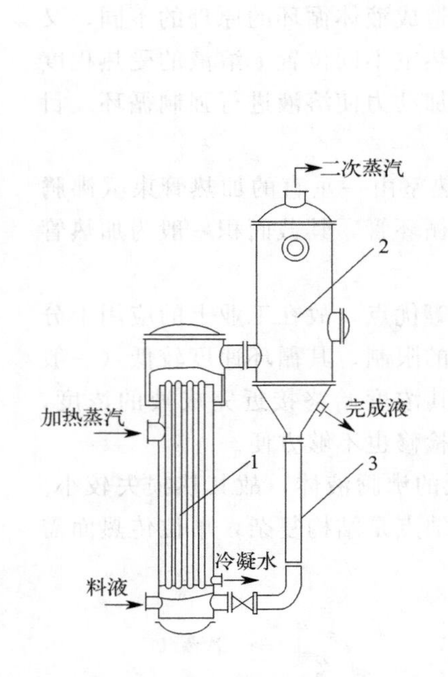


图 10-8　外热式蒸发器示意图

1—加热室；2—蒸发室；3—循环管

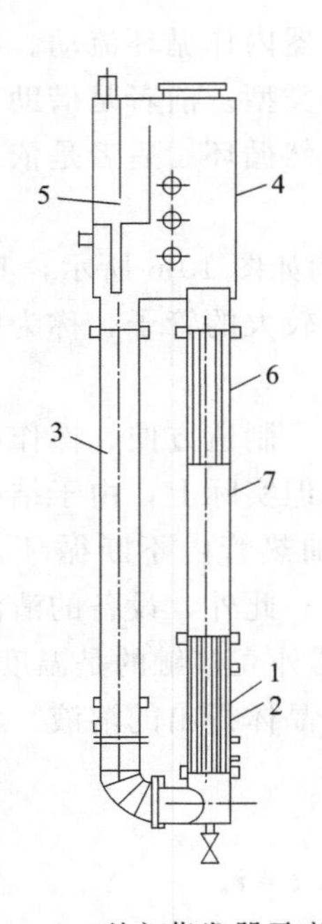


图 10-9　列文蒸发器示意图

1—加热室；2—加热管；3—循环管；4—蒸发室；5—除沫器；6—挡板；7—沸腾室

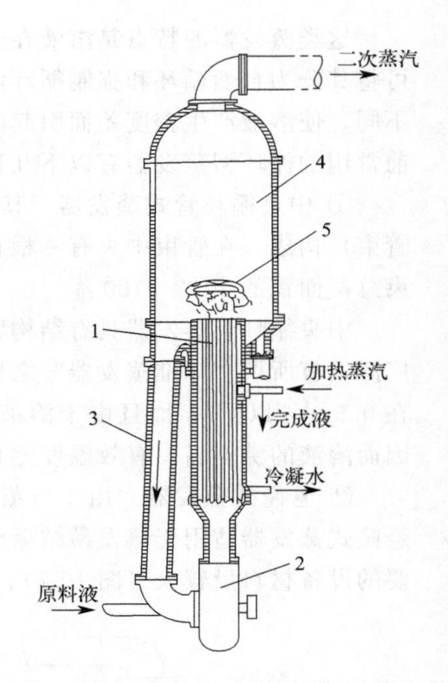


图 10-10　强制循环蒸发器示意图

1—加热管；2—循环泵；3—循环管；4—蒸发室；5—除沫器

（2）单程型蒸发器

这类蒸发器的特点是，溶液沿加热管壁成膜状流动，一次通过加热室即达到要求的浓度，而停留时间仅数秒或十几秒钟。单程型蒸发器的主要优点是传热效率高，蒸发速度快，溶液在蒸发器内停留时间短，因而特别适用于热敏性物料的蒸发。按物料在蒸发器内的流动方向及成膜原因的不同，可以分为以下几种类型：升膜蒸发器、降膜蒸发器、升-降膜蒸发器、刮板薄膜蒸发器。

① 升膜蒸发器　升膜式蒸发器其加热室由一根或数根垂直长管组成，通常加热管直径为 25～50mm，管长与管径之比为 100～150。升膜蒸发器适用于蒸发量较大（即稀溶液）、热敏性及易起泡沫的溶液，但不适用于高黏度、有晶体析出或易结垢的溶液（图 10-11）。

② 降膜蒸发器　降膜蒸发器可以蒸发浓度较高的溶液，对于黏度较大的物料也能适用。但对于易结晶或易结垢的溶液不适用。此外，由于液膜在管内分布不易均匀，与升膜蒸发器相比，其传热系数较小（图 10-12）。

③ 升-降膜蒸发器　将升膜和降膜蒸发器装在一个外壳中，即构成升-降膜蒸发器，原料液经预热后先由升膜加热室上升，然后由降膜加热器下降，再在分离室中和二次蒸汽分离后即得完成液。这种蒸发器多用于蒸发过程中溶液的黏度变化很大，水分蒸发量不大和厂房高度有一定限制的场合（图 10-13）。

④ 刮板薄膜蒸发器　在某些情况下，可将溶液蒸干而由底部直接获得固体产物。这类蒸发器的缺点是结构复杂，动力消耗大，传热面积小，一般为 3～4$m^2$，最大不超过 20$m^2$，故其处理量较小（图 10-14）。

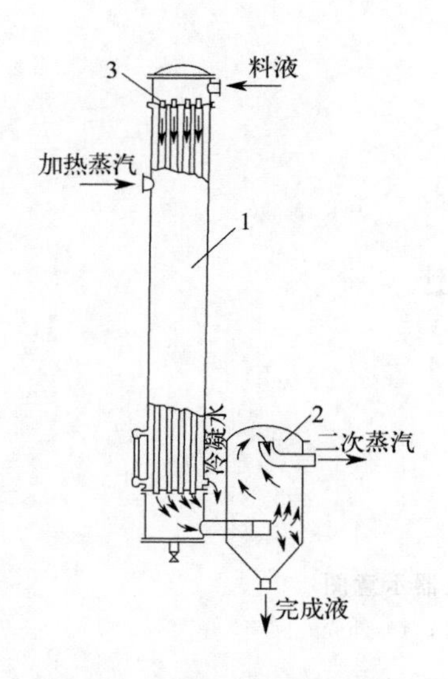


图 10-11　升膜蒸发器示意图

1—蒸发器；2—分离室；3—布膜器

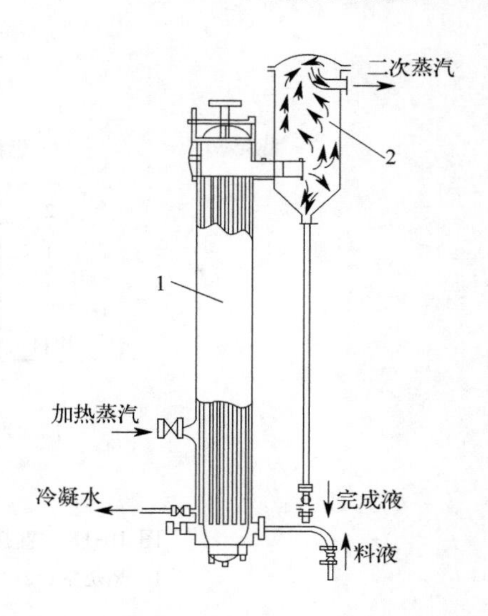


图 10-12　降膜蒸发器示意图

1—蒸发器；2—分离室

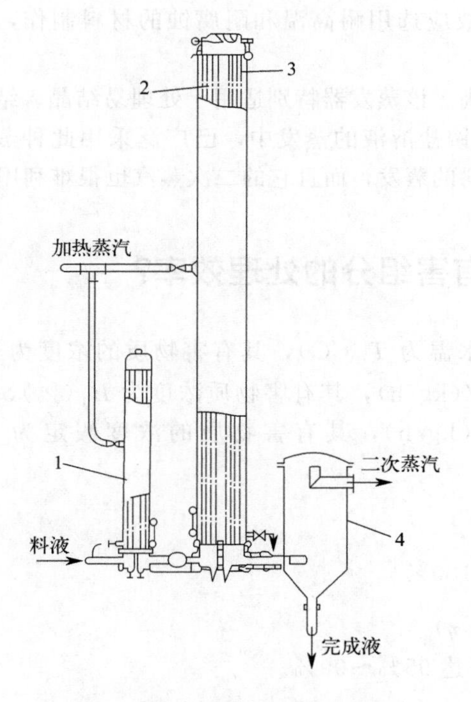


图 10-13　升-降膜蒸发器示意图

1—预热器；2—升膜加热室；3—降膜加热室；4—分离室

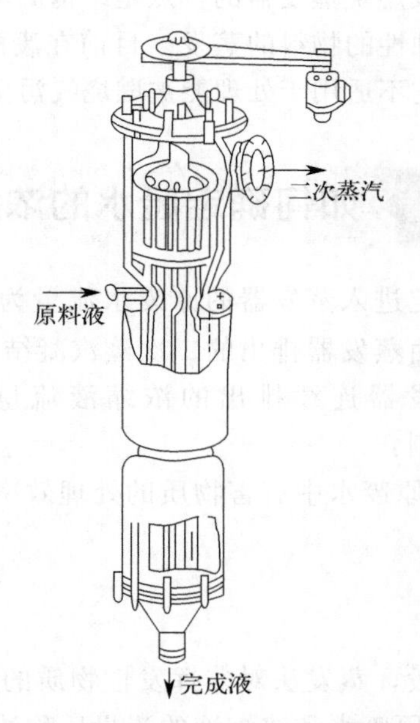


图 10-14　刮板薄膜蒸发器示意图

（3）直接接触传热的蒸发器

在实际生产中，除上述循环型和单程型两大类间壁式传热的蒸发器外，有时还应用直接接触传热的蒸发器（图 10-15）。它是将燃料（通常是煤气或重油）与空气混合后燃烧产生的高温烟气直接喷入被蒸发的溶液中，高温烟气与溶液直接接触，使得溶液迅速沸腾汽化。蒸发出的水分与烟气一起由蒸发器的顶部直接排出。

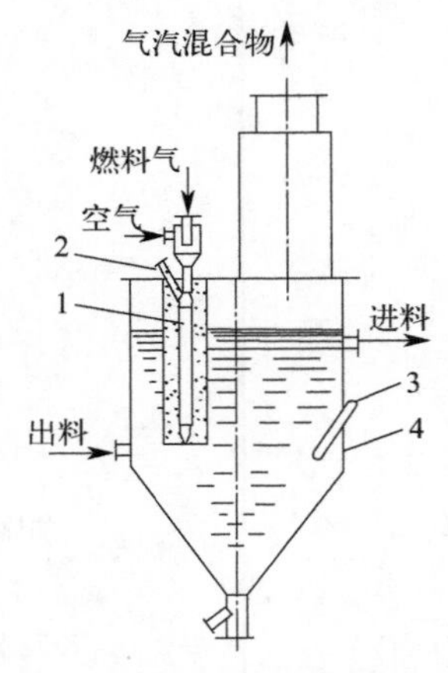


图 10-15 直接接触传热的蒸发器示意图

1—燃烧室；2—点火管；3—测温管；4—外壳

通常这种蒸发器的燃烧室在溶液中的深度为 200～600mm，燃烧室内高温烟气的温度可达 1000℃以上，但由于气液直接接触时传热速率快，气体离开液面时只比溶液温度高出 2～4℃。燃烧室的喷嘴因在高温下使用，较易损坏，故应选用耐高温和耐腐蚀的材料制作，结构上应考虑便于更换。

浸没燃烧蒸发器的特点是结构简单，传热效率高。该蒸发器特别适用于处理易结晶、结垢或有腐蚀性的物料的蒸发。目前在废酸处理和硫酸铵盐溶液的蒸发中，已广泛采用此种蒸发器。但它不适用于处理能被燃烧气污染或热敏性物料的蒸发，而且它的二次蒸汽也很难利用。

## 295 如何确定废水的浓缩倍数和有害组分的处理效率?

假定进入蒸发器的原废水流量为 $G$(kg/h)，水温为 $T_0$(℃)，其有害物质的浓度为 $B_0$(%)：由蒸发器排出的二次蒸汽凝结水的流量为 $W$(kg/h)，其有害物质浓度为 $B_1$(%)，这样从蒸发器连续排出的浓缩液流量为 $(G-W)$(kg/h)，其有害物质的浓度假定为 $B_2$(%)，则：

① 原废水中有害物质的处理效率为：

$$\eta=\frac{B_0-B_1}{B_0}\times100\%$$

或

$$B_1=B_0(1-\eta)$$

一般，蒸发法对非挥发性物质的处理效率 $\eta$ 可达 95%～99%。

② 原废水和浓缩液的流量比称浓缩倍数（$a$）：

$$a=\frac{G}{G-W}$$

蒸发法的浓缩倍数一般为 5～10。

③ 根据物料平衡可得：

$$GB_0=(G-W)B_2$$

则

$$\frac{G}{G-W}=a=\frac{B_2}{B_0}$$

由上式可见，浓缩液的有害物质浓度与原废水有害物质浓度之比等于浓缩倍数。

④ 在蒸发操作中，热平衡关系可表示为：

$$Dr'=WC(t_{沸}-t_0)+Wr$$

式中，$D$ 为加热蒸汽流量，kg/h；$r'$ 为加热蒸汽的冷凝热，kJ/kg；$W$ 为蒸发水流量，kg/h；$C$ 为废水比热，kJ/(kg·℃)；$t_{沸}$ 为蒸发器内废水的沸点，℃；$t_0$ 为原废水温度，℃；$r$ 为废水汽化热，kJ/kg。

## 296 何为单效蒸发工艺系统？

凡是溶液在蒸发器蒸发时，所产生的二次蒸汽不再利用，则此种蒸发操作称为单效蒸发。使用单效蒸发方式的蒸发器称为单效蒸发工艺系统。当所需要的生产能力规模小，蒸汽是廉价的，物料有腐蚀性以致需要非常昂贵的结构材料，或蒸汽被污染以致不能重新利用时，应用单效蒸发工艺系统（图 10-16）。

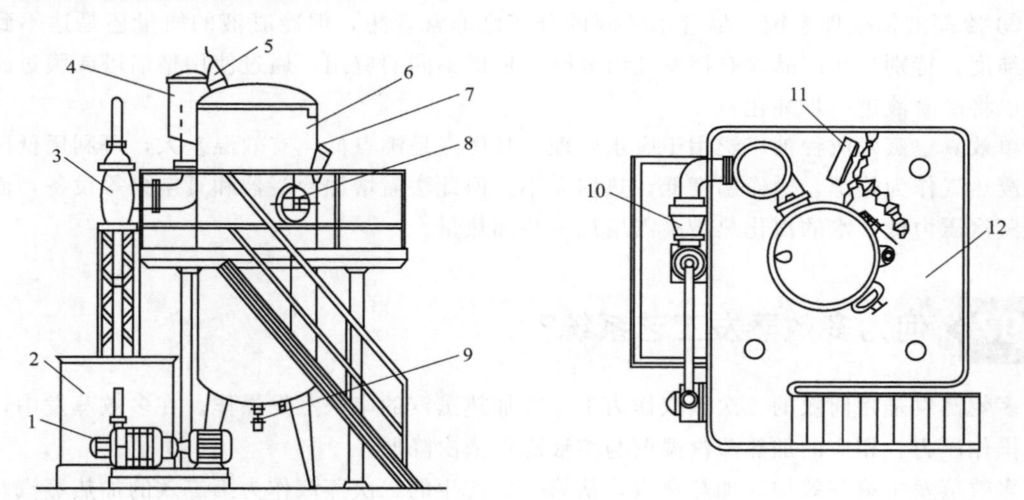


图 10-16 单效蒸发工艺系统示意图

1—多级离心泵；2—水箱；3—水力喷射器；4—汽液分离器；5—照明灯；6—蒸发锅；7—窥镜；8—人孔；9—放料阀；10—止回阀；11—控制盘；12—操作台

单效蒸发工艺系统主要构成如下。

① 预热器和加热器　多数情况下，待蒸发的产品在进入加热室之前必须被预热至沸点。通常使用直管预热器或者板式换热器完成此项工作。

② 蒸发器　选择适当类型的蒸发器，取决于每一特殊的应用场合和产品的性质。

③ 分离器　每台蒸发器都配备有分离器，用于蒸汽和液体的分离。按照应用范围来选择不同类型的分离器，例如离心分离器、重力分离器或者装有内部构件的分离器。设计时需考虑分离效率、压降和清洗频率等重要因素。

④ 冷凝器　在可能的场合，蒸发过程中产生的蒸汽热量被用于加热下游蒸发器和预热器，或者将蒸汽再压缩后作为加热介质。但蒸发装置最后一效的残余蒸汽无法照此利用，须将其冷凝。蒸发装置可以配备表面冷凝器、接触式冷凝器或空冷式冷凝器。

⑤ 脱气/真空系统　使用真空泵来维持蒸发装置中的真空。它们从装置中排出泄漏的空

气和不可凝气体，以及液体进料时带入的溶解气体。为此，可根据蒸发装置的规模和操作方式使用相应的喷射泵和液体循环真空泵。

⑥ 泵　由于设计条件和应用错综复杂，必须考虑泵的选型。选择标准是蒸发装置中的产品特性、吸入压头情况、流量和压缩比。对于低黏度产品来说，主要使用离心泵；而高黏度的产品则需使用容积泵。一些含有固体或结晶的产品，使用其他类型的泵，例如旋桨泵。应根据特定的应用场合以及相关的使用条件决定泵的类型、尺寸、速度、机械密封和材料。

⑦ 清洗系统　根据不同的产品，设备经过一定时间的运转后，可能会发生结垢现象。绝大多数情况下使用化学清洗可去除水垢和其他污垢。为此，蒸发装置需配备一些必要的设备组件，如清洗剂槽、附加泵和管道阀门。这些设备保证了装置无需拆卸即可进行清洗，一般称为原位清洗（CIP)。清洗的选择要根据结垢的类型。清洗剂渗入结壳层，将结壳溶解或使其分解，使蒸发器表面被彻底清洗，如有必要还可对表面进行消毒。

⑧ 蒸汽洗涤器　如果装置不是由生蒸汽加热，而是由废蒸汽（例如干燥器的蒸汽）加热，为避免这些蒸汽对蒸发装置的加热室的污染和结垢，在它们进入之前必须被清洗干净。

⑨ 冷凝液精处理系统　尽管小液滴的分离已非常理想，但冷凝液的质量还是达不到要求的纯度，特别是在产品含有挥发性组分时。根据不同的应用，通过使用精馏塔或膜过滤系统可以将冷凝液进一步纯化。

单效真空蒸发流程被广泛用于废水处理，其优点是沸点低，有效温差大，可利用低压蒸汽或废热气作为热源，操作温度低，热损失小。但此法需增加冷凝器和真空泵等设备，而且由于蒸汽压力低，水的汽化热增高需增加一些加热量。

## 297 何为多效蒸发工艺系统?

多效蒸发是将前效的二次蒸汽作为下一效加热蒸汽的串联蒸发操作。在多效蒸发中，各效的操作压力、相应的加热蒸汽温度与溶液沸点依次降低。

多效蒸发中第一效加入加热蒸汽，从第一效产生的二次蒸汽作为第二效的加热蒸汽，而第二效的加热室却相当于第一效的冷凝器，从第二效产生的二次蒸汽又作为第三效的加热蒸汽，如此串联多个蒸发器，就组成了多效蒸发。由于多效操作中蒸发室的操作压力是逐效降低的，故在生产中多效蒸发器的末效带与真空装置连接。各效的加热蒸汽温度和溶液的沸点也是依次降低的，而完成液的浓度是逐效增加的。最后一效的二次蒸汽进入冷凝器，用水冷却冷凝成水而移除。为了合理利用有效温差，应根据处理物料的性质，通常多效蒸发有下列三种操作流程：

(1) 并流流程

溶液和二次蒸汽同向依次通过各效（图 10-17)。这种流程的优点为：料液可借助相邻二效的压力差自动流入后一效，而不需用泵输送，同时，由于前一效的沸点比后一效的高，因此当物料进入后一效时，会产生自蒸发，这可多蒸出一部分水汽。这种流程的操作也较简便，易于稳定。但其主要缺点是传热系数会下降，这是因为后序各效的浓度会逐渐增高，但沸点反而逐渐降低，导致溶液黏度逐渐增大。

(2) 逆流流程

溶液与二次蒸汽流动方向相反，需用泵将溶液送至压力较高的前一效（图 10-18)。其优点是：各效浓度和温度对溶液的黏度的影响大致相抵消，各效的传热条件大致相同，即传热系数大致相似。缺点是：料液输送必须用泵，另外，进料也没有自蒸发。一般这种流群只有在溶液黏度随温度变化较大的场合才被采用。

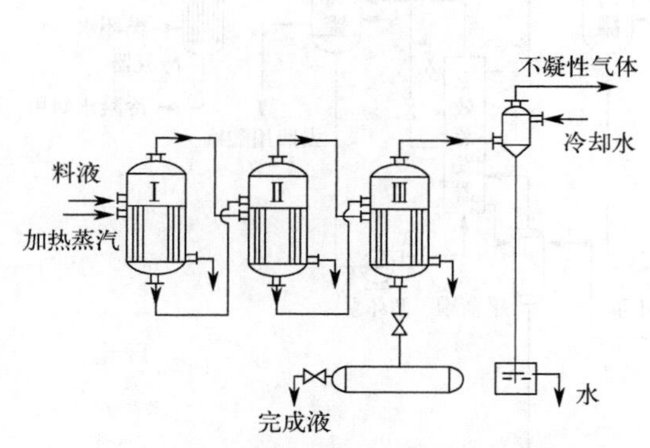


图 10-17　并流加料三效蒸发流程

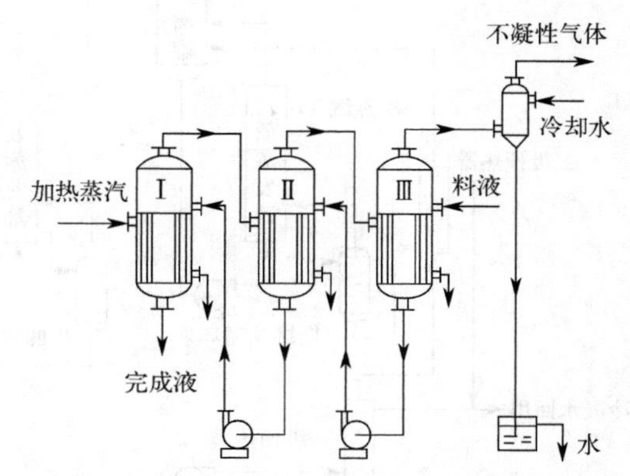


图 10-18　逆流加料三效蒸发流程

（3）平流流程

平流加料三效蒸发流程，蒸汽的走向与并流相同，但原料液和完成液则分别从各效加入和排出。这种流程适用于处理易结晶物料，例如食盐水溶液等的蒸发。

## 298 蒸发技术在酸性废水浓缩回收中的应用效果如何？

在冶炼烟气制酸的净化工序中，冶炼烟气进入洗涤塔与循环酸接触，其中所含的尘、砷、氟、二氧化硫和三氧化硫等成分进入循环酸，循环酸经过循环反复使用，有害成分不断富集。为了降低循环酸的浓度和尘含量，通常对循环酸进行部分开路处理，同时补充新水以保证烟气洗涤效果，由此产生了大量的酸性废水。

酸性废水可用浸没燃烧法进行浓缩和回收。例如，某钢厂的废酸液中含 $H_2SO_4$ 为 100～110g/L，$FeSO_4$ 为 220～250g/L，经浸没燃烧蒸发浓缩后，母液含 $H_2SO_4$ 增至 600g/L，而 $FeSO_4$ 量减至 60g/L。采用煤气作燃料，煤气与空气之比为 1：(1.2～1.5)，用率达 90%～95%。该工艺的优点是蒸发效率高、占地小、投资省。但高温蒸发设备腐蚀问题较难解决，且尾气对大气有污染，使其应用受到一定的限制。

以甘肃省金川集团有限公司镍冶炼厂酸性废水处理系统三效蒸发工艺为例，该厂酸性废水处理系统采用硫化沉淀法除去酸性废水中的重金属，再采用三效蒸发工艺减少酸性废水的排放量，最后将浓缩的稀酸和浓酸进行混配，实现酸性废水的回收和利用。三效蒸发工艺具有蒸汽利用率高、占地面积小、运行成本低、操作简单等优点，采用以酚醛树脂浸渍石墨为主要材质的蒸发设备、以钢衬氟为材质的管阀件能够应对酸性废水浓缩过程中强腐蚀、易结晶等苛刻条件，保证了系统稳定长效的运行。镍冶炼厂采用的酸性废水三效蒸发工艺流程见图 10-19。

除去重金属的酸性废水由进料泵送入两级预热器，预热至约 40℃后进入一效分离罐。将一次蒸汽通入一效蒸发器，将酸性废水加热至沸腾，使用大流量循环泵将酸性废水不停循环，蒸发除去酸性废水中的部分水分。酸性废水经一效蒸发后通过一效分离罐的溢流口进入

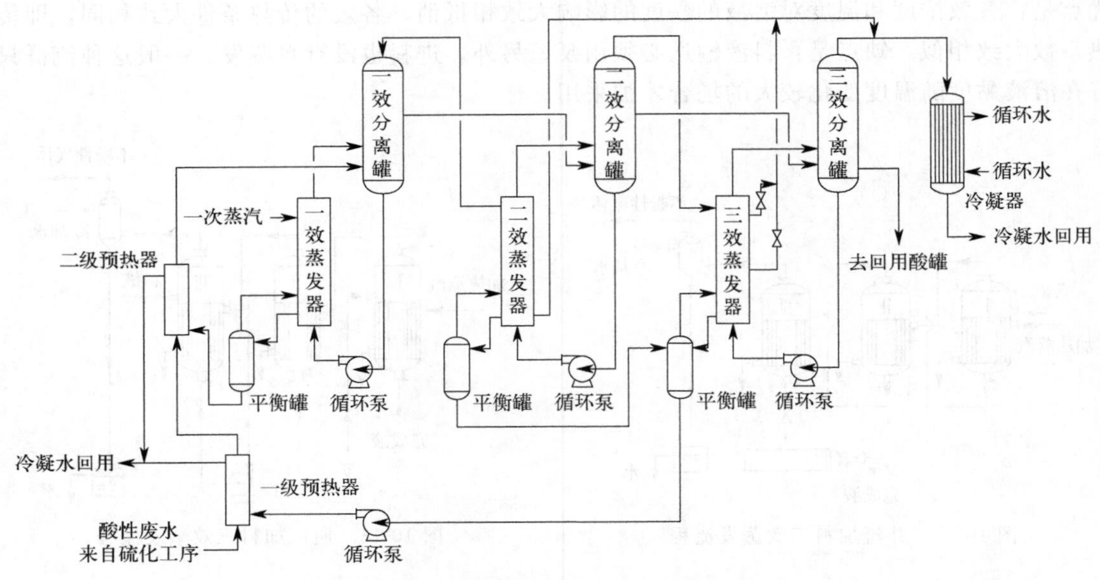


图 10-19 酸性废水三效蒸发工艺流程

二效分离罐，依靠一效分离罐产生的酸性蒸汽加热二效蒸发器，再次蒸发除去酸性废水中的部分水分。经二效蒸发后的酸性废水通过二效分离罐的溢流口进入三效分离罐中，利用二效分离罐产生的酸性蒸汽加热三效蒸发器，继续进行蒸发。其中一效、二效蒸发为正压操作，三效蒸发为负压操作，利用抽真空降低酸性废水的沸点，使三效蒸发器内的酸性废水达到85℃便产生沸腾。

一次蒸汽进入一效蒸发器放热后形成冷凝水，由于冷凝水温度比较高，可对其热能进行回收利用。分别将一效、二效和三效冷凝水收集于一效、二效和三效平衡罐，用于酸性废水的预加热，从而大幅度减少一次蒸汽的用量。

三效蒸发工艺的每一效均形成一个循环，整套蒸发装置采用连续进酸、连续出酸的生产方式，实现酸性废水中酸与水的分离，从而减少酸性废水的排放量。三效蒸发装置的平稳运行可为硫酸生产系统减少酸性废水外排量，从根本上减少酸性废水的产生量，对环境保护有着积极的作用。

## 299 蒸发技术在碱性废水浓缩回收中的应用效果如何？

纺织、造纸、化工等工业企业生产过程中排出大量含碱废水，其中高浓度的废碱液经蒸发浓缩后，可回用于生产工序。例如，上海某印染厂采用顺流串联三效蒸发工艺浓缩丝光机废碱液（含碱 40～60g/L）。第一效加压（113mmHg）蒸发，沸点为 115℃，第二效减压（负压 500mmHg）蒸发，沸点为 80℃，第三效减压（负压 700mmHg）蒸发，沸点为 60℃。蒸发器为倾斜外加热器，采用自然循环方式运行。共有加热面积 $168m^2$，蒸发强度为 $89.3kg/(m^2 \cdot h)$，蒸发总量为 $13.1m^3/h$，浓缩液中的含碱量为 300g/L，其他杂质很少，可直接回用于生产（图 10-20）。

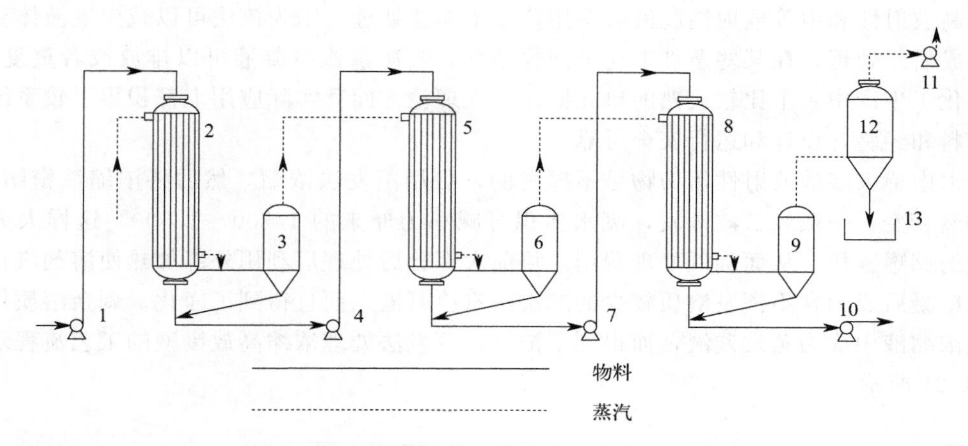


图 10-20 三效蒸发处理高盐有机废水工艺流程

1—原料泵；2——效蒸发器；3——效分离器；4——效循环泵；5—二效蒸发器；6—二效分离器；7—二效循环泵；8—三效蒸发器；9—三效分离器；10—出料泵；11—真空泵；12—冷凝器；13—水箱

## 300 蒸发技术在高盐有机废水浓缩回收中的应用效果如何?

高浓度有机废水中高浓度无机盐和难降解有机物会造成严重的环境污染，对土壤及地表水、地下水造成破坏。高浓度有机废水的常见处理方法有化学法、物理法和生物法。化学法有离子交换、微电解和高级氧化，但其投资成本较低，但运行成本普遍高的特点。生物法有好氧法和厌氧法，但生物法处理时间加长，去除率明显下降。物理法有膜分离和蒸发，膜分离技术的成本高，蒸发技术使用普遍，多效蒸发可以有效节约蒸汽能耗。

据董庆华等报道，在处理盐度高达 158g/L(质量分数 15.8%)、COD 含量高达 31g/L 的香料废水的系统中，三效蒸发器去除了水中的盐分和高沸点有机物，其中对 COD 去除效率>90%并达标排放。贵州某企业利用三效强制循环顺流蒸发工艺处理进料 $NH_4Cl$ 浓度 200g/L（质量分数 20%）和 KCl 浓度 130mg/L（质量分数 13%）的高含盐废水。回收了 $NH_4Cl$ 和 KCl，并使回收的工艺水达到污水综合排放标准（GB 8978—1996）。

采用酸法制浆的纸浆厂，将亚硫酸盐纤维素废液蒸发浓缩后，用作道路黏结剂、砂模减水剂、鞣剂和生产杀虫剂，也可将浓缩液进一步焚化或干燥。碱法造纸黑液中含有大量有机物和钠盐，将这种碱液蒸发浓缩，然后在高温炉中焚烧，有机钠盐即氧化分解为 $Na_2O$，再与 $CO_2$ 反应生成 $Na_2CO_3$。产物存在于焚烧后的灰烬中，用水浸渍灰烬，并经石灰处理可回收 NaOH。蒸发工艺还可采用喷雾干燥技术，即在喷雾塔顶将废水喷成雾滴，与热气直接接触，蒸发水分。从塔底可回收有用物质。

在酿酒工业中，蒸馏后的残液中含有浓度很高的有机物，这种废水经过蒸发浓缩并用烟道气干化后，固体物质可作饲料或肥料。

## 301 蒸发技术在放射性废水浓缩中的应用效果如何?

目前，在国内外核工业中，蒸发法是处理放射性废液的一种有效而且可靠的方法。后处理厂的高放射性和中等放射性废液大多用蒸发浓缩法处理，因为该法可以减少废液体积，便于储存或后续处理，在某些条件下还可回收硝酸，二次蒸汽冷凝液可以排放或者重复利用。蒸发是化工生产中一个比较成熟的单元操作，在理论方面和实际应用上都积累了较系统、完整的资料和经验，设计和运行安全可靠。

废水中绝大多数放射性污染物是不挥发的，可用蒸发法浓缩，然后将浓缩液密闭封固，让其自然衰变。一般经二效蒸发，废水体积可减小为原来的 1/200～1/500。这样大大减少了昂贵的储罐容积，从而降低处理费用。目前大部分后处理厂利用外部加热使溶剂汽化，经过冷却冷凝后成为含不挥发溶质较少的二次蒸汽冷凝液，而且得到了净化。剩余溶质保留在少量的浓缩液中成为蒸发残液，而得到了浓集。蒸发法处理浓缩高放废液的工艺流程示意图如图 10-21 所示。

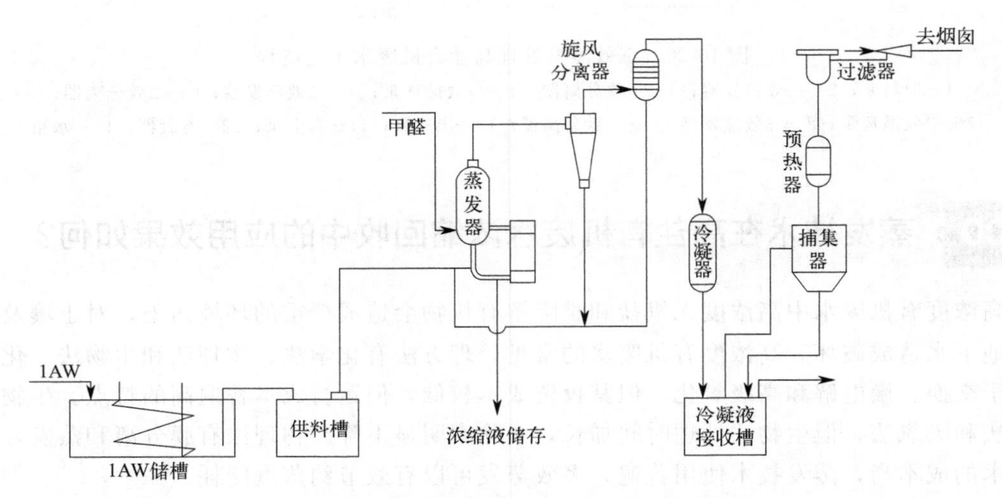


图 10-21 蒸发法处理放射性废水的工艺流程示意图

蒸发浓缩法灵活性大，净化系数高。单效蒸发器处理只含不挥发性放射性污染物的废水时，去污系数可达 $10^4$ 以上，而多效蒸发器和带有除雾沫装置的蒸发器的去污系数最高能达到 $10^8$。

蒸发浓缩法处理高放废液的不利之处在于在蒸发过程中废液中的水不断汽化成为二次蒸汽逸出蒸发器，这样就会造成废液中含有的易挥发放射性裂变产物释放到环境中。所以改进的方法是改进蒸发器的设计，尽可能减少夹带量，利用返流水和二次蒸汽雾沫之间的浓度差，将二次蒸汽夹带的雾沫溶解于液层中，并随返流水回到加热室参与二次蒸发工艺，从而降低了夹带雾沫中的放射性核素量。

## 302 结晶法的操作原理是什么？

结晶法用以分离废水中具有结晶性能的固体溶质。其原理是通过蒸发浓缩或降温冷却使溶液达到饱和，让多余的溶质结晶析出，加以回收利用。结晶和溶解是两个相反的过程。任何固体物质与它的溶液接触时，如溶液未饱和，固体就会溶解，如溶液过饱和，则溶质就会结晶析出。所以，要使溶液中的固体溶质结晶析出，必须设法使溶液呈过饱和状态。

固体与其溶液间的相平衡关系，通常以固体在溶剂中的溶解度表示。物质的溶解度与它的化学性质、溶剂性质与温度有关。一定物质在一定溶剂中的溶解度主要随温度而变化，压力及该物质的颗粒大小对其影响很小。大多数物质的溶解度随温度的升高而显著增大，如 $NaNO_3$、$KNO_3$ 等；有些物质的溶解度曲线有折点，这表明物质的组成有所改变，如 $Na_2SO_4 \cdot 10H_2O$ 转变为 $Na_2SO_4$；有些物质如 $Na_2SO_4$ 和钙盐等的溶解度随温度升高反而减小；有些物质的溶解度受温度影响很小，如 NaCl。

根据溶解度曲线，通过改变溶液温度或移除一部分溶剂来破坏相平衡，而使溶液呈过饱和状态，析出晶体。通常在结晶过程终了时，母液浓度即相当于在最终温度下该物质的溶解度，若已知溶液的初始浓度和最终温度，即可计算结晶量。

结晶过程包括形成晶核和晶体成长两个连续阶段。过饱和溶液中的溶质首先形成极细微的单元晶体，或称晶核，然后这些晶核再成长为一定形状的晶体。结晶条件不同，析出的晶粒大小不同。对于由同一溶液中析出相等的结晶量，若结晶过程中晶核的形成速率远大于晶体的成长速率，则产品中晶粒小而多。反之，晶粒大而少。

晶粒大小将影响产品的纯度和加工。粒度大的晶体易干燥、沉淀、过滤、洗涤，处理后含水量较小，产品得率较高，但粒径较大的晶体往往容易堆垒成集合体（晶簇），使在单颗晶体之间包含母液，洗涤困难，影响产品纯度。当晶体颗粒多而粒度小时，洗涤后产品纯度高，但洗涤损失较大，得率较低。所以，在生产上，必须控制晶体的粒度。

## 303 常用的结晶方法有哪些?

结晶方法主要分为两大类：移除一部分溶剂的结晶和不移除溶剂的结晶。

在第一类方法中，溶液的过饱和状态可通过溶剂在沸点时的蒸发或在低于沸点时的汽化而获得，它适用于溶解度随温度降低而变化不大的物质结晶，如 NaCl、KBr 等，结晶器有蒸发式、真空蒸发式和汽化式几种。由图 10-22 可见，恒温蒸发，使溶剂的量减少，$P$ 点所表示的溶液变为饱和溶液，即变成 $S$ 曲线上的 $A$ 点所表示的溶液。在此时，如果停止蒸发，温度也不变，则 $A$ 点的溶液处于溶解平衡状态，溶质不会由溶液里析出。若继续蒸发，则随着溶剂量的继续减少，原来用 $A$ 点表示的溶液必需改用 $A'$ 点表示，这时的溶液是过饱和溶液，溶质可以自然地由溶液里析出晶体。

在第二类方法中，溶液的过饱和状态用冷却的方法获得，适用于溶解度随温度的降低而显著降低的物质结晶，如 $KNO_3$、$K_4Fe(CN)_6 \cdot 3H_2O$ 等，结晶器主要有水冷却式和冰冻盐水冷却式。此外，按操作情况，结晶还有间歇式和连续式、搅拌式和不搅拌式之分。溶剂的量保持不变，使溶液的温度降低，假如 $P$ 点所表示的不饱和溶液的温度由 $t_1$℃降低到 $t_2$℃时，则原 $P$ 点所表示的溶液变成了用 $S$ 曲线上的 $B$ 点所表示的饱和溶液。在此时，如果停止降温，则 $B$ 点的溶液处于溶解平衡状态，溶质不会由溶液里析出。若继续降温，由 $t_2$℃降到了 $t_3$℃时，则原来用 $B$ 点表示的溶液必需改用 $B'$ 点表示，这时的溶液是过饱和溶液，溶质可自然地由溶液里析出晶体。

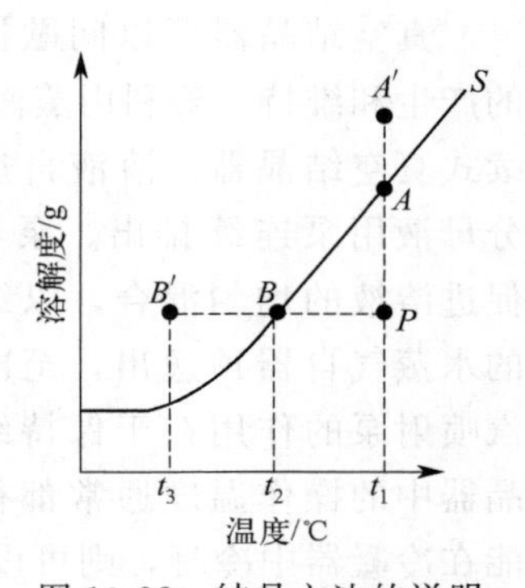

图 10-22 结晶方法的说明

## 304 影响结晶效果的因素有哪些?

影响结晶效果的因素主要有溶液的过饱和程度、结晶时间、搅拌强度以及共存杂质的组成等。

① 浆料的过饱和度，主要由温度来控制。温度越低，过饱和度越低。过饱和度越大，则产生晶核越多，结晶体粒径越小。

② 停留时间。时间越长，则产生的结晶体粒径越大。停留时间与液位有关，液位越高，停留时间越长。

③ 容器的搅拌强度。搅拌越强，容易破碎晶体，结晶体粒径越小。

④ 杂质成分。杂质成分较多，比较容易形成晶核，结晶体粒径越小。

## 305 常用的结晶设备有哪些?

废水处理中常用的结晶设备有结晶槽、蒸发结晶器、真空结晶器、连续式敞口搅拌结晶器和循环式结晶器等。

（1）结晶槽

结晶槽是汽化式结晶器中最简单的一种，由一敞槽构成。由于溶剂汽化，槽中溶液得以冷却、浓缩而达到过饱和。在结晶槽中，对结晶过程一般不加任何控制。因结晶时间较长，所得晶体较大，但由于包含母液，以致影响产品纯度。

（2）蒸发结晶器

蒸发结晶器的构造及操作与一般的蒸发器完全一样，各种用于浓缩、具有晶体的溶液的蒸发器都可作结晶器，称为蒸发结晶器。有时也这样操作，即先在蒸发器中使溶液浓缩，而后将浓缩液倾注于另一结晶器中，以完成结晶过程。

（3）真空结晶器

真空结晶器可以间歇操作，也可以连续操作。真空的产生和维持一般利用蒸汽喷射泵实现。图 10-23 为一连续式真空结晶器。溶液自进料口连续加入，晶体与一部分母液用泵连续排出。泵 3 迫使溶液沿循环管 4 循环，促进溶液的均匀混合，以维持有利的结晶条件。蒸发后的水蒸气自器顶逸出，至冷凝器中用水冷凝。双级式蒸汽喷射泵的作用在于保持结晶器处于真空状态。真空结晶器中的操作温度通常都很低，若所产生的溶剂蒸汽不能在冷凝器中冷凝，则可设置蒸汽喷射泵 7，将溶剂蒸汽压缩，以提高其冷凝温度。

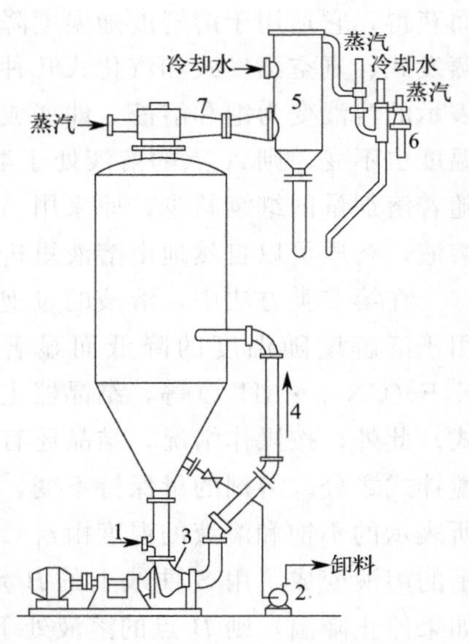


图 10-23 连续式真空结晶器示意图

1—进料口；2，3—泵；4—循环管；5—冷凝器；6—双级式蒸汽喷射泵；7—蒸汽喷射泵

连续式真空结晶器可采用多级操作，将几个结晶器串联，在每一器中保持不同的真空度和温度，其操作原

理与多效蒸发相同。真空结晶器构造简单，制造时使用耐腐蚀材料，可用于含腐蚀物质的废水处理，生产能力大，操作控制较易。缺点是操作费用和能耗较高。

（4）连续式敞口搅拌结晶器

这是一种广泛应用的结晶器，生产能力较大。设备主体是一敞开的长槽，底部呈半圆。槽宽 600mm，每一单元的长度为 3m，全槽常由 2 个单元组成。槽外装有水夹套，槽内则装有低速带式搅拌器。热而浓的溶液由结晶器的一端进入，并沿槽流动，夹套中的冷却水与之作逆流流动。由于冷却作用，若控制得当，溶液在进口处附近即开始产生晶核，这些晶核随着溶液流动而成长为晶体，最后由槽的另一端流出。由于搅拌，晶体不易在冷却面上聚结，常悬浮在溶液中，粒度细小，但大小匀称而且完整。

（5）循环式结晶器

如图 10-24 所示，饱和溶液由进料管进入后，经循环管通过冷却器变为过饱和而达介稳状态。此饱和溶液再沿管进入结晶器的底部，由此往上流动，与众多的悬浮晶粒接触，进行结晶。所得晶体与溶液一同循环，直至其沉淀速度大于循环液的上升速度为止，而后降落器底，自排出口取出。这样，在结晶器中即可按晶体大小将其分类。通过改变溶液的循环速度和在冷却器中去除热量的速度来调节晶体的大小。浮至液面上的极微细晶体则由分离器排出，这样可增大所得产品的晶粒。

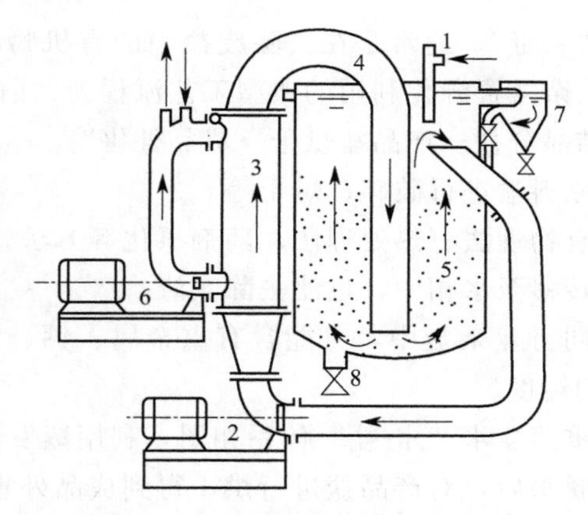


图 10-24 循环式结晶器示意图

1—溶液加入管；2—溶液循环泵；3—冷却器；4—循环管；5—槽；6—冷却水循环泵；7—分离器；8—晶体排出口

## 306 杂盐的主要成分与处理处置方法是什么？

含盐废水经膜浓缩预处理后得到的高浓盐水，经过蒸发结晶系统实现废水零排放，同时得到固体结晶盐，即杂盐。杂盐具有成分复杂、数量多、污染性强等特点，主要含有氯化钠和硫酸钠，及一定量的难降解有机物，同时含有极少量的硝酸钠和碳酸钠等物质。

目前杂盐处理和处置方法主要包括填埋法、排海法、直接燃烧法、无氧裂解法、吸附氧化法、过热蒸汽碳化法和热解氧化法。

① 填埋法　填埋法具有工艺简单、成本相对较低的特点，可以处置多种类型的杂盐，目前已成为处置多行业杂盐的主要方法。

② 排海法　排海法主要针对氯化钾、氯化钠、氯化钙等少数杂盐。它主要适用于近海

区域，将含盐废水在近海直接排放，将收集起来的杂盐运至公海进行深海排放。

③ 直接燃烧法　直接燃烧法就是火焰和杂盐直接接触，在氧气的作用下发生氧化反应，该过程是杂盐中有机物高温分解和分解气体深度氧化的综合过程。

④ 无氧裂解法　无氧裂解是指固体废物在没有氧化剂（空气、氧气、水蒸气等）存在或只提供有限氧的条件下，加热到400℃，通过热化学反应将有机物分解成较小分子的燃料物质（固态碳、可燃气）的热化学转化技术方法。

⑤ 吸附氧化法　该方法是以树脂吸附、多级氧化为核心的高盐有机废水协同处置盐资源化集成技术。

⑥ 过热蒸汽碳化法　过热蒸汽碳化法是高温常压、湿法碳化、无氧碳化。该工艺方法采用高温、常压蒸汽进行碳化，避免杂盐熔融，修复安全、高效。

⑦ 热解氧化法　热解氧化炉由燃烧机提供达到杂盐熔融临界点的高温烟气，将雾化后的含盐废水进行充分混合扰动、脱水并发生有机物的热解氧化反应，其中有机盐分解成一氧化碳、水和无机盐分，有机物则裂解气化成为有机气体。

## 307 如何进行杂盐资源化利用?

杂盐资源化的关键是“去毒”。通常是在去除废盐中的有机物和无机杂质后，再进行蒸发结晶，从而得到产品盐。杂盐资源化利用的典型工艺流程为“前处理→有机物脱除→重溶过滤→无机杂质去除→重结晶分盐→产品盐烘干→成品外售”。

① 前处理　主要是对原料盐进行破碎、烘干等。

② 有机物脱除　主要有物理法、热处理法、药剂氧化等方法。

③ 重溶过滤　可溶盐转移至水相中，过滤去除炭渣。

④ 无机杂质去除　不同行业杂盐中，可能含有重金属、钙、镁、氟等杂质，需要进行脱除，以保证后续产品盐的纯度。

⑤ 重结晶分盐　根据重溶盐水“水-盐”体系相图，利用蒸发器蒸发结晶进行分盐。

⑥ 产品盐烘干　离心脱水后，对产品盐进行烘干得到成品外售。

## 308 国家对杂盐处理、处置和管理有何政策?

杂盐广泛产生于化工、制药等行业，成分复杂，且大都含有毒有害杂质，目前是作为危险废物进行管理，当前的处置方式以填埋、排海为主。填埋工艺简单，成本低，但存在占地大，污染重等问题，且随着《危险废物填埋污染控制标准》（GB 18598—2019）实施后，工业杂盐因溶解性高的原因，需要进入刚性填埋场填埋，而这进一步压缩了杂盐的处置空间。排海主要适用于近海地区，不具备全面可推广性。因此，杂盐的处理已成为很多省市的难题，这使得杂盐资源化利用越来越受到重视。

贯彻落实《中华人民共和国固体废物污染环境防治法》，按照《关于提升危险废物环境监管能力、利用处置能力和环境风险防范能力的指导意见》有关要求，生态环境部组织编制了《危险废物环境管理指南　化工废盐》（以下简称《指南》），并于2021年12月21日发布。

《指南》指出：产生废盐的单位对废盐的污染环境防治应坚持减量化、资源化和无害化原则。

（1）减量化

① 化工废盐产生单位应采取清洁生产措施，从源头减少化工废盐产生量和危害性。

② 宜采用空冷、软水闭路循环冷却、增加循环水浓缩倍数等方式减少新鲜水及药剂的消耗，减少含盐废液产生。

③ 宜采用母液直接循环套用、回收溶剂循环套用等措施减少含盐废液的产生。

④ 宜采用自动化、连续化反应替代传统间歇式反应，用微通道反应代替传统釜式反应，提高反应转化率，减少含盐废液的产生。

⑤ 宜采用三氧化硫磺化替代硫酸磺化，加氢还原替代硫化碱还原，双氧水氧化、纯氧氧化替代次氯酸钠氧化，以及溶剂提纯替代酸碱提纯和绿色酶法催化合成等清洁生产工艺从源头上杜绝或减少含盐废液的产生。

（2）资源化

化工废盐经无害化处理后，宜通过精制、分盐等过程生产工业氯化钠、无水硫酸钠、磷酸盐、氯化钾、氯化钙、氯化铵、硫酸铵等工业副产盐。

（3）无害化

① 宜采取萃取、吸附、膜分离、氧化、蒸发结晶、焚烧单一技术或者组合技术或其它先进可行技术去除化工废盐中的有毒有害成分。

② 化工废盐无害化处理后的盐水排海，应满足海洋生态环境、废水排放标准等相关国家政策标准要求并进行风险评估。

《指南》要求，主要化工行业生产过程中产生的化工废盐，属于固体废物且不排除是否具有危险特性的，应落实危险废物鉴别管理制度，根据《国家危险废物名录》《危险废物鉴别标准》（GB 5085）、《危险废物鉴别技术规范》（HJ 298）等判定是否属于危险废物，属于危险废物的应按危险废物相关要求进行管理。

## 309 如何采用结晶法回收含氰废水中的黄血盐?

含氰废水特指含氰化物的废水。氰化物是一类含碳氮三键（—C≡N）的化合物，氰化物中最普通、常见的物质氰化氢（HCN）是一种带有微苦杏仁味的无色气体或液体。根据与之相连官能团的类别不同，常分为无机氰化物和有机氰化物。无机氰化物包括氢氰酸、氰化钾、氰化钠、氯化氰等，有机氰化物一般包括腈类和异腈类，如乙腈、丙烯腈和乙胩等。由于氰化物中氰基的剧毒性，含氰废水的处理已成为工业废水处理领域的重点和难点之一。

含氰废水主要来源于三种场合，即氰化物生产废水、氰化物利用废水以及其他产品废水。氰化物生产废水主要指生产无机氰化物、有机氰化物产生的废水，如氰化钠生产废水；由于氰根离子（$CN^-$）易与贵金属形成稳定金属氰络合物的特性，氰化物常被应用于电镀、冶金、金属加工等行业，因而形成氰化物利用废水，如溶解提取黄金、金属零件加工切削、电镀等产生的含氰废水；其他产品废水主要来源于化工、制药等行业，如农药、医药中间体加工，炼焦、炼钢行业废水、化纤合成、合成氨过程废水等。

我国现行《污水综合排放标准》（GB 8978—1996）中对氰化物的排放浓度进行了限制，

要求企业排放废水中氰化物浓度分别为0.5mg/L（一级标准、二级标准）和1.0mg/L（三级标准）。针对如电镀、石油炼制、钢铁、制药等特殊行业，国家颁布了相应的行业标准，对氰化物的排放进行了要求，如表10-2所示。

表10-2 我国各行业不同国家标准中对氰化物的排放要求

| 行业 | 标准 | 氰化物排放限值/(mg/L) |
|---|---|---|
| 电镀行业 | GB 21900—2008《电镀污染物排放标准》 | 现有企业0.5；新建企业0.3；特别排放限值0.2 |
| 石油炼制行业 | GB 31570—2015《石油炼制工业污染物排放标准》 | 一般排放限值0.5；特别排放限值0.3(直接排放)、0.5(间接排放) |
| 钢铁生产企业 | GB 13456—2012《钢铁工业水污染物排放标准》 | 0.5 |
| 制药行业 | GB 21904—2008《化学合成类制药工业水污染物排放标准》 | 现有企业0.5；新建企业0.5；特别排放限值不得检出 |

目前，处理含氰废水的方法多种多样，包括酸化法、二氧化硫法、酸氯法、硫酸亚铁法、过氧化物法、水解法、臭氧处理法等化学方法。物理化学处理方法则涵盖了结晶法、活性炭吸附法、离子交换法、液膜法等技术。此外，生物法也被广泛应用于含氰废水的处理中。

结晶法处理含氰废水的同时，可以同步回收黄血盐。黄血盐又称亚铁氮化钠，是重要的化工原料，用于颜料、油漆、油墨、印染方面棉布着色氧化剂、淬火剂、渗炭、鞣革、金属表面防腐及制赤血盐的原料等。所以结晶法处理含氰废水无论是环保还是综合利用方面都是一种较为理想的方法。工艺流程如下：由泵1将含氰废水送至热交换器2与蒸馏塔3，出来的热脱氰水进行热交换，进入蒸馏塔3顶部，在蒸馏塔的底部通入直接蒸汽（或清洁的烟道气）把氰化氢从水中解吸出来，脱氰废水由塔底排出，塔顶出来的含氰化氢气体经加热器5加热至140℃～150℃，从吸收塔6底部进入吸收塔与塔内碱液逆流接触，塔内装铁刨花为填料直接参加反应，每月加铁刨花一次，循环至黄血盐浓度达300～350mg/L时，抽出部分溶液经沉降槽、结晶槽，离心机离心干燥，经过滤便得到产品（图10-25）。

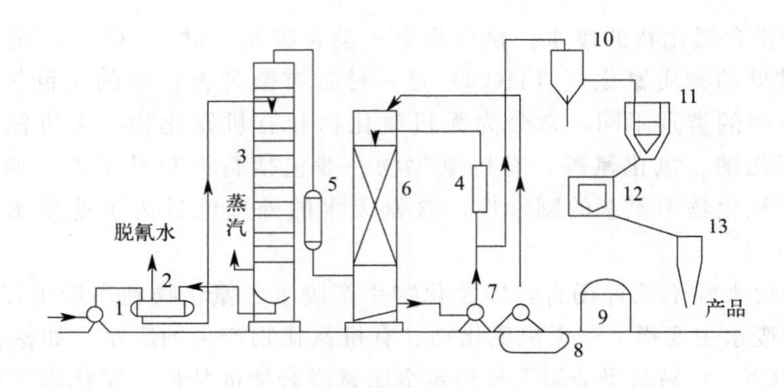


图10-25 结晶法处理含氰废水工艺流程

结晶法处理含氰废水，处理量大，效果好，可同步回收含氰废水中的黄血岩盐，水可循环使用，如操作严格可达排放要求，为保险起见再经生化处理便可排放。该工艺过程蒸汽耗量较大，影响产品成本，可改用烟道气，最好使用脱过硫的煤气燃烧产生的烟道气，效果好。烟道气中的二氧化碳亦可阻止一些副反应产生。

## 310 如何采用结晶法回收化工废水中的纯碱?

碱性废水是指含有某种碱类、pH 值高于 9 的废水。碱性废水也分为强碱性废水和弱碱性废水，或者低浓度碱性废水和高浓度碱性废水。碱性废水中，除含有某种不同浓度的碱外，通常总是含有大量的有机物、无机盐等有害物质。结晶法回收化工废水中纯碱的工艺流程主要包括碳化和浓缩（图 10-26）。

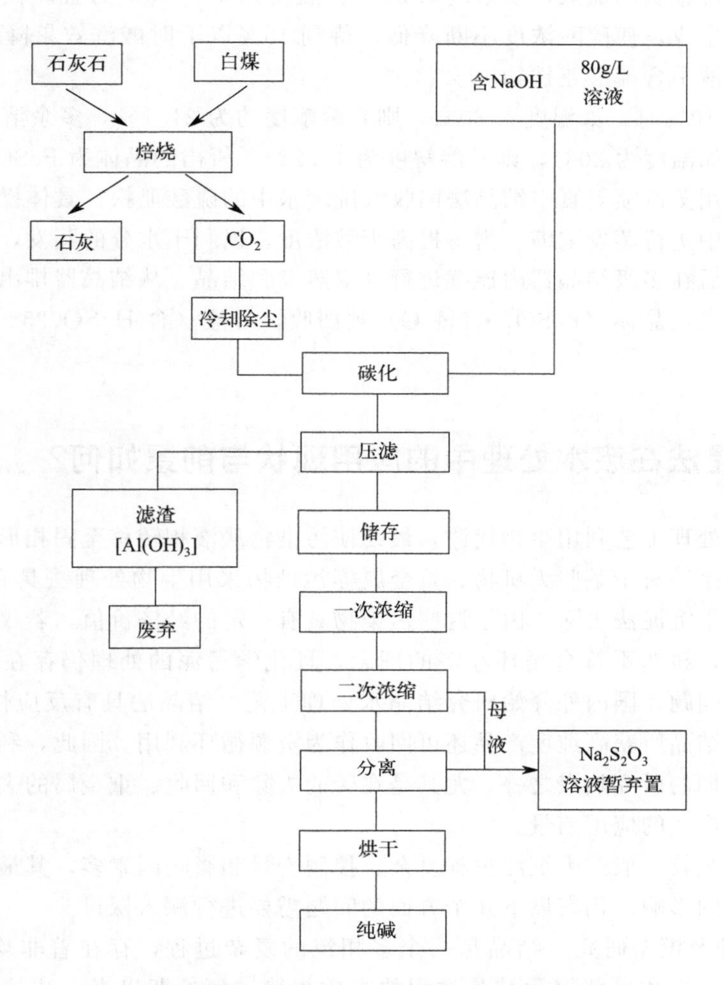


图 10-26 结晶法回收化工废水中纯碱的工艺流程

① 碳化 指含碱废水吸收二氧化碳的碳化反应。废水由泵从塔顶打入，而经净化后的二氧化碳气从塔底进入。液、气逆流相遇，经碳化塔多层塔板充分反应。反应控制在 pH＝10，生成碳酸钠溶液、氢氧化铝及少量的碳酸氢钠沉淀。碳化后液体经压滤机使氢氧化铝、少量碳酸氢钠、杂质与溶液分离，滤后溶液送至后续工艺进行浓缩处理。

② 浓缩　经板框压滤机滤后的溶液，由泵打入单效真空蒸发器进行一次浓缩（负压下加热，温度为85℃以上），再进入带有搅拌的真空浓缩锅继续浓缩（温度为90℃以上）。碳酸钠在过饱和的情况下结晶析出，结晶由离心机分离。母液返回继续浓缩，回收到一定含量的碳酸钠后弃之。分离后含结晶水的碳酸钠及少许碳酸氢钠，送去烘干脱水。

## 311 如何采用结晶法回收废酸中的硫酸亚铁？

金属进行各类热加工时，表面会形成一层氧化铁皮。它对金属的强度及后加工（如轧制和电镀等）都有不良影响，必须加以清除。采用的方法是用稀酸将其溶解掉。黑色金属主要用硫酸浸洗。浸洗金属的硫酸，以浓度为20%、温度为45～80℃为宜。在浸酸过程中，由于硫酸亚铁不断生成，使硫酸浓度不断降低，待到10%以下时酸洗效果降低，需要将其更换，此时废酸洗液中含硫酸亚铁约17%。

硫酸浓度为10%时，如温度为80℃，则其溶解度约为21.1%，多余溶质析出的晶体为$FeSO_4 \cdot H_2O$；如温度为20℃，则其溶解度为16.2%，析出的晶体为$FeSO_4 \cdot 7H_2O$。

工程上，常用蒸汽喷射真空结晶法回收酸洗废水中的硫酸亚铁，具体操作流程如下：废酸液先在蒸发器中进行蒸发浓缩。为了提高废酸浓度，以利于水分的蒸发，在蒸发器内还投加了浓硫酸，然后在多级结晶器内连续进行真空蒸发和结晶。从结晶器排出的浓浆液在离心机中进行固液分离，晶体（$FeSO_4 \cdot 7H_2O$）被回收，母液（含$H_2SO_4$ 25%、$FeSO_4$ 6.6%）回用于酸洗过程。

## 312 结晶法在废水处理中的应用现状与前景如何？

常用的废水处理工艺利用生物代谢，最终使污染物从液相转移至固相形成污泥，从而达到消除污染的结果。对于某些无机物、重金属等污染物采用生物处理法具有一定的局限性，因此一般通过化学沉淀法去除。由于这些污染物具有一定的经济价值，若仅将其从废水中去除而不考虑回收，显然不符合循环经济的理念，且化学污泥的处理仍存在技术局限性。因此，针对这一类问题，国内外开始研究结晶水处理工艺。结晶法具有反应快、不产生污泥、占地少等优点，结晶所获高纯度产品还可回收作为资源循环利用。因此，利用结晶法处理特定废水已成为近期的研究热点之一，尤其是在磷的去除和回收、重金属的去除和回收、防止结垢等方面具有广泛的应用前景。

由于结晶工艺较一般重力沉淀过程复杂，控制变量和影响因素多，其最终运行效果无疑受到多方面因素的影响。仍有以下几个方面的问题需要进行深入探讨。

① 结晶机理及模型研究　结晶是一个多相流的复杂过程，存在着非均相传热与传质，必须借助于微观解析才可能揭示结晶过程的本质规律。而长期以来，结晶基础理论进展缓慢，研究往往仅针对溶液的初始条件、产品的最终形态以及一些直观的热力学因素（如温度、离子浓度和晶种），很难实现结晶工艺的优化控制。因此，有必要对平衡热力学和过程动力学进行研究并构建完整的数学模型，从而实现对结晶过程的全面把握。

② 结晶产物分离性能的优化研究　结晶过程中产生的细微颗粒物易随出水流出，导致结晶反应器处理效果很难稳定在高水平。而通过砂滤对出水进行深度处理，增加了工艺的复

杂程度，也极大地增加了运行成本。因此，提高结晶产物的可分离性能，或者开发经济高效的晶体捕集器，将结晶与晶体捕集耦合在同一反应器内，势必将成为该领域的研究重点。这就需要对晶种、晶种尺寸和晶体捕集材料，晶体捕集器构型的确定等进行细致而深入的研究。

③ 结晶处理规模放大化研究 与传统的水处理方法相同，结晶工艺的工程应用同样面临着经济性评估、反应器放大化设计和工艺优化控制等问题。因此，选择各类工业废料作为外加药剂的替代品，开发实用型的结晶反应器，确定合理的反应器设计参数及标准，并对反应器的进水、pH、药剂投加量等工艺参数进行自动控制，势必会全面促进结晶反应器的广泛应用。

# 废水消毒技术

## 313 污水为什么需要进行消毒处理?

污水的消毒处理通常是在污水排入水体前或进行再利用前的最后一个处理步骤，其目的是使排放污水或再生水的微生物学指标满足防止水体污染或进行安全利用的要求。《城镇污水处理厂污染物排放标准》（GB 18918—2002）中把粪大肠菌群列为控制指标，一级 A 标准要求不大于 $10^3$ 个/L，一级 B 标准和二级标准要求不大于 $10^4$ 个/L。《城市污水再生利用—城市杂用水水质》（GB/T 18920—2020）中对大肠埃希氏菌作出了规定，其中要求冲厕、车辆冲洗、城市绿化、道路清扫、消防、建筑施工用水不应检出大肠埃希氏菌。《城市污水再生利用—景观环境用水水质》（GB/T 18921—2019）中对粪大肠菌群的要求是：河道湖泊水景类观赏性景观环境用水不大于 1000 个/L，河道湖泊类娱乐性景观用水不大于 1000 个/L，水景类娱乐性景观环境用水不大于 3 个/L，景观湿地环境用水不大于 1000 个/L。

## 314 生活污水中含有哪些致病微生物?

生活污水中含有多种致病微生物，包括贾第鞭毛虫、隐孢子虫、沙门氏菌、志贺氏菌、霍乱弧菌、肠道病毒、甲型肝炎病毒、脊髓灰质炎病毒、柯萨奇病毒和埃可病毒等，是传播疾病的主要媒介（表 11-1）。生活污水中的病原微生物主要来源于人畜粪便及生活垃圾，从种类上可划分为细菌、病毒和原生动物三大类。存在于生活污水中的有机物极不稳定，容易腐化而产生恶臭。细菌和病原体以生活污水中有机物为营养而大量繁殖，可导致传染病蔓延流行。

表 11-1 生活污水中常见的病原微生物及其危害

| 病原体 | | 健康危害 |
|---|---|---|
| 病毒（viruses） | 肠道病毒（*Enteroviruses*）：有 72 种血清型，包括脊髓灰质炎病毒、埃可病毒，柯萨奇病毒和新型肠道病毒 | 胃肠功能紊乱，急性胃肠炎，心肌炎，脑膜炎，脑炎及瘫痪性疾病，流行性皮疹病，呼吸道感染，气管炎和肺炎，流行性眼结膜炎，侵犯腮腺、肝脏、胰腺等器官 |
| | 甲肝病毒（*Hepatitis A virus*） | 肝脏功能障碍，肝炎 |
| | 腺病毒（*Adenovirus*） | 呼吸道疾病，眼部感染 |
| | 轮状病毒（*Rotavirus*） | 胃肠功能紊乱，腹泻，呕吐，肠胃炎 |

续表

| 病原体 | | 健康危害 |
|---|---|---|
| | 诺沃克因子(*Norwalk*) | 肠型流感的致病因子,胃肠功能紊乱 |
| | 呼肠孤病毒(*Reovirus*) | 痢疾,腹泻,恶心,呕吐,发热 |
| | 星形病毒(*Astrovirus*) | 胃肠功能紊乱 |
| | 冠状病毒(*Cronavirus*) | 痢疾,腹泻,呼吸道感染,气管炎和肺炎 |
| 细菌(bacteria) | 志贺氏菌(*Shigella* spp.) | 痢疾,腹泻,呕吐,发热,关节炎 |
| | 沙门氏菌(*Salmonella* spp) | 结肠炎,痢疾,心内膜炎,心包炎,脑膜炎 |
| | 埃希氏杆菌正(*Escherichiacoli*) | 胃肠功能紊乱,腹泻,呕吐 |
| | 霍乱弧菌(*Vibrio cholera*) | 腹泻,呕吐,死亡 |
| | 军团菌(*legionella* spp.) | 军团病,肺炎,发烧,死亡 |
| | 耶尔森氏鼠疫杆菌阶(*Yersinia* spp.) | 痢疾,腹泻,呕吐,关节炎 |
| 原生动物(protozoa) | 兰伯氏贾第虫(*Giardia lamblia*) | 长期慢性痢疾,腹泻 |
| | 隐孢子虫(*Cryptosporidinm*) | 痢疾,发烧 |
| | 痢疾内变形虫(*Entamoeba*)内变形虫病,阿米巴痢疾 | 内变形虫病,阿米巴痢疾 |

## 315 医疗废水中含有哪些致病微生物?

医疗废水来自医院，含有大量的病原细菌、病毒和化学药剂，需要特殊工艺处理。医疗污水主要是从医院的诊疗室、化验室、病房、洗衣房、X片照相室和手术室等排放的污水，其污水来源及成分十分复杂。医院污水中含有大量的病原细菌、病毒和化学药剂，具有空间污染、急性传染和潜伏性传染的特征。

医疗废水中对人体健康有害的绝大部分病原微生物，包括病菌、病毒、原生动物的胞囊等。可以侵犯人体，病原体在宿主中进行生长繁殖、释放毒性物质等，将引起机体不同程度的病理变化，引起感染甚至传染病。医疗废水中主要的致病微生物包括大肠杆菌、沙门氏菌、结核杆菌等。

(1) 大肠杆菌

大肠杆菌是动物肠道中的正常寄居菌，其中很小一部分在一定条件下引起疾病。大肠杆菌的血清型能够引起人体或动物胃肠道感染，主要是由特定的菌毛抗原、致病性毒素等感染引起的，除胃肠道感染以外，还会引起尿道感染、关节炎、脑膜炎以及败血型感染等。

(2) 沙门氏菌

沙门氏菌是一种常见的食源性致病菌。沙门氏菌感染症为人畜共患感染性疾病，主要由食用遭受污染的食物导致，是许多国家食物中毒的重要病源。典型症状包括发热、恶心、呕吐、腹泻及腹部绞痛等症状，通常在发热后72h内会好转。婴儿、老年人、免疫功能低下的患者则可能因沙门氏菌进入血液而出现严重且危及生命的菌血症，少数还会合并脑膜炎或骨髓炎。

(3) 结核杆菌

结核分枝杆菌简称为结核杆菌，是人类结核病的病原体。结核分枝杆菌不产生内、外毒素。其致病性可能与细菌在组织细胞内大量繁殖引起的炎症，菌体成分和代谢物质的毒性以及机体对菌体成分产生的免疫损伤有关。结核分枝杆菌可通过呼吸道、消化道或皮肤损伤侵入易感机体，引起多种组织器官的结核病，其中以通过呼吸道引起肺结核为最多。结核分枝杆菌可通过飞沫微滴或含菌尘埃的吸入，故肺结核较为多见。

（4）肠道病毒

肠道病毒包括脊髓灰质炎病毒、柯萨奇病毒、致肠细胞病变人孤儿病毒（ECHO，简称埃可病毒）及新型肠道病毒共 71 个血清型。肠道病毒属病毒引起的传染病，临床表现轻者只有倦怠、乏力、低热等，重者可全身感染，脑、脊髓、心、肝等重要器官受损，愈后较差，并可遗留后遗症或造成死亡。

## 316 常用的废水消毒方法有哪些?

常见的消毒方法有氯消毒、二氧化氯消毒、臭氧消毒、紫外线消毒等，上述方法也可以组合使用。当然，对水煮沸后再饮用也是一种消毒的方法。其他消毒方法有加热消毒（例如水煮沸后再饮用）、非氧化型化学药剂消毒（表面活性剂、酚类、重金属、酸、碱、溴、碘等）、辐射照射等。其中，非氧化型化学药剂可用于循环冷却水的微生物控制。

## 317 什么是氯化消毒法?

氯化消毒（Chlorination disinfection）是指用氯或氯制剂进行饮用水消毒的一种方法，其中氯制剂主要有液氯、漂白粉、漂白粉精、有机氯制剂等。天然水由于受到生活污水和工业废水的污染而含有各种微生物，其中包括能致病的细菌性病原微生物和病毒性病原微生物。消毒的目的就是杀死各种病原微生物，防止水致疾病的传播，保障人们身体健康。消毒是生活饮用水处理中必不可少的一个步骤，它对饮用水细菌学起保证作用。

其基本原理在于氯溶于水后生成次氯酸。由于次氯酸体积小，电荷中性，易于穿过细胞壁。同时，它又是一种强氧化剂，能损害细胞膜，使蛋白质、RNA 和 DNA 等物质释出，并影响多种酶系统（主要是磷酸葡萄糖脱氢酶的巯基被氧化破坏），从而使细菌死亡。氯对病毒的作用，在于对核酸的致死性损害。病毒缺乏一系列代谢酶，对氯的抵抗力较细菌强，氯较易破坏-SH 键，而较难使蛋白质变性。

氯化消毒方法主要有普通氯化消毒法、氯胺消毒法、折点消毒法、过量氯消毒法。

影响氯化消毒效果的因素主要有：

① 加氯量和接触时间，加氯量取决于需氯量，普通氯化消毒需接触 30min，氯胺消毒法消毒需接触 1～2h。

② 水的 pH 值，水的 pH 值较低，氯化消毒效果好。

③ 水温，水温越高，杀菌效果越好。

④ 水的浑浊度，水的浑浊度越高，消毒效果就越差。

⑤ 水中微生物的种类和数量。

氯化消毒过程中存在一定的安全问题。在氯化消毒杀灭水中病原微生物的同时，氯与水中的有机物反应，产生一系列氯的副产物。氯化副产物中非挥发性卤代有机物有卤乙腈、卤乙酸、卤代酚、卤代酮和卤代醛等。这类物质用目前现有仪器难以检测，但它们仍具有一定的突变性和致癌性。

## 318 什么是有效氯、游离有效氯和化合有效氯?

(1) 有效氯

有效氯指与含氯消毒剂氧化能力相当的氯量，其含量用 mg/L 或%浓度表示。

定性地说，有效氯就是指含氯化合物中所含有的氧化态氯。氧化态指元素以较高化合价出现的状态，对于氯来说，化合价为 0、+1、+3、+4、+5、+7 就是氧化态氯。氧化态氯在氧化还原反应中都能释放其氧化性而被还原成化合价为−1 的还原态氯，这一反应过程正好可被人类所利用，比如用于漂白、消毒等，所以这些氧化态氯就是能够发挥效用的氯，顾名思义，称其为有效氯。

定量地说，有效氯含量原本是指含氯化合物中氧化态氯的百分含量，但是，由于氯的氧化态不止一种，所以，必须规定一个统一的量化标准才能相互比较实际效能，这个量化标准就是化合价为 0 的纯净氯，即纯净氯的有效氯为 100%。也就是说，有效氯含量的实质就是指，单位质量的含氯化合物中所含氧化态氯的氧化能力相当于多少纯净氯气的氧化能力。

在分析中，漂白粉液在酸性条件下释放的游离氯含量被作为评估标准。通常，以氯气($Cl_2$) 的效力作为 100%的基准进行比较。根据生产实践，优质漂白粉的有效氯含量介于25%至 35%之间；而不纯的次氯酸钙的有效氯含量约为 60%；二氯异氰尿酸钠和三氯异氰尿酸的有效氯含量分别约为约为 60%和 90%。

(2) 游离有效氯

游离有效氯指水中的 $ClO^-$、HClO、$Cl_2$ 等，杀菌速度快，杀菌力强，但消失快。

(3) 化合有效氯

化合有效氯指水中氯与氨的化合物，其中包括 $NH_2Cl$、$NHCl_2$、$NHCl_3$ 等，以 $NHCl_2$ 较稳定，杀菌效果好。

## 319 氯消毒的机理是什么?

氯消毒的基本原理在于氯溶于水后生成次氯酸。由于次氯酸体积小，电荷中性，易穿过细胞壁。同时，它又是一种强氧化剂，能损害细胞膜，使蛋白质、RNA 和 DNA 等物质释出，并影响多种酶系统（主要是磷酸葡萄糖脱氢酶的巯基被氧化破坏），从而使细菌死亡。氯对病毒的作用，在于对核酸的致死性损害。病毒缺乏一系列代谢酶，对氯的抵抗力较细菌强，氯较易破坏-SH 键，而较难使蛋白质变性。

氯在常温下为黄绿色气体，具强烈刺激性及特殊臭味，氧化能力很强。在 6～7 个大气压下，可变成液态氯，体积缩小 457 倍。液态氯灌入钢瓶，有利于储存和运输。

除氯外，漂白粉和漂粉精等也能用于消毒。漂白粉含有效氯约为 30%，漂粉精约含60%～70%。氯溶于水后起下列反应：

$$Cl_2 + H_2O = HCl + HClO \tag{11-1}$$

$$HClO = H^+ + ClO^- \tag{11-2}$$

HClO（次氯酸）或次氯酸根（$ClO^-$）形态的氯被称为游离性残余氯。对细菌的杀灭能力而言，在较低的 pH 值条件下存在的 HClO 更有效。

## 320 影响氯化消毒的主要因素有哪些?

影响氯化消毒效果的因素主要有:

① 加氯量和接触时间。加氯量取决于需氯量,普通氯化消毒需接触 30min,氯胺消毒法消毒需接触 1~2h。

② pH 值。水的 pH 值较低时,氯化消毒效果好。

③ 水温。水温越高,杀菌效果越好。

④ 水的浑浊度。水的浑浊度越高,消毒效果越差。

⑤ 水中微生物的种类和数量。

## 321 如何选择合适的含氯消毒剂?

含氯消毒剂是指溶于水、可产生具有杀微生物活性的次氯酸的消毒剂,其杀灭微生物的有效成分常以有效氯表示。次氯酸分子量小,易扩散到细菌表面并穿透细胞膜进入菌体内,使菌体蛋白氧化,导致细菌死亡。含氯消毒剂可杀灭各种微生物,包括细菌繁殖体、病毒、真菌、结核杆菌和抗力最强的细菌芽孢。这类消毒剂包括无机氯化合物(如次氯酸钠、次氯酸钙、氯化磷酸三钠)、有机氯化合物(如二氯异氰尿酸钠、三氯异氰尿酸、氯铵 T 等)。无机氯性质不稳定,易受光、热和潮湿的影响,丧失其有效成分,有机氯则相对稳定,但是溶于水之后均不稳定。

选用含氯消毒剂的基本原则:价格低廉、高效方便、安全环保。常见的废水处理的含氯消毒剂有液氯、氯胺、次氯酸钠、次氯酸钙、次氯酸水、二氯异氰尿酸钠和三氯异氰尿酸。

① 液氯　优点是具有余氯的持续消毒作用;价值成本较低;操作简单,投量准确;不需要庞大的设备,减小了占地面积。但使用液氯消毒存在着以下缺点:原水有机物高时会产生有机氯化物;原水含酚时产生氯酚味。一般液氯供应方便的地点会采用这种方法。液氯消毒在国内使用的时间比较长,经验也比较丰富,经济有效。

② 氯胺　使用氯胺消毒能延长管网中剩余氯的持续时间,抑制细菌生长;减轻氯消毒时所产生的氯酚味或减低氯味。使用氯胺消毒时作用比液氯进行得慢,需较长接触时间;需增加加氨设备,操作管理麻烦。通常在原水中有机物多以及输配水管线较长时采用氯胺消毒。

③ 次氯酸钠　投加后会产生余氯,消毒作用较好,而且操作过程简便。但是使用时必须现场配制。目前设备尚小,产气量少,使用受限制;必须耗用一定电能及食盐。适用于小型水厂或管网中途加氯,以持续消毒作用。

④ 次氯酸钙　又称漂白粉、漂白精,漂白粉有效氯含量为≥20%、漂白粉精有效氯含量为56%~60%。能溶于水,溶液易浑浊,有大量残渣。水溶液稳定性差,遇日光、热、潮湿等分解加快。投加后会产生余氯,消毒作用较好;投加设备简单;但漂白粉不易溶解,所需容积较大,使用过程中会形成有机氯化物和氯酚味,易分解,应注意保存。漂白粉适用范围较小。漂粉精使用方便,一般在水质突然变坏时临时投加,适用于规模较小水厂。

⑤ 次氯酸水 指原液中含有稳定次氯酸分子的水溶液，是一种新型、高水平消毒剂，气味较淡，有效氯含量一般为50～200mg/L，pH值为4.0～6.8，氧化还原电位在1040mV以上。在室温、密闭、避光的环境中稳定性较好。

⑥ 二氯异氰尿酸钠 有效氯含量≥55%，常用于预防性消毒和疫源地消毒，在医院内主要用于环境和诊疗用品的消毒。剂型有片剂、粉剂和颗粒剂。固体制剂较稳定，水溶液的稳定性差。

⑦ 三氯异氰尿酸 常用于游泳池水和医院污水的消毒。剂型有片剂泡腾片和缓释片、粉剂和颗粒剂。泡腾片每片含有效氯量为250mg、500mg或1000mg，最常用的为500mg；缓释片剂通常有效氯含量占88%；粉剂和颗粒剂的有效氯含量占10%～90%，常见的占20%。

## 322 消毒时加氯量应如何控制?

氯化消毒操作的加氯量包括需氯量和剩余氯量两个部分。需氯量指用于达到指定的消毒指标以及氧化水中所含的有机物和还原性物质等所需的有效氯量。此外，为抑制水中残存的细菌再度繁殖，在水中还需维持少量残余有效氯量，即为剩余氯量，或简称余氯。剩余氯量用10min接触后的游离性有效余氯量或60min接触后的综合性有效余氯量（游离氯和氯胺）表示。不同工艺操作条件下，加氯量与剩余氯量之间的关系不尽相同。其具体情况如下：

① 对于洁净水，即水中无微生物、有机物、还原性物质、氨、含氮化合物的理想状况，其需氯量为零，加氯量等于剩余氯量。

② 当水中只含有消毒对象细菌以及有机物、还原性无机物等需氧物质时，加氯量为需氯量与剩余氯量之和。

## 323 什么是折点加氯?

折点加氯是对水进行加氯消毒的一种有效方法。当水中有机物主要为氨和氮化物，其实际需氯量满足后，随着加氯量的增加，余氯量也呈线性增加趋势，但是后者增长缓慢，一段时间后，随着加氯量的增加，余氯量反而呈下降趋势。此后，进一步增加氯量，余氯量又呈线性上升趋势。在此折点后继续加氯消毒效果更好，称为折点加氯（图11-1）。

目前对折点加氯法处理废水中低浓度氨氮（以“N”表示）研究较多，总结出影响反应的主要因素依次为$m$（$Cl_2$）∶$m$（N）比值、反应时间及体系pH值。研究表明，折点加氯更适用于处理氨氮浓度为100mg/L以下的低浓度氨氮废水，其氯投加量相对减少，处理效果较好，况且减少了额外加碱回调pH的处理费用，降低了处理成本费用。因此，建议精馏塔回收氨水塔釜须控制氨氮浓度低于100mg/L。对于低浓度氨氮废水（氨氮含量小于100mg/L)，其折点加氯法处理的最佳工艺条件为：采用计量式连续加药的方式，控制pH＝5.5～6.5；$m$（$Cl_2$）∶$m$（$NH_4^+$）＝（8.0～8.2）∶1之间；反应时间$T$＝30min。处理后氨氮小于10mg/L，达到相关的排放标准。

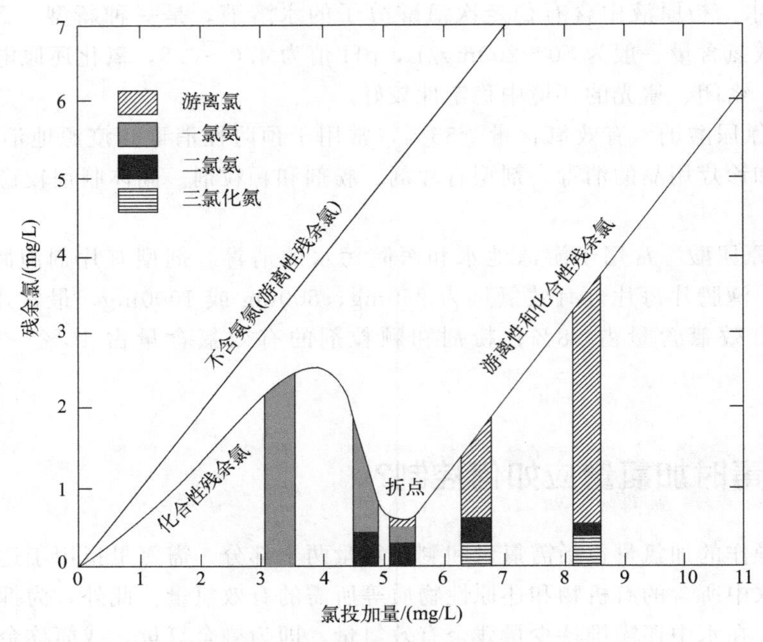


图 11-1 典型的折点加氯示意图

## 324 常用的加氯设备有哪些?

废水处理中常用的加氯设备有转子加氯机、真空加氯机、次氯酸钠发生器。

(1) 转子加氯机

在生产中使用的加氯机种类较多，但使用最为广泛的是转子加氯机，因它价格便宜、使用方便，且积累了一定的使用经验，所以在目前乃至今后一段时间内仍将被广泛采用。为此国家相关部门分别以部颁标准形式颁布了该加氯机的使用维护规程，其主要组成部分有旋风分离器、弹簧膜阀、控制阀、转子流量计、中转瓶玻璃罩、水射器等，其处理工艺见图 11-2。

转子加氯机工作原理是利用压力水通过水射器产生的抽吸力使氯回路产生真空，抽吸氯气并与水混合成氯水后输至加氯点，其主要由压力水回路和氯回路两部分组成：

① 压力水回路　加氯机工作时首先开启压力水阀门，压力水分两路进入机内，一路入平衡水箱 6，并由此进入中转瓶玻璃罩 5，在罩内与氯混合后流向水射器 7（进入水箱的富余水量由溢流口流出）；另一路直接流向水射器 7，流经水射器 7 时使水射器产生吸力，并将中转瓶玻璃罩 5 内抽成真空，吸入氯和水，并将罩内氯水混合物抽送至加氯点（压力水流向在图 11-2 中以实线箭头标出）。

② 氯气回路　来自氯瓶的氯气以切线方向进入旋风分离器 1，氯在分离器内产生旋流，在离心力的作用下分离氯中含有的杂质，然后经弹簧膜阀 2、控制阀 3，进入转子流量计 4，再进入中转瓶玻璃 5，与来自平衡水箱 6 的压力水混合后经水射器抽送至加氯点（氯气流向在图 11-2 中以虚线箭头标出）。

(2) 真空加氯机

真空加氯机主要由真空调节器、流量控制器和水射器三部分组成。

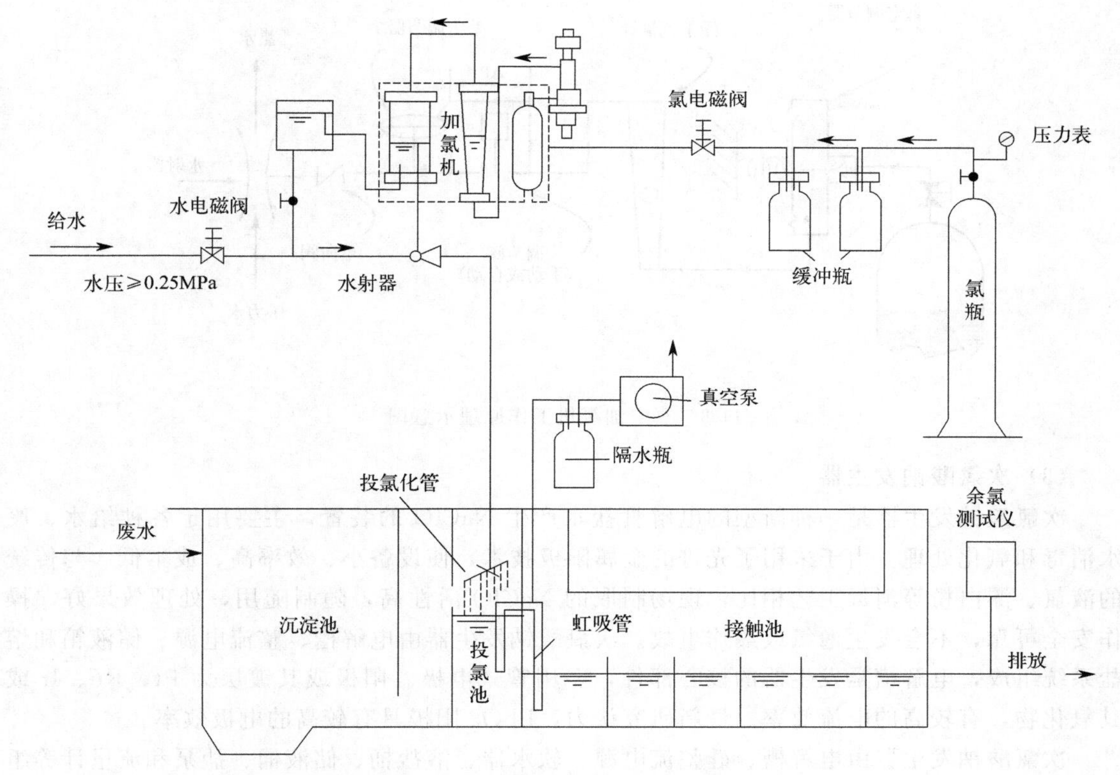


图 11-2 转子加氯机处理工艺图

1—旋风分离器；2—弹簧膜阀；3—控制阀；4—转子流量计；5—中转瓶玻璃罩；6—平衡水箱；7—水射器

① 真空调节器的功能是调节氯气压力使加氯机至远距离投加点的氯气压力均处于需要的负压状态，并且当管道出现故障时，可立即切断气源，从而保证了加氯系统工作稳定和安全可靠。

② 流量控制器由流量调节阀、流量计、指示器、压差调节器和压力放泄阀等部件组成。流量调节阀采用耐腐蚀的自润滑塑料制成，用于准确控制氯气流量。指示器是气源储量的观察窗。压差调节器用于稳定手动调节阀两边的压差，保持阀门前后压力为恒定值。

③ 水射器是促使整个加氯系统中产生真空的设备，是产生负压的动力源。由一组产生负压的文丘里管和一个防止压力水倒流的单向逆止阀等组成。水射器所需的压力应大于0.25MPa（在水的背压力为0.05MPa时）。

工作原理见图 11-3。当压力水流经过水射器，水射器产生抽吸，加氯系统管道逐渐形成真空（负压）。当真空达到一定程度时，减压器上阀门开启，气体进入系统。带压气体经真空调节器转换为真空气体后进入流量控制器，经流量计、流量调节阀并由压差调节器恒定后沿系统管道进入水射器，气体在喷嘴处与水混合为氯水，经加氯管投入到需处理水中。

真空加氯机自投入使用以来，各项性能均达到预定要求，具有以下优点：

① 反应灵敏，达到合理加氯的目的。水质符合国家饮用水标准。

② 达到安全生产的目的。由于加氯系统是在负压态下进行工作，即使发生突然停电停水或加氯管道出现泄漏，在大气压力下氯气也不会外泄，可以减轻维修人员的劳动强度。

③ 由于此设备故障率极低，只需按规程操作维护就能保证长期安全运行。

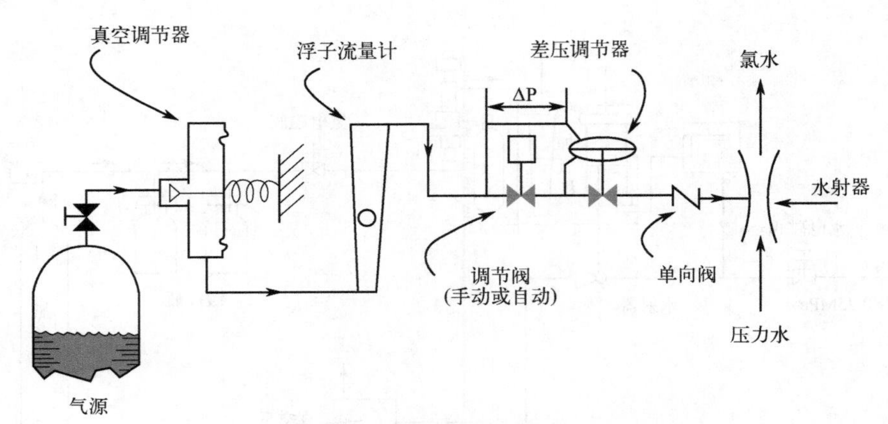


11-3 真空加氯机工作原理示意图

(3) 次氯酸钠发生器

次氯酸钠发生器是一种新型的电解食盐水产生 NaClO 的装置，主要用于各种给水、废水消毒和氧化处理。由于采用了先进的金属阳极技术，使设备小、效率高、成本低。与传统的液氯、漂白粉等消毒工艺相比，现场制取的 NaClO 活性高，随制随用，处理效果好，操作安全可靠，不会发生逸氯或爆炸事故。次氯酸钠发生器由电解槽、整流电源、储液箱和熔盐系统组成，电解槽是发生器的核心部件，多用管式电极。阳极或其镀层为 Pt、Ru、Ir 或其氧化物，有较高的电流效率。最新研究认为，$PbO_2$ 阳极具有较高的电极效率。

次氯酸钠发生器由电解槽、硅整流电源、软水器、溶盐桶、储液桶、盐泵和流量计等组成。次氯酸钠发生器共有两种工作方式：①电解槽电解生成的次氯酸钠直接投加（图 11-4）；②电解槽电解生成的次氯酸钠先存储在储液桶中，需要添加时再进行投加（图 11-5）。

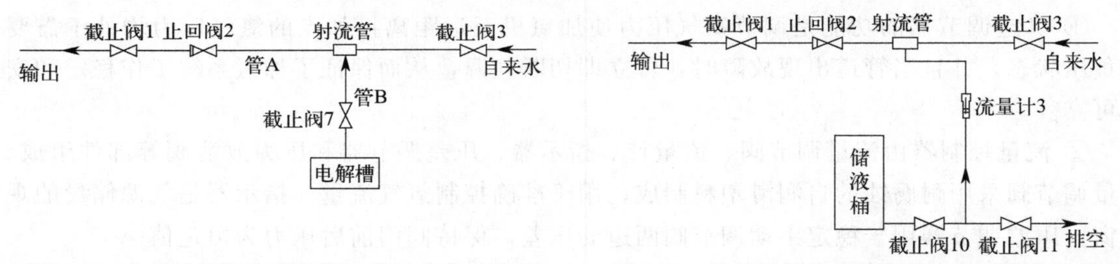


图 11-4 次氯酸钠发生器的第一种工作方式流程　　图 11-5 次氯酸钠发生器的第二种工作方式流程

自来水流经截止阀应首先进入软水器进行软化处理，去除易生成水垢的 $Ca^{2+}$、$Mg^{2+}$。经过处理后的软化水经溶盐桶内的浮球阀进入溶盐桶，在溶盐桶中添加 NaCl，形成饱和盐水溶液，一部分盐水溶液经盐泵、截止阀、流量计进入电解槽，电解生产 NaClO 溶液，一部分盐水用于软化树脂的反洗再生。通过调节盐泵频率以及截止阀、截止阀的开度，溶盐桶流出的饱和盐水同软水器流出的软化水混合稀释至 3%左右。盐水在电解槽内发生一系列电解、化学反应生产 NaClO 和 $H_2$。$H_2$ 经截止阀通过排空管排入大气。截止阀打开和关闭时，次氯酸钠发生器处于第一种工作方式状态，打开自来水截止阀，自来水流经射流管形成负压，将 NaClO 抽吸进射流管，并连通自来水混合后经止回阀、截止阀直接投入适用。截止阀关闭和打开时，制备生成的次氯酸钠溶液流入储液桶备用，需要添加时，打开截止阀及自来水截止阀，即可作为消毒液投入使用。流量计成锥形，上口大，下口小，浮子为橡胶材料，既能显示流量，又起到止回阀的作用。

## 325 臭氧消毒的原理是什么?

臭氧消毒是指以臭氧作为消毒剂的水处理技术。臭氧是一种强氧化剂，溶于水后，直接或利用反应中生成的大量羟基自由基及新生态氧间接氧化水中的无机物、有机物，并进入细菌的细胞内氧化胞内有机物，从而达到杀菌消毒、净化水质的目的。与加氯消毒相比，臭氧消毒剂用量较小、作用快、消毒效果更佳。

臭氧消毒的原理如下：

① 臭氧能氧化分解细菌内部葡萄糖所需的酶，使细菌灭活死亡。

② 直接与细菌、病毒作用，破坏它们的细胞器和DNA、RNA，使细菌的新陈代谢受到破坏，导致细菌死亡。

③ 透过细胞膜组织，侵入细胞内，作用于外膜的脂蛋白和内部的脂多糖，使细菌发生通透性畸变而溶解死亡。

## 326 臭氧消毒主要适用于哪些方面?

臭氧消毒作为氯消毒的替代方法，在废水处理中被越来越多地应用，其主要适用于：

① 灭菌　通常臭氧在水中灭菌有两种方式：一种是臭氧直接作用于细菌的细胞壁，将其破坏并导致细胞的死亡；另一种是臭氧在水中分解时释放出自由基态氧。自由基态氧具有强氧化能力，可以穿透细胞壁，氧化分解细菌内部氧化葡萄糖所必需的葡萄糖氧化酶，也可以直接与细菌、病毒发生作用，破坏其细胞器和核糖核酸，分解DNA、RNA、蛋白质、脂质类和多糖等大分子聚合物，使细菌的物质代谢和繁殖过程遭到破坏死亡；研究表明，臭氧杀菌速度比氯快600～3000倍，几秒钟内就可杀死细菌，能有效的破坏或分解细菌的细胞壁。

② 脱色　废水中的有色物主要是一些含有双键和单键交替排列的有色基团化合物，一般由含有C=C或苯环的物质及金属离子等引起的；臭氧可使其双键断裂，形成酮、醛、酸等，从而去除水中颜色，使水变清；同时也可以氧化铁、锰等无机成色离子。有研究表明，臭氧投加量为1mg/L时，可以将水中色度由20～50度降到10度左右。目前，臭氧脱色常用于印染废水处理；其以脱色应用最为重要，而且微量的臭氧就能起到良好的脱色效果。

③ 除臭　恶臭的分子结构中常有-SH、=S、$-NH_2$、=NH、-OH、-CHO等官能团，而臭氧极易切断其化学键而去除恶臭味；如废水中的有机物含有硫、氮，是引起臭味的主要原因，当投入1mg/L左右的臭氧于废水中时，就可有效地氧化这些物质，起到除臭效果。

④ 降解有机物　臭氧反应产生的OH·自由基具有强氧化性，能有效、快速的分解废水中的污染物，包括一些难生物降解的有机物，如腐殖酸、农药、氯代有机物等，而且臭氧氧化较为彻底，产生副产物较少。

## 327 臭氧消毒系统在结构和设计上有何特点?

臭氧作为氯消毒的替代方法，其消毒能力比氯更强。以对脊髓灰质炎病毒的杀灭效果对比为例，用氯消毒，保持0.5～1mg/L余氯量，需1.5～2h；而达到同样的效果，用臭氧消毒，保持 0.045～0.45mg/L 剩余 $O_3$，只需 2min。若初始 $O_3$ 超过 1mg/L，经 1min 接触，病毒的去除率可达到 99.99%。与其高效的杀灭能力相比，臭氧在水中的溶解度仅为 10mg/L，因此通入污水中的臭氧往往不可能全部被利用。为了提高臭氧的利用率，接触反应池最好建成水深为 5～6m 的深水池，或建成封闭的几格串联的接触池，设置管式或板式微孔臭氧扩散器。扩散器用陶瓷、聚氯乙烯微孔塑料或不锈钢制成。接触池排出的剩余臭氧具有腐蚀性，因此对消毒尾气需作消除处理。此外，臭氧不能储存，需现场边生产边使用。

## 328 紫外线消毒的原理是什么？有何特点？

紫外线主要是通过对微生物（细菌、病毒、芽孢等病原体）的辐射损伤和破坏核酸的功能使微生物致死，从而达到消毒的目的。紫外线对核酸的作用可导致键和链的断裂、交联和形成光化产物等，从而改变 DNA 的生物活性，使微生物自身不能复制，这种紫外线损伤也是致死性损伤。紫外线消毒技术是在现代防疫学、医学和光动力学的基础上，利用特殊设计的高效率、高强度和长寿命的 UVC 波段紫外光照射流水，将水中各种细菌、病毒、寄生虫、水藻以及其他病原体直接杀死。

紫外线消毒的优点如下：

① 不向水中引进杂质，水的物化性质基本不变；水的化学组成和温度变化一般不会影响消毒效果；不另增加嗅、味，不产生诸如三卤甲烷等类的消毒副产物；

② 杀菌范围广而迅速、处理时间短，在一定的辐射强度下一般病原微生物仅需十几秒即可杀灭，能杀灭一些氯消毒法无法灭活的病菌，还能在一定程度上控制一些较高等的水生生物，如藻类和红虫等；过度处理一般不会产生水质问题；

③ 一体化的设备构造简单、容易安装、小巧轻便、水头损失很小、占地少；容易操作和管理，容易实现自动化，设计良好的系统，设备运行维护工作量很少；

④ 运行管理比较安全，基本没有使用、运输和储存其他化学品可能带来的剧毒、易燃、爆炸和腐蚀性的安全隐患；消毒系统除了必须运行的水泵以外，没有其他噪音源。

紫外线消毒的不足如下：

① 孢子、孢囊和病毒比自养型细菌耐受性高；

② 水必须进行前处理，因为紫外线会被水中的许多物质吸收，如酚类、芳香化合物等有机物、某些生物、无机物和浊度；

③ 没有持续的消毒能力，并且可能存在微生物的光复活问题，最好用在处理水能立即使用的场合、管路没有二次污染和原水生物稳定性较好的情况（一般要求有机物含量低于 10$\mu$g/L）；

④ 不易做到在整个处理空间内辐射均匀，有照射的阴影区；没有容易检测的残余性质，处理效果不易迅速确定，难以监测处理强度；

⑤ 较短波长的紫外线（低于 200nm）照射可能会使硝酸盐转变成亚硝酸盐，为了避免该问题应采用特殊的灯管材料吸收上述范围的波长。

## 329 二氧化氯消毒的原理是什么？有何特点？

二氧化氯化学性质活泼、易溶于水，在 20℃下溶解度为 107.98g/L，是氯气溶解度的 5

倍，氧化能力为氯气的2倍。二氧化氯消毒的作用机制在于：

① 其对细胞壁有较好的吸附性和渗透性，可有效地氧化细胞内含巯基的酶，从而阻止细菌的合成代谢，并使细菌死亡。

② 二氧化氯可与半胱氨酸、色氨酸和游离脂肪酸反应，快速控制蛋白质的合成，使膜的渗透性增高。

③ 二氧化氯能改变病毒衣壳，导致病毒死亡。

二氧化氯消毒有其独特的优点，包括：

① 可减少水中三卤甲烷等氯化副产物的形成；

② 当水中含有氨时，不与氨反应，其氧化和消毒作用不受影响；

③ 能杀灭水中的病原微生物；

④ 消毒作用不受水质酸碱度的影响；

⑤ 消毒后水中余氯稳定持久，防止再污染的能力强；

⑥ 可除去水中的色和味，不与苯酚形成氯苯酚臭；

⑦ 对铁、锰的除去效果比氯强；

⑧ 其水溶液可以安全生产和使用。

二氧化氯消毒的不足之处在于：

① 二氧化氯具有爆炸性，必须在现场制备，立即使用；

② 制备含氯低的二氧化氯较复杂，其成本较其他消毒方法高；

③ 制备二氧化氯的原料为氯酸钠和盐酸，为氧化性或腐蚀性物质，同样存在储运的安全性问题；

④ 二氧化氯的歧化产物对动物可引起溶血性贫血和变性血红蛋白症等中毒反应。

## 330 常用的物理消毒技术有哪些?

按照物理因素在消毒过程中的作用，可将物理消毒技术可分为以下五种类型：

① 具有良好灭菌作用的，如热力、微波、红外线等，杀灭微生物的能力强，可达灭菌要求；

② 具有一定消毒作用的，如紫外线、超声波等，可杀灭绝大部分微生物；

③ 具有自然净化作用的，如寒冷、冰冻、干燥等，杀灭微生物的能力有限；

④ 具有除菌作用的，如机械清除、通风与过滤除菌等，可将微生物从传染媒介物上去掉；

⑤ 具有辅助作用的，如真空、磁力、压力等，虽对微生物无伤害作用，但能为杀灭、抑制或清除微生物创造有利条件。

## 331 什么是消毒副产物？污水消毒副产物主要有哪些?

废水消毒过程除了能够杀灭病原微生物外，由于共存物质或离子的存在，也将与消毒剂发生化学反应生成各种副产物，即为消毒副产物。依据所用消毒剂种类以及废水自身的水质特征，废水消毒处理中形成的消毒副产物主要有以下类型。

（1）氯化消毒副产物

目前，已经确定的氯化消毒副产物有许多种，主要的氯化消毒副产物有：

① 三卤甲烷类，包括：三氯甲烷（氯仿）、一溴二氯甲烷、二溴氯甲烷、三溴甲烷（溴仿），共4种；

② 卤乙酸类，包括：一氯乙酸、二氯乙酸、三氯乙酸、一溴乙酸、二溴乙酸、三溴乙酸、一溴二氯乙酸、一溴一氯乙酸、二溴一氯乙酸，共9种；

③ 其他氯化消毒副产物，包括：卤代乙腈、卤化氰、卤代乙醛、卤代酚、卤代酮、氯代乙醛类、氯硝基甲烷类等。

在以上消毒副产物中，三卤甲烷和卤乙酸是氯化消毒最常见和最主要的消毒副产物。水中不含溴离子时，氯化消毒产生的消毒副产物主要为氯代副产物，如三氯甲烷、二氯乙酸、三氯乙酸等。当水中含有一定量的溴离子时，氯化消毒会产生一些含氯含溴的消毒副产物。

三卤甲烷类化合物对健康的影响是造成肝、肾、中枢神经系统疾病，增加致癌风险。卤乙酸的危害是增加致癌风险。一般情况下，饮用水中由卤乙酸引起的致癌风险要远高于三氯甲烷。

（2）臭氧消毒副产物

废水处理中如使用臭氧（如臭氧氧化或臭氧消毒），则在含有溴离子的水中会生成溴酸盐。溴酸盐有致癌性和致突变作用，是臭氧处理中需重点控制的副产物。

（3）二氧化氯消毒副产物

二氧化氯的分解中间产物是亚氯酸盐。亚氨酸盐能影响血红细胞，导致高铁血红蛋白症，可造成贫血，影响婴幼儿神经系统。

## 332 如何控制消毒副产物？

废水中的消毒副产物前体物是影响消毒副产物生成的一个重要因素。废水经过二级生化处理后的出水中仍含有种类繁多的有机污染物，目前对水中有机物的常规检测指标（如TOC、COD等）主要针对有机物总量的监测，过于笼统。水中有机物种类及特性的不同将极大地影响有机物在消毒过程中与消毒剂的反应。控制消毒副产物的途径有以下三个方面：

① 减少水体中有机物的含量。有机物是消毒副产物产生必不可少的一个因素，控制或减少水体中有机物含量，可以从根本上控制消毒副产物的产生。污水中消毒副产物前体物的去除则主要是通过优化污水处理工艺，提高污水处理效率。污水中的DOM可以采用物理化学、生物降解的方法去除，而物理化学法与生物法相结合的组合工艺更有利于污水中复杂DOM的去除。

② 将消毒副产物从水体中去除，也是一种较好的控制消毒副产物方法。对于已经形成的消毒副产物，根据其物理化学性质，选取不同方法去除。针对具有挥发性的卤代烃类副产物，可通过吹脱或者曝气的方法去除。对于易分解的副产物，则采用生物氧化、化学氧化等方法去除。

③ 采用替代消毒剂对水体消毒，从反应机理上看，主要是氯气和有机物反应产生消毒副产物，如果采用别的消毒剂对水体消毒，也可以有效地控制消毒副产物的浓度。常见的替代消毒剂有臭氧、二氧化氯、紫外线、氯胺、双氧水以及它们的联合工艺。二氧化氯消毒的成本介于氯消毒和臭氧消毒之间，但极不稳定，易爆；双氧水则很少单独用于消毒，只起与其他消毒剂协同的作用；氯胺消毒作用缓慢；紫外线缺乏持续灭菌能力，一般要与其他消毒方法联合使用。

# 参考文献


[1] 张晓健，黄霞．水与废水物化处理的原理与工艺［M］．北京：清华大学出版社，2011.

[2] 戴友芝，肖利平，戴友芝．废水处理工程［M］．3版．北京：化学工业出版社，2017.

[3] 上海市环境保护局．废水物化处理［M］．上海：同济大学出版社，1999.

[4] 张自杰．环境工程手册．水污染防治卷［M］．北京：高等教育出版社，1996.

[5] 孙巍，李真，吴松海，等．磁分离技术在污水处理中的应用［J］．磁性材料及器件，2006（4）：6-10，24.

[6] 高廷耀，顾国维，周琪．水污染控制工程下册［M］．4版．北京：高等教育出版社，2015.

[7] 张志伟．臭氧氧化深度处理煤化工废水的应用研究［D］．哈尔滨：哈尔滨工业大学，2013.

[8] 戴玉芬，吴少林，钟玉凤，等．螯合剂处理复合型重金属废水研究［J］．有色冶金设计与研究，2007（Z1）：230-232.

[9] 林海，张叶，贺银海，等．重金属捕集剂在废水处理中的研究进展［J］．水处理技术，2020，46（4）：6-11，15.

[10] NI N.，ZHANG D.，DUMONT M.，et al. Synthesis and characterization of zein-based superabsorbent hydrogels and their potential as heavy metal ion chelators［J］. Polymer Bulletin，2018，75（1）：31-45.

[11] NASEEM K.，BEGUM R.，WU W.，et al. Adsorptive removal of heavy metal ions using polystyrene-poly（N-isopropylmethacrylamide-acrylic acid）core/shell gel particles：Adsorption isotherms and kinetic study［J］. Journal of Molecular Liquids Volume，2019，277（3）：522-531.

[12] 戴文灿，周发庭．电镀含镍废水治理技术研究现状及展望［J］．工业水处理，2015，35（7）：14-18.

[13] 韩科昌，王劲松，张玮铭，等．NDA-36树脂处理含铜、镍电镀废水工艺研究［J］．科学技术与工程，2017，17（17）：361-365.

[14] 田晓媛．纳滤/反渗透膜技术处理高盐废水及高浓度重金属废水的研究［D］．湘潭：湘潭大学，2014.

[15] 汪丹丹，金政伟，井云环，等．煤化工废水纳滤分盐效果及影响因素试验［J］．净水技术，2021，40（11）：121-127，157.

[16] 吴昊，张盼月，蒋剑虹，等．反渗透技术在重金属废水处理与回用中的应用［J］．工业水处理，2007（6）：6-9.

[17] 闻瑞梅，王在忠．高纯水的制备与检测技术［M］．北京：科学出版社，1997.

[18] MOHAMMADI T.，RAZMI A.，SADRZADEH M. Effect of operating Parameterson $Pb^{2+}$ Separation from Wastewater using Electrodialysis［J］. Desalination，2004，（167）：379-385.

[19] 朱月海．循环冷却水［M］．北京：中国建筑工业出版社，2008.

[20] 崔粲粲，梁睿，罗霂，等．现代煤化工含盐废水处理技术进展及对策建议［J］．洁净煤技术，2016，22（6）：95-100，65.